氢气液化
工艺装备与技术

张周卫　汪雅红　耿宇阳　车生文　著

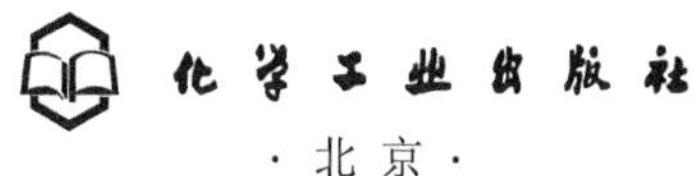

·北京·

内容简介

本书共分为5章，主要介绍了液氢的国内外发展现状和低温生产过程、30万立方米PFHE型液氮预冷五级膨胀制冷氢液化系统工艺装备、30万立方米PFHE型液氮预冷一级膨胀两级节流氢液化工艺装备、30万立方米PFHE型LNG预冷两级氦膨胀五级氢液化工艺装备、30万立方米PFHE型四级氦膨胀制冷氢液化系统工艺装备等内容。研究内容主要涉及4类较典型的LH_2低温液化工艺流程的具体设计计算方法，可为LH_2液化关键环节中所涉及主要液化工艺设计计算提供可参考样例，并有利于推进LH_2系列板翅式换热器的标准化及相应LH_2液化工艺技术的国产化研发进程。

本书不仅可供氢气、天然气、低温与制冷工程、煤化工、石油化工、动力工程及工程热物理领域内的研究人员、设计人员、工程技术人员参考，还可供高等学校能源化工、石油化工、低温与制冷工程、能源与系统工程等相关专业的师生参考。

图书在版编目（CIP）数据

氢气液化工艺装备与技术／张周卫等著．—北京：化学工业出版社，2021.7（2023.7重印）

ISBN 978-7-122-38901-5

Ⅰ.①氢… Ⅱ.①张… Ⅲ.①氢气-工艺装备-研究 Ⅳ.①TK912

中国版本图书馆CIP数据核字（2021）第066887号

责任编辑：卢萌萌　　文字编辑：丁海蓉　林　丹
责任校对：王　静　　装帧设计：王晓宇

出版发行：化学工业出版社（北京市东城区青年湖南街13号　邮政编码100011）
印　　装：北京机工印刷厂有限公司
787mm×1092mm　1/16　印张26¾　字数703千字　2023年7月北京第1版第2次印刷

购书咨询：010-64518888　　售后服务：010-64518899
网　　址：http：//www. cip. com. cn
凡购买本书，如有缺损质量问题，本社销售中心负责调换。

定　　价：186.00元

前　言

在氢气液化（LH_2）领域，国际上流行的大型 LH_2 液化工艺有10多种，其中，$3\times10^5m^3/d$ 以上大型 LH_2 液化工艺系统多采用以板翅式换热器为主液化装备的PFHE型膨胀制冷液化工艺技术，具有集约化程度高、制冷效率高、占地面积小以及非常便于自动化管理等优势，已成为大型 LH_2 液化工艺装备领域内的标准性主流选择，在世界范围内已开始应用。目前，国内尚未有20~30t/d的大型工业化 LH_2 系统，即使是中小型 LH_2 工艺系统一般也是随着成套工艺技术整体进口，日产量在2~3t/d以下，包括工艺技术包及主设备专利技术等，整体系统造价非常昂贵，后期维护及更换设备的费用同样巨大。由于大型 LH_2 系统工艺及主设备仍未国产化，即还没有成型的设计标准，因此，给 LH_2 液化工艺系统及装备的国产化设计计算带来了难题。

近年来，兰州交通大学张周卫等开始系统研究开发大型 LH_2 液化工艺及核心装备——LH_2 多股流板翅式换热器，并前后研发 LH_2 混合制冷剂多股流板翅式换热器、LH_2 一级三股流板翅式换热器、LH_2 二级四股流板翅式换热器、LH_2 三级五股流板翅式换热器等系列 LH_2 板翅式换热器等设计计算方法，可应用于10多种国际上流行的 LH_2 液化工艺流程主液化设备的设计计算过程。以板翅式换热器为主液化装备的 LH_2 液化工艺也是目前流行的大型 LH_2 液化系统的主液化工艺。$(3\sim6)\times10^5m^3/d$ 以上大型 LH_2 液化工艺系统多采用以板翅式换热器为主液化装备的PFHE型 LH_2 液化工艺技术，其具有集约化程度高、制冷效率高、占地面积小以及便于自动化管理等优势，已成为大型 LH_2 液化工艺装备领域内的标准性主流选择。由于大型 LH_2 板翅式换热器主要用于 $3\times10^5m^3/d$ 以上大型 LH_2 液化系统，可作为该系统中的核心设备，一般达到 $6\times10^5m^3/d$ 以上时，可采用并联多套的模块化办法，实行 LH_2 系统的大型化。

《氢气液化工艺装备与技术》主要围绕4类大型PFHE型 LH_2 液化工艺及主液化装备进行系统的研究与开发，主要涉及 $3\times10^5m^3/d$ LH_2 液化工艺流程及主设备PFHE研发及设计计算过程，包括液氮预冷五级膨胀八级制冷氢液化系统工艺装备设计计算、液氮预冷一级膨胀两级节流四级制冷氢液化系统工艺装备设计计算、两级氦膨胀两级节流制冷氢液化系统工艺装备设计计算、四级氦膨胀制冷氢液化系统工艺装备设计计算等过程。研究内容主要涉及4类较典型的 LH_2 低温液化工艺流程的具体设计计算方法，可为 LH_2 液化关键环节中所涉及的主要液化工艺设计计算提供可参考样例，并有利于推进 LH_2 系列板翅式换热器的标准化及相应 LH_2 液化工艺技术的国产化研发进程。由于研究内容涵盖 $3\times10^5m^3/d$ 以上 LH_2 液化领域内具有代表性的 LH_2 板翅式换热器的设计计算方法，研究还包括不同类型 LH_2 板翅式换热器计算过程及制冷剂运算法则，也是当前国际上流行的主流PFHE型 LH_2 液化工艺主设备。以上4种 LH_2 板翅式换热器设计计算方法属 LH_2 装备领域内目前流行的具有一定技术设计难度的 LH_2 系统工艺主设备核心技术，同时，也可应用于 LNG（液化天然气）、LPG（液化石油气）、煤化工、石油化工、低温制冷等领域。从工艺基础研发及设计技术等方面来讲均已成熟，已能够推进 PFHE 型 LH_2 液化主设备的设计计算过程及 LH_2 系列液化工艺的设计计算进程。

本书第 1 章为绪论部分，主要讲述氢气液化工艺装备技术的基本特点及国内外研究开发和工业化发展现状等。

第 2 章主要讲述 $3\times10^5 m^3/d$ PFHE 型液氮预冷五级膨胀八级制冷氢液化系统工艺装备设计计算过程，包括 LH_2 液化工艺的设计计算过程及 LH_2 板翅式换热器的设计计算过程。

第 3 章及后续章节主要讲述 PFHE 型液氮预冷一级膨胀两级节流四级制冷氢液化系统工艺装备、PFHE 型两级氦膨胀两级节流制冷氢液化系统工艺装备、PFHE 型四级氦膨胀制冷氢液化系统工艺装备等不同 LH_2 液化工艺流程及板翅式换热器等设计计算方法，以便为从事 LH_2 液化装备领域内的工程技术人员及研发人员提供必要的参考。

本书共分 5 章，其中，第 1～4 章由张周卫撰写，第 5 章由汪雅红、耿宇阳、车生文撰写，全书由张周卫统稿。耿宇阳、樊翔宇、李文振、杨发炜、刘要森、盛日昕、孙少伟、荣欣等参与全书的编辑整理及校正等工作。王松涛、贠孝东、唐鹏、孙少康、赵银江、杨玉俭、付敏君、樊广存等参与各章节的撰写及编排校正工作。

本书受国家自然科学基金（编号：51666008）、甘肃省重点人才项目（编号：26600101）、甘肃省财政厅基本科研业务费（编号：214137）、甘肃省高等学校产业支撑计划项目（编号：2020C-22）等支持。

本书按照目前所列 4 种 LH_2 液化工艺流程的设计计算进度，重点针对 4 种典型的且具有代表性的 LH_2 液化工艺及板翅式换热装备进行研究开发，总结设计计算方法，并与相关行业内的研究开发人员共同分享。

由于作者水平有限、时间有限及其他原因，书中难免存在疏漏与不足之处，希望同行及广大读者批评指正。

兰州交通大学
兰州兰石换热设备有限责任公司
张周卫　汪雅红　耿宇阳　车生文

目录
CONTENTS

第1章　绪论

第2章　30万立方米PFHE型液氮预冷五级膨胀制冷氢液化系统工艺装备

第 3 章　30 万立方米 PFHE 型液氮预冷一级膨胀两级节流氢液化工艺装备

第 4 章 30 万立方米 PFHE 型 LNG 预冷两级氦膨胀五级氢液化工艺装备

第 5 章 30 万立方米 PFHE 型四级氦膨胀制冷氢液化系统工艺装备

第 1 章 绪论

随着低温科学与技术装备的不断发展，液氢技术被越来越多的人所关注。不论是美国、欧洲还是日本，早期对液氢的需求都是随着宇航事业的持续发展而增加。近年来，随着燃料电池等氢能源的逐步发展，加氢站的不断建设，液氢能源作为燃料领域内的终极能源再次备受关注。美国从 20 世纪 50 年代后期开始以工业规模生产液氢，所生产的液氢除供应大型火箭发动机试验场和火箭发射基地以外，还供应大学、研究所、食品工业、化学工业、石油工业、半导体工业、玻璃工业等部门。

1.1 氢气（H_2）与液氢（LH_2）物理特性

氢气（H_2）是一种理想的清洁能源。在石油化工领域，氢气主要用于炼油过程中的减压后加氢反应过程。在煤化工领域，主要应用煤气化过程中产生的氢气进行合成氨反应。在航天领域，主要应用电解水制氢，进而液化并作为运载火箭的推进剂。在国外，近年来由于燃料电池工业的兴起，氢气多用于氢燃料电池汽车等以氢燃料电池为动力的交通领域。相信在不久的将来，氢燃料将深入千家万户。同时，氢气还是一种能量转换和能量贮存的重要载体。氢气作为燃料或作为能量载体，较好的使用和贮存的方式之一是液氢，因此液氢的生产是氢能开发应用的重要环节之一。

液氢（LH_2）是一种高能燃料，无色，无臭，呈透明液体，具有和氢气相同的化学性质，常被用作液体火箭推进剂，主要用于航天飞行器和运载工具，其理化性质见表 1-1。分子式为 H_2，沸点-252. 9℃，冰点-260. 8℃，熔点-259. 3℃，密度 70. 8kg/m^3，临界温度为-240. 2℃，爆炸极限 18％～59％，最小点火能量约为 0. 02～0. 3MJ。液氢是一种很有前途的新能源，具有能量高、无污染等优点。液氢由于密度小，易挥发，且不易贮存和运输，点火能量小，如空气中存在着一定化学计量的空气和氢气的混合物，只需很小的静电荷就能着火。液氢的低温极易使周围空气固化，而固氧又成为液氢爆炸的因素。液氢在贮存、运输、使用中不能使用绝缘材料，以免产生静电引起爆炸。要采用不锈钢、铝合金、镍及其合金材料的容器，密封性良好，不得泄漏。要远离火源和电源，发生火灾时，应选用水、二氧化碳、干粉、卤代烷等灭火剂。

表 1-1 液态氢的理化性质

化学式	H_2
分子量	2.016
沸点	−252.78℃

续表

凝固点	-259.19℃
临界温度	-240.01℃
临界压力	1.2964MPa
液体密度	70.851kg/m^3
气体密度(20℃)	0.0837kg/m^3
气体相对密度(大气=1)(20℃)	0.065
液体相对密度(水=1)(20℃)	0.071
比体积(20℃)	0.751m^3/kg
汽化潜热	448.70kJ/kg
空气中的燃烧界限	4.00%～74.2%(体积分数)
氧气中的燃烧界限	3.90%～95.8%(体积分数)
空气中的爆炸界限	18.2%～58.9%(体积分数)
氧气中的爆炸界限	15%～90%(体积分数)
自燃温度	571℃
膨胀率(液体到气体)(20℃)	1～846

液氢是仲氢（P-H_2）和正氢（O-H_2）的混合物。正氢和仲氢是分子氢的两种自旋异构体，这种异构现象是由两个氢原子的核自旋有两种可能的耦合而引起的。正氢的原子核自旋方向相同，仲氢的原子核自旋方向相反。仲氢分子的磁矩为零，正氢分子的磁矩为质子磁矩的两倍。仲氢与正氢的化学性质完全相同，而物理性质有所差异，表现为仲氢的基态能量比正氢低。在室温或高于室温时，正、仲氢的平衡组成为 75∶25，称为标准氢（n-H_2）或正常氢。低于常温时，正、仲氢的平衡组成将发生变化，仲氢所占的百分比增加。在存在催化剂的情况下气态氢的正、仲态转化才能发生，而液态氢则在没有催化剂的情况下会自发地发生正、仲转化，但转化速率较慢。

液氢与液氧组成的双组元低温液体推进剂的能量极高，液氢-液氧发动机的比推力最高。相同比推力时，运载火箭的质量下降 50%。液氢已广泛用于发射通信卫星、宇宙飞船和航天飞机等运载火箭发射中（见图 1-1～图 1-4）。近年来，液氢已经逐渐向民用航天领域推广。液氢分子量小、黏度低，因此检漏时需要用氢或氦检漏；液氢具有极高的扩散系数与浮升力，爆炸仅发生在封闭空间；低温氢脆不如发生在常温和高压下的明显，但选材仍需谨慎；燃烧速度是天然气的 8 倍，迅速燃烧降低了二次火灾风险；汽化潜热小、沸点低，设备需要高效可靠的真空绝热环境；超低温可引起外界其他气体的相变，在-253℃的低温环境下，除氦气以外，所有气体都会被凝结和凝固。选材和制造要求高导致液氢设备成本提高，但液氢比高压氢和 LNG、LPG 更安全，更为重要的是氢气的品质和纯度能够得到保证。

由于氢气的临界温度和转化温度低，汽化潜热小，其理论最小液化功在所有气体当中是最高的，所以液化比较困难。为减少正、仲氢转化放热造成的液氢蒸发损失，所有液氢产品中要求仲氢含量至少在95%以上，即要求液化时将正氢基本上都催化转化为仲氢，此反应为放热反应，所以反应温度不同，所放热量不同，使用不同的催化剂，转化效率也不相同。因此，在液化工艺流程当中使用何种催化剂，如何安排催化剂温度级，对液氢生产和贮存都十分重要。在液氢温度下，除氦气之外，所有其他气体杂质均已固化（物质从低分子转变为高分子的过程），有可能堵塞液化系统管路，尤其固氧阻塞节流部位，极易引起爆炸。所以，对原料氢必须进行严格纯化。

图 1-1 以氢气作为火箭燃料的航天飞机

图 1-2 德国林德公司商业液氢加注站

图 1-3 中国神舟 5 号载人飞船发射

图 1-4 中国长征系列液氢液氧火箭

1.2 液氢（LH_2）国外发展现状

全球目前已经有数十座液氢工厂，总液氢产能 470t/d，其中北美占了全球液氢产能总量的 85%以上。从目前的市场应用来看，美国垄断了全球 85%的液氢生产和应用，其中美国 Air

Products 和 Praxair 两大集团垄断了美国 90%的液氢市场（见图 1-5～图 1-8）。

图 1-5 Air Products 氢加气（液）站

图 1-6 Air Products 液氢储罐

图 1-7 Air Liquide 工业氢气单元（比利时）

图 1-8 Air Liquide 工业氢液化单元

美国规模工业氢气液化装备于 1957 年以后逐渐建成投产，7～17L/d 的工厂 6 座，30L/d 的 4 座，60L/d 的 2 座。20 世纪 60 年代，由于美国阿波罗登月计划的需求，液氢开始工业化生产。随着美国太空计划的发展，1965～1970 年，液氢的生产达到了历史最高水平，日产液氢约 220t。20 世纪 70 年代开始，液氢的应用推广到金属加工、浮法玻璃生产、化学合成和油脂处理等领域；80 年代以后则推广到航天飞机、粉末冶金和电子工业等领域。其后，由于美国宇航工业紧缩，液氢产量也随之下降。目前，老的中小型设备已经停产，仅有几座大型设备在运行。根据美国氢能分析中心的统计，截至 2016 年，北美地区共有产能 5t/d 以上的大型液氢工厂 10 座，其中 18t/d 以上的有 6 座，单套最大产能达到 64t/d。美国本土已有 15 座以上的液氢工厂，液氢产能达 326t/d 以上，居于全球首位，包括加拿大有 80t/d 的液氢产能也为美国所用。美国的液氢民用占据主流市场，其中 33.5%用于石油化工行业，37.8%用于电子、冶金等其他行业，10%左右用于燃料电池汽车加氢站，仅有 18.6%的液氢用于航空航天和科研试验。北美对液氢的需求量和生产量最大，占全球液氢产品总量的 84%。美国在实现氢液化设备大型化的同时，政府还对设备提供全部贷款援助，而且规定设备偿还费与产品、产量无关。许多液氢生产厂家从废气中提取原料氢进而液化，所以液氢价格非常低廉。随着生产规模的不断扩大，液氢价格已降到 10～20 美分/磅（15.6～31.2 美元/m^3）。为了满足高端制造、冶金、能源、电子和航空航天等领域不断增长的需求，近两年来，美国又加大液氢工厂建设力度。Praxair 公司于 2018 年 11 月在得克萨斯州 La Porte 开工建设第五座液化氢工厂，计划 2021 年投产，产能超过 30t/d。美国 AP 公司 2019 年初在美国西部建造一个日产百吨级的液氢工厂，致力于氢能源市场，向 FEF 位于加利福尼亚州的加氢站提供液氢。同时法国液空公司也将投资1.5亿美元，2019年初在美国开工建设一座30t/d的液氢工厂。预计2021年美国本土的液氢产能将超过500t/d。

德国（见图1-9～图1-12）、日本虽然都有工业规模生产装置，但其生产规模、液氢产量，尤其是产品价格，仍无法与美国相比。欧洲4座液氢工厂液氢产能为24t/d。亚洲有16座液氢工厂，总产能38.3t/d，其中日本占了亚洲2/3的产能。全球近500座加氢站中液氢储氢型加氢站占比1/3，主要分布在美国、欧洲和日本，且其新建的加氢站以液氢储氢型为主。2018年初，日本川崎重工引领的财团与澳大利亚政府达成一致，在维多利亚州建造煤制氢基地工厂和氢液化工厂，预计2022年建成，液氢设计液化能力770t/d，液化后-253℃的低温液氢最终通过两艘$20\times10^4m^3$的液氢船运往日本。

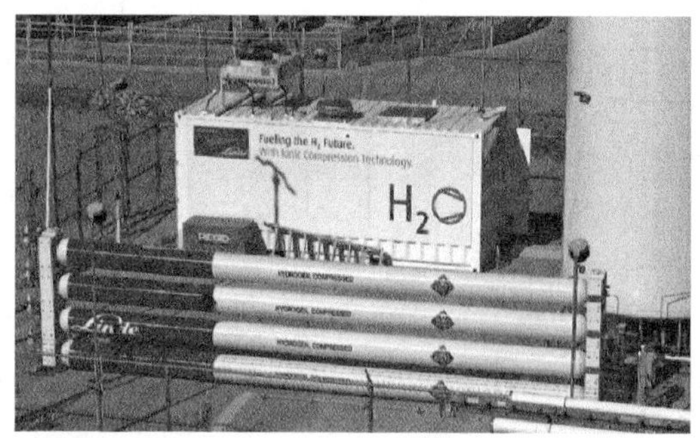

图1-9 Linde离子液体氢气压缩机（35MPa）

图1-10 Linde液氢加气（液）站

图1-11 Linde液氢站可提供35MPa加气压力

图1-12 Linde生产的氢气发生器

1.3 液氢（LH_2）国内发展现状

中国LH_2事业的发展起源于中国航天事业的需要，液化装备技术的发展较晚，工程实例较少。1956年，洪朝生院士等首次在低温实验室使用Linde-Hampson循环获得液氢。1961年，在钱学森同志的倡导下，北京航天试验技术研究所（101所）建立了低温技术研究室，开始研制氢与液化设备，并开展相关系列研究工作，以满足未来航天工业的需求。1966年，第一套工业规模液氢生产装置在101所投产。1969年吉林氢液化设备投产，后因事故发生爆炸。1972年陕西兴平化肥厂氢液化设备投产，同样采取Linde-Hampson循环，生产能力为2t/d，历史上仅供航天发射和氢氧发动机研制试验用。1996年101所引进德国Linde公司氢液化循环设备投产，采用改进的预冷型Claude循环，生产能力为1t/d。2008年101所、2012年西昌卫星发射中心、2013 年海南文昌发射中心先后引进法液空氢液化设备并投产，采用改进的预冷型 Claude 氦膨胀循环，生产能力为 2.5t/d。到目前为止，我国在用的氢液化设备仍以进口的法液空、Linde 的氦膨胀循环为主。2014 年 8 月 6 日，从法国 Air Liquide 引进氦循环氢液化装置并在海南航天一次试车成功，日产 2.8t/d，产能为国内最大。目前，中国在用的液氢工厂包括海南文昌发射中心、北京 101 所和西昌基地，均服务航天火箭发射，总产能仅有 4t/d。中国民用液氢市场一片空白，也正是因为如此，中国液氢生产成本高达 500 元/kg，限制了液氢在高端制造、冶金、电子和能源产业等领域的应用，产品质量和制造水平与美国存在较大差距。国内 LH_2发展规模及产量均很有限，兴平装置名义产量可达 1200L/h，产品仅供航天发射和氢氧发动机研制试验使用，其开工生产率不足 10%，而且工艺流程落后、生产设备陈旧，LH_2价格异常昂贵，用户一次购量超 $100m^3$售价为 20000 元/m^3，而不足 $20m^3$时，价格竟高达 50000 元/m^3。而且，每辆液氢铁路槽车要外加 10 万元的预冷费，主要是因为生产规模小，原料氢生产工艺落后，主要靠电解水制氢，生产成本高。

2019 年 7 月 8 日，浙江省能源集团有限公司与浙江嘉化能源化工股份有限公司战略合作暨液氢工厂项目在嘉兴港区签约，双方将合作开展氢能综合开发利用，共建全国首个商用液氢工厂。而且首套示范装置建设规模为日产液氢 1.5t/d，产出液氢将用于加氢站加氢、航空航天、电子、冶金等领域。待示范装置成功运行后，后期双方还将合作共建更大规模的液氢生产装置，探索更深层次的氢能开发合作模式。这预示着中国首个商用液氢工厂的建立，中国商用液氢迈出了决定性的一步。

在 LH_2设备国产化方面，中国科学院（简称中科院）理化所等单位近年来做了大量工作，在科研基金支持下，研制出了工业规模的氢液化工程样机，并连续成功运行，通过鉴定试验，具备了市场推广的基础。以此为契机，中科院理化所联合社会资本成立了成果转化公司中科富海，研发推出了首台全国产化氦透平制冷氢液化器。该系统氢液化能力达到 1000L/h，可连续运行 8000h，氦循环工作压力 4～20bar（$1bar=10^5Pa$），透平转速达到 80000r/min。目前该氢液化器已完成整体工艺包，进入生产建造阶段，整个系统在能耗、氢安全性设计等方面都进行了充分的考虑和研究，并具有全套知识产权。

1.4 液氢（LH_2）低温生产过程

氢气的液化是根据氢气的特性、冷凝温度和使用要求，通过相应的液化循环进而实现液化。典型的循环有节流液化循环、带膨胀机的液化循环、气体制冷机循环和复叠式制冷循环（即多次逐级预冷循环）等。LH_2的利用需要解决制取、储运和应用等一系列问题，而储运则是氢能应用的关键问题。当前 LH_2利用的主要特点是"就地生产，就地消费"，这主要归因于低温储运困难，容易汽化。国际能源署（IEA）提出质量储氢密度大于 5%、体积储氢密度大于 $50kg/m^3(H_2)$；美国能源部（DOE）提出质量储氢密度不低于 6.5%、体积储氢密度不低于 $62kg/m^3(H_2)$。综合考虑质量储氢密度、体积储氢密度和温度，除液氢储存外，目前所采用和正在研究的储氢技术尚不能满足上述要求。因此，如进一步提高氢液化的效率，LH_2 以其体积能量密度高的优点，可望成为规模运输的主要形式。过去半个世纪以来，许多研究者围绕着提高氢的液化效率和降低液化费用开展了大量的理论和实验研究。然而，面向大规模的工业需求，目前氢液化系统的主要问题仍然是效率低、投资大、难以大规模化等。

美国等西方发达国家对 LH_2的研究开发及工业化应用历史较长，目前涉及 LH_2的公司都具有一定完善的生产、销售和售后服务体系，而且有长远的发展战略，产品发展很快，品种多

(表1-2)，同时具有发挥公司内部技术力量的机制，而且拥有良好的运作体系，这些体系充分利用了其国内大专院校，甚至国外人力资源，协作研究新工艺、开发新产品、探索新路线、进行生产和科技创新。此外，还有政府出资和行业性共同研究的开发计划。相比之下，国外 LH_2 企业已经形成了一个完善的生产、研究创新的大型综合体，都在致力于使生产合理化，力求降低成本。目前，全球近500座加氢站中液氢储氢型加氢站占1/3，主要分布在美国、欧洲和日本，且其新建的加氢站以 LH_2 储氢型为主。

表1-2 全球部分 LH_2 生产装置的运行状况

国家	位置	经营者	生产能力/(t/d)	建造年份	是否运行
加拿大	萨尼亚	Air Products	30	1982年	是
加拿大	蒙特利尔	Air Liquide Canada Inc	10	1986年	是
加拿大	贝康库尔	Air Liquide	12	1988年	是
加拿大	魁北克	BOC	15	1989年	是
加拿大	蒙特利尔	BOC	14	1990年	是
法属圭亚那	库鲁	Air Liquide	5	1990年	是
美国	佩恩斯维尔	Air Products	3	1957年	否
美国	西棕榈滩	Air Products	3.2	1957年	是
美国	西棕榈滩	Air Products	27	1959年	是
美国	密西西比	Air Products	32.7	1960年	是
美国	安大略	Praxair	20	1962年	是
美国	萨克拉曼多	Union Carbide, Linde Div	54	1964年	否
美国	新奥尔良	Air Products	34	1977年	是
美国	新奥尔良	Air Products	34	1978年	是
美国	尼亚加拉	Praxair	18	1981年	是
美国	萨克拉门托	Air Products	6	1986年	是
美国	尼亚加拉	Praxair	18	1989年	是
美国	佩斯	Air Products	30	1994年	是
美国	麦金托什	Praxair	24	1995年	是
美国	东芝加哥	Praxair	30	1997年	是
法国	里尔	Air Liquide	10	1987年	是
德国	英格尔斯特塔	Linde	4.4	1991年	是
德国	罗伊那	Linde	5	2008年	是
荷兰	罗森堡	Air Products	5	1987年	是
中国	北京	CALT	0.6	1995年	是
印度	马亨德拉山	ISRO	0.3	1992年	是
印度	—	Asiatic Oxygen	1.2	—	是
印度	saggonda	Andhra Sugars	1.2	2004年	是
日本	尼崎	Iwatani	1.2	1978年	是
日本	田代	MHI	0.6	1984年	是
日本	秋田县	Tashiro	0.7	1985年	是

续表

国家	位置	经营者	生产能力/(t/d)	建造年份	是否运行
日本	大分	Pacific Hydrogen	1.4	1986 年	是
日本	种子岛	Japan Liquid Hydrogen	1.4	1986 年	是
日本	南种子	Japan Liquid Hydrogen	2.2	1987 年	是
日本	君津	Air Products	0.3	2003 年	是
日本	大阪	Iwatani(HydroEdge)	11.3	2006 年	是
日本	东京	Iwatani,builtby Linde	10	2008 年	是
中国	101 所		2.4	1966 年	否
中国	兴平	Linde-Hampson	2	1972 年	否
中国	101 所	Linde	1	1996 年	是
中国	101 所	Air Liquide	2.5	2008 年	是
中国	西昌	Air Liquide	2.5	2012 年	是
中国	文昌	Air Liquide	2.5	2013 年	是
中国	嘉兴(正建)		1.5	2019 年	否

1.4.1 原料氢气主要来源

对于试验用的氢液化器及间断生产的小型液化装置所需的原料氢，主要要求氢的纯度高，净化容易，如水电解氢被认为是较好的氢源。对于大、中型液氢厂的原料氢的来源就应考虑多方面的因素，例如要求制氢成本低，净化方法简单，氢气来源充足及尽量利用工业含氢尾气等。据估算，在液氢生产的成本中，原料氢的制取费用一般约占 15%～25%。如果采用工业含氢尾气，其费用仅占 5%～10%。从 20 世纪 60 年代起，国外中、小型液氢厂就开始使用工业含氢尾气作生产液氢的原料气。随着氢净化技术的发展，尤其是变压吸附法（PSA 法）的广泛应用，这种氢源更有使用价值。对于大、中型液氢装置，烃类（即天然气、石油及其制品）的蒸气转化和部分氧化法制氢过程是比较经济的制氢方法，制氢工艺成熟，成本较低。国外 10～20t/d 液氢厂大多采用这种制氢工艺。此外，原料氢的选择要根据净化方法的成熟程度，以及建厂地点有否制氢装置、氢源可否利用等因素综合考虑。表 1-3、表 1-4 为几种原料氢的典型组成、制氢能耗、价格等的比较。

表 1-3 几种原料氢的典型组成

组成	天然气蒸气转化/%	油的部分氧化/%	电解氢/%	炼厂气/%	焦炉气/%	合成氨弛放气/%	乙烯装置脱甲烷塔尾气/%	石油催化重整装置尾气/%
H_2	95.0	95.0	99.76	80～93	56.9	60～65	61.1	60.0
CH_4	3.30	0.60	50×10^{-4}	4～9	28.6	7～15	36.7	17.0
C_2H_4					2.80		0.6	
C_2H_6				2～7	1.30		0.1	11.30
C_3H_8				0～2				7.30
C_4H_{10}				0～0.3				3.23
$>C_5$				0.2～2.0				1.08
苯					50×10^{-4}			0.06

续表

组成	天然气蒸气转化/%	油的部分氧化/%	电解氢/%	炼厂气/%	焦炉气/%	合成氨弛放气/%	乙烯装置脱甲烷塔尾气/%	石油催化重整装置尾气/%
甲苯								0.03
CO	1.4	2.40		0～0.2	5.0		1.1	
N_2	0.3	0.40	0.14	0～0.06	4.5	20～21	0.4	
H_2O								0.02
Ar		1.10				3～4		
O_2			0.10	0～0.012	0.90			
NH_3						2～3		
He	0.002							

表 1-4 几种原料氢的比较

原料氢类别	制氢电耗	原料氢价格	制氢装置投资	净化至99.9%纯氢时的能耗比		
				PSA法	低温法	PSA+低温吸附法
电解氢	1	1	大	1②	1.5～2	1.3～1.8
化工厂含氢尾气	0.1～0.2①	0.1～0.2	小(不需另建,只要增加增压及输送系统)	1.3～1.5	2～3	1.3～2
合成氨厂合成原料氢	0.2～0.3	0.2～0.3	小(利用原有制氢装置)	1.2～1.5	2～2.5	1.5～2

① 仅指增压或预处理所用的电耗。

② 电解氢的进一步净化一般不用PSA法，此处仅作比较。

注：以上比较均为相对值，以电解氢为1、PSA法为1作基准。

1.4.2 氢气主要净化方法

氢的净化一般可分为两步：氢的预净化（预处理）和高纯氢的制备。氢的预净化就是将原料氢中的水分、油、氨、二氧化碳、C_3以上烷烃、烯烃、苯等杂质除去。常用的方法是在常温或稍低的温度（-40～0℃）下用吸收、吸附、冷凝、冷冻等工艺过程（其中一种或两种工艺过程相结合）完成预净化要求。高纯氢的制备是将原料氢中的二氧化碳、甲烷、氧、氮、氩、一氧化碳等除去，使氢中杂质含量达到（0.001～0.01）$\times10^{-6}$的范围，满足氢液化对氢纯度的严格要求。制取高纯氢的方法较多，但技术比较成熟、能耗较低的有下列几种：常温变压吸附法（PSA法）、低温净化法（低温冷凝、吸附、吸收等方法）及常温变压吸附与低温吸附相结合的方法。

（1）常温变压吸附法

常温变压吸附法（PAS法）目前已成为氢净化的主要方法之一。它完全能满足中型液氢厂，即“吨级”液氢厂氢气净化的要求，能适应各种不同类型原料氢和进料条件，可将氢中杂质一步清除掉，氢的纯度可达到99.99%以上。但变压吸附法的不足是随着氢纯度的提高，氢的提取率下降。当氢产品纯度≥99.99%时，氢的提取率仅50%左右。

（2）低温净化法

这种方法可分为低温冷凝（部分冷凝）、低温液体洗涤（液氮洗、甲烷洗）、低温吸附等。

常采用的是低温冷凝和低温吸附相结合、低温洗涤和低温吸附相结合的方法。甲烷及其他烷烃、烯烃等组分采用低温冷凝法除去比较合适。因这些组分与氢的沸点相差甚远，在氢气冷却过程中，即可将这些杂质容易地冷凝分离出去。一氧化碳、二氧化碳等杂质采用低温液体洗涤法除去较宜。但是，无论采用何种净化方法，为了使氢气达到超高纯度，最后都要采用低温吸附法。低温净化法的缺点是冷量损失大，净化能耗偏高。

（3）常温变压吸附与低温吸附相结合

采用此方法可以克服常温变压吸附法中氢的提取率低及低温吸附法能耗高的缺点。绝大部分氢中杂质通过 PSA 法除去，低温吸附仅作为最终高纯氢的净化手段。

（4）其他净化方法

薄膜（例如 Pris 二膜）分离法是一种能耗小、处理气量大的常温净化法，是从工业含氢尾气中回收氢的较好方法，但回收氢的纯度不高，仅为 90%～95%。要将氢气进一步精制到高纯度，还需采用别的方法。用金属氢化物法分离精制氢是一种有前途的方法。该法可以制取纯度 99.9999%的高纯氢，但目前尚处于小型工业化的规模，还有不少技术问题待解决，在中、小型液氢装置上使用尚不成熟。

总之，氢的净化方法选择的原则应是：能量消耗少，氢气提取率高，净化费用低，装置投资省，操作简单、稳定。在氢液化装置中，氢净化技术的发展方向是常温与低温相结合，以常温为主，辅以低温的净化方法。几种氢净化方法的比较见表 1-5。

表 1-5 几种氢净化方法的比较

比较项目	常温变压吸附法	低温净化法			PSA+低温吸附法	薄膜分离法	金属氢化物法
		低温冷凝	低温吸附	低温洗涤			
氢产品浓度/%	99～99.99（或稍高）	90～98	99～99.9999（或更高）	98～99.9	99.9999	90～95	99.9999
氢提取率/%	50～55（99.99%H_2）	90～93	80～85	85～90	80～85	80～85	80～85
适用的原料氢纯度范围/%	50～90	40～90	≥95	50～90	50～85	≥50	≥60
能耗大小	小	大	大	大	中	小	小
工业化程度	工业化（中小型）	工业化	工业化	工业化	工业化（中型）	工业化（中型）	小型
净化装置投资费用	小	大	大	大	中	小	中

1.4.3 氢气制冷液化循环

液氢的获得需要通过一定的制冷方式将温度降低到氢的沸点以下。按照制冷方式的不同，主要的氢液化系统有：预冷的 Linde-Hampson 系统、预冷型 Claude 系统和氦制冷的氢液化系统。Linde-Hampson 循环能耗高、效率低、技术相对落后，不适合大规模应用。Claude 循环综合考虑设备以及运行经济性，适用于大规模氢液化装置，尤其是液化量在3t/d以上的系统。氦制冷的氢液化装置由于近年来国际及国内氦制冷机的长足发展，其采用间壁式换热形式，安全性更高，但是由于其存在换热温差，整机效率稍逊于 Claude 循环，更适用于 3t/d 以下的装置。

在实际应用中，需要根据制造难度、设备投资以及系统的大小进行液化循环的合理选择。液氢制取的功耗在总功耗中占据很大比重。目前，随着关键设备的进步以及流程的创新，氢液化装置的比功耗逐渐降低。理论流程的效率低，比功耗大，即使是效率最高的预冷的 Claude 循环的理论流程的循环效率仍低于 10%，比功耗高于 30kW・h/kg LH_2。目前在运行的氢液化装置的相对循环效率在 20%～30%之间，比功耗约为 10～15kW・h/kg LH_2，Ingolstadt、Leuna 的氢液化比功耗分别为 13.6 kW・h/kg LH_2，11.9kW・h/kg LH_2。概念性流程的循环效率高于 30%，比功耗小于 10kW・h/kg LH_2。1kg 氢气的可用能为 33kW・h，按照目前已经运行流程的 12kW・h/kg 来计算，每液化 1kg 氢气约用掉了 36%的可用能。为了在今后的大规模应用过程中提高氢能应用的经济性，国际大型机构也就大规模低成本氢液化装置开展深入研究。具有典型代表性的研究项目有日本 World Energy Network（WE-NET）项目、欧洲 IDEALHY 项目等。

在大、中型 LH_2工厂的工艺过程中，氢净化和液化所需的液氮级温区（65～90K）冷冻量由单独设置的氮制冷液化装置所提供，在液氮级温区以下的冷冻量，即液氢级温区（20～40K）冷冻量由氢的制冷循环提供，氢的制冷循环也提供部分液氮级温区冷冻量。在氢气的液化过程中，主要采用节流循环或带膨胀机的循环两种制冷方式，并在此基础上可视具体情况组成多种不同的制冷液化循环。小型液氢装置或氢液化器应以制冷流程简单、操作稳定为主，适当考虑节省能耗。而对大、中型液化装置应在能耗小、投资省、运行安全可靠等方面综合考虑。在设计制冷循环时，主要考虑以下问题：氢、氮循环压力的选取，膨胀机类型的选择及设置位置的考虑，氢、氮系统预冷剂、预冷级数及预冷温度的选取等。

（1）节流氢气液化循环（Linde-Hampson 循环）

1895 年，德国 Linde 和英国 Hampson 分别独立提出了一种简单的空气液化循环（即 Linde-Hampson 循环）。由于氢气的转换温度（20.46K）远低于环境温度，因此 Linde-Hampson 循环不能直接用于氢气液化，而必须将氢气预冷到转化温度以下，再进行 J-T 节流才能实现液化。1898 年，英国伦敦皇家研究所的詹姆斯・杜瓦首次实现了氢气的液化：氢气首先压缩至 20MPa，之后经过液态二氧化碳、液空和负压液空三级预冷进入氢液化器，被回流氢气进一步冷却后通过 J-T 节流温度降至 21.15K，部分氢气液化。1949 年，美国原子能委员会决定建造一台大型氢液化器及配套的低温工程实验室。1952 年 5 月 23 日，该氢液化器首次液化了氢气，产量为 320 L（n-H_2)/h，该流程采用了节流膨胀循环。随着 O-P 氢转换器的设计成功，1953 年 5 月，此氢液化器首次生产了仲氢浓度为 90%～95%的液态氢，产量为 240L/h。至此，氢液化装置仅停留在实验室应用水平。预冷型 Linde-Hampson 系统结构简单，运转可靠，一般应用于中、小型氢液化装置。

节流循环是工业上最早采用的气体液化循环，因为这种循环的装置简单，运转可靠，在小型气体液化循环装置中被广泛采用。由于氢的转化温度低，在低于 80K 时进行节流才有较明显的制冷效应。因此，采用节流循环液化氢时，必须借助外部冷源（如液氮）进行预冷。实际上，只有压力高达 10～15MPa，温度降至 50～70K 时进行节流，才能以较理想的液化率（24%～25%）获得液氢。节流氢液化循环流程为：气态氢经压机压缩后，经高温换热器、液氮槽、主换热器、亚换热器降温节流后进入液氢槽，部分被液化的氢积存在液氢槽内，未液化的低压氢气返流复热后返回压缩机。

我国 101 所于 1966 年建成投产的 100L/h 氢液化装置的流程与上述流程的不同之处有两点：一是为了降低液氮槽内的液氮蒸发温度，在氮蒸气管道上设置了真空泵；二是在液氮槽内和液氢槽内设置了两个装有四氧化三铁催化剂的正-仲氢转化器。在氢气压力为 13～15MPa，液氮蒸发温度为66K左右时，生产正常氢的液化率可达25％（100L/h），生产液态仲氢（仲氢浓度大于95％）时，液化率将下降30％，即每小时生产70L液态仲氢。该装置自1966年建成投产到80年代末退役之前，所生产的液氢基本上满足了我国第一代氢-氧发动机研制试验的需要。

（2）带膨胀机的氢液化循环（预冷型Claude系统）

1902年，G-Claude发明了Claude循环。Claude系统主要依靠的不是J-T节流温降，而是通过气流对膨胀机做功从而实现降温。如果Claude循环有液氮预冷，则系统的性能会有所提高。液氮预冷的Claude系统，其效率比液氮预冷的Linde-Hampson系统高50％～70％。其热力完善度为50％～75％，远高于预冷型Linde-Hampson系统，可用于大规模的液氢生产。1959年，第一台采用Claude循环，即由液氮预冷、膨胀机制冷的大型氢液化装置在美国佛罗里达州建成，这套产量为50t/d的大型氢液化装置代表了当时氢液化发展的最高水平。目前世界上运行的大型氢液化装置都采用改进型带预冷的Claude液化流程。理论证明：在绝热条件下，压缩气体经膨胀机膨胀并对外做功，可获得更大的温降和冷量。因此，目前在气体液化和分离设备中，带膨胀机的液化循环的应用最为广泛。膨胀机分两种：活塞式膨胀机和透平膨胀机。中高压系统采用活塞式膨胀机，低压液化系统则采用透平膨胀机。美国日产30t液氢装置采用带透平膨胀机的大型氢液化循环。该流程由压力为4MPa和带透平膨胀机的双压氢制冷循环组成，并采用常压（0.1MPa）液氮（80K）和负压（0.013MPa）液氮（65K）两级预冷。在这一循环中，大部分冷量由液氮和冷氮气提供，65K以下的冷量由中压（0.7MPa）循环氢系统中的透平膨胀机和高压（4.5MPa）循环氢系统中的两级节流提供。原料氢在整个液化过程中，在6个温度级进行正仲氢的催化转化，最后可获得仲氢浓度大于95％的液氢。

（3）氦制冷氢液化循环

氦制冷氢液化循环用氦作为制冷工质，由氦制冷循环提供氢冷凝液化所需的冷量。101所于1995年从林德公司引进300L/h氦制冷氢液化循环装置。氦制冷氢液化循环是一个封闭循环，气体氦经单级螺杆式压缩机增压到约1.3MPa，通过粗油分离器将大部分油分离出去，氦气在水冷热交换器中被冷却，氦中的微量残油由残油清除器和活性炭除油器彻底清除。干净的压缩氦气进入冷箱内的第一热交换器，在此被降温至97K。通过液氮冷却的第二热交换器、低温吸附器和第三热交换器，氦气进一步降温到52K。利用两台串联工作的透平膨胀机获得低温冷量。从透平膨胀机出来的温度为25K（20K）、压力为0.13MPa的氦气，通过处于氢浴内且包围着最后一级正仲氢转化器的冷凝盘管。从冷凝盘管出来的回流氦，依次回冷各级换热器的低压通道，冷却高压氦和原料氢。复温后的氦气被压机吸入再压缩，进行下一循环。氢循环来自纯化装置、压力大于1.1MPa的氢气，通过热交换器被冷却至79K。以此温度，通过两个低温纯化器中的一个（一个工作的同时另一个再生），氢中的微量杂质将被吸附。离开纯化器以后，氢气进入沉浸在液氮槽中的第一正-仲氢转化器。离开该转化器时，温度约为79K，仲氢浓度为48％左右。在其后的热交换器和转化器中，氢进一步降温并逐级进行正-仲氢转化，最后获得仲氢浓度95％的液态氢产品。

（4）氢液化循环的比较

从氢液化单位能耗来看，以液氮预冷带膨胀机的液化循环最低，节流循环最高，氦制冷氢液化循环居中。如以有液氮预冷带膨胀机的循环作为比较基础，节流循环单位能耗要高50％，氦制冷氢液化循环高25％。所以，从热力学观点来说，带膨胀机的循环效率最高，因而在大型氢液化装置上被广泛采用。节流循环，虽然效率不高，但流程简单，没有在低温下运转的部件，运行可靠，所以在小型氢液化装置中应用较多。氦制冷氢液化循环消除了处理高压氢的危险，运转安全可靠，但氦制冷系统设备复杂，故在氢液化当中应用不是很多。根据以上比较，氦制冷氢液化循环并不是最理想的循环，但由于具体条件限制，101所仍引进300L/h氢液化装置并采用该循环，就工业生产来说，属于中小型装置。我国在中小型氢液化所需的膨胀机，尤其是透平膨胀机研制方面，成果甚少，而林德公司在中小型氦透平膨胀机研制方面，具有很强的技术优势，其产品质量可靠、效率高。用它构成的氦制冷系统，运行平稳、可靠，运行控制实现全自动。

氢液化装置按其生产能力可分为小型、中型和大型三类，各参数见表1-6。小型氢液化装置的生产能力一般不超过20L/h，中型氢液化装置的生产能力为20～500L/h，大型氢液化装置的生产能力在500L/h以上。

表1-6 氢液化装置分类及参数

规模	容量	制冷方法	工作压力
小型	<20L/h	预冷型J-T节流	10～15MPa
		磁制冷	—
		低温制冷机	—
中型	20～500L/h	氦膨胀制冷	H_2:0.3～0.8MPa; He:1～1.5MPa
		氢膨胀制冷	约4MPa
大型	>500L/h	氢膨胀制冷	约4MPa

1.4.4 典型的氢液化系统

Air Products、Praxair分列北美第一、二大液氢供应商（见图1-13～图1-16）。

图1-13 Air Products氢液化（La Porte in Texas）

图1-14 Air Products氢液化应用于航天领域

图1-15 Praxair氢液化系统装置

图1-16 Praxair液氢储运装置

（1）英戈尔施塔特（Ingolstadt）氢液化系统

位于德国 Ingolstadt 的 Linde 氢液化生产装置曾经是德国规模最大的氢液化装置，该液化工艺装置的原料氢气来自炼油厂的含氢量为 86％的工业气体（见图 1-17），因而在液化前需要经过纯化。首先，将压缩到 2. 1MPa 的原料气经过 PSA 纯化器，使其中杂质含量低于 4mg/kg，再在位于液氮温区的低温吸附器中进一步纯化至 1mg/kg 以下，然后送入液化系统进行液化。在液化的过程中同时进行 O-P 转换，最后生产出含有 95％以上仲氢的液氢送往容量为 $270m^3$ 的储罐储存（见表 1-7）。

表 1-7 Ingolstadt 氢液化工厂的技术参数

原料氢	压力	2. 1MPa
	温度	<308K
	纯度	<4mg/kg
	仲氢浓度	25％
液氢	质量流量	1750kg/h
初级压缩机	入口压力	0. 1MPa
	出口压力	约 0. 3MPa
	电功率	57kW
主压缩机	入口压力	0. 3MPa
	出口压力	约 2. 2MPa
	体积流量	$16000m^3/h$
	电功率	1500kW
产品液氢	压力	0. 13MPa
	温度	21K
	质量流量	180kg/h
	纯度	>1mg/kg
	仲氢浓度	>95％
	液化净耗功	13. 6kW · h/kg
㶲效率		21％

该液化流程为改进的液氮预冷型 Claude 循环，氢液化需要的冷量来自三个温区，80K 温区由液氮提供，80～30K 温区由氢制冷系统经过膨胀机膨胀获得，30～20K 温区通过 J-T 阀节流膨胀获得。O-P 转换的催化剂选用经济的 $Fe(OH)_3$，分别放置在液氮温区、80～30K 温区（2 台）以及液氢温区。

（2）洛伊娜（Leuna）氢液化流程

Leuna 是德国小城市，2007 年 9 月，Linde 耗资 2000 万欧元在 Leuna 建成了德国第二个氢液化工厂。Leuna 氢液化系统工艺流程（图 1-18）与 Ingolstadt 氢液化工艺流程（图 1-17）的不同之处是：原料氢气的纯化过程全部在位于液氮温区的吸附器中完成；膨胀机的布置方式不同；正-仲氢转换用转换器全部置于换热器内部。

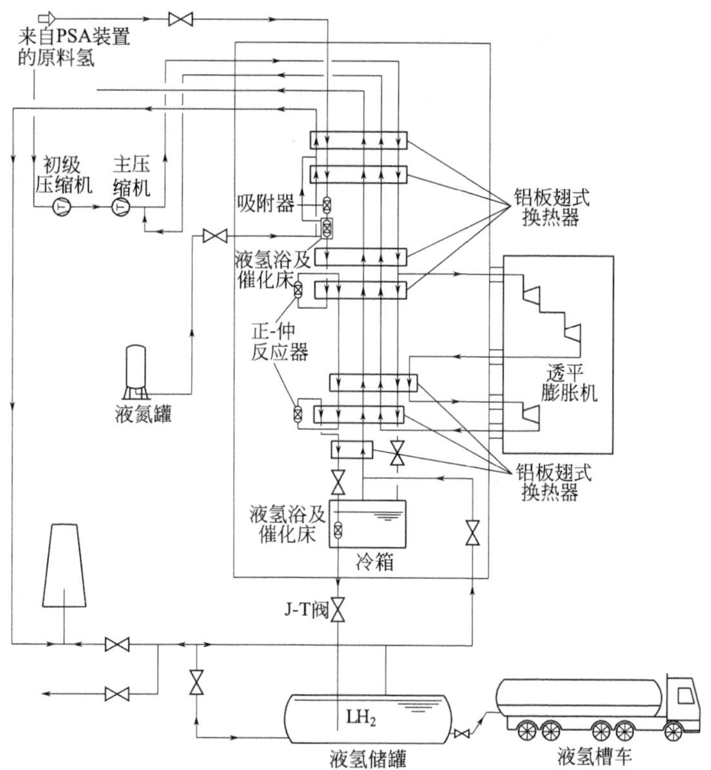

图 1-17 Ingolstadt 氢液化装置的工艺流程图

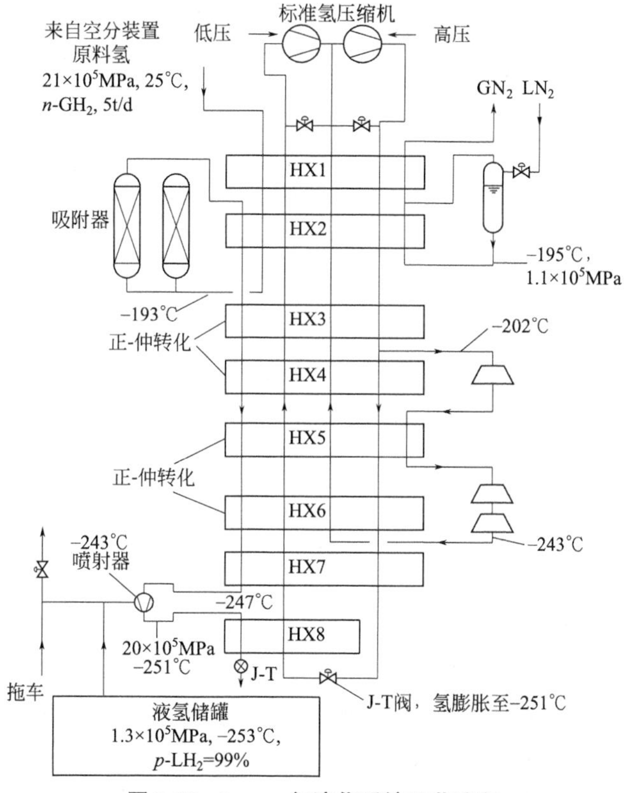

图 1-18 Leuna 氢液化系统工艺流程

（3）普莱克斯（Praxair）氢液化流程

Praxair是北美第二大液氢供应商，目前在美国拥有5座液氢生产装置，生产能力最小为18t/d，最大为30t/d。Praxair大型氢液化装置的能耗为12.5～15kW·h/kg（液化氢），其液化流程均为改进型的带预冷Claude循环，如图1-19所示。第一级换热器由低温氮气和一套独立的制冷系统提供冷量；第二级换热器由LN_2和从原料氢分流的循环氢经膨胀机膨胀产生冷量；第三级换热器由氢制冷系统提供冷量，循环氢先经过膨胀机膨胀降温，然后通过J-T节流膨胀部分被液化。剩余的原料氢气经过二、三级换热器进一步降温后，通过J-T节流膨胀而被液化。

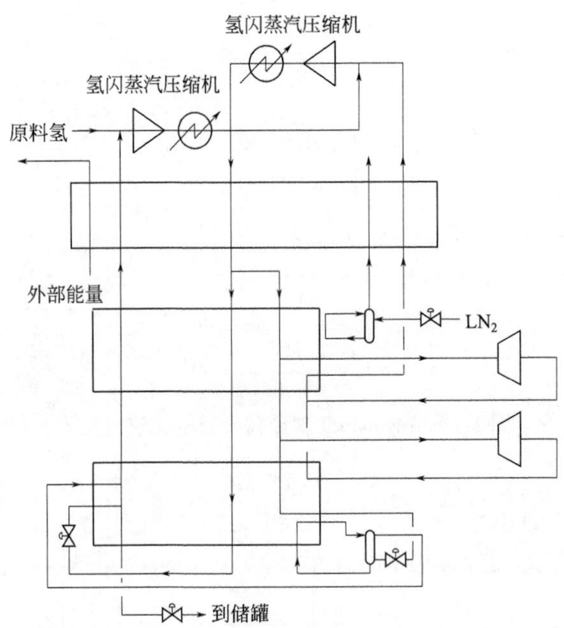

图1-19　Praxair改进型的带预冷Claude循环

（4）LNG预冷的氢液化流程

Hydro Edge承建的LNG预冷的大型氢液化及空分装置于2001年4月1日投入运行。LNG预冷及与空分装置联合生产液氢是日本首次利用该技术生产液氢。共两条液氢生产线，液氢产量为3000L/h，液氧为4000m^3/h，液氮为12100m^3/h，液氩为15m^3/h。

1.4.5　氢气液化系统设备

氢气液化设备一般包括气体预处理系统设备、液化设备、正仲氢转化设备及储运设备等。其中，主换热装备、压缩机、膨胀机、节流装置等为主要液化装备，还包括自动控制系统和气体贮存系统等。气体经压缩机增压后再经膨胀机膨胀或节流阀节流来实现制冷，并通过纯化器把混在其中的水蒸气、高冷凝温度的其他杂质气体除掉，以避免杂质气体在低温下固化，阻塞管道和阀门。液化过程是在极低温度下进行的。液化及储运系统需要采取完善的绝热措施以减少冷量损失。对于氢及氦等液化，一般采用真空多层绝热。储运系统需要高度的密封性，以防止泄漏，避免经济损失和可燃性气体燃烧的危险。氢气液化方法与氦液化基本相似。氢液化过程中会产生正-仲氢转化反应，放出转化热，使已液化的液氢蒸发。为此在氢液化设备中设置有催化剂转化器，使液氢在进入贮槽之前转化完毕。氢气是易燃易爆气体，设备应当高度密封，而且纯化要求高。氢气中如混有少量氧，会在低温下固结，可能引起局部燃烧或爆炸。

1.4.6 液氢（LH_2）板翅式主换热装备

氢气液化过程中的主换热装备一般采用多股流板翅式换热器，其具有排列紧凑、占地面积小、翅片换热效率高、质量轻等优点，是目前技术非常成熟的低温换热装备之一。随着时代的进步和板翅式换热器技术发展的完善，板翅式换热器已广泛应用于供热、空调、制冷、石化、深度低温等领域。板翅式换热器由于翅片的存在，大大增加了其传热总面积。并且翅片还可以被设计成特殊的形状，如开孔、弯曲、开缝等，进一步破坏流体的边界层，使流体处在紊流状态，从而大大减小传热热阻，进而提高传热效率。在强迫对流的情况下，气体的传热系数可达35～350W/(m^2·K)，液体的传热系数可达110～1700W/(m^2·K)，在沸腾时传热系数最高可以达到35000W/(m^2·K)。

（1）板翅式换热器的发展

20世纪30年代英国马尔斯顿·克歇尔公司运用钎焊方法将铜及其合金制成板翅式换热器，用于航空发动机的散热。1942年美国人诺尔斯顿对平直翅片、波纹翅片、锯齿翅片、多孔翅片、钉状翅片进行了研究，找出了这些翅片的传热因子、摩擦因子与雷诺数之间的关系，为进一步的研究发展打下一定基础。1945年美国斯坦福大学组成了斯坦福研究小组，进行紧凑式传热表面的研究，并在此方面获得成功，使板翅式换热器在未来的发展中变得紧凑高效。20世纪60年代后，美国海军研究署和美国原子能委员会与“空气研究公司”“通用发电机公司哈罩逊散热器分厂”“莫德林公司”共同使得铝制板翅式换热器获得发展。后来由凯伦教授和伦敦教授编著了《紧凑式换热器》，该书系统总结了其相关的研究成果，包括100多种紧凑式传热表面的实验数据和56种板翅式传热表面的实验数据。日本神户制钢所在60年代先后从美英等国引进技术、设备，并对夹具、预热温度均匀、炉温控制、钎剂配方、防腐蚀等方面进行实验研究。在研制和操作方面获得了实际经验之后，开始大量生产板翅式换热器。除美、英、日以外，德国、法国、比利时、捷克等主要工业国家，也开始对板翅式换热器进行研究并制造。目前国际上可生产的板翅式换热器最高承压可达10MPa，可允许十多种流体同时换热，重达十吨以上。

板翅式换热器的生产难度较大，技术要求较高，目前世界上有多个国家可以进行大型板翅式换热器的工业化生产开发等，包括英、美、日、法、德等。首先，在20世纪30年代，板翅式换热器性能良好、结构紧密、传热效率高，可应用的范围已经大大扩大，包括石油化工、电子技术、制冷与低温工程、船舶制造、动力工程、原子能等。板翅式换热器仍然继续向着大尺寸、高精度、高效率、高工作压力等方面大力发展。国际上目前从事板翅式换热器工业生产的厂家主要有美国查特公司、英国查特公司、德国林德公司（图1-20）、日本住友工业精密株式会社、日本神户制钢所和法国诺顿公司等。

我国开始从事板翅式换热器的相关研究是在20世纪60年代中期，并在20世纪70年代取得突破性进展。初期自行开发成功，首先应用于空气分离设备。之后，在20世纪90年代初，杭州制氧机股份有限公司（简称杭氧）引进了国外的先进设备与技术，如美国S. W.（Stewarwarner South Wind Crop）公司的大型真空钎焊炉等，用来发展我国的板翅式换热器。如今杭氧开发出了近50种可满足各种换热需求的不同尺寸、不同规格、不同形式的翅片，可生产板束最大尺

图 1-20 Linde 生产的低温 LH_2 多股流板翅式换热器

寸为 7.5m×1.3m×1.3m、最高设计压力达到 8.0MPa 的大型板翅式换热器。在 2005 年，为了满足板翅式换热器的生产发展需要，另外一家公司四川空分设备有限责任公司（简称川空）购进了世界上最大规格的真空钎焊炉，使我国可生产的板翅式换热器尺寸达到 10m×1.5m×1.6m。另外，此公司还建立了板翅式换热器性能测试实验室，为我国的大型设备、大国重器的研究、开发及应用提供了良好的先天条件。

我国早在 20 世纪 60 年代就开始生产用于航空冷却的板翅式换热器，由于采用空气炉钎焊的生产工艺，所以只能生产小型产品。60 多年来我国板翅式换热器技术取得了显著的进步。1983 年抗氧和开封两厂开发出了大型和中压的板翅式换热器，使我国板翅式换热器的技术水平达到了一个新的高度。1991 年抗氧集团引进美国 SW 公司大型真空钎炉和板翅式换热器的制造技术，于 1993 年成功开发了 8.0MPa 石油化工用高压铝制板翅式换热器，使我国的产品走向国际市场。近年来，由于铝和铝合金钎焊技术的发展和不断完善，促使板翅式换热器得到广泛应用，产品朝着系列化、标准化、专业化和大型化发展。近十年来，我国板翅式换热器高速发展，并在空气分离、机械动力、化工等工业领域得到了广泛的应用，且有部分出口国外。目前国外从事板翅式换热器生产的共同特点是为使其与石油化工设备产品配套而努力，并试制高工作压力和大尺寸规格的换热器。

（2）板翅式换热器的构造和工作原理

隔板、翅片及封条构成了板翅式换热器的基本单元。冷热流体在相邻的基本单元体的流道中流动，通过翅片及将翅片连接在一起的隔板进行热交换，因而，这样的结构基本单元体也就是进行热交换的基本单元。将许多个这样的单元体根据流体流动方式的布置叠置起来，钎焊成一体组成板翅式换热器的板束部分，一般情况下从强度、热绝缘和制造工艺等要求出发，板束顶部和底部还各留有若干层假翅片层，又称强度层或工艺层，在板束两端配置适当的流体出入口，即可组成板翅式换热器。翅片是板翅式换热器的最基本单元，冷热流体之间的热交换大部分通过翅片，小部分直接通过隔板来进行，正常设计中，翅片传热面积为换热器总面积的 60％～80％，翅片与隔板之间的连接均为完整的钎焊，因此大部分热量传给翅片，通过隔板并由翅片传给冷流体，由于翅片传热不像隔板那样直接传热，故翅片又有“二次表面”之称。二次传热面一般比一次传热面效率低。但是没有这些翅片就形成了最基本的平板式换热器。翅片除了承担主要的传热以外，还起着隔板之间的加强作用。尽管翅片和隔板材料都很薄，但由此构成的单元体强度很高，能承受很高的压力。封条的作用是使流体在单元体的流动中不向外流动，它的结构形式很多，常用的有燕尾形、燕尾槽形和矩形三种。为了均匀地把流体引导到各个翅片中或汇集到封头中，一般在翅片的两端都设有导流片，导流片也起对较薄翅片的保护作用，它的结构与多孔翅片相似，封头的作用就是集聚流体使板束与工艺管道连接起来。由于翅片的特殊结构，使流体在流道中形成强烈的湍动，使传热边界层不断被破坏，有效降低了热阻，提高了传热效率，而且结构紧凑，单位体积的传热面积通常比列管式换热器大五倍以上，最大可达几十倍，体积小，轻巧牢固，适用性大，经济性好。

（3）板翅式换热器的工艺设计过程

板翅式换热器的工艺设计步骤主要有以下几部分：a. 根据液化工艺流程，确定各级制冷剂；b. 确定各个制冷剂在不同压力和温度下的物性参数；c. 根据各个制冷剂物性参数确定各级所需制冷剂种类；d. 根据各级制冷剂吸收放出热量平衡得出各级制冷剂的质量流量；e. 确定换热系数和换热面积一级板束的排列；f. 求出各级板束压力降。

通过对换热器设计计算有以下结论。

① 板翅式换热器中流体的流动速度不能太大，流速太大不利于充分换热，而且流体的流动阻力增大，压力降也随之增大，增大的压力降反过来作用于流速，对换热量影响很大。

② 各流体质量流量、膨胀后换热量的计算相当复杂，应该充分考虑各股冷、热流体的负荷，使流体的制冷量与预冷量平衡。

③ 选择翅片时充分考虑翅片的最高工作压力、传热能力、允许压力降、流体的流动特性、有无相变、流量等，让翅片发挥高效的传热能力。当给热系数大的时候，选用高度低、翅片厚的翅片。当给热系数小的时候，选用高度高、翅片薄的翅片，这样可以弥补给热系数小造成的不足。

本章小结

根据目前国内外氢气液化工艺及装备研究开发现状及特点，书中主要针对四类氢气液化工艺及主设备——LH_2板翅式换热器进行研究开发，并以每天30万立方米液化量进行设计计算，分别采用PFHE型液氮预冷五级膨胀八级板翅式换热器、液氮预冷一级膨胀两级节流四级板翅式换热器、两级氦膨胀两级节流五级板翅式换热器、四级氦膨胀制冷四级板翅式换热器作为主液化换热装备，并对主液化装备及涉及LH_2工艺流程等进行了系统的研究开发及设计计算过程。

参考文献

[1] 郑祥林．液氢的生产及应用［J］．今日科苑，2008(6)：59.
[2] 吕翠，王金阵，朱伟平，等．氢液化技术研究进展及能耗分析［J］．低温与超导，2019(7)：11-18.
[3] 唐璐，邱利民，姚蕾，等．氢液化系统的研究进展与展望［J］．制冷学报，2011(6)：1-8.
[4] 顾安忠，石玉美，汪荣顺，朱刚．天然气液化流程及装置［J］．深冷技术，2003(1)：1-6.
[5] 公茂琼，郭浩，孙兆虎，等．小型可移动式天然气液化装置研究进展［J］．化工学报，2015(S2)：10-19.
[6] 杨文，曹学文，孙丽，等．天然气液化技术研究现状及进展［J］．天然气化工，2015(40)：88-93.
[7] 张周卫，郭舜之，汪雅红，赵丽．液化天然气装备设计技术（液化换热卷）［M］．北京：化学工业出版社，2018(5)．
[8] 张周卫，赵丽，汪雅红，郭舜之．液化天然气装备设计技术（动力储运卷）［M］．北京：化学工业出版社，2018(6)．

[9] 张周卫，苏斯君，张梓洲，田源．液化天然气装备设计技术（通用换热器卷）[M]．北京：化学工业出版社，2018(5)．
[10] 张周卫，汪雅红，田源，张梓洲．液化天然气装备设计技术（LNG 低温阀门卷）[M]．北京：化学工业出版社，2018(5)．
[11] 张周卫，汪雅红．缠绕管式换热器 [M]．兰州：兰州大学出版社，2014(6)．
[12] 张周卫，李连波，李军，等．缠绕管式换热器设计计算软件 [Z]．北京：中国版权保护中心，201310358118.7，2011.09.
[13] 张周卫，汪雅红，郭舜之，赵丽．低温制冷装备与技术 [M]．北京：化学工业出版社，2018(3)．
[14] 张周卫，汪雅红．空间低温制冷技术 [M]．兰州：兰州大学出版社，2014(3)．
[15] 张周卫，薛佳幸，汪雅红．LNG 系列缠绕管式换热器的研究与开发 [J]．石油机械，2015，43(4)：118-123.
[16] 张周卫，薛佳幸，汪雅红，李跃．缠绕管式换热器的研究与开发 [J]．机械设计与制造，2015(9)：12-17.
[17] 张周卫，汪雅红，薛佳幸，李跃．低温甲醇用系列缠绕管式换热器的研究与开发 [J]．化工机械，2014，41(6)：705-711.
[18] 张周卫，李跃，汪雅红．低温液氮用系列缠绕管式换热器的研究与开发 [J]．石油机械，2015，43(6)：117-122.
[19] 张周卫，薛佳幸，汪雅红．双股流低温缠绕管式换热器设计计算方法研究 [J]．低温工程，2014(6)：17-23.
[20] Zhang Zhouwei, Wang Yahong, Xue Jiaxing. Research and develop on series of LNG coil-wound heat exchanger [J]. Applied Mechanics and Materials, 2015(1070-1072): 1774-1779.
[21] Zhang Zhouwei, Xue Jiaxing, Wang Yahong. Calculation and design method study of the coil-wound heat exchanger [J]. Advanced Materials Research, 2014(1008-1009): 850-860.
[22] Xue Jiaxing, Zhang Zhouwei, Wang Yahong. Research on double-stream coil-wound heat exchanger [J]. Applied Mechanics and Materials, 2014(672-674): 1485-1495.
[23] Zhang Zhouwei, WangYahong, Xue Jiaxing. Research and develop on series of cryogenic liquid nitrogen coil-wound heat exchanger [J]. Advanced Materials Research, 2015(1070-1072): 1817-1822.
[24] Zhang Zhouwei, Wang Yahong, Xue Jiaxing. Research and develop on series of cryogenic methanol coil-wound heat exchanger [J]. Advanced Materials Research, 2015(1070-1072): 1769-1773.
[25] Zhang Zhouwei, Wang Yahong, Xue Jiaxing. Research on cryogenic characteristics in spatial cold-shield system [J]. Advanced Materials Research, 2014(1008-1009): 873-885.
[26] 张周卫．LNG 低温液化一级制冷四股流螺旋缠绕管式换热装备 [P]．中国：201110379518.7，2012.05.
[27] 张周卫．LNG 低温液化二级制冷三股流螺旋缠绕管式换热装备 [P]．中国：201110376419.3，2012.08.
[28] 张周卫．LNG 低温液化三级制冷螺旋缠绕管式换热装备 [P]．中国：201110373110.9，2012.08.
[29] 张周卫．LNG 低温液化混合制冷剂多股流螺旋缠绕管式主换热装备 [P]．中国：201110381579.7，2012.08.
[30] 张周卫．LNG 低温液化一级制冷五股流板翅式换热器 [P]．中国：201510040244.7，2015.01.
[31] 张周卫．LNG 低温液化二级制冷四股流板翅式换热器 [P]．中国：201510042630.X，2015.01.
[32] 张周卫．LNG 低温液化三级制冷三股流板翅式换热器 [P]．中国：201510040244.7，2015.01.
[33] 张周卫．LNG 混合制冷剂多股流板翅式换热器 [P]．中国：201510051091.6，2015.02.
[34] 张周卫．一种带真空绝热的单股流低温螺旋缠绕管式换热器 [P]．中国：2011103111939，2011.09.
[35] 张周卫．单股流螺旋缠绕管式换热器设计计算方法 [P]．中国：201210297815.1，2012.09.
[36] 张周卫．一种带真空绝热的双股流低温螺旋缠绕管式换热器 [P]．中国：2011103156319，2012.05.
[37] 张周卫．双股流螺旋缠绕管式换热器设计计算方法 [P]．中国：201210303321.X，2013.01.
[38] 张周卫．低温甲醇-甲醇缠绕管式换热器设计计算方法 [P]：中国，201210519544.X，2013.01.
[39] 张周卫．低温循环甲醇冷却器用缠绕管式换热器 [P]．中国：201210548454.3，2013.03.
[40] 张周卫．未变换气冷却器用低温缠绕管式换热器 [P]．中国：201210569754.X，2013.04.
[41] 张周卫．变换气冷却器用低温缠绕管式换热器 [P]．中国：201310000047.3，2013.04.
[42] 张周卫．原料气冷却器用三股流低温缠绕管式换热器 [P]．中国：201310034723.9，2013.05.
[43] 张周卫．低温液氮用多股流缠绕管式主回热换热装备 [P]．中国：201310366573.1，2013.08.
[44] 张周卫．低温液氮用一级回热多股流换热装备 [P]．中国：201310387575.9，2013.08.
[45] 张周卫．低温液氮用二级回热多股流缠绕管式换热装备 [P]．中国：201310361165.7，2013.08.
[46] 张周卫．低温液氮用三级回热多股流缠绕管式换热装备 [P]．中国：201310358118.7，2013.08.
[47] 苏斯君，张周卫，汪雅红．LNG 系列板翅式换热器的研究与开发 [J]．化工机械，2018，45(6)：662-667.
[48] 张周卫，苏斯君，汪雅红．LNG 系列阀门的研究与开发 [J]．化工机械，2018，45(5)：527-532.
[49] 张周卫，厉彦忠，汪雅红，等．空间低红外辐射液氮冷屏低温特性研究 [J]．机械工程学报，2010，46(2)：111-118.

[50] 张周卫，张国珍，周文和，等．双压控制减压节流阀的数值模拟及实验研究［J］. 机械工程学报，2010，46(22)：130-135.

[51] 张周卫，厉彦忠，陈光奇，等．空间低温冷屏蔽系统及表面温度分布研究［J］. 西安交通大学学报，2009(8)：116-124.

[52] Zhang Zhouwei, Wang Yahong, Li Yue, Xue Jiaxing. Research and development on series of LNG plate-fin heat exchanger［C］. 3rd International Conference on Mechatronics, Robotics and Automation (ICMRA 2015), 2015(4)：1299-1304.

[53] Li He, Zhang Zhou wei, Wang Yahong, Zhao Li. Research and development of new LNG series valves technology［C］. International Conference on Mechatronics and Manufacturing Technologies (MMT 2016, Wuhan China), 2016(4)：121-128.

[54] 张周卫，张梓洲，田源．混合制冷剂离心压缩机叶轮设计与研究［J］. 机械设计与制造，2020(2)：72-75，79.

[55] 徐耀庭．氢液化设计的有关问题［J］. 低温工程，1995，84(2)：1-7.

第 2 章

30 万立方米 PFHE 型液氮预冷五级膨胀制冷氢液化系统工艺装备

本章重点介绍研究开发 $30\times10^4 m^3/d$ PFHE 型液氮预冷五级膨胀制冷氢液化系统工艺装备设计计算方法，并根据三级氮膨胀制冷、两级氢膨胀制冷工艺流程及八级多股流板翅式换热器（PFHE），将氢气液化为-252℃ LH_2（图 2-1）。在氢气液化为 LH_2 过程中会放出大量热，需要研究开发相应 LH_2 液化工艺，构建制冷系统并应用三级氮 PFHE 及五级氢 PFHE 来降低氢气温度。

传统的 LH_2 液化工艺一般运用氮气或氦气等制冷剂，通过多级膨胀制冷，最终将氢在 1atm 下冷却至-252℃液体状态。由于传统的 LH_2 液化工艺系统占地面积大，液化效率低，所以，本章采用三级氮 PFHE 辅助液化及五级氢 PFHE 主液化装备，内含五级膨胀制冷工艺，其具有结构紧凑、换热效率高等特点，能有效解决液化工艺系统庞大、占地面积大等问题。本章给出了三级液氮膨胀制冷及五级氢膨胀制冷的 LH_2 工艺流程及主液化装备——多股流板翅式换热器的设计计算模型。

2.1 板翅式换热器的发展

2.1.1 总体发展概况

板翅式换热器应用于诸多方面，最初应用于汽车与航空发展。随着时代的进步和发展，板翅式换热器的技术发展趋于完善，板翅式换热器同时运用于供热、空调、制冷、石化、深度低温等领域。20 世纪 30 年代英国马尔斯顿 · 克歇尔公司运用钎焊方法将铜及其合金制成板翅式换热器，用于航空发动机的散热。随着技术的发展，1942 年美国人诺尔斯顿对平直翅片、波纹翅片、锯齿翅片、多孔翅片、钉状翅片进行了研究，找出了这些翅片的传热因子、摩擦因子与雷诺数之间的关系，为进一步的研究发展打下一定基础。1945 年，美国斯坦福大学组成了斯坦福研究小组，进行紧凑式传热表面的研究，并在此方面获得成功，使板翅式换热器在未来的发展中变得紧凑高效。

2.1.2 国外发展概况

20 世纪 60 年代后，美国海军研究署和美国原子能委员会与“空气产品公司”“通用发电机公司哈罩逊散热器分厂”“莫德林公司”共同使得铝制板翅式换热器获得发展。日本神户制

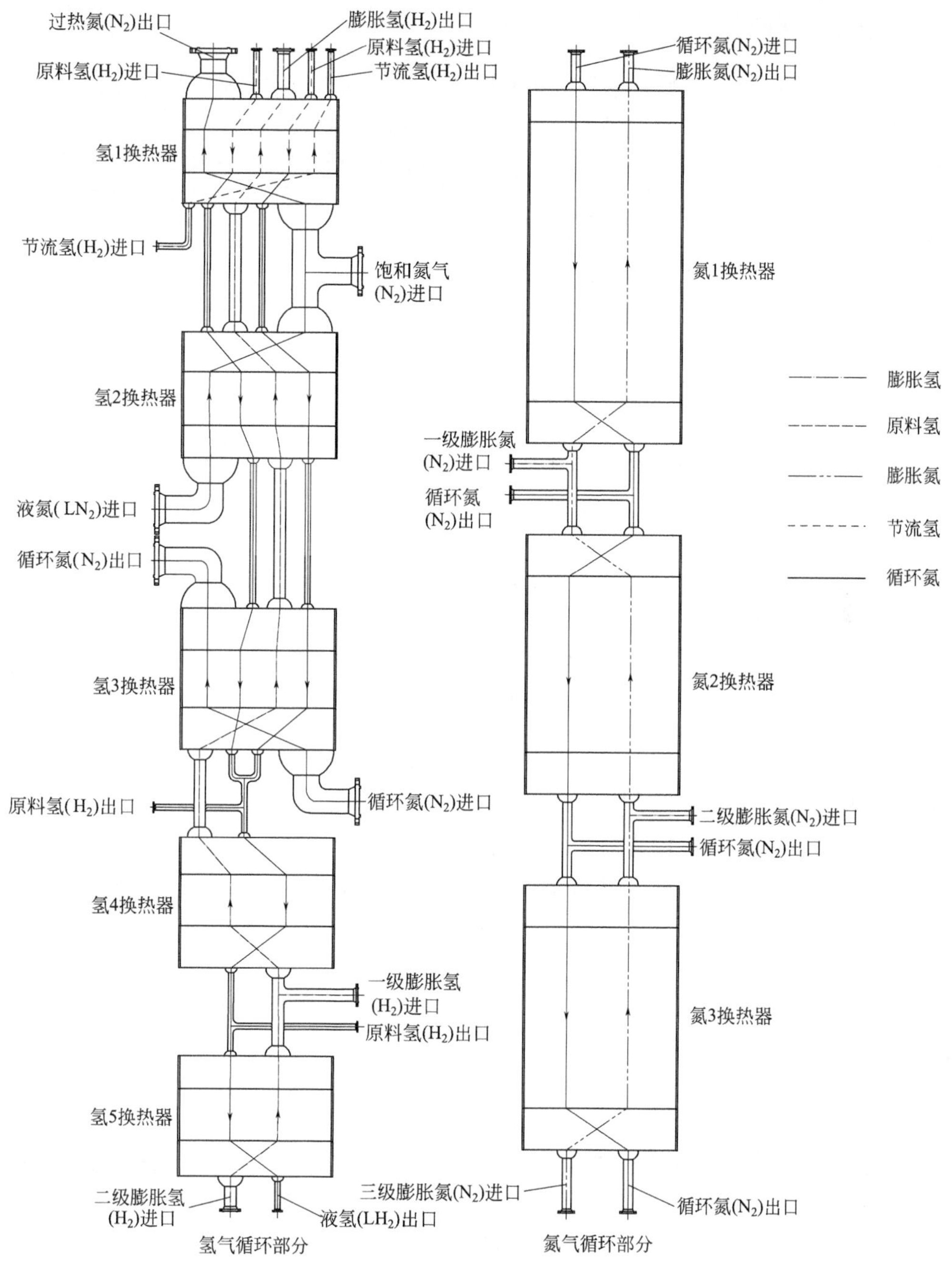

图 2-1　PFHE 型八级液氮预冷氢液化多股流板翅式主换热器

钢所在 60 年代先后从美英等国引进技术、设备，并对夹具、预热温度均匀性、炉温控制、钎剂配方、防腐蚀等方面进行实验研究。在研制和操作方面获得了实际经验之后，开始大量生产板翅式换热器。除美、英、日以外，德国、法国、比利时、捷克等主要工业国家，对板翅式换热器也开始研究和制造。目前国外从事板翅式换热器生产的共同特点是为使其与石油化工设备产品配套而努力，并试制高工作压力和大尺寸规格的换热器。未来的发展趋势是板翅式换热器大量用于化工产业，其使用范围也必将日益扩大和发展。

2.1.3 国内发展概况

我国早在20世纪60年代就开始生产用于航空冷却的板翅式换热器，由于采用空气炉钎焊的生产工艺，所以只能生产小型产品。几十年来我国板翅式换热器技术取得了显著的进步，1983年抗氧和开封两厂开发出了大型和中压的板翅式换热器，使我国板翅式换热器的技术水平达到了一个新的高度。1991年抗氧集团引进美国SW公司大型真空钎炉和板翅式换热器的制造技术，于1993年成功开发了8.0MPa石油化工用高压铝制板翅式换热器，使我国的产品走向国际市场。近年来，由于铝和铝合金钎焊技术的发展和不断完善，促使板翅式换热器得到广泛的应用，产品朝着系列化、标准化、专业化和大型化发展。

2.2 LH_2 板翅式换热器设计目的

采用多股流板翅式主液化装备（PFHE）的目的在于可高效地将氢气液化为-253℃的液化氢气。当氢气液化为液体时，放出大量热，通过PFHE可逐级降低氢气温度。板翅式换热器具有结构紧凑、换热效率高的特点。但采用单一的多级换热机制难以解决在液化降温工艺中出现的占地面积大、难以管理等问题，而采用多股流板翅式换热器能大大节约液化工艺中的占地面积过大、效率低等问题。

2.3 板翅式换热器构造及工作原理

2.3.1 板翅式换热器基本单元

隔板、翅片及封条构成了板翅式换热器的基本单元。冷热流体在相邻的基本单元体的流道中流动，通过翅片及将翅片连接在一起的隔板进行热交换，因而，这样的结构基本单元体也就是进行热交换的基本单元。将许多个这样的单元体根据流体流动方式的布置叠置起来，钎焊成一体，组成板翅式换热器的板束，一般情况下从强度、热绝缘和制造工艺等要求出发，板束顶部和底部还各留有若干层假翅片层，又称强度层或工艺层，在板束两端配置适当的流体出入口，即可组成板翅式换热器。

2.3.2 板翅式换热器翅片作用

翅片是板翅式换热器的最基本单元，冷热流体之间的热交换大部分通过翅片，小部分直接通过隔板来进行，正常设计中，翅片传热面积占换热器总面积的60%～80%，翅片与隔板之间的连接均为完整的钎焊，因此大部分热量传给翅片，通过隔板并由翅片传给冷流体，由于翅片传热不像隔板那样直接传热，故翅片又有“二次表面”之称。二次传热面一般比一次传热面效率低。但是没有这些翅片就形成了最基本的平板式换热器。翅片除了承担主要的传热以外，还起着隔板之间的加强作用。尽管翅片和隔板材料都很薄，但由此构成的单元体强度很高，能承受很高的压力。

2.3.3 板翅式换热器主要附件

封条的作用是使流体在单元体的流动中不向外流动，它的结构形式很多，常用的有燕尾形、燕尾槽形和矩形三种。为了均匀地把流体引导到各个翅片中或汇集到封头中，一般在翅片的两端都设有导流片，导流片也起对较薄翅片的保护作用，它的结构与多孔翅片相似，封头的作用就是集聚流体从而使板束与工艺管道连接起来。由于翅片的特殊结构，使流体在流道中形成强烈的湍动，使传热边界层不断被破坏，有效降低了热阻，提高了传热效率。而且结构紧凑，单位体积的传热面积通常比列管式换热器大五倍以上，最大可达几十倍，体积小，轻巧牢固，适用性好，经济性好。

2.4 板翅式换热器中氢气的液化

氢气液化系统由两个系统组成：氮气膨胀循环系统和氢气膨胀循环系统（图 2-2）。氮气膨胀循环系统由三个连贯的板束组成，气态氮经过压缩机压缩达到 90℃、3.06MPa 的状态，经过水冷降温至 36℃后，分出一股进入膨胀机膨胀为氮 1 换热器提供冷量，将循环氮降温至 -55℃；接着分出一股进入第二个膨胀机，膨胀之后为氮 2 换热器提供制冷量，将循环氮的温度降低到-117℃之后继续分出一股进入第三个膨胀机膨胀，为氮 3 换热器提供冷量，将循环氮冷却至-160℃，在氮 3 换热器中将氮气液化，然后通过节流降低循环氮的压力，在液氮槽中分为三股，分别为氢 1、氢 2、氢 3 换热器提供冷量，最后回到 32℃、0.84MPa 的状态进入压缩机继续循环。

氢气膨胀循环系统由五个连贯的板束组成，气态氢进入氢 1、氢 2、氢 3 换热器由氮气、膨胀氢和氢换热器中的节流氢将原料氢的温度降低到-190℃，然后分出一部分进入膨胀机膨胀之后在氢 4 换热器中提供冷量，将原料氢的温度降低到-227℃。之后进入氢 5 换热器，一部分进入另一膨胀机膨胀为氢 5 换热器提供冷量，最终将氢气冷却到-246℃。最后通过节流将原料氢减压冷却到-252.2℃，0.13MPa，达到储存运输的要求。

2.5 板翅式换热器制冷系统

该氢气液化系统采用的是单一制冷剂的制冷系统，制冷剂为氮气和氢气。氮气的部分液化由自身的膨胀提供制冷量，液氮将原料氢的温度降低到-190℃之后，由氢气循环部分自身膨胀提供制冷量将循环氢冷却至-246℃，最终节流达到液氢状态。

2.6 板翅式换热器工艺流程设计

板翅式换热器的工艺设计步骤主要有以下几部分。

① 根据液化氢气的工艺流程，确定制冷剂。

② 确定制冷剂在不同压力和温度下的物性参数。

③ 根据制冷剂物性参数确定各级所需制冷剂种类。

④ 根据制冷剂吸收、放出热量平衡得出各级制冷剂的质量流量。

⑤ 确定换热系数、换热面积以及板束的排列。

⑥ 求出各级板束压力降。

2.7 氢气液化工艺流程设计

氢气液化具体工艺流程及节点参数见图 2-2。

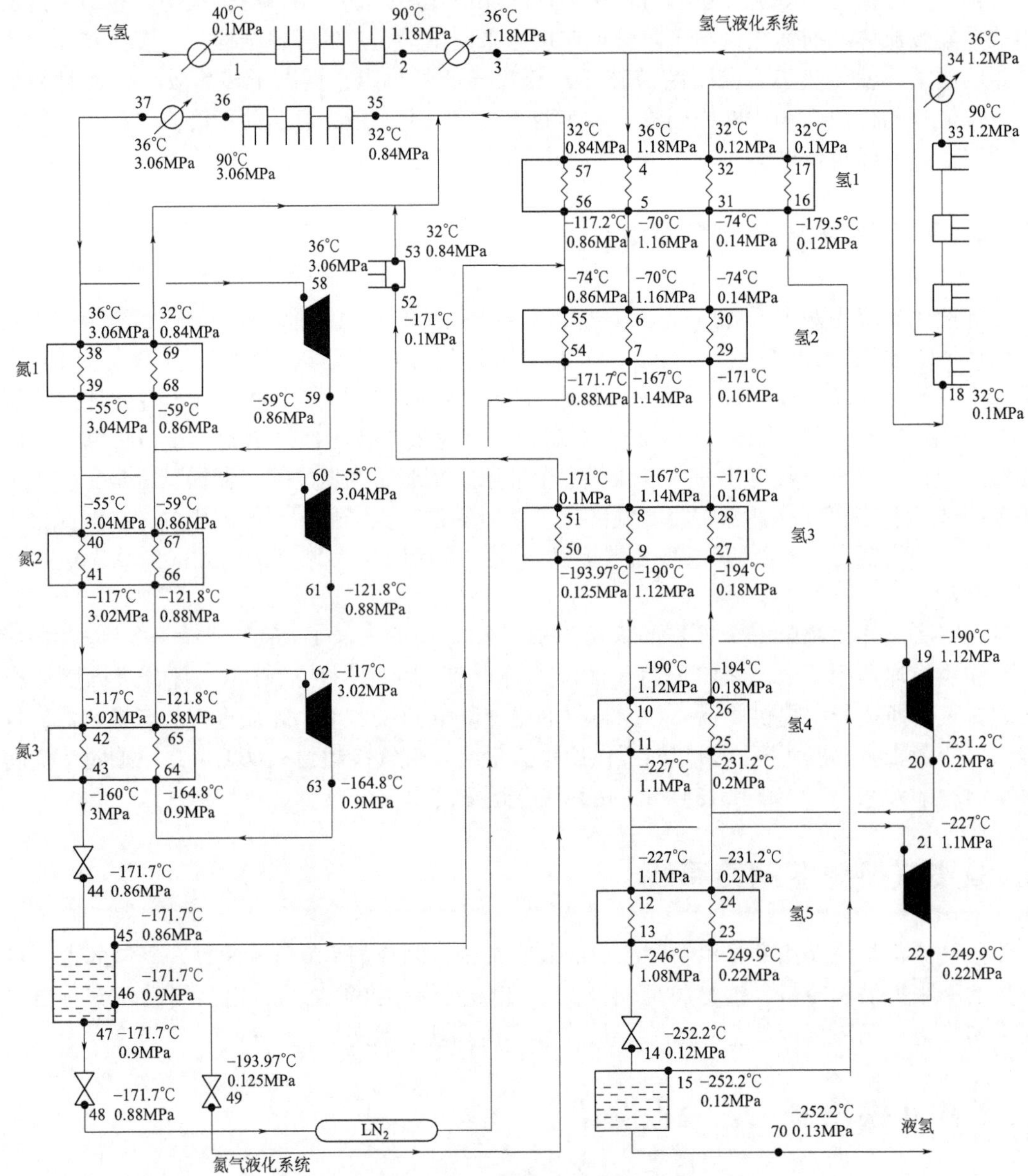

图 2-2 液氮预冷五级膨胀制冷氢液化工艺流程图

2.8 制冷剂主要参数的确定

通过查阅相关资料和国内外对板翅式换热器的设计，确定出所需的制冷剂分别为氮气、氢气，各个制冷剂的参数都由 REFPROP 8.0 软件查得，具体如表 2-1。

表 2-1 制冷剂参数表

名称	临界压力/MPa	临界温度/K
氮气	3.3958	126.19
氢气	1.2964	33.14

2.9 各状态点参数设计计算

通过流程图中状态点的编号，查取各个状态点参数列入表中，如表 2-2 为各状态点的密度焓值等，表 2-3 为各级换热器进出口流体常用参数。

表 2-2 各状态点密度焓值表

点号	温度/℃	压力/MPa	密度/(kg/m³)	焓值/(kJ/kg)	点号	温度/℃	压力/MPa	密度/(kg/m³)	焓值/(kJ/kg)
1	40	0.1	0.0774	4146.8000	36	90	3.06	28.2070	373.0500
2	90	1.18	0.7831	4873.4000	37	36	3.06	33.3970	314.8100
3	36	1.18	0.9192	4094.4000	38	36	3.06	33.3970	314.8100
4	36	1.18	0.9192	4094.4000	39	-55	3.04	49.0490	213.6400
5	-70	1.16	1.0040	2600.1000	40	-55	3.04	49.0490	213.6400
6	-70	1.16	1.3736	2600.1000	41	-117	3.02	77.8720	136.2400
7	-167	1.14	2.6028	1360.9000	42	-117	3.02	77.8720	136.2400
8	-167	1.14	2.6028	1360.9000	43	-160	3	613.3600	-41.3250
9	-190	1.12	3.3035	1097.5000	44	-171.7	0.86	680.4700	-69.8150
10	-190	1.12	3.3035	1097.5000	45	-171.7	0.86	680.4700	-69.8150
11	-227	1.1	6.5365	667.4900	46	-171.7	0.9	680.7500	-69.8140
12	-227	1.1	6.5365	667.4900	47	-171.7	0.9	680.7500	-69.8140
13	-246	1.08	62.8310	87.3240	48	-171.7	0.88	680.6100	-69.8140
14	-252.2	0.12	70.1740	5.9464	49	-193.97	0.125	797.8900	-118.2700
15	-252.2	0.12	70.1740	5.9464	50	-193.97	0.125	797.8900	-118.2700
16	-179.5	0.12	0.3109	1233.5100	51	-171	0.1	3.3602	104.2100
17	32	0.1	0.0794	4032.0000	52	-171	0.1	3.3602	104.2100
18	32	0.1	0.0794	4032.0000	53	32	0.84	9.2842	315.0000
19	-190	1.12	3.3035	1097.5000	54	-171.7	0.88	680.6100	-69.8100
20	-231.2	0.2	1.1878	677.5700	55	-74	0.86	14.8250	202.3500
21	-227	1.1	6.5365	667.4900	56	-117.2	0.86	19.4460	155.0300
22	-249.9	0.22	67.2580	31.7370	57	32	0.84	9.2842	315.0000
23	-249.9	0.22	67.2580	31.7370	58	36	3.06	33.1790	314.8500
24	-231.2	0.2	1.1878	677.5700	59	-59	0.86	13.7210	218.4800
25	-231.2	0.2	1.1878	677.5700	60	-55	3.04	49.0490	213.6400
26	-194	0.18	0.5528	1074.3000	61	-121.8	0.88	20.6300	149.6800
27	-194	0.18	0.5528	1074.3000	62	-117	3.02	77.8720	136.2400
28	-171	0.16	0.3798	1328.0000	63	-164.8	0.9	33.2770	97.0450
29	-171	0.16	0.3798	1328.0000	64	-164.8	0.9	33.2770	97.0450
30	-74	0.14	0.1703	2545.6000	65	-121.8	0.88	20.6300	149.6800
31	-74	0.14	0.1703	2545.6000	66	-121.8	0.88	20.6300	149.6800
32	32	0.12	0.0953	4032.1000	67	-59	0.86	13.7210	218.4800
33	90	1.2	0.7963	4873.5000	68	-59	0.86	13.7210	218.4800
34	36	1.2	0.9347	4094.5000	69	32	0.84	9.2842	315.0000
35	32	0.84	9.2842	315.0000	70	-252.2	0.13	70.1890	6.0366

表 2-3 各级换热器进出口流体常用参数

换热器	序号	温度/K	压力/MPa	比热容/(kJ/kg)	热导率/[W/(m·K)]	黏度/Pa·s	密度/(kg/m³)
氢 1	1	-42.6	0.85	1.0657	21.098	0.0000146640	12.545
	2	-17	1.17	14.138	164.83	0.0000080652	1.0992
	3	-21	0.13	14.071	161.75	0.0000079499	0.1249
	4	-73.75	0.11	13.531	132.09	0.0000067661	0.13365
氢 2	1	-122.85	0.87	1.1312	14.683	0.0000103720	20.551
	2	-118.5	1.15	12.838	105.58	0.0000057279	1.7903
	3	-122.5	0.15	14.477	232.07	0.0000108120	0.091854
氢 3	1	-182.485	0.1125	1.0908	8.4967	0.0000063486	4.3083
	2	-178.5	1.13	11.452	67.572	0.0000041078	2.9065
	3	-182.5	0.17	11.006	62.755	0.0000039112	0.45516
氢 4	1	-208.5	1.11	11.436	50.422	0.0000031523	4.3205
	2	-212.6	0.19	10.578	45.194	0.0000028965	0.767
氢 5	1	-236.5	1.09	17.599	37.279	0.0000021487	9.6111
	2	-240.55	0.21	11.265	27.269	0.0000017143	1.6567
氮 1	1	-9.5	3.05	1.1084	24.747	0.0000167210	39.564
	2	-13.5	0.85	1.0589	23.298	0.0000160990	11.087
氮 2	1	-86	3.03	1.2304	19.672	0.0000131480	59.385
	2	-90.4	0.87	1.09	17.337	0.0000121710	16.467
氮 3	1	-138.5	3.01	2.0899	18.789	0.0000111370	107.61
	2	-143.3	0.89	1.1972	13.044	0.0000092121	25.227

2.10 氢液化流程工艺计算过程

工艺计算过程主要计算各级换热器中的冷热平衡。通过所需 30 万立方米的氢气量，倒推依次确定氢气各个循环的质量流量和氮气循环中的各个质量流量，再由 REFPROP 软件查取各个流体的状态参数，计算放热流体与吸热流体之间的热量，看是否达到冷热平衡，如果冷热之间的换热量达到平衡，则可以进行下一步计算，否则，修改各个流体的参数重新计算。

2.10.1 氢气膨胀制冷循环

2.10.1.1 氢 5 换热器

(1) 原料氢在氢 5 换热器（图 2-3）中的吸热量

初态点 12：$T_1=-227℃$，$p_1=1.1\text{MPa}$，查状态点参数表得 $H_1=667.49\text{kJ/kg}$

终态点 13：$T_2=-246℃$，$p_2=1.08\text{MPa}$，查状态点参数表得 $H_2=87.324\text{kJ/kg}$

如图 2-3 所示，单位质量流量吸热量：

$$\Delta H=H_2-H_1=87.324-667.49=-580.17(\text{kJ/kg})$$

氢气在 20℃、0.1MPa 时的密度为 0.082658 kg/m^3，则产出氢气的质量流量：

$$0.082658 \times 300000/(24 \times 3600) = 0.287(kg/s)$$

氢 5 换热器中的质量流量：

$$0.287/(1-x) = 0.338(kg/s)$$

式中　x——干度，$x = 0.15125$。

氢气的总吸热量：

$$Q = -580.17 \times 0.338 = -196.097(kW)$$

（2）膨胀氢在氢 5 换热器中的制冷量

初态点 23：$T_1 = -249.9℃$，$p_1 = 0.22MPa$，查状态点参数表得 $H_1 = 31.737kJ/kg$

终态点 24：$T_2 = -231.2℃$，$p_2 = 0.2MPa$，查状态点参数表得 $H_2 = 677.57kJ/kg$

单位质量流量的制冷量：

$$\Delta H = H_2 - H_1 = 677.57 - 31.737 = 645.83(kJ/kg)$$

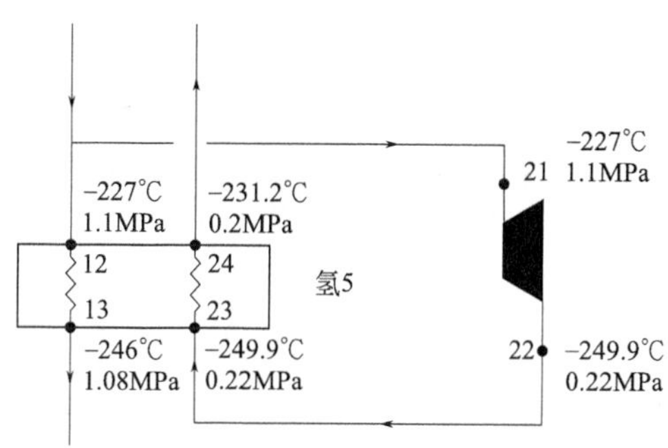

图 2-3　氢 5 换热器示意图

氢 5 换热器中膨胀氢的质量流量：

$$196.097/645.83 = 0.304(kg/s)$$

2.10.1.2　氢 4 换热器

（1）原料氢在氢 4 换热器（图 2-4）中的吸热量

初态点 10：$T_1 = -190℃$，$p_1 = 1.12MPa$，查状态点参数表得 $H_1 = 1097.5kJ/kg$

终态点 11：$T_2 = -227℃$，$p_2 = 1.1MPa$，查状态点参数表得 $H_2 = 667.49kJ/kg$

如图 2-4 所示，单位质量流量吸热量：

$$\Delta H = H_2 - H_1 = 667.49 - 1097.5 = -430.01(kJ/kg)$$

氢气的总吸热量为：

$$Q = -430.01 \times 0.697 = -299.717(kW)$$

（2）膨胀氢在氢 4 换热器中的制冷量

初态点 25：$T_1 = -231.2℃$，$p_1 = 0.2MPa$，查状态点参数表得 $H_1 = 677.57kJ/kg$

终态点 26：$T_2 = -194℃$，$p_2 = 0.18MPa$，查状态点参数表得 $H_2 = 1074.3kJ/kg$

单位质量流量的制冷量为：

$$\Delta H = H_2 - H_1 = 1074.3 - 677.57 = 396.73(kJ/kg)$$

氢 4 换热器中膨胀氢的质量流量：

$$299.717/396.73 = 0.755(\mathrm{kg/s})$$

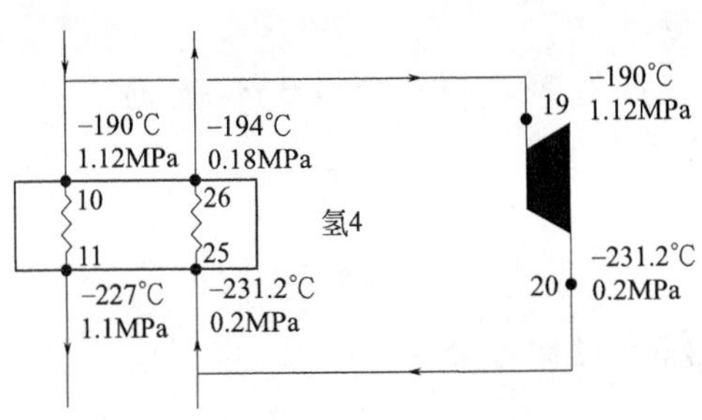

图 2-4　氢 4 换热器示意图

2.10.1.3　氢 3 换热器

（1）原料氢在氢 3 换热器（图 2-5）中的吸热量

初态点 8：$T_1=-167℃$，$p_1=1.14\mathrm{MPa}$，查状态点参数表得 $H_1=1360.9\mathrm{kJ/kg}$

终态点 9：$T_2=-190℃$，$p_2=1.12\mathrm{MPa}$，查状态点参数表得 $H_2=1097.5\mathrm{kJ/kg}$

如图 2-5 所示，单位质量流量吸热量：

$$\Delta H = H_2 - H_1 = 1097.5 - 1360.9 = -263.4(\mathrm{kJ/kg})$$

氢气的总吸热量为：

$$Q = -263.4 \times 1.093 = -287.896(\mathrm{kW})$$

（2）膨胀氢在氢 3 换热器中的预冷量

初态点 27：$T_1=-194℃$，$p_1=0.18\mathrm{MPa}$，查状态点参数表得 $H_1=1074.3\mathrm{kJ/kg}$

终态点 28：$T_2=-171℃$，$p_2=0.16\mathrm{MPa}$，查状态点参数表得 $H_2=1328.0\mathrm{kJ/kg}$

单位质量流量预冷量为：

$$\Delta H = H_2 - H_1 = 1328.0 - 1074.3 = 253.7(\mathrm{kJ/kg})$$

氢气的总预冷量为：

$$Q = 253.7 \times 0.755 = 191.544(\mathrm{kW})$$

（3）氮气在氢 3 换热器中的制冷量

初态点 50：$T_1 = -193.97℃$，$p_1 = 0.125\mathrm{MPa}$，查状态点参数表得 $H_1 = -118.27\mathrm{kJ/kg}$

终态点 51：$T_2=-171.00℃$，$p_2=0.1\mathrm{MPa}$，查状态点参数表得 $H_2=104.21\mathrm{kJ/kg}$

单位质量流量的制冷量为：

$$\Delta H = H_2 - H_1 = 104.21 - (-118.27) = 222.48(\mathrm{kJ/kg})$$

氮气的净制冷量为：

$$\Delta H = 287.896 - 191.544 = 96.352(\mathrm{kW})$$

氢 3 换热器中氮气的质量流量：

$$96.352/222.48 = 0.433(\mathrm{kg/s})$$

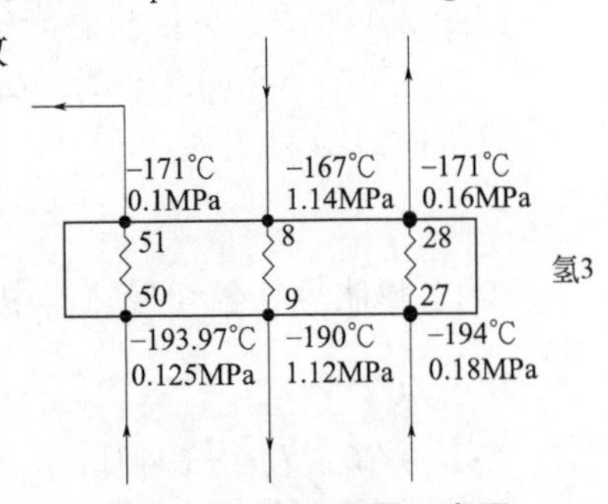

图 2-5　氢 3 换热器示意图

2.10.1.4　氢 2 换热器

（1）原料氢在氢 2 换热器（图 2-6）中的吸热量

初态点 6：$T_1=-70℃$，$p_1=1.16\text{MPa}$，查状态点参数表得 $H_1=2600.1\text{kJ/kg}$

终态点 7：$T_2=-167℃$，$p_2=1.14\text{MPa}$，查状态点参数表得 $H_2=1360.9\text{kJ/kg}$

如图 2-6 所示，单位质量流量吸热量：

$$\Delta H = H_2 - H_1 = 1360.9 - 2600.1 = -1239.2(\text{kJ/kg})$$

氢气的总吸热量为：

$$Q = -1239.2 \times 1.093 = -1354.446(\text{kW})$$

（2）膨胀氢在氢 2 换热器中的预冷量

初态点 29：$T_1=-171℃$，$p_1=0.16\text{MPa}$，查状态点参数表得 $H_1=1328.0\text{kJ/kg}$

终态点 30：$T_2=-74℃$，$p_2=0.14\text{MPa}$，查状态点参数表得 $H_2=2545.6\text{kJ/kg}$

单位质量流量预冷量为：

$$\Delta H = H_2 - H_1 = 2545.6 - 1328 = 1217.6(\text{kJ/kg})$$

氢气的总预冷量为：

$$Q = 1217.6 \times 0.755 = 919.28(\text{kW})$$

（3）氮气在氢 2 换热器中的制冷量

初态点 54：$T_1=-171.7℃$，$p_1=0.88\text{MPa}$，查状态点参数表得 $H_1=-69.81\text{kJ/kg}$

终态点 55：$T_2=-74℃$，$p_2=0.86\text{MPa}$，查状态点参数表得 $H_2=202.35\text{kJ/kg}$

单位质量流量的制冷量为：

$$H = H_2 - H_1 = 202.35 - (-69.81) = 272.16(\text{kJ/kg})$$

氮气的净制冷量为：

$$\Delta H = 1354.446 - 919.28 = 435.166(\text{kW})$$

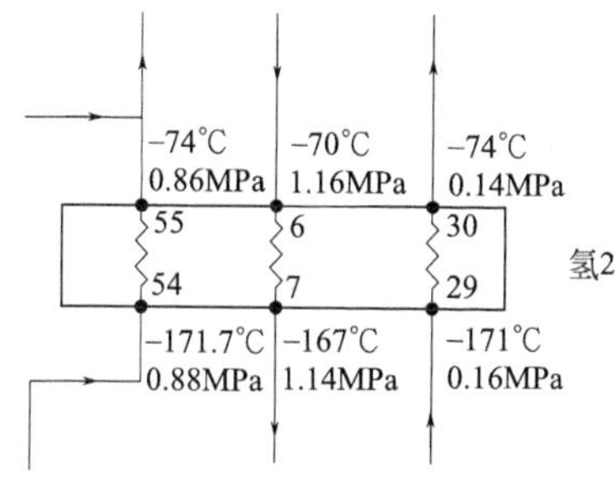

图 2-6　氢 2 换热器示意图

氢 2 换热器中膨胀氢的质量流量：

$$435.166/272.16 = 1.599(\text{kg/s})$$

2.10.1.5　氢 1 换热器

（1）原料氢在氢 1 换热器（图 2-7）中的吸热量

初态点 4：$T_1=36℃$，$p_1=1.18\text{MPa}$，查状态点参数表得 $H_1=4094.4\text{kJ/kg}$

终态点 5：$T_2=-70℃$，$p_2=1.16MPa$，查状态点参数表得 $H_2=2600.1kJ/kg$

如图 2-7 所示，单位质量流量吸热量：

$$\Delta H = H_2 - H_1 = 2600.1 - 4094.4 = -1494.3(kJ/kg)$$

氢气的总吸热量为：

$$Q = -1494.3 \times 1.093 = -1633.2699(kW)$$

（2）膨胀氢在氢 1 换热器中的制冷量

初态点 31：$T_1=-74℃$，$p_1=0.14MPa$，查状态点参数表得 $H_1=2545.6kJ/kg$

终态点 32：$T_2=32℃$，$p_2=0.12MPa$，查状态点参数表得 $H_2=4032.1kJ/kg$

单位质量流量预冷量：

$$\Delta H = H_2 - H_1 = 4032.1 - 2545.6 = 1486.5(kJ/kg)$$

氢气的总预冷量为：

$$Q = 1486.5 \times 0.755 = 1122.3075(kW)$$

（3）节流氢在氢 1 换热器中的制冷量

初态点 16：$T_1=-179.5℃$，$p_1=0.12MPa$，查状态点参数表得 $H_1=1233.51kJ/kg$

终态点 17：$T_2=32℃$，$p_2=0.1MPa$，查状态点参数表得 $H_2=4032.00kJ/kg$

单位质量流量的制冷量为：

$$\Delta H = H_2 - H_1 = 4032 - 1233.51 = 2798.49(kJ/kg)$$

节流氢的质量流量：

$$0.338x = 0.051(kg/s)$$

其中，$x = 0.15125$。

氢气的总预热量为：

$$Q = 2798.49 \times 0.051 = 142.7234(kW)$$

（4）氮气在氢 1 换热器中的制冷量

初态点 56：$T_1=-117.2℃$，$p_1=0.86MPa$，查状态点参数表得 $H_1=155.03kJ/kg$

终态点 57：$T_2=32℃$，$p_2=0.84MPa$，查状态点参数表得 $H_2=315.00kJ/kg$

单位质量流量的制冷量为：

$$\Delta H = H_2 - H_1 = 315 - 155.03 = 199.97(kJ/kg)$$

氮气的净制冷量为：

$$\Delta H = 1633.2699 - 1122.3075 - 142.7234 = 368.239(kW)$$

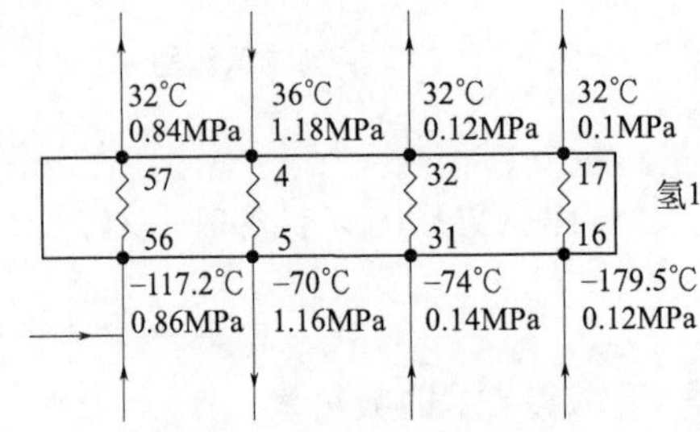

图 2-7　氢 1 换热器示意图

氢 1 换热器中氮气的质量流量：

$$368.239/199.97 = 1.841(\text{kg/s})$$

校核：

$$1.599/(1 - 0.13145) = 1.841(\text{kg/s})$$

2.10.2　氮气膨胀制冷循环

2.10.2.1　氮 3 换热器

（1）氮气在氮 3 换热器（图 2-8）中的吸热量

初态点 42：$T_1 = -117℃$，$p_1 = 3.02\text{MPa}$，查状态点参数表得 $H_1 = 136.24\text{kJ/kg}$

终态点 43：$T_2 = -160℃$，$p_2 = 3\text{MPa}$，查状态点参数表得 $H_2 = -41.325\text{kJ/kg}$

如图 2-8 所示，单位质量流量吸热量：

$$\Delta H = H_2 - H_1 = -41.325 - 136.24 = -177.565(\text{kJ/kg})$$

氢气的总吸热量为：

$$Q = -177.565 \times 2.521 = -447.641(\text{kW})$$

（2）膨胀氮在氮 3 换热器中的制冷量

初态点 64：$T_1 = -164.8℃$，$p_1 = 0.9\text{MPa}$，查状态点参数表得 $H_1 = 97.045\text{kJ/kg}$

终态点 65：$T_2 = -121.8℃$，$p_2 = 0.88\text{MPa}$，查状态点参数表得 $H_2 = 149.68\text{kJ/kg}$

单位质量流量的制冷量为：

$$\Delta H = H_2 - H_1 = 149.68 - 97.045 = 52.635(\text{kJ/kg})$$

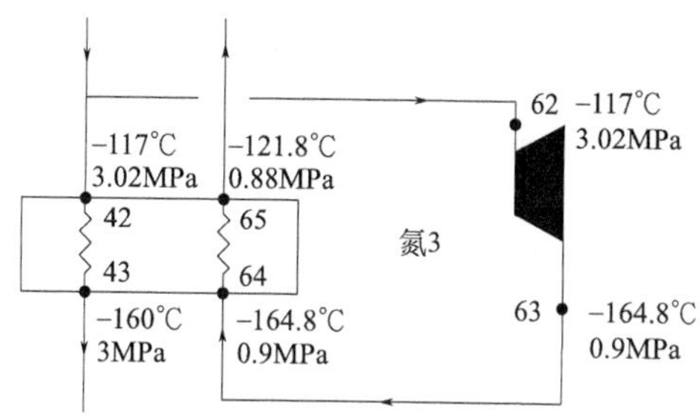

图 2-8　氮 3 换热器示意图

氮 3 换热器中膨胀氮的质量流量：

$$447.641/52.635 = 8.5(\text{kg/s})$$

2.10.2.2　氮 2 换热器

（1）氮气在氮 2 换热器（图 2-9）中的吸热量

初态点 40：$T_1 = -55℃$，$p_1 = 3.04\text{MPa}$，查状态点参数表得 $H_1 = 213.64\text{kJ/kg}$

终态点 41：$T_2 = -117℃$，$p_2 = 3.02\text{MPa}$，查状态点参数表得 $H_2 = 136.24\text{kJ/kg}$

如图 2-9 所示，单位质量流量吸热量：

$$\Delta H = H_2 - H_1 = 136.24 - 213.64 = -77.4(\text{kJ/kg})$$

氮 2 换热器中氮的质量流量为：

$$2.521 + 8.5 = 11.021(\text{kg/s})$$

氮气的总吸热量为：

$$Q = -77.4 \times 11.021 = -853.03(\text{kW})$$

（2）膨胀氮在氮 2 换热器中的制冷量

初态点 66：$T_1 = -121.8℃$，$p_1 = 0.88\text{MPa}$，查状态点参数表得 $H_1 = 149.68\text{kJ/kg}$

终态点 67：$T_2 = -59℃$，$p_2 = 0.86\text{MPa}$，查状态点参数表得 $H_2 = 218.48\text{kJ/kg}$

单位质量流量的制冷量为：

$$\Delta H = H_2 - H_1 = 218.48 - 149.68 = 68.8(\text{kJ/kg})$$

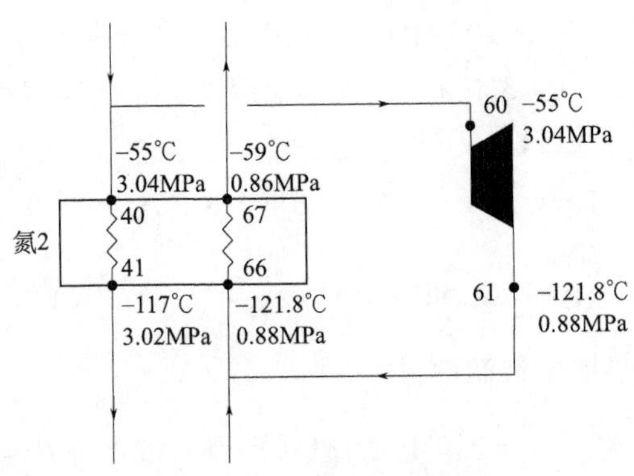

图 2-9　氮 2 换热器示意图

氮 2 换热器中氮气的质量流量：

$$853.03/68.8 = 12.4(\text{kg/s})$$

2.10.2.3　氮 1 换热器

（1）氮气在氮 1 换热器（图 2-10）中的吸热量

初态点 38：$T_1 = 36℃$，$p_1 = 3.06\text{MPa}$，查状态点参数表得 $H_1 = 314.81\text{kJ/kg}$

终态点 39：$T_2 = -55℃$，$p_2 = 3.04\text{MPa}$，查状态点参数表得 $H_2 = 213.64\text{kJ/kg}$

如图 2-10 所示，单位质量流量吸热量：

$$\Delta H = H_2 - H_1 = 213.64 - 314.81 = -101.17(\text{kJ/kg})$$

氮 1 换热器中氮的质量流量为：

$$11.021 + 12.4 - 8.5 = 14.921(\text{kg/s})$$

氮气的总吸热量为：

$$Q = -101.17 \times 14.921 = -1509.56(\text{kW})$$

（2）膨胀氮在氮 1 换热器中的制冷量

初态点 68：$T_1 = -59℃$，$p_1 = 0.86\text{MPa}$，查状态点参数表得 $H_1 = 218.48\text{kJ/kg}$

终态点 69：$T_2 = 32℃$，$p_2 = 0.84\text{MPa}$，查状态点参数表得 $H_2 = 315.00\text{kJ/kg}$

单位质量流量的制冷量为：

$$H = H_2 - H_1 = 315 - 218.48 = 96.52(\text{kJ/kg})$$

氮 1 换热器中氮气的质量流量：

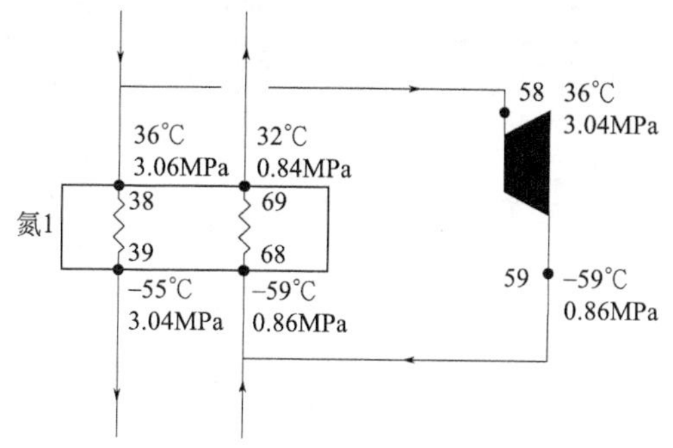

图 2-10　氮 1 换热器示意图

$$1509.56/96.52 = 15.64(\mathrm{kg/s})$$

各级换热器中制冷剂质量流量统计见表 2-4；预冷量和制冷量统计见表 2-5～表 2-12。

表 2-4　各级换热器中制冷剂质量流量

氢循环系统							
成分	原料氢	氢 5 膨胀氢	氢 4 膨胀氢	节流氢	氢 3 氮气	氢 2 氮气	氢 1 氮气
流量/(kg/s)	0. 287	0. 304	0. 755	0. 051	0. 433	1. 599	2. 088
氮循环系统							
成分	主循环氮气		氮 3 膨胀氮		氮 2 膨胀氮		氮 1 膨胀氮
流量/(kg/s)	2. 521		8. 5		12. 4		15. 64

表 2-5　氢 1 换热器各个制冷剂预冷量和制冷量

制冷剂	预冷量/(kJ/s)	制冷量/(kJ/s)	净制冷量/(kJ/s)
原料氢	-428. 89		
氮气			368. 239
膨胀氢	-1128. 19	1122. 3057	-5. 89
节流氢	-76. 2	142. 72	66. 52

表 2-6　氢 2 换热器各个制冷剂预冷量和制冷量

制冷剂	预冷量/(kJ/s)	制冷量/(kJ/s)	净制冷量/(kJ/s)
原料氢	-355. 65		
氮气			435. 166
膨胀氢	-935. 596	919. 28	-16. 316
节流氢	-63. 166		

表 2-7　氢 3 换热器各个制冷剂预冷量和制冷量

制冷剂	预冷量/(kJ/s)	制冷量/(kJ/s)	净制冷量/(kJ/s)
原料氢	-75. 596		
氮气			96. 352
节流氢	-13. 433		
膨胀氢	-198. 87	191. 544	-7. 326

表 2-8 氢 4 换热器各个制冷剂预冷量和制冷量

制冷剂	预冷量/(kJ/s)	制冷量/(kJ/s)	净制冷量/(kJ/s)
原料氢	-123.413		
节流氢	-21.931		
氢 5 膨胀氢	-154.374	142.426	-11.948
氢 4 膨胀氢		157.105	157.105

表 2-9 氢 5 换热器各个制冷剂预冷量和制冷量

制冷剂	预冷量/(kJ/s)	制冷量/(kJ/s)	净制冷量/(kJ/s)
原料氢	-166.509		
节流氢	-29.58		
氢 5 膨胀氢		196.097	196.097

表 2-10 氮 1 换热器各个制冷剂预冷量和制冷量

制冷剂	预冷量/(kJ/s)	制冷量/(kJ/s)	净制冷量/(kJ/s)
主循环氮气	-255.05		
氮 3 膨胀氮	-859.945	820.42	-39.525
氮 2 膨胀氮	-394.563	376.428	-18.135
氮 1 膨胀氮		312.725	312.725

表 2-11 氮 2 换热器各个制冷剂预冷量和制冷量

制冷剂	预冷量/(kJ/s)	制冷量/(kJ/s)	净制冷量/(kJ/s)
主循环氮气	-195.125		
氮 3 膨胀氮	-657.9	584.8	-73.1
氮 2 膨胀氮		268.32	268.32

表 2-12 氮 3 换热器各个制冷剂预冷量和制冷量

制冷剂	预冷量/(kJ/s)	制冷量/(kJ/s)	净制冷量/(kJ/s)
主循环氮气	-447.641		
氮 3 膨胀氮		447.641	447.641

氢 1 换热器原料氢放出的热量为：$Q=428.89\text{kW}$

氢 1 换热器膨胀氢放出的热量为：$Q=5.89\text{kW}$

氢 1 换热器节流氢吸收的热量为：$Q=66.51\text{kW}$

氢 1 换热器氮气吸收的热量为：$Q=368.239\text{kW}$

氢 2 换热器原料氢放出的热量为：$Q=355.56\text{kW}$

氢 2 换热器膨胀氢放出的热量为：$Q=16.31\text{kW}$

氢 2 换热器节流氢放出的热量为：$Q=63.166\text{kW}$

氢 2 换热器氮气吸收的热量为：$Q=435.166\text{kW}$

氢 3 换热器原料氢放出的热量为：$Q=75.597\text{kW}$

氢 3 换热器节流氢放出的热量：$Q=13.433\text{kW}$

氢 3 换热器膨胀氢放出的热量：$Q=7.326\text{kW}$

氢 3 换热器氮气吸收的热量：$Q=96.352\text{kW}$

氢 4 换热器原料氢放出的热量：$Q=123.431\text{kW}$

氢 4 换热器节流氢放出的热量：$Q=21.931\text{kW}$

氢 4 换热器氢 5 膨胀氢放出的热量：$Q=11.948\text{kW}$

氢 4 换热器膨胀氢吸收的热量：$Q=157.105\text{kW}$

氢 5 换热器原料氢放出的热量为：$Q=166.509\text{kW}$

氢 5 换热器节流氢放出的热量为：$Q=29.58\text{kW}$

氢 5 换热器氢 5 膨胀氢吸收的热量为：$Q=196.089\text{kW}$

氮 1 换热器主循环氮放出的热量为：$Q=255.05\text{kW}$

氮 1 换热器中氮 3 膨胀氮放出的热量：$Q=39.525\text{kW}$

氮 1 换热器中氮 2 膨胀氢放出的热量：$Q=18.135\text{kW}$

氮 1 换热器中氮 1 膨胀氢吸收的热量：$Q=312.725\text{kW}$

氮 2 换热器中主循环氮放出的热量：$Q=195.125\text{kW}$

氮 2 换热器中氮 3 膨胀氢放出的热量：$Q=73.1\text{kW}$

氮 2 换热器中氮 2 膨胀氢吸收的热量：$Q=268.32\text{kW}$

氮 3 换热器中主循环氮放出的热量：$Q=-447.641\text{kW}$

氮 3 换热器中氮 3 膨胀氮吸收的热量：$Q=447.641\text{kW}$

通过上述计算可以看出，氢气循环部分与氮气循环部分的八个换热器中，流体的冷热交换都达到了基本平衡。氮气循环部分预冷，氢气循环部分膨胀制冷，最终将氢气冷却到零下 252.5℃，压力降低到 0.13MPa，达到储存运输的状态。

2.11 温熵图、压焓图绘制

各级换热器中制冷剂制冷过程原理见图 2-11～图 2-17。

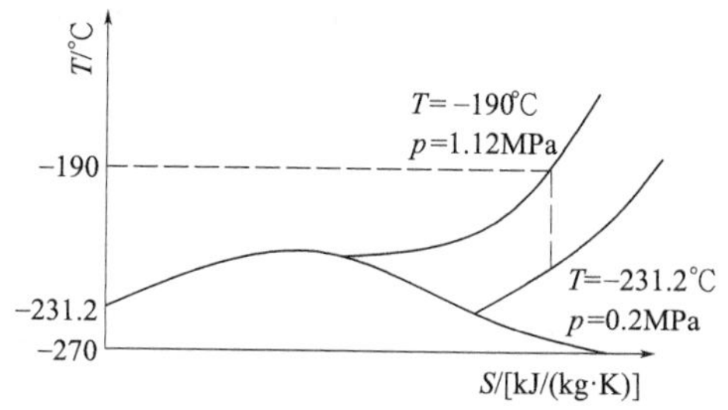

图 2-11　氢 1 膨胀 *T-S* 图

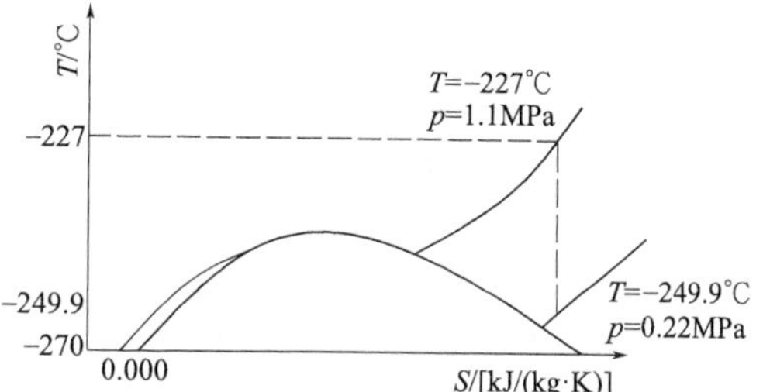

图 2-12　氢 2 膨胀 *T-S* 图

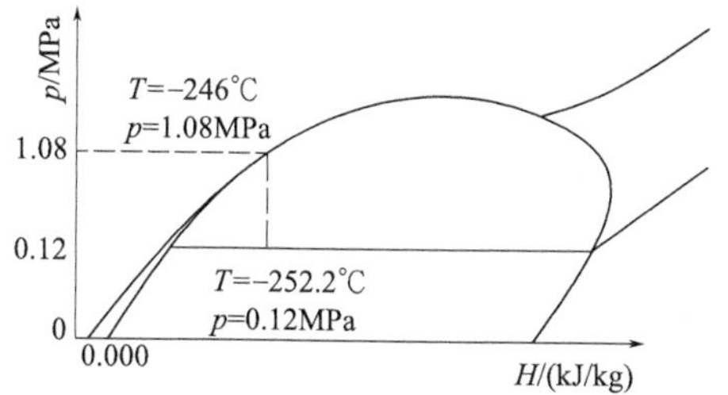

图 2-13　氢气节流 *p-H* 图

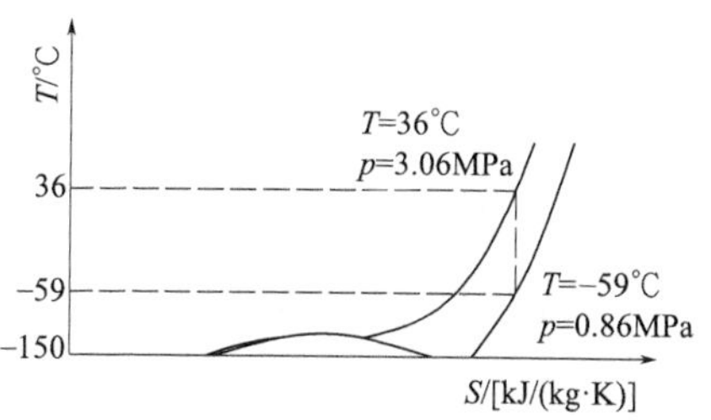

图 2-14　氮 1 膨胀 *T-S* 图

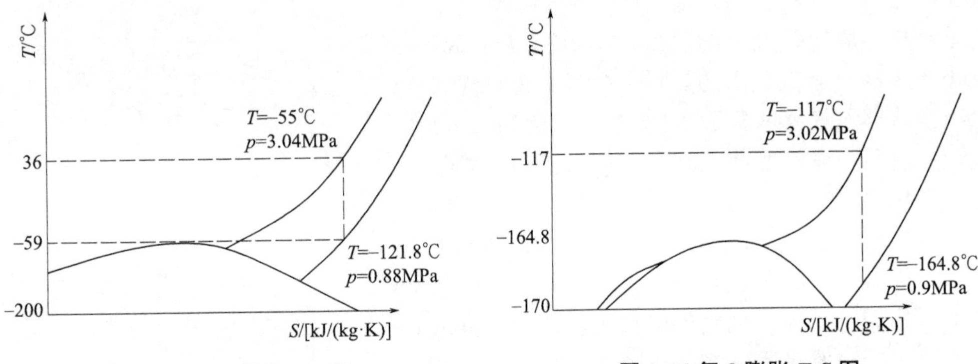

图 2-15　氮 2 膨胀 *T-S* 图　　图 2-16 氮 3 膨胀 *T-S* 图

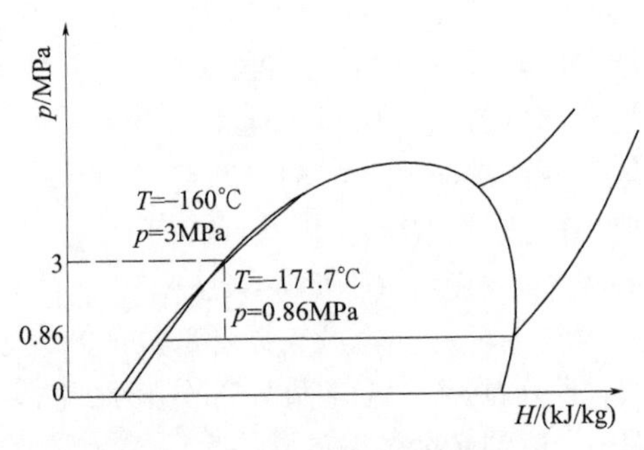

图 2-17　氮气节流 *p-H* 图

2.12 氢液化 COP 计算过程

通过计算氢气循环与氮气循环各个蒸发器的制冷量与压缩机功率的比值，即能效比 COP 来分析制冷循环的效率。

2.12.1 氢气膨胀制冷循环

氢气膨胀循环如图 2-18，其中包括一组压缩机和三级蒸发器。通过工艺计算得到各个流体的质量流量和它们对应的进出口的参数，来计算蒸发器的制冷量，然后计算压缩机的比功，以此来计算氢气膨胀循环的 COP。计算过程如下。

蒸发器制冷量：

蒸发器进口点 16：$T_1=-179.5℃$，$p_1=0.12\text{MPa}$，查状态点参数表得 $H_1=1233.5\text{kJ/kg}$

蒸发器出口点 17：$T_2=32℃$，$p_2=0.1\text{MPa}$，查状态点参数表得 $H_2=4032.0\text{kJ/kg}$

制冷量 q_1：

$$q_1=(4032.0-1233.5)\times0.051=142.72(\text{kJ/s})$$

蒸发器进口点 23：$T_1=-249.9℃$，$p_1=0.22\text{MPa}$，查状态点参数表得 $H_1=31.737\text{kJ/kg}$

蒸发器出口点 24：$T_2=-231.2℃$，$p_2=0.2\text{MPa}$，查状态点参数表得 $H_2=677.57\text{kJ/kg}$

制冷量 q_2：

$$q_2=(677.57-31.737)\times0.304=196.33(\text{kJ/s})$$

蒸发器进口点 25：$T_1=-231.2℃$，$p_1=0.2\text{MPa}$，查状态点参数表得 $H_1=677.57\text{kJ/kg}$

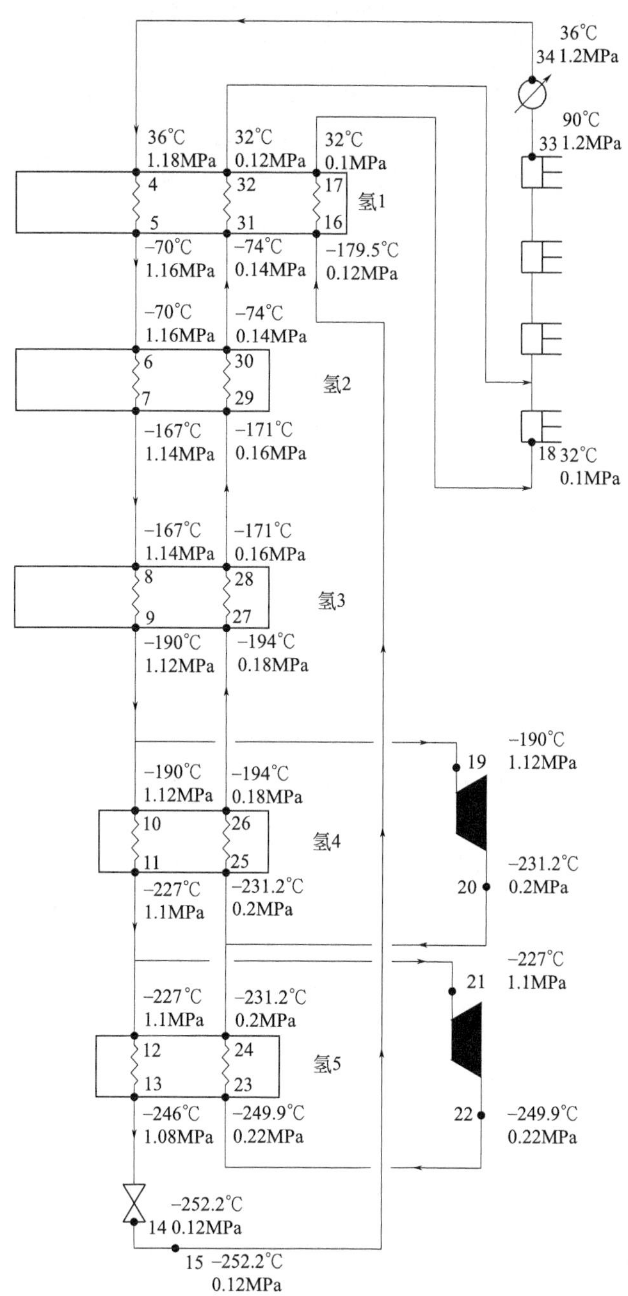

图 2-18　氢气膨胀制冷部分示意图

蒸发器出口点 32：$T_2=32℃$，$p_2=0.12\text{MPa}$，查状态点参数表得 $H_2=4032.1\text{kJ/kg}$

制冷量 q_3：

$$q_3 = (4032.1 - 677.57) \times 0.755 = 2532.67(\text{kJ/s})$$

总制冷量 q：

$$q = 142.72 + 196.33 + 2532.67 = 2871.72(\text{kJ/s})$$

压缩机比功：

蒸发器进口点 18：$T_1=32℃$，$p_1=0.1\text{MPa}$，查状态点参数表得 $H_1=4032.0\text{kJ/kg}$

蒸发器出口点 32：$T_2=32℃$，$p_2=0.12\text{MPa}$，查状态点参数表得 $H_2=4032.1\text{kJ/kg}$

比功 w_1：

$$w_1=H_2-H_1=(4032.1-4032.0)\times0.051=0.0051(\text{kJ/s})$$

蒸发器进口点 32：$T_1=32℃$，$p_1=0.12\text{MPa}$，查状态点参数表得 $H_1=4032.1\text{kJ/kg}$

蒸发器出口点 33：$T_2=90℃$，$p_2=1.2\text{MPa}$，查状态点参数表得 $H_2=4873.5\text{kJ/kg}$

比功 w_2：

$$w_2=H_2-H_1=(4873.5-4032.1)\times0.806=678.17(\text{kJ/s})$$

总比功 w：

$$w=0.0051+678.17=678.1751(\text{kJ/s})$$

氢循环系统 COP：

$$\text{COP}=\frac{q}{w}=\frac{2871.72}{678.1751}=4.23$$

2.12.2 氮气膨胀制冷循环

氮气膨胀循环部分如图 2-19 所示，其中包括一组压缩机和一台单独的压缩机，蒸发器共有六个，计算方法同氢气膨胀循环部分 COP 的计算方法，通过质量流量和进出口的参数，计算制冷量与压缩机比功的比值。计算过程如下。

蒸发器制冷量：

蒸发器进口点 50：$T_1=-193.97℃$，$p_1=0.125\text{MPa}$，查状态点参数表得 $H_1=-118.27\text{kJ/kg}$

蒸发器出口点 51：$T_2=-171℃$，$p_2=0.1\text{MPa}$，查状态点参数表得 $H_2=104.21\text{kJ/kg}$

制冷量 q_1：

$$q_1=(104.21+118.27)\times0.433=96.33(\text{kJ/s})$$

蒸发器进口点 54：$T_1=-171.7℃$，$p_1=0.88\text{MPa}$，查状态点参数表得 $H_1=-69.814\text{kJ/kg}$

蒸发器出口点 55：$T_2=-74℃$，$p_2=0.86\text{MPa}$，查状态点参数表得 $H_2=202.35\text{kJ/kg}$

制冷量 q_2：

$$q_2=(202.35+69.814)\times1.599=435.19(\text{kJ/s})$$

蒸发器进口点 56：$T_1=-117.2℃$，$p_1=0.86\text{MPa}$，查状态点参数表得 $H_1=155.03\text{kJ/kg}$

蒸发器出口点 57：$T_2=32℃$，$p_2=0.84\text{MPa}$，查状态点参数表得 $H_2=315.00\text{kJ/kg}$

制冷量 q_3：

$$q_3=(315-155.03)\times1.841=294.5(\text{kJ/s})$$

蒸发器进口点 64：$T_1=-164.8℃$，$p_1=0.9\text{MPa}$，查状态点参数表得 $H_1=97.045\text{kJ/kg}$

蒸发器出口点 65：$T_2=-121.8℃$，$p_2=0.88\text{MPa}$，查状态点参数表得 $H_2=149.68\text{kJ/kg}$

制冷量 q_4：

$$q_4=(149.68-97.045)\times8.5=447.398(\text{kJ/s})$$

蒸发器进口点 66：$T_1=-121.8℃$，$p_1=0.88\text{MPa}$，查状态点参数表得 $H_1=149.68\text{kJ/kg}$

蒸发器出口点 67：$T_2=-59℃$，$p_2=0.86\text{MPa}$，查状态点参数表得 $H_2=218.48\text{kJ/kg}$

制冷量 q_5：

$$q_5=(218.48-149.68)\times12.4=853.12(\text{kJ/s})$$

蒸发器进口点 68：$T_1=-59℃$，$p_1=0.86\text{MPa}$，查状态点参数表得 $H_1=218.48\text{kJ/kg}$

蒸发器出口点 69：$T_2=32℃$，$p_2=0.84\text{MPa}$，查状态点参数表得 $H_2=315.00\text{kJ/kg}$

制冷量 q_6：

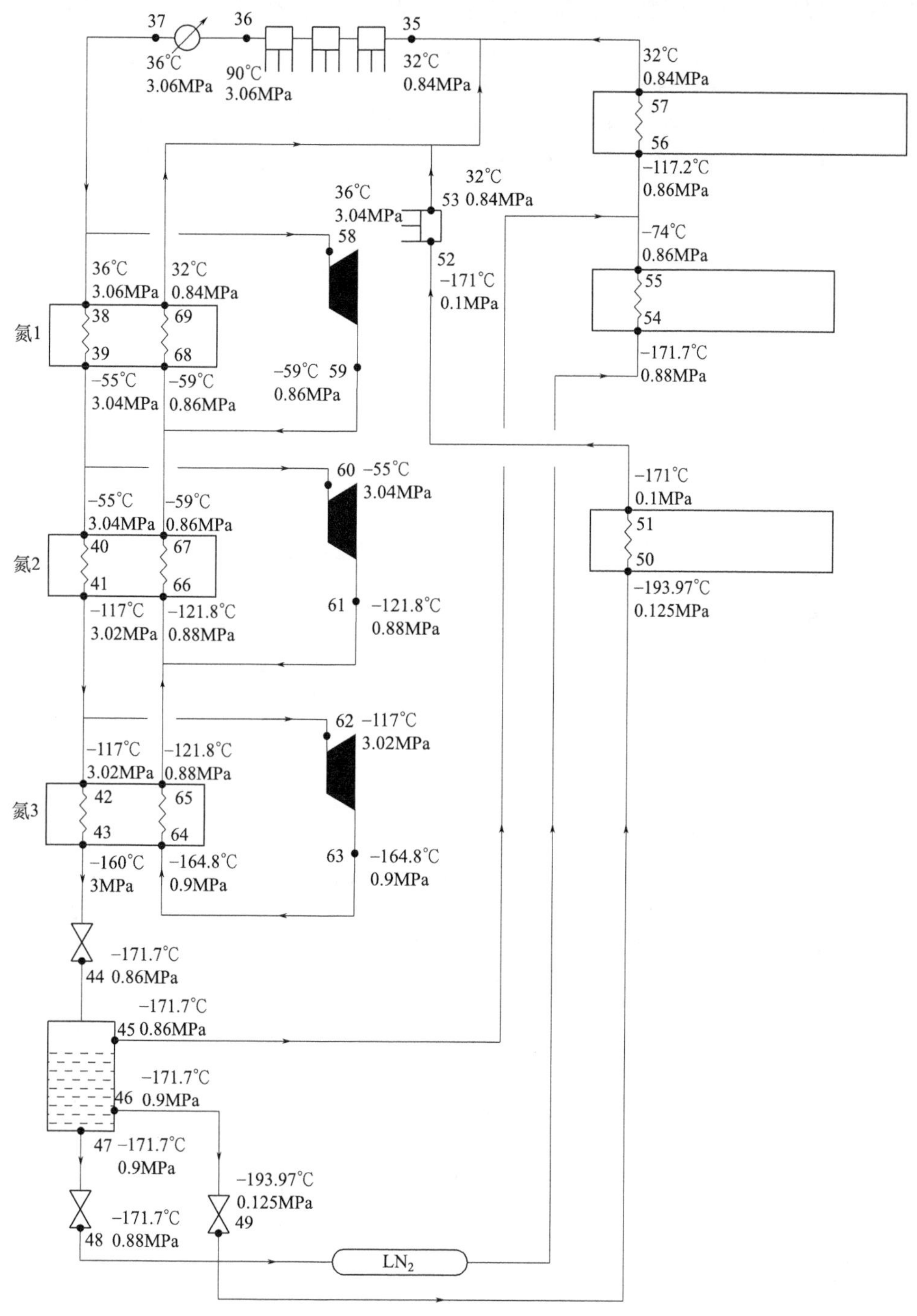

图 2-19　氮气膨胀制冷部分示意图

$$q_6 = (315 - 218.48) \times 15.64 = 1509.57(\mathrm{kJ/s})$$

总制冷量 q：

$$q = 96.33 + 435.19 + 294.5 + 447.398 + 853.12 + 1509.57 = 3636.108(\mathrm{kJ/s})$$

压缩机比功：

蒸发器进口点 52：$T_1 = -171℃$，$p_1 = 0.1\mathrm{MPa}$，查状态点参数表得 $H_1 = 104.21\mathrm{kJ/kg}$

蒸发器出口点 53：$T_2=32℃$，$p_2=0.84\text{MPa}$，查状态点参数表得 $H_2=315.00\text{kJ/kg}$

比功 w_1：

$$w_1 = H_2 - H_1 = (315 - 104.21) \times 0.433 = 91.27(\text{kJ/s})$$

蒸发器进口点 35：$T_1=32℃$，$p_1=0.84\text{MPa}$，查状态点参数表得 $H_1=315.00\text{kJ/kg}$

蒸发器出口点 36：$T_2=90℃$，$p_2=3.06\text{MPa}$，查状态点参数表得 $H_2=373.05\text{kJ/kg}$

比功 w_2：

$$w_2 = H_2 - H_1 = (373.05 - 315) \times 17.728 = 1029.11(\text{kJ/s})$$

总比功 w：

$$w = 91.27 + 1029.11 = 1120.38(\text{kJ/s})$$

一次预冷 COP：

$$\text{COP} = \frac{q}{w} = \frac{3636.108}{1120.38} = 3.25$$

通过上述计算，得到制冷系统 COP 见表 2-13。

表 2-13 制冷系统 COP

循环过程	COP
氢气膨胀制冷循环	4.23
氮气膨胀制冷循环	3.25

2.13 板翅式换热器工艺计算过程

氢气液化过程的主换热设备采用板翅式换热器，其工艺计算过程主要包括传热系数、传热面积的计算及板束的排列和压力降的计算。在工艺计算之前，需要选定板翅式换热器的翅片，选用的是当量直径分别为 2.12mm、2.58mm、2.67mm 的国内通用型平直翅片。

流体参数计算：传热系数计算之前，需要得到计算传热系数的一系列常数，其中包括质量流速、雷诺数、普朗特数、斯坦顿数等；计算传热系数之后，还需计算传热效率。

计算传热面积和换热器长度：根据流体参数计算得到的一系列常数，计算流体的总传热系数。由对数平均温差公式计算换热器进出口的对数平均温差，如果进出口最大温差与最小温差的比值小于等于 2，则使用算数平均法计算温差。之后计算换热器板翅的换热面积和长度，最终长度取最长板翅的长度以保证所有翅片的换热都能达到要求。

板束的排列：板束之间的排列按照冷热交替，逆流均匀换热的方式来排列。

计算压损：压力损失的计算主要保证流体循环过程的压力满足所需压力。

2.13.1 氢 1 换热器

2.13.1.1 流体参数计算（单层通道）

（1）氮气侧的常数计算

氢 1 换热器结构见图 2-20，单组翅片结构局部放大图见图 2-21。氮气侧为翅高 9.5mm、当量直径 2.12mm 的翅片，将其有效宽度设定为 2m，因此，单层通道氮气侧的质量流量为氮气总质量流量的 1/16。

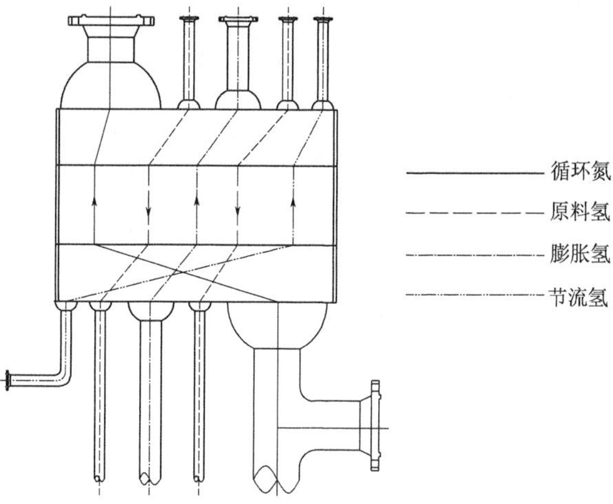

图 2-20 氢 1 换热器结构示意图

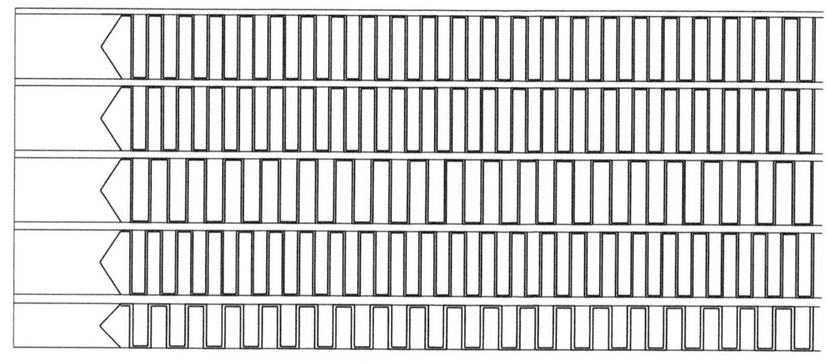

图 2-21 氢 1 换热器单组翅片结构局部放大图

氮气侧流道的质量流速:

$$G_i = \frac{W}{f_i} = \frac{0.13}{8.21\times10^{-3}} = 15.83\ [\mathrm{kg/(m^2\cdot s)}] \tag{2-1}$$

式中 G_i——氮气侧流道的质量流速，kg/(m^2 · s)；

W——各股流的质量流量，kg/s；

f_i——单层通道一米宽度上的截面积，m^2。

雷诺数 Re:

$$Re = \frac{G_i d_e}{\mu g} = \frac{15.83\times2.12\times10^{-3}}{14.66\times10^{-6}\times9.81} = 233.35 \tag{2-2}$$

式中 G_i——氮气侧流道的质量流速，kg/(m^2 · s)；

g——重力加速度，m/s^2；

d_e——氮气侧翅片当量直径，查标准翅片参数表，m；

μ——氮气的黏度，查软件 REFPROP 得，kg/(m · s)。

普朗特数 Pr：

$$Pr = \frac{C\mu}{\lambda} \tag{2-3}$$

$$= \frac{1.06\times10^{3}\times14.66\times10^{-6}}{21.09\times10^{-3}} = 0.74$$

式中　μ——流体的黏度，查软件 REFPROP 得，kg/(m · s)；

C——流体的比热容，查软件 REFPROP 得，J/(kg · s)；

λ——流体的热导率，查软件 REFPROP 得，W/(m · K)。

斯坦顿数 St：

$$St = \frac{j}{Pr^{2/3}} \tag{2-4}$$

$$= \frac{0.0091}{0.74^{2/3}} = 0.011$$

式中　j——传热因子，查《板翅式换热器》（王松汉）得传热因子为 0.0091。

给热系数 α：

$$\alpha = 3600 \times St \times C \times G_i \tag{2-5}$$

$$= \frac{3600\times0.011\times1.06\times15.83}{4.184}$$

$$= 158.81[\text{kcal}/(\text{m}^2 \cdot \text{h} \cdot ℃)]$$

氮气侧的 p 值：

$$p = \sqrt{\frac{2\alpha}{\lambda\delta}} \tag{2-6}$$

$$= \sqrt{\frac{2\times158.81}{165\times2\times10^{-4}}} = 98.11$$

式中　α——氮气侧流体给热系数，kcal/(m² · h · ℃)；

λ——翅片材料热导率，W/(m · K)；

δ——翅厚，查标准翅片参数表，m。

氮气侧 $b = h/2$，其中，h 为氮气侧翅高，则

$$b = 4.75 \times 10^{-3}\text{m}$$

查附表 2 可知：

$$\tanh(pb) = 0.402$$

氮气侧翅片一次面传热效率：

$$\eta_f = \frac{\tanh(pb)}{pb} \tag{2-7}$$

$$= 0.85$$

氮气侧翅片总传热效率：

$$\eta_0 = 1 - \frac{F_2}{F_0}(1 - \eta_f) \tag{2-8}$$

$$= 0.88$$

式中　F_2——氮气侧翅片二次传热面积，查标准翅片参数表得，m²；

F_0——氮气侧翅片总传热面积,查标准翅片参数表得, m^2。

（2）原料氢侧的常数计算

原料氢侧的翅片为翅高 9.5mm、当量直径 2.12mm 的翅片，将其有效宽度设定为 2m，因此，单层通道原料氢侧的质量流量为原料氢总质量流量的 1/16。

原料氢侧流道的质量流速：

$$G_i = \frac{0.034}{8.21 \times 10^{-3}} = 4.13[\mathrm{kg/(m^2 \cdot s)}]$$

雷诺数 Re：

$$Re = \frac{4.13 \times 2.12 \times 10^{-3}}{8.06 \times 10^{-6} \times 9.81} = 111.00$$

普朗特数 Pr:

$$Pr = \frac{14.14 \times 10^3 \times 8.06 \times 10^{-6}}{164.88 \times 10^{-3}} = 0.69$$

斯坦顿数 St（查图得传热因子 j 为 0.0085）:

$$St = \frac{0.0085}{0.69^{2/3}} = 0.0109$$

给热系数 α：

$$\alpha = \frac{3600 \times 0.0109 \times 14.14 \times 4.13}{4.184} = 547.69[\mathrm{kcal/(m^2 \cdot h \cdot ℃)}]$$

原料氢侧的 p 值:

$$p = \sqrt{\frac{2 \times 547.69}{165 \times 2 \times 10^{-4}}} = 182.20$$

原料氢侧 b 值:

$$b = h/2 = 4.75 \times 10^{-3}\mathrm{m}$$

查附表 2 可知:

$$\tanh(pb) = 0.647$$

原料氢侧翅片一次面传热效率:

$$\eta_f = \frac{\tanh(pb)}{pb} = 0.746$$

原料氢侧翅片总传热效率:

$$\eta_0 = 1 - \frac{F_2}{F_0}(1 - \eta_f) = 0.78$$

（3）膨胀氢侧的常数计算

膨胀氢侧的翅片为翅高 9.5mm、当量直径 2.58mm 的翅片，将其有效宽度设定为 2m，因此，单层通道膨胀氢侧的质量流量为膨胀氢总质量流量的 1/16。

膨胀氢侧流道的质量流速:

$$G_i = \frac{0.047}{8.37 \times 10^{-3}} = 5.61[\mathrm{kg/(m^2 \cdot s)}]$$

雷诺数 Re：

$$Re=\frac{5.61\times 2.58\times 10^{-3}}{7.9\times 10^{-6}\times 9.81}=186.76$$

普朗特数 Pr：

$$Pr=\frac{14.07\times 10^{3}\times 7.9\times 10^{-6}}{161.75\times 10^{-3}}=0.69$$

斯坦顿数 St（查得传热因子 j 为 0.0088）：

$$St=\frac{0.0088}{0.69^{2/3}}=0.01127$$

给热系数 α：

$$\alpha=\frac{3600\times 0.01127\times 14.07\times 5.61}{4.184}=765.41[\mathrm{kcal/(m^2\cdot h\cdot ℃)}]$$

膨胀氢侧的 p 值：

$$p=\sqrt{\frac{2\times 765.41}{165\times 2\times 10^{-4}}}=215.4$$

膨胀氢侧 b 值：

$$b=h/2=4.75\times 10^{-3}\mathrm{m}$$

查附表 2 可知：

$$\tanh(pb)=0.726$$

膨胀氢侧翅片一次面传热效率：

$$\eta_f=\frac{\tanh(pb)}{pb}=0.708$$

膨胀氢侧翅片总传热效率：

$$\eta_0=1-\frac{F_2}{F_0}(1-\eta_f)=0.76$$

（4）原料氢侧的常数计算

原料氢侧的翅片为翅高 9.5mm、当量直径 2.12mm 的翅片，将其有效宽度设定为 2m，因此，单层通道原料氢侧的质量流量为原料氢总质量流量的 1/16。

原料氢测流道的质量流速：

$$G_i=\frac{0.034}{8.21\times 10^{-3}}=4.14[\mathrm{kg/(m^2\cdot s)}]$$

雷诺数 Re：

$$Re=\frac{4.14\times 2.12\times 10^{-3}}{8.07\times 10^{-6}\times 9.81}=110.86$$

普朗特数 Pr：

$$Pr=\frac{14.14\times 10^{3}\times 8.07\times 10^{-6}}{164.88\times 10^{-3}}=0.69$$

斯坦顿数 St（查得传热因子 j 为 0.0085）：

$$St=\frac{0.0085}{0.69^{2/3}}=0.0109$$

给热系数 α：

$$\alpha = \frac{3600 \times 0.0109 \times 14.14 \times 4.14}{4.184} = 549.019[\mathrm{kcal/(m^2 \cdot h \cdot ℃)}]$$

原料氢侧的 p 值：

$$p = \sqrt{\frac{2 \times 549.019}{165 \times 2 \times 10^{-4}}} = 182.41$$

原料氢侧 b 值：

$$b = h/2 = 4.75 \times 10^{-3}\mathrm{m}$$

查附表2可知：

$$\tanh(pb) = 0.65$$

原料氢侧翅片二次传热效率：

$$\eta_f = \frac{\tanh(pb)}{pb} = 0.75$$

原料氢侧翅片总传热效率：

$$\eta_0 = 1 - \frac{F_2}{F_0}(1 - \eta_f) = 0.78$$

（5）节流氢侧的常数计算

节流氢侧的翅片为翅高6.5mm、当量直径2.67mm的翅片，将其有效宽度设定为2m，因此，单层通道节流氢侧的质量流量为节流氢总质量流量的1/16。

节流氢侧流道的质量流速：

$$G_i = \frac{0.0032}{5.27 \times 10^{-3}} = 0.607[\mathrm{kg/(m^2 \cdot s)}]$$

雷诺数 Re：

$$Re = \frac{0.607 \times 2.67 \times 10^{-3}}{6.77 \times 10^{-6} \times 9.81} = 24.40$$

普朗特数 Pr：

$$Pr = \frac{13.53 \times 10^3 \times 6.77 \times 10^{-6}}{132.09 \times 10^{-3}} = 0.69$$

斯坦顿数 St（查得传热因子 j 为0.0098）：

$$St = \frac{0.0098}{0.69^{2/3}} = 0.0126$$

给热系数 α：

$$\alpha = \frac{3600 \times 0.0126 \times 13.53 \times 0.607}{4.184} = 89.04[\mathrm{kcal/(m^2 \cdot h \cdot ℃)}]$$

节流氢侧的 p 值：

$$p = \sqrt{\frac{2 \times 89.04}{165 \times 3 \times 10^{-4}}} = 59.98$$

节流氢侧 b 值：

$$b = h/2 = 3.25 \times 10^{-3}\mathrm{m}$$

查双曲函数表可知：

$$\tanh(pb) = 0.17$$

节流氢侧翅片一次面传热效率：

$$\eta_f = \frac{\tanh(pb)}{pb} = 0.85$$

节流氢侧翅片总传热效率：

$$\eta_0 = 1 - \frac{F_2}{F_0}(1 - \eta_f) = 0.88$$

2.13.1.2 传热面积及板束长度计算

计算总传热面积时，以氢1换热器氮气侧与原料氢侧为例：先用式（2-9）计算以氮气侧传热面积为基准的总传热系数，然后使用式（2-10）计算以原料氢侧传热面积为基准的总传热系数；进行氢气液化工艺流程的设计时，已经将换热器进出口的温差设计为4℃，但是由于某些原因，并没有使所有的进出口温差全部保持为4℃，因此还需要计算换热器进出口的对数平均温差；最后进行传热面积和板长的计算，计算传热面积时，要注意使用总换热量进行计算，然后计算板长时再分别计算。具体的计算过程如下。其他换热器板长的计算方法与此相同。

（1）氮气侧与原料氢侧

① 氮气侧与原料氢侧总传热系数的计算　以氮气侧传热面积为基准的总传热系数：

$$K_c = \frac{1}{\dfrac{1}{\alpha_h \eta_{0h}} \times \dfrac{F_{oc}}{F_{oh}} + \dfrac{1}{\alpha_c \eta_{0c}}} \tag{2-9}$$

式中　α_h——氮气侧给热系数，kcal/(m^2·h·℃)；

η_{0h}——氮气侧总传热效率；

F_{oc}——原料氢侧单位面积翅片的总传热面积（查附表1），m^2；

F_{oh}——氮气侧单位面积翅片的总传热面积（查附表1），m^2；

α_c——原料氢侧给热系数，kcal/(m^2·h·℃)；

η_{0c}——原料氢侧总传热效率。

即：

$$K_c = \frac{1}{\dfrac{1}{158.81 \times 0.88} \times \dfrac{12.7}{12.7} + \dfrac{1}{548.94 \times 0.78}} = 105.363\ [\text{kcal}/(\text{m}^2 \cdot \text{h} \cdot ℃)]$$

以原料氢侧传热面积为基准的总传热系数：

$$K_h = \frac{1}{\dfrac{1}{\alpha_h \eta_{0h}} + \dfrac{F_{oh}}{F_{oc}} \times \dfrac{1}{\alpha_c \eta_{0c}}} \tag{2-10}$$

即：

$$K_h = \frac{1}{\dfrac{1}{158.81 \times 0.88} + \dfrac{12.7}{12.7} \times \dfrac{1}{548.94 \times 0.78}} = 105.363\ [\text{kcal}/(\text{m}^2 \cdot \text{h} \cdot ℃)]$$

② 对数平均温差的计算：

$$\Delta t_{max}/\Delta t_{min} = 11.8 > 2$$

$$\Delta t_{m} = \frac{\Delta t_{max} - \Delta t_{min}}{\ln \frac{\Delta t_{max}}{\Delta t_{min}}} \tag{2-11}$$

$$= \frac{[-70-(-117.2)]-(36-32)}{\ln \frac{-70-(-117.2)}{36-32}}$$

$$= 17.49(℃)$$

③ 传热面积计算　氮气侧传热面积：

$$A = \frac{Q}{K\Delta t} \tag{2-12}$$

$$= \frac{(368.239/4.184) \times 3600}{105.363 \times 17.49}$$

$$= 171.93\ (\mathrm{m})^2$$

经过初步计算，确定板翅式换热器的宽度为 2m，则氮气侧板束长度为：

$$l = \frac{A}{fnb} \tag{2-13}$$

式中　f——氮气侧单位面积翅片的总传热面积，查标准翅片参数表得；

n——流道数，根据初步计算，每组流道数为 8；

b——板翅式换热器宽，m。

$$l = \frac{171.93}{12.7 \times 8 \times 2} = 0.85(\mathrm{m})$$

原料氢侧传热面积：

$$A = \frac{(816.59/4.184) \times 3600}{105.363 \times 17.49} = 381.27(\mathrm{m}^2)$$

原料氢侧板束长度：

$$l = \frac{381.27}{12.7 \times 8 \times 2} = 1.88(\mathrm{m})$$

（2）原料氢侧与膨胀氢侧

① 原料氢侧与膨胀氢侧总传热系数的计算　以原料氢侧传热面积为基准的总传热系数：

$$K_c = \frac{1}{\frac{1}{548.94 \times 0.75} \times \frac{12.7}{11.1} + \frac{1}{765.41 \times 0.76}} = 222.32\ [\mathrm{kcal}/(\mathrm{m}^2 \cdot \mathrm{h} \cdot ℃)]$$

以膨胀氢侧传热面积为基准的总传热系数：

$$K_h = \frac{1}{\frac{1}{548.94 \times 0.75} + \frac{11.1}{12.7} \times \frac{1}{765.41 \times 0.76}} = 254.36\ [\mathrm{kcal}/(\mathrm{m}^2 \cdot \mathrm{h} \cdot ℃)]$$

② 对数平均温差的计算：

$$\Delta t_{max}/\Delta t_{min} < 2$$

$$\Delta t_{m} = \frac{\Delta t_{max} + \Delta t_{min}}{2} = 4(℃)$$

③ 传热面积计算　原料氢侧传热面积：

$$A=\frac{(816.595/4.184)\times 3600}{222.32\times 4}=790.09(\mathrm{m}^2)$$

经过初步计算，确定板翅式换热器的宽度定为2m，则原料氢侧板束长度为：

$$l=\frac{790.09}{12.7\times 8\times 2}=3.89(\mathrm{m})$$

膨胀氢侧传热面积：

$$A=\frac{(1122.31/4.184)\times 3600}{254.36\times 4}=949.11(\mathrm{m}^2)$$

膨胀氢侧板束长度：

$$l=\frac{949.11}{11.1\times 8\times 2}=5.34(\mathrm{m})$$

（3）膨胀氢侧与原料氢侧

① 膨胀氢侧与原料氢侧总传热系数的计算　以膨胀氢侧传热面积为基准的总传热系数：

$$K_c=\frac{1}{\frac{1}{765.41\times 0.76}\times\frac{11.1}{12.7}+\frac{1}{549.019\times 0.78}}=260.58[\mathrm{kcal/(m^2\cdot h\cdot ℃)}]$$

以原料氢侧传热面积为基准的总传热系数：

$$K_h=\frac{1}{\frac{1}{765.41\times 0.76}+\frac{12.7}{11.1}\times\frac{1}{549.019\times 0.78}}=227.75[\mathrm{kcal/(m^2\cdot h\cdot ℃)}]$$

② 对数平均温差的计算：

$$\Delta t_{max}/\Delta t_{min}<2$$

$$\Delta t_m=\frac{\Delta t_{max}+\Delta t_{min}}{2}=4(℃)$$

③ 传热面积计算　膨胀氢侧传热面积：

$$A=\frac{(1122.31/4.184)\times 3600}{260.58\times 4}=926.45(\mathrm{m}^2)$$

经过初步计算，确定板翅式换热器的宽度为2m，则膨胀氢侧板束长度为：

$$l=\frac{926.45}{12.7\times 8\times 2}=4.6(\mathrm{m})$$

原料氢侧传热面积：

$$A=\frac{(816.595/4.184)\times 3600}{227.75\times 4}=771.26(\mathrm{m}^2)$$

原料氢侧板束长度：

$$l=\frac{771.26}{11.1\times 8\times 2}=4.34(\mathrm{m})$$

（4）原料氢侧与节流氢侧

① 原料氢侧与节流氢侧总传热系数的计算　以原料氢侧传热面积为基准的总传热系数：

$$K_c = \frac{1}{\frac{1}{549.019 \times 0.78} \times \frac{12.7}{7.9} + \frac{1}{89.04 \times 0.88}} = 60.55[\mathrm{kcal/(m^2 \cdot h \cdot ℃)}]$$

以节流氢侧传热面积为基准的总传热系数：

$$K_h = \frac{1}{\frac{1}{549.019 \times 0.78} + \frac{7.9}{12.7} \times \frac{1}{89.04 \times 0.88}} = 97.33[\mathrm{kcal/(m^2 \cdot h \cdot ℃)}]$$

② 对数平均温差的计算：

$$\Delta t_{max}/\Delta t_{min} = 27.78 > 2$$

$$\Delta t_m = \frac{[-70-(-179.5)]-(36-32)}{\ln \frac{-70-(-179.5)}{36-32}} = 31.88(℃)$$

③ 传热面积计算　原料氢侧传热面积：

$$A = \frac{(816.59/4.184) \times 3600}{60.55 \times 4} = 2900.95(\mathrm{m^2})$$

经过初步计算，确定板翅式换热器的宽度为 2m，则原料氢侧板束长度为：

$$l = \frac{2900.95}{12.7 \times 8 \times 2} = 14.28(\mathrm{m})$$

节流氢侧传热面积：

$$A = \frac{(55.85/4.184) \times 3600}{97.33 \times 4} = 123.43(\mathrm{m^2})$$

节流氢侧板束长度：

$$l = \frac{123.43}{7.9 \times 8 \times 2} = 0.98(\mathrm{m})$$

综上所述，氢 1 换热器板束长度为 124m。

2.13.1.3　板侧的排列及组数

氢 1 换热器每组板侧排列（物质相对位置）如图 2-22 所示，共包括 40 组，每组之间采用钎焊连接。

氮气
原料氢
膨胀氢
原料氢
节流氢

图 2-22　氢 1 换热器每组板侧排列（物质相对位置）

2.13.1.4　压力损失计算

板翅式换热器的压力损式计算分为三部分，如图 2-23 所示，分别为换热器入口、出口和换热器中心部分，各项阻力分别用以下公式计算。

① 换热器入口的压力损失　即导流片的出口到换热器中心的截面积变化引起的压力降。计算公式如下：

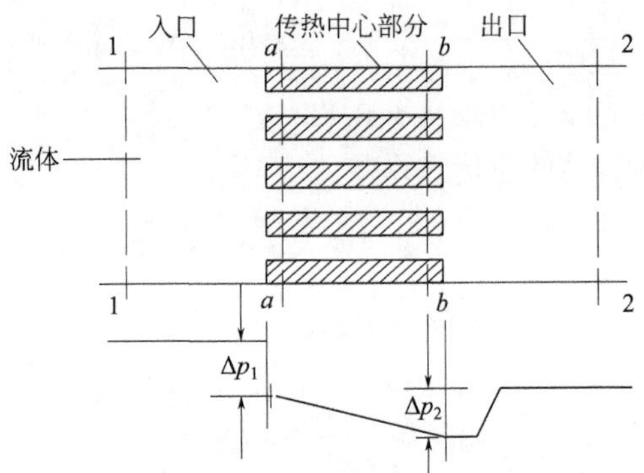

图 2-23　板翅式换热器进出口压力降图

$$\Delta p_1 = \frac{G^2}{2g_c\rho_1}(1-\sigma^2) + K_c\frac{G^2}{2g_c\rho_1} \tag{2-14}$$

式中　Δp_1——入口处压力降，Pa；

G——流体在板束中的质量流速，kg/(m^2·s)；

g_c——重力换算系数，为 1.27×10^8；

ρ_1——流体入口密度，查软件 REFPROP 得，kg/m^3；

σ——板束通道截面积与集气管最大截面积之比；

K_c——收缩阻力系数（查附图 3 得）。

② 换热器中心部分出口的压力降　即由换热器中心部分到导流片入口截面积发生变化引起的压力降。计算公式如下：

$$\Delta p_2 = \frac{G^2}{2g_c\rho_2}(1-\sigma^2) - K_e\frac{G^2}{2g_c\rho_2} \tag{2-15}$$

式中　Δp_2——出口处压升，Pa；

ρ_2——流体出口密度，查软件 REFPROP 得，kg/m^3；

K_e——扩大阻力系数（查附图 3 得）。

③ 换热器中心部分的压力降　换热器中心部分的压力降主要由传热面形状改变而产生的摩擦阻力和局部阻力组成，将这两部分阻力综合考虑，可以看作是作用于总摩擦面积上的等效剪切力。即换热器中心部分压力降可用以下公式计算：

$$\Delta p_3 = \frac{4fl}{D_e}\times\frac{G^2}{2g_c\rho_{av}} \tag{2-16}$$

式中　Δp_3——换热器中心部分压力降，Pa；

f——摩擦系数（查附图 1 和附图 2 得）；

l——换热器中心部分长度，m；

D_e——翅片当量直径（查附表 1 得），m；

ρ_{av}——进出口流体平均密度，查软件 REFPROP 得，kg/m^3。

所以流体经过板翅式换热器的总压力降可表示为：

$$\Delta p = \frac{G^2}{2g_c\rho_1}\left[(K_c+1-\sigma^2)+2\left(\frac{\rho_1}{\rho_2}-1\right)+\frac{4fl}{D_e}\times\frac{\rho_1}{\rho_{av}}-(1-\sigma^2-K_e)\frac{\rho_1}{\rho_2}\right] \tag{2-17}$$

$$\sigma = \frac{f_a}{A_{fa}}$$

$$f_a = \frac{x(L-\delta)L_w n}{x+\delta}$$

$$A_{fa} = (L+\delta_s)L_w N_t$$

式中　δ_s——板翅式换热器翅片隔板厚度（查附表 1 得），m；

L——翅片高度（查附表 1 得），m；

L_w——有效宽度，m；

N_t——冷热交换总层数。

（1）氮气侧压力损失的计算

氮气侧总压损：

$$\Delta p = \frac{G^2}{2g_c\rho_1}\left[(K_c+1-\sigma^2)+2\left(\frac{\rho_1}{\rho_2}-1\right)+\frac{4fl}{D_e}\times\frac{\rho_1}{\rho_{av}}-(1-\sigma^2-K_e)\frac{\rho_1}{\rho_2}\right]$$

$$f_a = \frac{x(L-\delta)L_w n}{x+\delta} = \frac{1.5\times10^{-3}\times(9.5-0.2)\times10^{-3}\times2\times8}{1.7\times10^{-3}} = 0.13(\text{m}^2)$$

$$A_{fa} = (L+\delta_s)L_w N_t = (9.5+0.295)\times10^{-3}\times2\times16 = 0.31(\text{m}^2)$$

$$\sigma = \frac{f_a}{A_{fa}} = 0.42\text{；}K_c = 0.7\text{；}K_e = 0.25$$

$$\Delta p = \frac{(15.83\times3600)^2}{2\times1.27\times10^8\times19.45}\times\left[(0.7+1-0.42^2)+2\times\left(\frac{19.45}{9.28}-1\right)+\frac{4\times0.029\times5.3}{2.12\times10^{-3}}\times\frac{19.45}{12.55}-(1-0.42^2-0.25)\times\frac{19.45}{9.28}\right] = 297.10(\text{Pa})$$

（2）原料氢侧压力损失的计算

原料氢侧总压损：

$$\Delta p = \frac{G^2}{2g_c\rho_1}\left[(K_c+1-\sigma^2)+2\left(\frac{\rho_1}{\rho_2}-1\right)+\frac{4fl}{D_e}\times\frac{\rho_1}{\rho_{av}}-(1-\sigma^2-K_e)\frac{\rho_1}{\rho_2}\right]$$

$$f_a = \frac{x(L-\delta)L_w n}{x+\delta} = \frac{(1.7-0.2)\times10^{-3}\times(9.5-0.2)\times10^{-3}\times2\times8}{1.7\times10^{-3}} = 0.13(\text{m}^2)$$

$$A_{fa} = (L+\delta_s)L_w N_t = (9.5+0.295)\times10^{-3}\times2\times16 = 0.31(\text{m}^2)$$

$$\sigma = \frac{f_a}{A_{fa}} = 0.42\text{；}K_c = 0.75\text{；}K_e = 0.49$$

$$\Delta p = \frac{(4.14\times3600)^2}{2\times1.27\times10^8\times0.92}\times\left[(0.75+1-0.42^2)+2\times\left(\frac{0.92}{1.0}-1\right)+\frac{4\times0.04\times5.3}{2.12\times10^{-3}}\times\frac{0.92}{1.1}-(1-0.42^2-0.49)\times\frac{0.92}{1.0}\right] = 319.06(\text{Pa})$$

(3)膨胀氢侧压力损失的计算

膨胀氢侧总压损：

$$\Delta p=\frac{G^2}{2g_c\rho_1}\left[(K_c+1-\sigma^2)+2\left(\frac{\rho_1}{\rho_2}-1\right)+\frac{4fl}{D_e}\times\frac{\rho_1}{\rho_{av}}-(1-\sigma^2-K_e)\frac{\rho_1}{\rho_2}\right]$$

$$f_a=\frac{x(L-\delta)L_wn}{x+\delta}=\frac{(2-0.2)\times10^{-3}\times(9.5-0.2)\times10^{-3}\times2\times8}{1.7\times10^{-3}}=0.16(m^2)$$

$$A_{fa}=(L+\delta_s)L_wN_t=(9.5+0.24)\times10^{-3}\times2\times24=0.47(m^2)$$

$$\sigma=\frac{f_a}{A_{fa}}=0.34;K_c=0.58;K_e=0.47$$

$$\Delta p=\frac{(5.61\times3600)^2}{2\times1.27\times10^8\times0.17}\times\left[(0.58+1-0.34^2)+2\times\left(\frac{0.17}{0.09}-1\right)+\frac{4\times0.035\times5.3}{2.58\times10^{-3}}\times\frac{0.17}{0.12}-(1-0.34^2-0.47)\times\frac{0.17}{0.09}\right]$$

$$=3871.81(Pa)$$

(4)原料氢侧压力损失的计算

原料氢侧总压损：

$$\Delta p=\frac{G^2}{2g_c\rho_1}\left[(K_c+1-\sigma^2)+2\left(\frac{\rho_1}{\rho_2}-1\right)+\frac{4fl}{D_e}\times\frac{\rho_1}{\rho_{av}}-(1-\sigma^2-K_e)\frac{\rho_1}{\rho_2}\right]$$

$$f_a=\frac{x(L-\delta)L_wn}{x+\delta}=\frac{(1.7-0.2)\times10^{-3}\times(9.5-0.2)\times10^{-3}\times2\times8}{1.7\times10^{-3}}=0.13(m^2)$$

$$A_{fa}=(L+\delta_s)L_wN_t=(9.5+0.24)\times10^{-3}\times2\times24=0.47(m^2)$$

$$\sigma=\frac{f_a}{A_{fa}}=0.28;K_c=0.75;K_e=0.49$$

$$\Delta p=\frac{(4.14\times3600)^2}{2\times1.27\times10^8\times0.92}\times\left[(0.75+1-0.28^2)+2\times\left(\frac{0.92}{1.0}-1\right)+\frac{4\times0.04\times5.3}{2.12\times10^{-3}}\times\frac{0.92}{1.1}-(1-0.28^2-0.49)\times\frac{0.92}{1.0}\right]$$

$$=319.07(Pa)$$

(5)节流氢侧压力损失的计算

节流氢侧总压损：

$$\Delta p=\frac{G^2}{2g_c\rho_1}\left[(K_c+1-\sigma^2)+2\left(\frac{\rho_1}{\rho_2}-1\right)+\frac{4fl}{D_e}\times\frac{\rho_1}{\rho_{av}}-(1-\sigma^2-K_e)\frac{\rho_1}{\rho_2}\right]$$

$$f_a=\frac{x(L-\delta)L_wn}{x+\delta}=\frac{(2-0.2)\times10^{-3}\times(9.5-0.2)\times10^{-3}\times2\times8}{1.7\times10^{-3}}=0.158(m^2)$$

$$A_{fa} = (L + \delta_s)L_w N_t = (9.5 + 0.24) \times 10^{-3} \times 2 \times 16 = 0.31(m^2)$$

$$\sigma = \frac{f_a}{A_{fa}} = 0.51\ ;\ K_c = 0.71\ ;\ K_e = 0.22$$

$$\Delta p = \frac{(0.61\times3600)^2}{2\times1.27\times10^8\times70.14}\times\left[(0.71+1-0.51^2)+2\times\left(\frac{70.17}{0.31}-1\right)+\frac{4\times0.05\times5.3}{2.67\times10^{-3}}\times\frac{70.17}{0.13}-(1-0.51^2-0.22)\times\frac{70.17}{0.31}\right]$$

$$=580.14(Pa)$$

2.13.2　氢 2 换热器

2.13.2.1　流体参数计算（单层通道）

（1）氮气侧的常数计算

氢 2 换热器结构见图 2-24，单组翅片结构局部放大图见图 2-25。氮气侧的翅片为翅高 9.5mm、当量直径 2.12mm 的翅片，将其有效宽度设定为 2m，因此，单层通道氮气侧的质量流量为氮气总质量流量的 1/20。

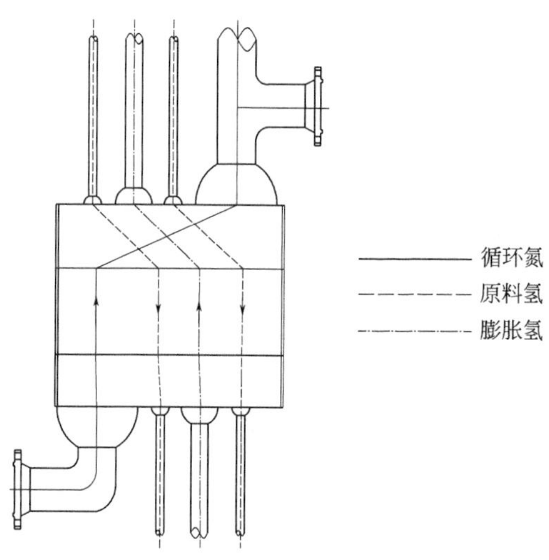

图 2-24　氢 2 换热器结构示意图

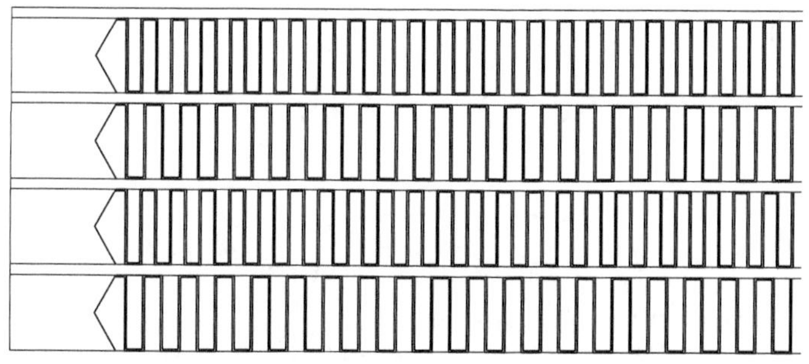

图 2-25　氢 2 换热器单组翅片结构局部放大图

氮气侧流道的质量流速：

$$G_i = \frac{0.0799}{8.21 \times 10^{-3}} = 9.73[\mathrm{kg/(m^2 \cdot s)}]$$

雷诺数 Re ：

$$Re = \frac{9.73 \times 2.12 \times 10^{-3}}{10.37 \times 10^{-6} \times 9.81} = 202.77$$

普朗特数 Pr ：

$$Pr = \frac{1.03 \times 10^3 \times 10.37 \times 10^{-6}}{14.68 \times 10^{-3}} = 0.73$$

斯坦顿数 St（查得传热因子 j 为 0.0091）：

$$St = \frac{0.0091}{0.73^{2/3}} = 0.0112$$

给热系数 α ：

$$\alpha = \frac{3600 \times 0.0112 \times 1.03 \times 9.73}{4.184} = 96.58[\mathrm{kcal/(m^2 \cdot h \cdot ℃)}]$$

氮气侧的 p 值：

$$p = \sqrt{\frac{2 \times 96.58}{165 \times 2 \times 10^{-4}}} = 76.5$$

氮气侧 b 值：

$$b = h/2 = 4.75 \times 10^{-3}\mathrm{m}$$

查双曲函数表可知：

$$\tanh(pb) = 0.32$$

氮气侧翅片一次面传热效率：

$$\eta_\mathrm{f} = \frac{\tanh(pb)}{pb} = 0.88$$

氮气侧翅片总传热效率：

$$\eta_0 = 1 - \frac{F_2}{F_0}(1 - \eta_\mathrm{f}) = 0.9$$

（2）原料氢侧的常数计算

原料氢侧的翅片为翅高 9.5mm、当量直径 2.58mm 的翅片，将其有效宽度设定为 2m，因此，单层通道原料氢侧的质量流量为原料氢总质量流量的 1/20。

原料氢流道的质量流速：

$$G_i = \frac{0.1273}{8.37 \times 10^{-3}} = 15.21[\mathrm{kg/(m^2 \cdot s)}]$$

雷诺数 Re：

$$Re = \frac{15.21 \times 2.58 \times 10^{-3}}{5.73 \times 10^{-6} \times 9.81} = 698.11$$

普朗特数 Pr：

$$Pr = \frac{1.284 \times 10^3 \times 5.73 \times 10^{-6}}{10.59 \times 10^{-3}} = 0.69$$

斯坦顿数 St（查得传热因子 j 为 0.0085）：

$$St = \frac{0.0085}{0.69^{2/3}} = 0.011$$

给热系数 α：

$$\alpha = \frac{3600 \times 0.011 \times 1.284 \times 15.21}{4.184} = 184.84[\mathrm{kcal/(m^2 \cdot h \cdot ℃)}]$$

原料氢侧的 p 值：

$$p = \sqrt{\frac{2 \times 184.84}{165 \times 2 \times 10^{-4}}} = 105.8$$

原料氢侧 b 值：

$$b = h/2 = 4.75 \times 10^{-3}\mathrm{m}$$

查附表 2 可知：

$$\tanh(pb) = 0.503$$

原料氢侧翅片一次面传热效率：

$$\eta_f = \frac{\tanh(pb)}{pb} = 0.92$$

原料氢侧翅片总传热效率：

$$\eta_0 = 1 - \frac{F_2}{F_0}(1 - \eta_f) = 0.94$$

（3）膨胀氢侧的常数计算

膨胀氢侧的翅片为翅高 9.5mm、当量直径 2.12mm 的翅片，将其有效宽度设定为 2m，因此，单层通道膨胀氢侧的质量流量为膨胀氢总质量流量的 1/20。

膨胀氢流道的质量流速：

$$G_i = \frac{0.038}{8.21 \times 10^{-3}} = 4.6[\mathrm{kg/(m^2 \cdot s)}]$$

雷诺数 Re：

$$Re = \frac{4.6 \times 2.12 \times 10^{-3}}{10.81 \times 10^{-6} \times 9.81} = 91.96$$

普朗特数 Pr：

$$Pr = \frac{14.48 \times 10^3 \times 10.81 \times 10^{-6}}{232.07 \times 10^{-3}} = 0.674$$

斯坦顿数 St（查得传热因子 j 为 0.0095）：

$$St = \frac{0.0095}{0.674^{2/3}} = 0.0124$$

给热系数 α：

$$\alpha = \frac{3600 \times 0.0124 \times 14.48 \times 4.6}{4.184} = 710.6[\mathrm{kcal/(m^2 \cdot h \cdot ℃)}]$$

膨胀氢侧的 p 值：

$$p = \sqrt{\frac{2 \times 710.6}{165 \times 2 \times 10^{-4}}} = 207.5$$

膨胀氢侧 b 值：

$$b = h/2 = 4.75 \times 10^{-3}\mathrm{m}$$

查附表 2 可知：

$$\tanh(pb) = 0.7589$$

膨胀氢侧翅片一次面传热效率：

$$\eta_f = \frac{\tanh(pb)}{pb} = 0.77$$

膨胀氢侧翅片总传热效率：

$$\eta_0 = 1 - \frac{F_2}{F_0}(1 - \eta_f) = 0.8$$

（4）原料氢侧的常数计算

原料氢侧的翅片为翅高 9.5mm、当量直径 2.58mm 的翅片，将其有效宽度设定为 2m，因此，单层通道原料氢侧的质量流量为原料氢总质量流量的 1/20。

原料氢流道的质量流速：

$$G_i = \frac{0.0273}{8.37 \times 10^{-3}} = 3.26[\mathrm{kg/(m^2 \cdot s)}]$$

雷诺数 Re：

$$Re = \frac{3.26 \times 2.58 \times 10^{-3}}{5.73 \times 10^{-6} \times 9.81} = 149.63$$

普朗特数 Pr：

$$Pr = \frac{12.84 \times 10^3 \times 5.73 \times 10^{-6}}{105.88 \times 10^{-3}} = 0.69$$

斯坦顿数 St（查得传热因子 j 为 0.0085）：

$$St = \frac{0.0085}{0.69^{2/3}} = 0.0109$$

给热系数 α：

$$\alpha = \frac{3600 \times 0.0109 \times 12.84 \times 3.26}{4.184} = 392.57[\mathrm{kcal/(m^2 \cdot h \cdot ℃)}]$$

原料氢侧的 p 值：

$$p = \sqrt{\frac{2 \times 392.57}{165 \times 2 \times 10^{-4}}} = 154.25$$

原料氢侧 b 值：

$$b = h/2 = 4.75 \times 10^{-3}\mathrm{m}$$

查附表 2 可知：

$$\tanh(pb) = 0.63$$

原料氢侧翅片一次面传热效率：

$$\eta_f = \frac{\tanh(pb)}{pb} = 0.86$$

原料氢侧翅片总传热效率：

$$\eta_0 = 1 - \frac{F_2}{F_0}(1 - \eta_f) = 0.88$$

2.13.2.2　传热面积及板束长度计算

（1）氮气侧与原料氢侧

① 氮气侧与原料氢侧总传热系数的计算　以氮气侧传热面积为基准的总传热系数：

$$K_c = \frac{1}{\dfrac{1}{96.58 \times 0.9} \times \dfrac{12.7}{11.1} + \dfrac{1}{184.84 \times 0.94}} = 52.86[\mathrm{kcal/(m^2 \cdot h \cdot ℃)}]$$

以原料氢侧传热面积为基准的总传热系数：

$$K_h = \frac{1}{\dfrac{1}{96.58 \times 0.9} + \dfrac{11.1}{12.7} \times \dfrac{1}{184.84 \times 0.94}} = 60.48[\mathrm{kcal/(m^2 \cdot h \cdot ℃)}]$$

② 对数平均温差的计算

$$\Delta t_{max}/\Delta t_{min} < 2$$

$$\Delta t_m = \frac{\Delta t_{max} + \Delta t_{min}}{2} = 4.35℃$$

③ 传热面积计算　氮气侧传热面积：

$$A = \frac{(435.17/4.184) \times 3600}{52.86 \times 4.35} = 1628.37(\mathrm{m^2})$$

经过初步计算，确定板翅式换热器的宽度为 2m，则氮气板束长度为：

$$l = \frac{1628.37}{12.7 \times 10 \times 2} = 6.41(\mathrm{m})$$

原料氢侧传热面积：

$$A = \frac{(667.21/4.184) \times 3600}{60.48 \times 4.35} = 2182.09(\mathrm{m^2})$$

原料氢侧板束长度（经过优化设计，取每组流道数为 10）：

$$l = \frac{2182.09}{11.1 \times 10 \times 2} = 9.83(\mathrm{m})$$

（2）原料氢侧与膨胀氢侧

① 原料氢侧与膨胀氢侧总传热系数的计算　以原料氢侧传热面积为基准的总传热系数：

$$K_c = \frac{1}{\dfrac{1}{184.84 \times 0.94} \times \dfrac{11.1}{12.7} + \dfrac{1}{710.2 \times 0.8}} = 147.27[\mathrm{kcal/(m^2 \cdot h \cdot ℃)}]$$

以膨胀氢侧传热面积为基准的总传热系数：

$$K_h = \frac{1}{\dfrac{1}{184.84 \times 0.94} + \dfrac{12.7}{11.1} \times \dfrac{1}{710.2 \times 0.8}} = 128.71[\mathrm{kcal/(m^2 \cdot h \cdot ℃)}]$$

② 对数平均温差的计算

$$\Delta t_{max}/\Delta t_{min} \leqslant 2$$

$$\Delta t_m = \frac{\Delta t_{max} + \Delta t_{min}}{2} = 4℃$$

③ 传热面积计算　原料氢侧传热面积：

$$A = \frac{(667.21/4.184) \times 3600}{147.27 \times 4} = 974.54(m^2)$$

经过初步计算，确定板翅式换热器的宽度为2m，则原料氢侧板束长度为：

$$l = \frac{974.54}{11.1 \times 10 \times 2} = 4.39(m)$$

膨胀氢侧传热面积：

$$A = \frac{(919.28/4.184) \times 3600}{128.71 \times 4} = 1536.34(m^2)$$

膨胀氢侧板束长度：

$$l = \frac{1536.34}{12.7 \times 10 \times 2} = 6.05(m)$$

（3）膨胀氢侧与原料氢侧

① 膨胀氢侧与原料氢侧总传热系数的计算　以膨胀氢侧传热面积为基准的总传热系数：

$$K_c = \frac{1}{\frac{1}{710.2 \times 0.8} \times \frac{12.7}{11.1} + \frac{1}{392.57 \times 0.88}} = 203.73[kcal/(m^2 \cdot h \cdot ℃)]$$

以原料氢侧传热面积为基准的总传热系数：

$$K_h = \frac{1}{\frac{1}{710.2 \times 0.8} + \frac{11.1}{12.7} \times \frac{1}{392.57 \times 0.88}} = 233.10[kcal/(m^2 \cdot h \cdot ℃)]$$

② 对数平均温差的计算

$$\Delta t_{max}/\Delta t_{min} \leqslant 2$$

$$\Delta t_m = \frac{\Delta t_{max} + \Delta t_{min}}{2} = 4(℃)$$

③ 传热面积计算　膨胀氢侧传热面积：

$$A = \frac{(919.28/4.184) \times 3600}{203.73 \times 4} = 970.61(m^2)$$

经过初步计算，确定板翅式换热器的宽度为2m，则膨胀氢侧板束长度为：

$$l = \frac{970.61}{12.7 \times 10 \times 2} = 3.82(m)$$

原料氢侧传热面积：

$$A = \frac{(667.21/4.184) \times 3600}{233.1 \times 4} = 615.7(m^2)$$

原料氢侧板束长度：

$$l = \frac{615.7}{11.1 \times 10 \times 2} = 2.77(m)$$

综上所述，氢2换热器板束长度为7.2m。

2.13.2.3　板侧的排列及组数

氢 2 换热器每组板侧排列（物质相对位置）如图 2-26 所示，共包括 40 组，每组之间采用钎焊连接。

氮气
原料氢
膨胀氢
原料氢

图 2-26　氢 2 换热器每组板侧排列（物质相对位置）

2.13.2.4　压力损失的计算

（1）氮气侧压力损失的计算

氮气侧总压损：

$$\Delta p = \frac{G^2}{2g_c\rho_1}\left[(K_c + 1 - \sigma^2) + 2\left(\frac{\rho_1}{\rho_2} - 1\right) + \frac{4fl}{D_e} \times \frac{\rho_1}{\rho_{av}} - (1 - \sigma^2 - K_e)\frac{\rho_1}{\rho_2}\right]$$

$$f_a = \frac{x(L - \delta)L_w n}{x + \delta} = \frac{1.5 \times 10^{-3} \times (9.5 - 0.2) \times 10^{-3} \times 2 \times 10}{1.7 \times 10^{-3}} = 0.164(\mathrm{m}^2)$$

$$A_{fa} = (L + \delta_s)L_w N_t = (9.5 + 0.296) \times 10^{-3} \times 2 \times 20 = 0.392(\mathrm{m}^2)$$

$$\sigma = \frac{f_a}{A_{fa}} = 0.42\ ;\ K_c = 0.71\ ;\ K_e = 0.2$$

$$\Delta p = \frac{(9.73\times3600)^2}{2\times1.27\times10^8\times680.61}\times\left[(0.71+1-0.42^2)+2\times\left(\frac{680.61}{14.825}-1\right)+\frac{4\times0.031\times7.7}{2.12\times10^{-3}}\times\frac{680.61}{20.551}-(1-0.42^2-0.2)\times\frac{680.61}{14.825}\right]$$

$$=106.31(\mathrm{Pa})$$

（2）原料氢侧压力损失的计算

原料氢侧总压损：

$$\Delta p = \frac{G^2}{2g_c\rho_1}\left[(K_c + 1 - \sigma^2) + 2\left(\frac{\rho_1}{\rho_2} - 1\right) + \frac{4fl}{D_e} \times \frac{\rho_1}{\rho_{av}} - (1 - \sigma^2 - K_e)\frac{\rho_1}{\rho_2}\right]$$

$$f_a = \frac{x(L - \delta)L_w n}{x + \delta} = \frac{1.8 \times 10^{-3} \times (9.5 - 0.2) \times 10^{-3} \times 2 \times 10}{2 \times 10^{-3}} = 0.167(\mathrm{m}^2)$$

$$A_{fa} = (L + \delta_s)L_w N_t = (9.5 + 0.33) \times 10^{-3} \times 2 \times 20 = 0.39(\mathrm{m}^2)$$

$$\sigma = \frac{f_a}{A_{fa}} = 0.43\ ;\ K_c = 0.74\ ;\ K_e = 0.42$$

$$\Delta p = \frac{(15.21\times3600)^2}{2\times1.27\times10^8\times1.37}\times\left[(0.74+1-0.43^2)+2\times\left(\frac{1.37}{2.6}-1\right)+\frac{4\times0.031\times7.7}{2.58\times10^{-3}}\right.$$

$$\times\frac{1.37}{2.6}-(1-0.43^2-0.42)\times\frac{1.37}{2.6}\Bigg]$$

$$=1683.61(\text{Pa})$$

（3）膨胀氢侧压力损失的计算

膨胀氢侧总压损：

$$\Delta p=\frac{G^2}{2g_c\rho_1}\left[(K_c+1-\sigma^2)+2\left(\frac{\rho_1}{\rho_2}-1\right)+\frac{4fl}{D_e}\times\frac{\rho_1}{\rho_{av}}-(1-\sigma^2-K_e)\frac{\rho_1}{\rho_2}\right]$$

$$f_a=\frac{x(L-\delta)L_w n}{x+\delta}=\frac{1.5\times10^{-3}\times(9.5-0.2)\times10^{-3}\times2\times10}{1.7\times10^{-3}}=0.164(\text{m}^2)$$

$$A_{fa}=(L+\delta_s)L_w N_t=(9.5+0.23)\times10^{-3}\times2\times20=0.389(\text{m}^2)$$

$$\sigma=\frac{f_a}{A_{fa}}=0.42\ ;\ K_c=0.73\ ;\ K_e=0.41$$

$$\Delta p=\frac{(4.6\times3600)^2}{2\times1.27\times10^8\times0.37}\times\Bigg[(0.73+1-0.42^2)+2\times\left(\frac{0.37}{0.17}-1\right)+\frac{4\times0.042\times7.7}{2.12\times10^{-3}}\times\frac{0.37}{0.17}$$

$$-(1-0.42^2-0.41)\times\frac{0.37}{0.17}\Bigg]$$

$$=3884.04(\text{Pa})$$

（4）原料氢侧压力损失的计算

原料氢侧总压损：

$$\Delta p=\frac{G^2}{2g_c\rho_1}\left[(K_c+1-\sigma^2)+2\left(\frac{\rho_1}{\rho_2}-1\right)+\frac{4fl}{D_e}\times\frac{\rho_1}{\rho_{av}}-(1-\sigma^2-K_e)\frac{\rho_1}{\rho_2}\right]$$

$$f_a=\frac{x(L-\delta)L_w n}{x+\delta}=\frac{1.8\times10^{-3}\times(9.5-0.2)\times10^{-3}\times2\times10}{2\times10^{-3}}=0.167(\text{m}^2)$$

$$A_{fa}=(L+\delta_s)L_w N_t=(9.5+3.29)\times10^{-3}\times2\times20=0.512(\text{m}^2)$$

$$\sigma=\frac{f_a}{A_{fa}}=0.326\ ;\ K_c=0.7\ ;\ K_e=0.19$$

$$\Delta p=\frac{(3.26\times3600)^2}{2\times1.27\times10^8\times1.37}\times\Bigg[(0.7+1-0.326^2)+2\times\left(\frac{1.37}{2.6}-1\right)+\frac{4\times0.035\times7.7}{2.58\times10^{-3}}\times\frac{1.37}{2.6}$$

$$-(1-0.326^2-0.19)\times\frac{1.37}{2.6}\Bigg]$$

$$=87.25(\text{Pa})$$

2.13.3 氢 3 换热器

2.13.3.1 流体参数计算（单层通道）

（1）氮气侧的常数计算

氢 3 换热器结构见图 2-27，单组翅片结构局部放大图见图 2-28。氮气侧的翅片为翅高

9.5mm、当量直径 2.12mm 的翅片，将其有效宽度设定为 2m，因此，单层通道氮气侧的质量流量为氮气总质量流量的 1/20。

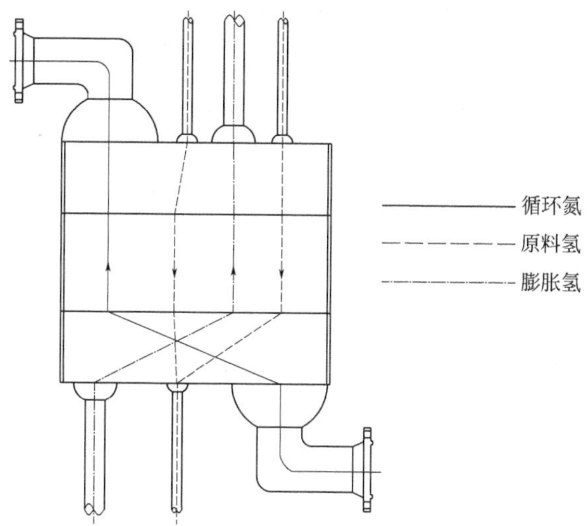

图 2-27　氢 3 换热器结构示意图

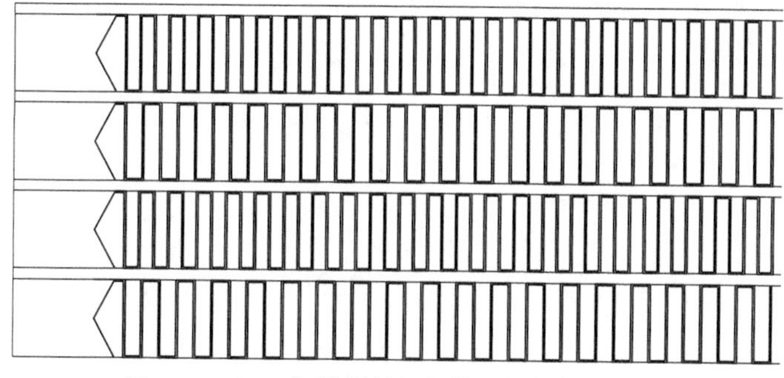

图 2-28　氢 3 换热器单组翅片结构局部放大图

各股流道的质量流速：

$$G_i = \frac{0.022}{8.21 \times 10^{-3}} = 2.7[\mathrm{kg/(m^2 \cdot s)}]$$

雷诺数 Re：

$$Re = \frac{2.7 \times 2.12 \times 10^{-3}}{6.35 \times 10^{-6} \times 9.81} = 91.89$$

普朗特数 Pr：

$$Pr = \frac{1.09 \times 10^3 \times 6.35 \times 10^{-6}}{8.5 \times 10^{-3}} = 0.81$$

斯坦顿数 St（查得传热因子 j 为 0.0094）：

$$St = \frac{0.0094}{0.81^{2/3}} = 0.0108$$

给热系数 α：

$$\alpha = \frac{3600 \times 0.0108 \times 1.09 \times 2.7}{4.184} = 27.35[\mathrm{kcal/(m^2 \cdot h \cdot ℃)}]$$

氮气侧的 p 值：

$$p=\sqrt{\frac{2\times 27.35}{165\times 2\times 10^{-4}}}=40.71$$

氮气侧 b 值：

$$b=h/2=4.75\times 10^{-3}\text{m}$$

查附表 2 可知：

$$\tanh(pb)=0.19$$

氮气侧翅片一次面传热效率：

$$\eta_f=\frac{\tanh(pb)}{pb}=0.975$$

氮气侧翅片总传热效率：

$$\eta_0=1-\frac{F_2}{F_0}(1-\eta_f)=0.978$$

（2）原料氢侧的常数计算

原料氢侧的翅片为翅高 9.5mm、当量直径 2.58mm 的翅片，将其有效宽度设定为 2m，因此，单层通道原料氢侧的质量流量为原料氢总质量流量的 1/20。

各股流道的质量流速：

$$G_i=\frac{0.0275}{8.37\times 10^{-3}}=3.29[\text{kg}/(\text{m}^2\cdot\text{s})]$$

雷诺数 Re：

$$Re=\frac{3.29\times 2.12\times 10^{-3}}{4.11\times 10^{-6}\times 9.81}=172.99$$

普朗特数 Pr：

$$Pr=\frac{11.45\times 10^3\times 4.11\times 10^{-6}}{67.6\times 10^{-3}}=0.696$$

斯坦顿数 St（查得传热因子 j 为 0.0089）：

$$St=\frac{0.0089}{0.696^{2/3}}=0.011$$

给热系数 α：

$$\alpha=\frac{3600\times 0.011\times 11.45\times 3.29}{4.184}=356.54[\text{kcal}/(\text{m}^2\cdot\text{h}\cdot℃)]$$

原料氢侧的 p 值：

$$p=\sqrt{\frac{2\times 356.54}{165\times 2\times 10^{-4}}}=150.0$$

膨胀氢侧 b 值：

$$b=h/2=4.75\times 10^{-3}\text{m}$$

查附表 2 可知：

$$\tanh(pb)=0.59$$

原料氢侧翅片一次面传热效率：

$$\eta_f = \frac{\tanh(pb)}{pb} = 0.84$$

原料氢侧翅片总传热效率：

$$\eta_0 = 1 - \frac{F_2}{F_0}(1 - \eta_f) = 0.87$$

（3）膨胀氢侧的常数计算

膨胀氢侧的翅片为翅高9.5mm、当量直径2.12mm的翅片，将其有效宽度设定为2m，因此，单层通道膨胀氢侧的质量流量为膨胀氢总质量流量的1/20。

各股流道的质量流速：

$$G_i = \frac{0.038}{8.21 \times 10^{-3}} = 4.6[\mathrm{kg/(m^2 \cdot s)}]$$

雷诺数 Re：

$$Re = \frac{4.6 \times 2.12 \times 10^{-3}}{3.91 \times 10^{-6} \times 9.81} = 254.2$$

普朗特数 Pr：

$$Pr = \frac{11.006 \times 10^3 \times 3.91 \times 10^{-6}}{62.76 \times 10^{-3}} = 0.69$$

斯坦顿数 St（查得传热因子 j 为0.0086）：

$$St = \frac{0.0086}{0.69^{2/3}} = 0.011$$

给热系数 α：

$$\alpha = \frac{3600 \times 0.011 \times 11.006 \times 4.6}{4.184} = 479.17[\mathrm{kcal/(m^2 \cdot h \cdot ℃)}]$$

膨胀氢侧的 p 值：

$$p = \sqrt{\frac{2 \times 479.17}{165 \times 2 \times 10^{-4}}} = 170.41$$

膨胀氢侧 b 值：

$$b = h/2 = 4.75 \times 10^{-3}\mathrm{m}$$

查附表2可知：

$$\tanh(pb) = 0.68$$

膨胀氢侧翅片一次面传热效率：

$$\eta_f = \frac{\tanh(pb)}{pb} = 0.84$$

膨胀氢侧翅片总传热效率：

$$\eta_0 = 1 - \frac{F_2}{F_0}(1 - \eta_f) = 0.86$$

（4）原料氢侧的常数计算

原料氢侧的翅片为翅高9.5mm、当量直径2.58mm的翅片，将其有效宽度设定为2m，因此，单层通道原料氢侧的质量流量为原料氢总质量流量的1/20。

各股流道的质量流速：

$$G_i = \frac{0.0275}{8.37 \times 10^{-3}} = 3.29[\text{kg/(m}^2 \cdot \text{s)}]$$

雷诺数 Re：

$$Re = \frac{3.29 \times 2.58 \times 10^{-3}}{4.11 \times 10^{-6} \times 9.81} = 210.5$$

普朗特数 Pr：

$$Pr = \frac{11.45 \times 10^3 \times 4.11 \times 10^{-6}}{67.57 \times 10^{-3}} = 0.696$$

斯坦顿数 St（查得传热因子 j 为 0.0086）：

$$St = \frac{0.0086}{0.696^{2/3}} = 0.011$$

给热系数 α：

$$\alpha = \frac{3600 \times 0.011 \times 11.45 \times 3.29}{4.184} = 356.54[\text{kcal/(m}^2 \cdot \text{h} \cdot ℃)]$$

原料氢侧的 p 值：

$$p = \sqrt{\frac{2 \times 356.54}{165 \times 2 \times 10^{-4}}} = 147.0$$

原料氢侧 b 值：

$$b = h/2 = 4.75 \times 10^{-3}\text{m}$$

查附表 2 可知：

$$\tanh(pb) = 0.59$$

原料氢侧翅片一次面传热效率：

$$\eta_f = \frac{\tanh(pb)}{pb} = 0.85$$

原料氢侧翅片总传热效率：

$$\eta_0 = 1 - \frac{F_2}{F_0}(1 - \eta_f) = 0.88$$

2.13.3.2 传热面积及板束长度计算

（1）氮气侧与原料氢侧

① 氮气侧与原料氢侧总传热系数的计算　以氮气侧传热面积为基准的总传热系数：

$$K_c = \frac{1}{\frac{1}{27.35 \times 0.98} \times \frac{12.7}{11.1} + \frac{1}{356.54 \times 0.87}} = 21.78[\text{kcal/(m}^2 \cdot \text{h} \cdot ℃)]$$

以原料氢侧传热面积为基准的总传热系数：

$$K_h = \frac{1}{\frac{1}{27.35 \times 0.98} + \frac{11.1}{12.7} \times \frac{1}{356.54 \times 0.87}} = 24.92[\text{kcal/(m}^2 \cdot \text{h} \cdot ℃)]$$

② 对数平均温差的计算

$$\Delta t_{max}/\Delta t_{min} < 2$$

$$\Delta t_{m} = \frac{\Delta t_{max} + \Delta t_{min}}{2} = 3.985℃$$

③ 传热面积计算　氮气侧传热面积：

$$A = \frac{(96.35/4.184) \times 3600}{21.78 \times 3.985} = 955.16(m^2)$$

经过初步计算，确定板翅式换热器的宽度为2m，则氮气侧板束长度为：

$$l = \frac{955.16}{12.7 \times 10 \times 2} = 3.76(m)$$

原料氢侧传热面积：

$$A = \frac{(143.95/4.184) \times 3600}{24.92 \times 3.985} = 1247.23(m^2)$$

原料氢侧板束长度（经过优化设计，取每组流道数为10）：

$$l = \frac{1247.23}{11.1 \times 10 \times 2} = 5.62(m)$$

（2）原料氢侧与膨胀氢侧

① 原料氢侧与膨胀氢侧总传热系数的计算　以原料氢侧传热面积为基准的总传热系数：

$$K_c = \frac{1}{\frac{1}{356.54 \times 0.87} \times \frac{11.1}{12.7} + \frac{1}{479.17 \times 0.86}} = 190.68[kcal/(m^2 \cdot h \cdot ℃)]$$

以膨胀氢侧传热面积为基准的总传热系数：

$$K_h = \frac{1}{\frac{1}{356.54 \times 0.87} + \frac{12.7}{11.1} \times \frac{1}{479.17 \times 0.86}} = 166.66[kcal/(m^2 \cdot h \cdot ℃)]$$

② 对数平均温差的计算

$$\Delta t_{max}/\Delta t_{min} < 2$$

$$\Delta t_{m} = \frac{\Delta t_{max} + \Delta t_{min}}{2} = 4℃$$

③ 传热面积计算　原料氢侧传热面积：

$$A = \frac{(143.95/4.184) \times 3600}{190.68 \times 4} = 162.4(m^2)$$

经过初步计算，确定板翅式换热器的宽度为2m，则原料氢侧板束长度为：

$$l = \frac{162.4}{11.1 \times 10 \times 2} = 0.73(m)$$

膨胀氢侧传热面积：

$$A = \frac{(919.28/4.184) \times 3600}{166.66 \times 4} = 1186.5(m^2)$$

膨胀氢侧板束长度：

$$l = \frac{1186.5}{12.7 \times 10 \times 2} = 4.67(m)$$

（3）膨胀氢侧与原料氢侧

① 膨胀氢侧与原料氢侧总传热系数的计算　以膨胀氢侧传热面积为基准的总传热系数：

$$K_c = \frac{1}{\frac{1}{479.17 \times 0.86} \times \frac{12.7}{11.1} + \frac{1}{356.54 \times 0.88}} = 167.68[\mathrm{kcal/(m^2 \cdot h \cdot ℃)}]$$

以原料氢侧传热面积为基准的总传热系数：

$$K_h = \frac{1}{\frac{1}{479.17 \times 0.86} + \frac{11.1}{12.7} \times \frac{1}{356.54 \times 0.88}} = 191.85[\mathrm{kcal/(m^2 \cdot h \cdot ℃)}]$$

② 对数平均温差的计算

$$\Delta t_{max}/\Delta t_{min} < 2$$

$$\Delta t_m = \frac{\Delta t_{max} + \Delta t_{min}}{2} = 4℃$$

③ 传热面积计算　膨胀氢侧传热面积：

$$A = \frac{(919.28/4.184) \times 3600}{167.68 \times 4} = 1179.3(\mathrm{m^2})$$

经过初步计算，确定板翅式换热器的宽度为2m，则膨胀氢侧板束长度为：

$$l = \frac{1179.3}{12.7 \times 10 \times 2} = 4.64(\mathrm{m})$$

原料氢侧传热面积：

$$A = \frac{(143.95/4.184) \times 3600}{191.85 \times 4} = 161.4(\mathrm{m^2})$$

原料氢侧板束长度：

$$l = \frac{161.4}{11.1 \times 10 \times 2} = 0.73(\mathrm{m})$$

综上所述，氢3换热器板束长度为5.7m。

2.13.3.3　板侧的排列及组数

氢3换热器每组板侧排列（物质相对位置）如图2-29所示，共包括40组，每组之间采用钎焊连接。

氮气
原料氢
膨胀氢
原料氢

图2-29　氢3换热器每组板侧排列（物质相对位置）

2.13.3.4　压力损失计算

（1）氮气侧压力损失的计算

氮气侧总压损：

$$\Delta p=\frac{G^2}{2g_c\rho_1}\left[(K_c+1-\sigma^2)+2\left(\frac{\rho_1}{\rho_2}-1\right)+\frac{4fl}{D_e}\times\frac{\rho_1}{\rho_{av}}-(1-\sigma^2-K_e)\frac{\rho_1}{\rho_2}\right]$$

$$f_a=\frac{x(L-\delta)L_w n}{x+\delta}=\frac{1.5\times10^{-3}\times(9.5-0.2)\times10^{-3}\times2\times10}{1.7\times10^{-3}}=0.164(m^2)$$

$$A_{fa}=(L+\delta_s)L_w N_t=(9.5+0.234)\times10^{-3}\times2\times20=0.389(m^2)$$

$$\sigma=\frac{f_a}{A_{fa}}=0.42;K_c=0.71;K_e=0.18$$

$$\Delta p=\frac{(2.7\times3600)^2}{2\times1.27\times10^8\times797.89}\times\left[(0.71+1-0.42^2)+2\times\left(\frac{797.89}{3.36}-1\right)+\frac{4\times0.04\times5.1}{2.12\times10^{-3}}\times\frac{797.89}{3.36}\right.$$
$$\left.-(1-0.42^2-0.18)\times\frac{797.89}{3.36}\right]$$
$$=42.76(Pa)$$

（2）原料氢侧压力损失的计算

原料氢侧总压损：

$$\Delta p=\frac{G^2}{2g_c\rho_1}\left[(K_c+1-\sigma^2)+2\left(\frac{\rho_1}{\rho_2}-1\right)+\frac{4fl}{D_e}\times\frac{\rho_1}{\rho_{av}}-(1-\sigma^2-K_e)\frac{\rho_1}{\rho_2}\right]$$

$$f_a=\frac{x(L-\delta)L_w n}{x+\delta}=\frac{1.8\times10^{-3}\times(9.5-0.2)\times10^{-3}\times2\times10}{2\times10^{-3}}=0.167(m^2)$$

$$A_{fa}=(L+\delta_s)L_w N_t=(9.5+0.32)\times10^{-3}\times2\times20=0.393(m^2)$$

$$\sigma=\frac{f_a}{A_{fa}}=0.42;K_c=0.74;K_e=0.41$$

$$\Delta p=\frac{(3.29\times3600)^2}{2\times1.27\times10^8\times2.6}\times\left[(0.74+1-0.42^2)+2\times\left(\frac{2.6}{3.3}-1\right)+\frac{4\times0.03\times5.1}{2.58\times10^{-3}}\times\frac{2.6}{3.3}\right.$$
$$\left.-(1-0.42^2-0.41)\times\frac{2.6}{3.3}\right]$$
$$=39.9(Pa)$$

（3）膨胀氢侧压力损失的计算

膨胀氢侧总压损：

$$\Delta p=\frac{G^2}{2g_c\rho_1}\left[(K_c+1-\sigma^2)+2\left(\frac{\rho_1}{\rho_2}-1\right)+\frac{4fl}{D_e}\times\frac{\rho_1}{\rho_{av}}-(1-\sigma^2-K_e)\frac{\rho_1}{\rho_2}\right]$$

$$f_a=\frac{x(L-\delta)L_w n}{x+\delta}=\frac{1.5\times10^{-3}\times(9.5-0.2)\times10^{-3}\times2\times10}{1.7\times10^{-3}}=0.164(m^2)$$

$$A_{fa}=(L+\delta_s)L_w N_t=(9.5+0.24)\times10^{-3}\times2\times20=0.39(m^2)$$

$$\sigma=\frac{f_a}{A_{fa}}=0.42;K_c=0.73;K_e=0.4$$

$$\Delta p=\frac{(4.6\times3600)^2}{2\times1.27\times10^8\times0.55}\times\left[(0.73+1-0.42^2)+2\times\left(\frac{0.55}{0.37}-1\right)+\frac{4\times0.028\times5.1}{2.12\times10^{-3}}\times\frac{0.55}{0.37}\right.$$

$$\left.-(1-0.42^2-0.4)\times\frac{0.55}{0.37}\right]$$

$$=789.93(\mathrm{Pa})$$

（4）原料氢侧压力损失的计算

原料氢侧总压损：

$$\Delta p=\frac{G^2}{2g_c\rho_1}\left[(K_c+1-\sigma^2)+2\left(\frac{\rho_1}{\rho_2}-1\right)+\frac{4fl}{D_e}\times\frac{\rho_1}{\rho_{av}}-(1-\sigma^2-K_e)\frac{\rho_1}{\rho_2}\right]$$

$$f_a=\frac{x(L-\delta)L_w n}{x+\delta}=\frac{1.8\times10^{-3}\times(9.5-0.2)\times10^{-3}\times2\times10}{2\times10^{-3}}=0.167(\mathrm{m}^2)$$

$$A_{fa}=(L+\delta_s)L_w N_t=(9.5+0.329)\times10^{-3}\times2\times20=0.393(\mathrm{m}^2)$$

$$\sigma=\frac{f_a}{A_{fa}}=0.42\ ;\ K_c=0.72\ ;\ K_e=0.19$$

$$\Delta p=\frac{(3.29\times3600)^2}{2\times1.27\times10^8\times2.6}\times\left[(0.72+1-0.42^2)+2\times\left(\frac{2.6}{3.3}-1\right)+\frac{4\times0.03\times5.1}{2.58\times10^{-3}}\times\frac{2.6}{3.3}\right.$$

$$\left.-(1-0.42^2-0.19)\times\frac{2.6}{3.3}\right]$$

$$=39.83(\mathrm{Pa})$$

2.13.4 氢 4 换热器

2.13.4.1 流体参数计算（单层通道）

（1）膨胀氢侧的常数计算

氢 4 换热器结构见图 2-30，单组翅片结构局部放大图见图 2-31。膨胀氢侧的翅片为翅高 9.5mm、当量直径 2.12mm 的翅片，将其有效宽度设定为 2m，因此，单层通道膨胀氢侧的质量流量为膨胀氢总质量流量的 1/16。

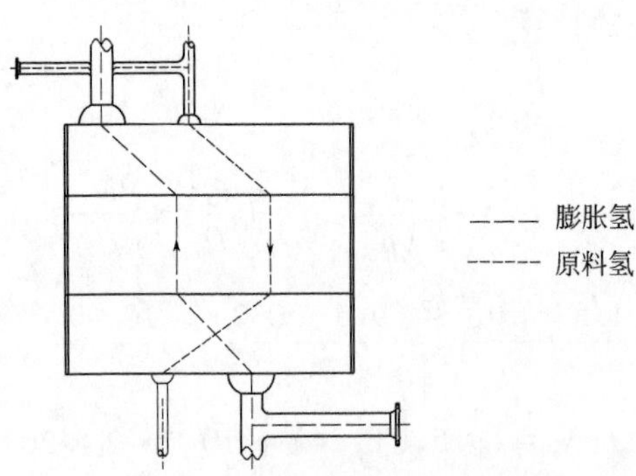

图 2-30 氢 4 换热器结构示意图

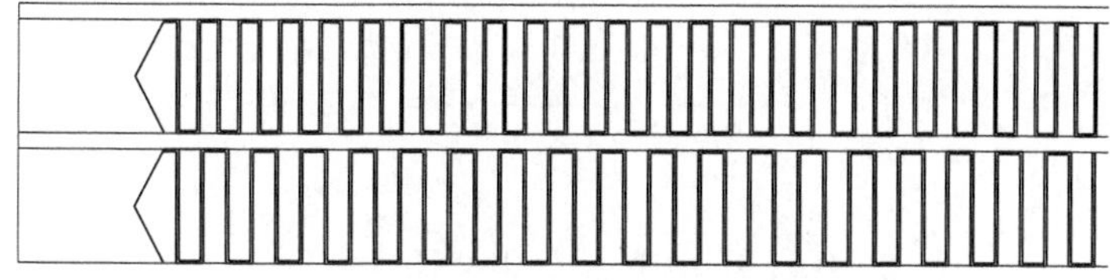

图 2-31　氢 4 换热器单组翅片结构局部放大图

各股流道的质量流速：

$$G_i = \frac{0.047}{8.21 \times 10^{-3}} = 5.72[\mathrm{kg/(m^2 \cdot s)}]$$

雷诺数 Re：

$$Re = \frac{5.72 \times 2.12 \times 10^{-3}}{3.15 \times 10^{-6} \times 9.81} = 392.42$$

普朗特数 Pr：

$$Pr = \frac{11.44 \times 10^{3} \times 3.15 \times 10^{-6}}{50.4 \times 10^{-3}} = 0.72$$

斯坦顿数 St（查得传热因子 j 为 0.0086）：

$$St = \frac{0.0086}{0.72^{2/3}} = 0.0107$$

给热系数 α：

$$\alpha = \frac{3600 \times 0.0107 \times 11.44 \times 5.72}{4.184} = 602.4[\mathrm{kcal/(m^2 \cdot h \cdot ℃)}]$$

膨胀氢侧的 p 值：

$$p = \sqrt{\frac{2 \times 602.4}{165 \times 2 \times 10^{-4}}} = 191.07$$

膨胀氢侧 b 值：

$$b = h/2 = 4.75 \times 10^{-3}\mathrm{m}$$

查附表 2 可知：

$$\tanh(pb) = 0.72$$

膨胀氢侧翅片一次面传热效率：

$$\eta_{\mathrm{f}} = \frac{\tanh(pb)}{pb} = 0.79$$

膨胀氢侧翅片总传热效率：

$$\eta_0 = 1 - \frac{F_2}{F_0}(1 - \eta_{\mathrm{f}}) = 0.82$$

（2）原料氢侧的常数计算

原料氢侧的翅片为翅高 9.5mm、当量直径 2.58mm 的翅片，将其有效宽度设定为 2m，因此，单层通道原料氢侧的质量流量为原料氢总质量流量的 1/16。

各股流道的质量流速：

$$G_i = \frac{0.0436}{8.37 \times 10^{-3}} = 5.21[\mathrm{kg/(m^2 \cdot s)}]$$

雷诺数 Re：

$$Re = \frac{5.21 \times 2.58 \times 10^{-3}}{2.9 \times 10^{-6} \times 9.81} = 472.49$$

普朗特数 Pr：

$$Pr = \frac{10.58 \times 10^{3} \times 2.9 \times 10^{-6}}{45.19 \times 10^{-3}} = 0.679$$

斯坦顿数 St（查得传热因子 j 为 0.0083）：

$$St = \frac{0.0083}{0.679^{2/3}} = 0.0107$$

给热系数 α：

$$\alpha = \frac{3600 \times 0.0107 \times 10.58 \times 5.21}{4.184} = 507.5[\mathrm{kcal/(m^2 \cdot h \cdot ℃)}]$$

原料氢侧的 p 值：

$$p = \sqrt{\frac{2 \times 507.5}{165 \times 2 \times 10^{-4}}} = 175.38$$

原料氢侧 b 值：

$$b = h/2 = 4.75 \times 10^{-3}\mathrm{m}$$

查附表 2 可知：

$$\tanh(pb) = 0.68$$

原料氢侧翅片一次面传热效率：

$$\eta_f = \frac{\tanh(pb)}{pb} = 0.82$$

原料氢侧翅片总传热效率：

$$\eta_0 = 1 - \frac{F_2}{F_0}(1 - \eta_f) = 0.85$$

2.13.4.2　传热面积及板束长度计算

① 膨胀氢侧与原料氢侧总传热系数的计算　以膨胀氢侧传热面积为基准的总传热系数：

$$K_c = \frac{1}{\frac{1}{602.4 \times 0.82} \times \frac{12.7}{11.1} + \frac{1}{507.5 \times 0.85}} = 215.78[\mathrm{kcal/(m^2 \cdot h \cdot ℃)}]$$

以原料氢侧传热面积为基准的总传热系数：

$$K_h = \frac{1}{\frac{1}{602.4 \times 0.82} + \frac{11.1}{12.7} \times \frac{1}{507.5 \times 0.85}} = 246.88[\mathrm{kcal/(m^2 \cdot h \cdot ℃)}]$$

② 对数平均温差的计算

$$\Delta t_{max}/\Delta t_{min} < 2$$

$$\Delta t_m = \frac{\Delta t_{max} + \Delta t_{min}}{2} = 3.9℃$$

③ 传热面积计算　膨胀氢侧传热面积：

$$A = \frac{(299.53/4.184) \times 3600}{215.78 \times 3.9} = 306.25(\mathrm{m^2})$$

经过初步计算，确定板翅式换热器的宽度为 2m，则膨胀氢侧板束长度为：

$$l=\frac{306.25}{12.7\times 8\times 2}=1.51(\mathrm{m})$$

原料氢侧传热面积：

$$A=\frac{(299.72/4.184)\times 3600}{246.88\times 3.9}=267.84(\mathrm{m}^2)$$

原料氢侧板束长度（经过优化设计，取每组流道数为 8）：

$$l=\frac{267.84}{11.1\times 8\times 2}=1.51(\mathrm{m})$$

综上所述，氢 4 换热器的板束长度为 1.6m。

2.13.4.3　板侧的排列及组数

氢 4 换热器每组板侧排列（物质相对位置）如图 2-32 所示，共包括 16 组，每组之间采用钎焊连接。

膨胀氢
原料氢

图 2-32　氢 4 换热器每组板侧排列（物质相对位置）

2.13.4.4　压力损失计算

（1）膨胀氢侧压力损失的计算

膨胀氢侧总压损：

$$\Delta p=\frac{G^2}{2g_c\rho_1}\left[(K_c+1-\sigma^2)+2\left(\frac{\rho_1}{\rho_2}-1\right)+\frac{4fl}{D_e}\times\frac{\rho_1}{\rho_{av}}-(1-\sigma^2-K_e)\frac{\rho_1}{\rho_2}\right]$$

$$f_a=\frac{x(L-\delta)L_w n}{x+\delta}=\frac{1.5\times 10^{-3}\times(9.5-0.2)\times 10^{-3}\times 2\times 8}{1.7\times 10^{-3}}=0.13(\mathrm{m}^2)$$

$$A_{fa}=(L+\delta_s)L_w N_t=(9.5+0.308)\times 10^{-3}\times 2\times 16=0.31(\mathrm{m}^2)$$

$$\sigma=\frac{f_a}{A_{fa}}=0.42\ ;\ K_c=0.7\ ;\ K_e=0.21$$

$$\begin{aligned}\Delta p&=\frac{(5.72\times 3600)^2}{2\times 1.27\times 10^8\times 3.3}\times\left[(0.7+1-0.42^2)+2\times\left(\frac{3.3}{6.53}-1\right)+\frac{4\times 0.031\times 1.6}{2.12\times 10^{-3}}\times\frac{3.3}{6.53}\right.\\&\quad\left.-(1-0.42^2-0.21)\times\frac{3.3}{6.53}\right]\\&=239.4(\mathrm{Pa})\end{aligned}$$

（2）原料氢侧压力损失的计算

原料氢侧总压损：

$$\Delta p=\frac{G^2}{2g_c\rho_1}\left[(K_c+1-\sigma^2)+2\left(\frac{\rho_1}{\rho_2}-1\right)+\frac{4fl}{D_e}\times\frac{\rho_1}{\rho_{av}}-(1-\sigma^2-K_e)\frac{\rho_1}{\rho_2}\right]$$

$$f_a = \frac{x(L-\delta)L_w n}{x+\delta} = \frac{1.8\times10^{-3}\times(9.5-0.2)\times10^{-3}\times2\times8}{2\times10^{-3}} = 0.134(\mathrm{m}^2)$$

$$A_{fa} = (L+\delta_s)L_w N_t = (9.5+0.253)\times10^{-3}\times2\times16 = 0.312(\mathrm{m}^2)$$

$$\sigma = \frac{f_a}{A_{fa}} = 0.43\text{；}K_c = 0.69\text{；}K_e = 0.19$$

$$\Delta p = \frac{(5.21\times3600)^2}{2\times1.27\times10^8\times1.18}\times\left[(0.69+1-0.43^2)+2\times\left(\frac{1.18}{0.55}-1\right)+\frac{4\times0.029\times1.6}{2.58\times10^{-3}}\times\frac{1.18}{0.55}\right.$$

$$\left.-(1-0.43^2-0.19)\times\frac{1.18}{0.55}\right] = 184.03(\mathrm{Pa})$$

2.13.5 氢 5 换热器

2.13.5.1 流体参数计算（单层通道）

（1）膨胀氢侧的常数计算

氢 5 换热器结构见图 2-33，单组翅片结构局部放大图见图 2-34。膨胀氢侧的翅片为翅高 9.5mm、当量直径 2.12mm 的翅片，将其有效宽度设定为 2m，因此，单层通道膨胀氢侧的质量流量为膨胀氢总质量流量的 1/16。

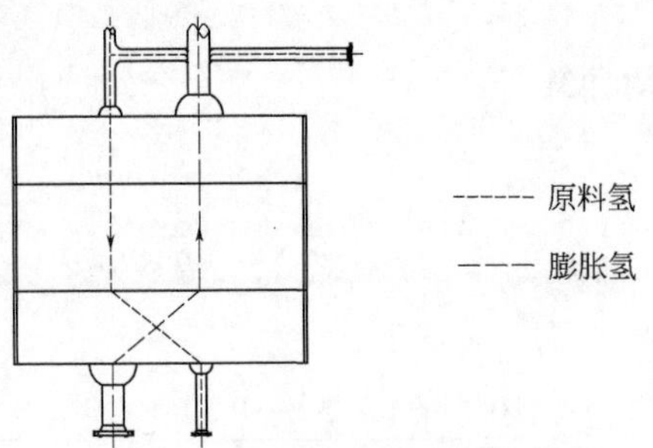

图 2-33 氢 5 换热器结构示意图

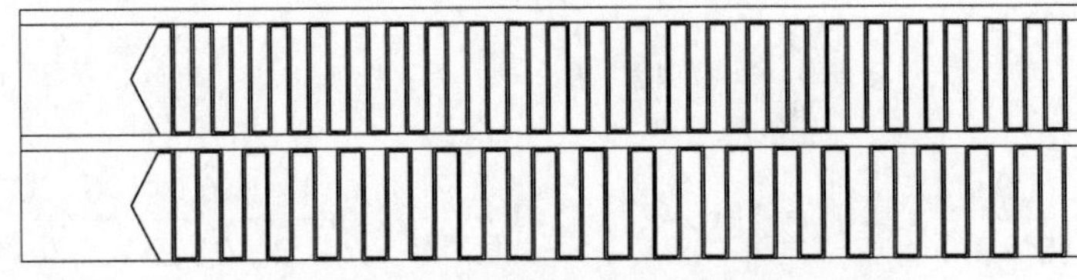

图 2-34 氢 5 换热器单组翅片结构局部放大图

各股流道的质量流速：

$$G_i = \frac{0.0224}{8.21\times10^{-3}} = 2.73[\mathrm{kg/(m^2\cdot s)}]$$

雷诺数 Re：

$$Re = \frac{2.73\times2.12\times10^{-3}}{2.15\times10^{-6}\times9.81} = 274.4$$

普朗特数 Pr：

$$Pr = \frac{17.6 \times 10^3 \times 2.15 \times 10^{-6}}{37.28 \times 10^{-3}} = 1.015$$

斯坦顿数 St（查得传热因子 j 为 0.0086）：

$$St = \frac{0.0086}{1.015^{2/3}} = 0.0085$$

给热系数 α：

$$\alpha = \frac{3600 \times 0.0085 \times 17.6 \times 2.73}{4.184} = 351.4[\mathrm{kcal/(m^2 \cdot h \cdot ℃)}]$$

膨胀氢侧的 p 值：

$$p = \sqrt{\frac{2 \times 351.4}{165 \times 2 \times 10^{-4}}} = 145.9$$

膨胀氢侧 b 值：

$$b = h/2 = 4.75 \times 10^{-3}\mathrm{m}$$

查附表 2 可知：

$$\tanh(pb) = 0.598$$

膨胀氢侧翅片一次面传热效率：

$$\eta_f = \frac{\tanh(pb)}{pb} = 0.86$$

膨胀氢侧翅片总传热效率：

$$\eta_0 = 1 - \frac{F_2}{F_0}(1 - \eta_f) = 0.88$$

（2）原料氢侧的常数计算

原料氢侧的翅片为翅高 9.5mm、当量直径 2.58mm 的翅片，将其有效宽度设定为 2m，因此，单层通道原料氢侧的质量流量为原料氢总质量流量的 1/16。

各股流道的质量流速：

$$G_i = \frac{0.0211}{8.37 \times 10^{-3}} = 2.52\ [\mathrm{kg/(m^2 \cdot s)}]$$

雷诺数 Re：

$$Re = \frac{2.52 \times 2.58 \times 10^{-3}}{1.71 \times 10^{-6} \times 9.81} = 387.6$$

普朗特数 Pr：

$$Pr = \frac{11.27 \times 10^3 \times 1.71 \times 10^{-6}}{27.27 \times 10^{-3}} = 0.71$$

斯坦顿数 St（查得传热因子 j 为 0.0083）：

$$St = \frac{0.0083}{0.71^{2/3}} = 0.0104$$

给热系数 α：

$$\alpha = \frac{3600 \times 0.0104 \times 11.27 \times 2.52}{4.184} = 254.14[\mathrm{kcal/(m^2 \cdot h \cdot ℃)}]$$

原料氢侧的 p 值：

$$p=\sqrt{\frac{2\times 254.14}{165\times 2\times 10^{-4}}}=124.1$$

原料氢侧 b 值：

$$b=h/2=4.75\times 10^{-3}\mathrm{m}$$

查附表 2 可知：

$$\tanh(pb)=0.528$$

原料氢侧翅片一次面传热效率：

$$\eta_{\mathrm{f}}=\frac{\tanh(pb)}{pb}=0.896$$

原料氢侧翅片总传热效率：

$$\eta_{0}=1-\frac{F_{2}}{F_{0}}(1-\eta_{\mathrm{f}})=0.91$$

2.13.5.2　传热面积及板束长度计算

① 膨胀氢侧与原料氢侧总传热系数的计算　以膨胀氢侧传热面积为基准的总传热系数：

$$K_{\mathrm{c}}=\frac{1}{\frac{1}{351.4\times 0.88}\times\frac{12.7}{11.1}+\frac{1}{254.14\times 0.91}}=124.63[\mathrm{kcal/(m^{2}\cdot h\cdot ^{\circ}C)}]$$

以原料氢侧传热面积为基准的总传热系数：

$$K_{\mathrm{h}}=\frac{1}{\frac{1}{351.4\times 0.88}+\frac{12.7}{11.1}\times\frac{1}{254.14\times 0.91}}=122.23[\mathrm{kcal/(m^{2}\cdot h\cdot ^{\circ}C)}]$$

② 对数平均温差的计算

$$\Delta t_{\max}/\Delta t_{\min}<2$$

$$\Delta t_{\mathrm{m}}=\frac{\Delta t_{\max}+\Delta t_{\min}}{2}=4.05^{\circ}\mathrm{C}$$

③ 传热面积计算　膨胀氢侧传热面积：

$$A=\frac{(190.97/4.184)\times 3600}{124.63\times 4.05}=325.54(\mathrm{m^{2}})$$

经过初步计算，确定板翅式换热器的宽度为 2m，则膨胀氢侧板束长度为：

$$l=\frac{325.54}{12.7\times 8\times 2}=1.6(\mathrm{m})$$

原料氢侧传热面积：

$$A=\frac{(196.087/4.184)\times 3600}{122.23\times 4.05}=340.82(\mathrm{m^{2}})$$

原料氢侧板束长度（经过优化设计，取每组流道数为 8）：

$$l=\frac{340.82}{11.1\times 8\times 2}=1.92(\mathrm{m})$$

综上所述，氢 4 换热器的板束长度为 1.92m。

2.13.5.3　板侧的排列及组数

氢 5 换热器每组板侧排列（物质相对位置）如图 2-35 所示，共包括 16 组，每组之间采用钎焊连接。

膨胀氢
原料氢

图 2-35　氢 5 换热器每组板侧排列（物质相对位置）

2.13.5.4　压力损失计算

（1）膨胀氢侧压力损失的计算

膨胀氢侧总压损：

$$\Delta p = \frac{G^2}{2g_c\rho_1}\left[(K_c + 1 - \sigma^2) + 2\left(\frac{\rho_1}{\rho_2} - 1\right) + \frac{4fl}{D_e} \times \frac{\rho_1}{\rho_{av}} - (1 - \sigma^2 - K_e)\frac{\rho_1}{\rho_2}\right]$$

$$f_a = \frac{x(L-\delta)L_w n}{x+\delta} = \frac{1.5\times10^{-3}\times(9.5-0.2)\times10^{-3}\times2\times8}{1.7\times10^{-3}} = 0.131(\mathrm{m}^2)$$

$$A_{fa} = (L+\delta_s)L_w N_t = (9.5+0.307)\times10^{-3}\times2\times15 = 0.294(\mathrm{m}^2)$$

$$\sigma = \frac{f_a}{A_{fa}} = 0.45\ ;\ K_c = 0.7\ ;\ K_e = 0.21$$

$$\Delta p = \frac{(2.73\times3600)^2}{2\times1.27\times10^8\times6.5}\times\left[(0.7+1-0.45^2)+2\times\left(\frac{6.5}{62.83}-1\right)+\frac{4\times0.03\times1.7}{2.12\times10^{-3}}\times\frac{6.5}{62.83}\right.$$
$$\left.-(1-0.45^2-0.21)\times\frac{6.5}{62.83}\right]$$
$$=0.56(\mathrm{Pa})$$

（2）原料氢侧压力损失的计算

原料氢侧总压损：

$$\Delta p = \frac{G^2}{2g_c\rho_1}\left[(K_c + 1 - \sigma^2) + 2\left(\frac{\rho_1}{\rho_2} - 1\right) + \frac{4fl}{D_e} \times \frac{\rho_1}{\rho_{av}} - (1 - \sigma^2 - K_e)\frac{\rho_1}{\rho_2}\right]$$

$$f_a = \frac{x(L-\delta)L_w n}{x+\delta} = \frac{1.8\times10^{-3}\times(9.5-0.2)\times10^{-3}\times2\times8}{2\times10^{-3}} = 0.134(\mathrm{m}^2)$$

$$A_{fa} = (L+\delta_s)L_w N_t = (9.5+0.255)\times10^{-3}\times2\times16 = 0.312(\mathrm{m}^2)$$

$$\sigma = \frac{f_a}{A_{fa}} = 0.43\ ;\ K_c = 0.69\ ;\ K_e = 0.19$$

$$\Delta p = \frac{(2.52\times3600)^2}{2\times1.27\times10^8\times67.25}\times\left[(0.69+1-0.43^2)+2\times\left(\frac{67.25}{1.187}-1\right)+\frac{4\times0.025\times1.7}{2.58\times10^{-3}}\times\frac{67.25}{1.187}\right.$$
$$\left.-(1-0.43^2-0.19)\times\frac{67.25}{1.187}\right]$$
$$=18.4(\mathrm{Pa})$$

2.13.6 氮 1 换热器

2.13.6.1 流体参数计算（单层通道）

（1）循环氮侧的常数计算

氮 1 换热器结构见图 2-36，单组翅片结构局部放大图见图 2-37。循环氮侧的翅片为翅高 9.5mm、当量直径 2.12mm 的翅片，将其有效宽度设定为 2m，因此，单层通道循环氮侧的质量流量为循环氮总质量流量的 1/30。

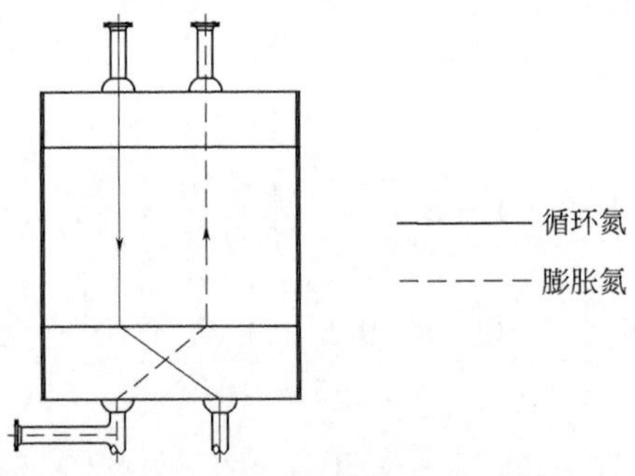

图 2-36 氮 1 换热器结构示意图

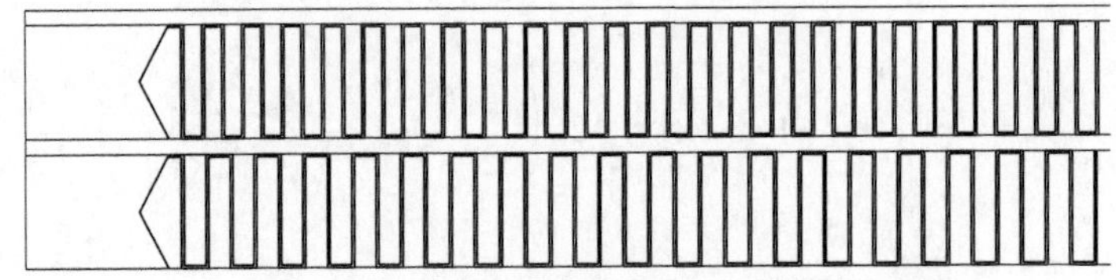

图 2-37 氮 1 换热器单组翅片结构局部放大图

循环氮侧流道的质量流速：

$$G_i = \frac{0.497}{8.21 \times 10^{-3}} = 60.54$$

雷诺数 Re：

$$Re = \frac{60.54 \times 2.12 \times 10^{-3}}{16.72 \times 10^{-6} \times 9.81} = 782.48$$

普朗特数 Pr：

$$Pr = \frac{1.11 \times 10^{3} \times 16.72 \times 10^{-6}}{24.75 \times 10^{-3}} = 0.75$$

斯坦顿数 St（查得传热因子 j 为 0.0061）：

$$St = \frac{0.0061}{0.75^{2/3}} = 0.0074$$

给热系数 α：

$$\alpha = \frac{3600 \times 0.0074 \times 1.11 \times 60.54}{4.184} = 427.87[\mathrm{kcal/(m^2 \cdot h \cdot ℃)}]$$

循环氮侧的 p 值：

$$p = \sqrt{\frac{2 \times 427.87}{165 \times 2 \times 10^{-4}}} = 161.03$$

循环氮侧 $b = h/2$，其中，h 为氮气板侧翅高，则：

$$b = h/2 = 4.75 \times 10^{-3}\text{m}$$

查附表 2 可知：

$$\tanh(pb) = 0.6412$$

循环氮侧翅片一次面传热效率：

$$\eta_f = \frac{\tanh(pb)}{pb} = 0.84$$

循环氮侧翅片总传热效率：

$$\eta_0 = 1 - \frac{F_2}{F_0}(1 - \eta_f) = 0.861$$

（2）膨胀氮侧的常数计算

膨胀氮侧的翅片为翅高 9.5mm、当量直径 2.58mm 的翅片，将其有效宽度设定为 2m，因此，单层通道膨胀氮侧的质量流量为膨胀氮总质量流量的 1/30。

膨胀氮侧流道的质量流速：

$$G_i = \frac{0.521}{8.37 \times 10^{-3}} = 62.25[\text{kg/(m}^2 \cdot \text{s)}]$$

雷诺数 Re：

$$Re = \frac{62.25 \times 2.58 \times 10^{-3}}{16.1 \times 10^{-6} \times 9.81} = 1016.87$$

普朗特数 Pr：

$$Pr = \frac{1.05 \times 10^3 \times 16.1 \times 10^{-6}}{23.3 \times 10^{-3}} = 0.73$$

斯坦顿数 St（查得传热因子 j 为 0.0049）：

$$St = \frac{0.0049}{0.73^{2/3}} = 0.006$$

给热系数 α：

$$\alpha = \frac{3600 \times 0.006 \times 1.05 \times 62.25}{4.184} = 337.44[\text{kcal/(m}^2 \cdot \text{h} \cdot ℃)]$$

膨胀氮侧的 p 值：

$$p = \sqrt{\frac{2 \times 337.44}{165 \times 2 \times 10^{-4}}} = 143$$

膨胀氮侧 b 值：

$$b = h/2 = 4.75 \times 10^{-3}\text{m}$$

查附表 2 可知：

$$\tanh(pb) = 0.5981$$

膨胀氮侧翅片一次面传热效率：

$$\eta_f = \frac{\tanh(pb)}{pb} = 0.874$$

膨胀氮侧翅片总传热效率：

$$\eta_0 = 1 - \frac{F_2}{F_0}(1 - \eta_f) = 0.895$$

2.13.6.2 传热面积及板束长度计算

① 循环氮侧与膨胀氮侧总传热系数的计算 以循环氮侧传热面积为基准的总传热系数：

$$K_c = \frac{1}{\frac{1}{427.87 \times 0.861} \times \frac{12.7}{11.1} + \frac{1}{337.44 \times 0.895}} = 155.84[\mathrm{kcal/(m^2 \cdot h \cdot ℃)}]$$

以膨胀氮侧传热面积为基准的总传热系数：

$$K_h = \frac{1}{\frac{1}{427.87 \times 0.86} + \frac{11.1}{12.7} \times \frac{1}{337.44 \times 0.895}} = 178.2[\mathrm{kcal/(m^2 \cdot h \cdot ℃)}]$$

② 对数平均温差的计算：

$$\Delta t_{max}/\Delta t_{min} \leqslant 2$$

$$\Delta t_m = \frac{\Delta t_{max} + \Delta t_{min}}{2} = 4℃$$

③ 传热面积计算 循环氮侧传热面积：

$$A = \frac{(1509.558/4.184) \times 3600}{155.84 \times 4} = 2083.64(\mathrm{m^2})$$

经过初步计算，确定板翅式换热器的宽度为 2m，则循环氮侧板束长度为：

$$l = \frac{2083.64}{12.7 \times 15 \times 2} = 5.5(\mathrm{m})$$

膨胀氮侧传热面积：

$$A = \frac{(1509.573/4.184) \times 3600}{178.2 \times 4} = 1822.21(\mathrm{m^2})$$

膨胀氮侧板束长度：

$$l = \frac{1822.21}{11.1 \times 15 \times 2} = 5.5(\mathrm{m})$$

综上所述，氮 1 换热器的最终板束长度为 5.5m。

2.13.6.3 板侧的排列及组数

氮 1 换热器每组板侧排列（物质相对位置）如图 2-38 所示，共包括 30 组，每组之间采用钎焊连接。

循环氮
膨胀氮

图 2-38 氮 1 换热器每组板侧排列（物质相对位置）

2.13.6.4 压力损失计算

（1）循环氮侧压力损失的计算

循环氮侧总压损：

$$\Delta p=\frac{G^2}{2g_c\rho_1}\left[(K_c+1-\sigma^2)+2\left(\frac{\rho_1}{\rho_2}-1\right)+\frac{4fl}{D_e}\times\frac{\rho_1}{\rho_{av}}-(1-\sigma^2-K_e)\frac{\rho_1}{\rho_2}\right]$$

$$f_a=\frac{x(L-\delta)L_wn}{x+\delta}=\frac{1.5\times10^{-3}\times(9.5-0.2)\times10^{-3}\times2\times15}{1.7\times10^{-3}}=0.246(m^2)$$

$$A_{fa}=(L+\delta_s)L_wN_t=(9.5+0.379)\times10^{-3}\times2\times30=0.593(m^2)$$

$$\sigma=\frac{f_a}{A_{fa}}=0.41\ ;\ K_c=0.65\ ;\ K_e=0.25$$

$$\Delta p=\frac{(60.54\times3600)^2}{2\times1.27\times10^8\times33.397}\times\left[(0.65+1-0.41^2)+2\times\left(\frac{33.397}{49.049}-1\right)+\frac{4\times0.021\times5.5}{2.12\times10^{-3}}\times\frac{33.397}{49.049}\right.$$
$$\left.-(1-0.41^2-0.25)\times\frac{33.397}{49.049}\right]$$
$$=833.4(Pa)$$

（2）膨胀氮侧压力损失的计算

膨胀氮侧总压损：

$$\Delta p=\frac{G^2}{2g_c\rho_1}\left[(K_c+1-\sigma^2)+2\left(\frac{\rho_1}{\rho_2}-1\right)+\frac{4fl}{D_e}\times\frac{\rho_1}{\rho_{av}}-(1-\sigma^2-K_e)\frac{\rho_1}{\rho_2}\right]$$

$$f_a=\frac{x(L-\delta)L_wn}{x+\delta}=\frac{1.8\times10^{-3}\times(9.5-0.2)\times10^{-3}\times2\times15}{2\times10^{-3}}=0.25(m^2)$$

$$A_{fa}=(L+\delta_s)L_wN_t=(9.5+0.31)\times10^{-3}\times2\times30=0.589(m^2)$$

$$\sigma=\frac{f_a}{A_{fa}}=0.42\ ;\ K_c=0.58\ ;\ K_e=0.21$$

$$\Delta p=\frac{(62.25\times3600)^2}{2\times1.27\times10^8\times13.721}\times\left[(0.58+1-0.42^2)+2\times\left(\frac{13.721}{9.28}-1\right)+\frac{4\times0.0175\times5.55}{2.58\times10^{-3}}\times\frac{13.721}{9.28}\right.$$
$$\left.-(1-0.42^2-0.21)\times\frac{13.721}{9.28}\right]$$
$$=3229.2(Pa)$$

2.13.7　氮 2 换热器

2.13.7.1　流体参数计算（单层通道）

（1）循环氮侧常数的计算

氮 2 换热器结构见图 2-39，单组翅片结构局部放大图见图 2-40。循环氮侧的翅片为翅高 9.5mm、当量直径 2.12mm 的翅片，将其有效宽度设定为 2m，因此，单层通道循环氮侧的质量流量为循环氮总质量流量的 1/30。

循环氮侧流道的质量流速：

$$G_i=\frac{0.367}{8.21\times10^{-3}}=44.70\left[kg/(m^2\cdot s)\right]$$

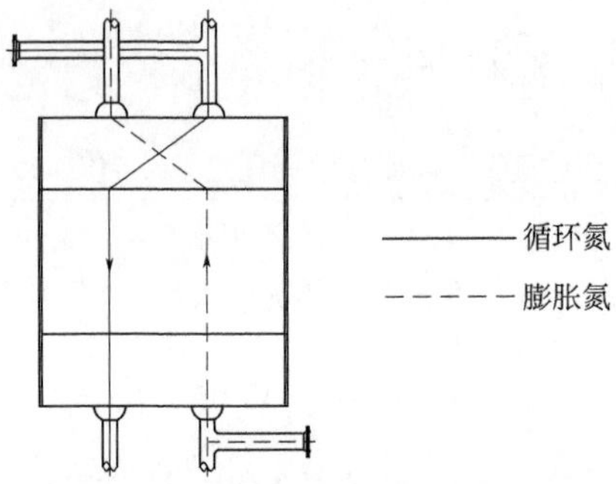

图 2-39　氮 2 换热器结构示意图

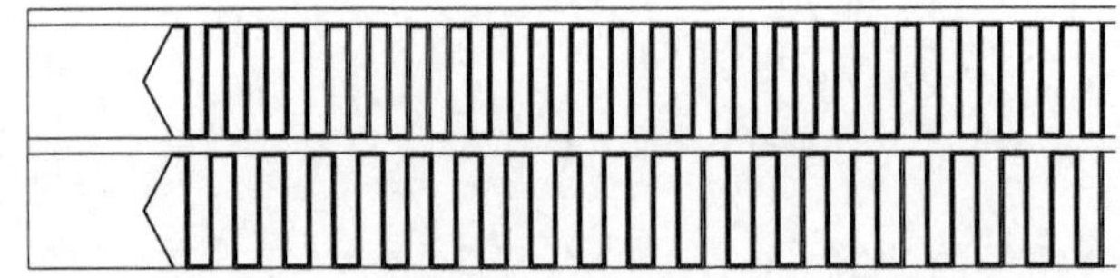

图 2-40　氮 2 换热器单组翅片结构局部放大图

雷诺数 Re：

$$Re=\frac{44.70\times 2.12\times 10^{-3}}{13.15\times 10^{-6}\times 9.81}=734.6$$

普朗特数 Pr：

$$Pr=\frac{1.23\times 10^{3}\times 13.15\times 10^{-6}}{19.67\times 10^{-3}}=0.822$$

斯坦顿数 St（查得传热因子 j 为 0.0065）：

$$St=\frac{0.0065}{0.822^{2/3}}=0.0074$$

给热系数 α：

$$\alpha=\frac{3600\times 0.0074\times 1.23\times 44.70}{4.184}=350.07[\mathrm{kcal/(m^2\cdot h\cdot ℃)}]$$

循环氮侧的 p 值：

$$p=\sqrt{\frac{2\times 350.07}{165\times 2\times 10^{-4}}}=145.79$$

循环氮侧 b 值：

$$b=h/2=4.75\times 10^{-3}\mathrm{m}$$

查附表 2 可知：

$$\tanh(pb)=0.5982$$

循环氮侧翅片一次面传热效率：

$$\eta_{\mathrm{f}}=\frac{\tanh(pb)}{pb}=0.86$$

循环氮侧翅片总传热效率：

$$\eta_0=1-\frac{F_2}{F_0}(1-\eta_{\mathrm{f}})=0.883$$

（2）**膨胀氮侧常数的计算**

膨胀氮侧的翅片为翅高 9.5mm、当量直径 2.58mm 的翅片，将其有效宽度设定为 2m，因此，单层通道膨胀氮侧的质量流量为膨胀氮总质量流量的 1/30。

膨胀氮侧的质量流速：

$$G_i = \frac{0.413}{8.37 \times 10^{-3}} = 49.34[\mathrm{kg/(m^2 \cdot s)}]$$

雷诺数 Re：

$$Re = \frac{49.34 \times 2.58 \times 10^{-3}}{12.17 \times 10^{-6} \times 9.81} = 1066.25$$

普朗特数 Pr：

$$Pr = \frac{1.09 \times 10^{3} \times 12.17 \times 10^{-6}}{17.33 \times 10^{-3}} = 0.765$$

斯坦顿数 St（查得传热因子 j 为 0.0049）：

$$St = \frac{0.0049}{0.765^{2/3}} = 0.00586$$

给热系数 α：

$$\alpha = \frac{3600 \times 0.00586 \times 1.09 \times 49.34}{4.184} = 271.17[\mathrm{kcal/(m^2 \cdot h \cdot ℃)}]$$

膨胀氢侧的 p 值：

$$p = \sqrt{\frac{2 \times 271.17}{165 \times 2 \times 10^{-4}}} = 128.2$$

膨胀氢侧 b 值：

$$b = h/2 = 4.75 \times 10^{-3}\mathrm{m}$$

查附表 2 可知：

$$\tanh(pb) = 0.5381$$

膨胀氢侧翅片一次面传热效率：

$$\eta_f = \frac{\tanh(pb)}{pb} = 0.884$$

膨胀氢侧翅片总传热效率：

$$\eta_0 = 1 - \frac{F_2}{F_0}(1 - \eta_f) = 0.903$$

2.13.7.2　传热面积及板束长度计算

① 循环氮侧与膨胀氮侧总传热系数的计算　以循环氮侧传热面积为基准的总传热系数：

$$K_c = \frac{1}{\frac{1}{350.07 \times 0.883} \times \frac{12.7}{11.1} + \frac{1}{271.17 \times 0.903}} = 128.45[\mathrm{kcal/(m^2 \cdot h \cdot ℃)}]$$

以膨胀氮侧传热面积为基准的总传热系数：

$$K_h = \frac{1}{\frac{1}{350.07 \times 0.883} + \frac{11.1}{12.7} \times \frac{1}{271.17 \times 0.903}} = 146.96[\mathrm{kcal/(m^2 \cdot h \cdot ℃)}]$$

② 对数平均温差的计算

$$\Delta t_{max}/\Delta t_{min} \leqslant 2$$

$$\Delta t_m = \frac{\Delta t_{max} + \Delta t_{min}}{2} = 4.4℃$$

③ 传热面积计算　循环氮侧传热面积：

$$A = \frac{(853.025/4.184) \times 3600}{128.45 \times 4.4} = 1298.63(m^2)$$

经过初步计算，确定板翅式换热器的宽度为2m，则循环氮侧板束长度为：

$$l = \frac{1298.63}{15 \times 12.7 \times 2} = 3.41(m)$$

膨胀氮侧传热面积：

$$A = \frac{(583.035/4.184) \times 3600}{146.96 \times 4.4} = 775.81(m^2)$$

膨胀氮侧板束长度（经过优化设计，取每组流道数为15）：

$$l = \frac{775.81}{11.1 \times 15 \times 2} = 2.33(m)$$

综上所述，氮2换热器最终板束长度为3.5m。

2.13.7.3　板侧的排列及组数

氮2换热器每组板侧排列（物质相对位置）如图2-41所示，共包括30组，每组之间采用钎焊连接。

循环氮
膨胀氮

图2-41　氮2换热器每组板侧排列（物质相对位置）

2.13.7.4　压力损失的计算

（1）循环氮侧压力损失的计算

循环氮侧总压损：

$$\Delta p = \frac{G^2}{2g_c\rho_1}\left[(K_c + 1 - \sigma^2) + 2\left(\frac{\rho_1}{\rho_2} - 1\right) + \frac{4fl}{D_e} \times \frac{\rho_1}{\rho_{av}} - (1 - \sigma^2 - K_e)\frac{\rho_1}{\rho_2}\right]$$

$$f_a = \frac{x(L-\delta)L_w n}{x+\delta} = \frac{1.5 \times 10^{-3} \times (9.5 - 0.2) \times 10^{-3} \times 2 \times 15}{1.7 \times 10^{-3}} = 0.246(m^2)$$

$$A_{fa} = (L + \delta_s)L_w N_t = (9.5 + 0.378) \times 10^{-3} \times 2 \times 30 = 0.593(m^2)$$

$$\sigma = \frac{f_a}{A_{fa}} = 0.415\ ;\ K_c = 0.66\ ;\ K_e = 0.26$$

$$\Delta p = \frac{(44.7\times3600)^2}{2\times1.27\times10^8\times49.049}\times\left[(0.66+1-0.415^2)+2\times\left(\frac{49.049}{77.872}-1\right)+\frac{4\times0.021\times3.5}{2.12\times10^{-3}}\times\frac{49.049}{77.872}\right.$$
$$\left.-(1-0.415^2-0.26)\times\frac{49.049}{77.872}\right]=182.37Pa$$

（2）膨胀氮侧压力损失的计算

膨胀氮侧总压损：

$$\Delta p = \frac{G^2}{2g_c\rho_1}\left[(K_c + 1 - \sigma^2) + 2\left(\frac{\rho_1}{\rho_2} - 1\right) + \frac{4fl}{D_e} \times \frac{\rho_1}{\rho_{av}} - (1 - \sigma^2 - K_e)\frac{\rho_1}{\rho_2}\right]$$

$$f_a = \frac{x(L - \delta)L_w n}{x + \delta} = \frac{1.8 \times 10^{-3} \times (9.5 - 0.2) \times 10^{-3} \times 2 \times 15}{2 \times 10^{-3}} = 0.251(m^2)$$

$$A_{fa} = (L + \delta_s)L_w N_t = (9.5 + 0.313) \times 10^{-3} \times 2 \times 30 = 0.589(m^2)$$

$$\sigma = \frac{f_a}{A_{fa}} = 0.426\ ;\ K_c = 0.57\ ;\ K_e = 0.2$$

$$\Delta p = \frac{(49.34\times3600)^2}{2\times1.27\times10^8\times20.63}\times\left[(0.57+1-0.426^2)+2\times\left(\frac{20.63}{13.721}-1\right)+\frac{4\times0.018\times3.5}{2.58\times10^{-3}}\times\frac{20.63}{13.721}\right.$$
$$\left.-(1-0.426^2-0.2)\times\frac{20.63}{13.721}\right]=893.05\text{Pa}$$

2.13.8　氮 3 换热器

2.13.8.1　流体参数计算（单层通道）

（1）循环氮侧的常数计算

氮 3 换热器结构见图 2-42，单组翅片结构局部放大图见图 2-43。循环氮侧的翅片为翅高 9.5mm、当量直径 2.12mm 的翅片，将其有效宽度设定为 2m，因此，单层通道循环氮侧的质量流量为循环氮总质量流量的 1/30。

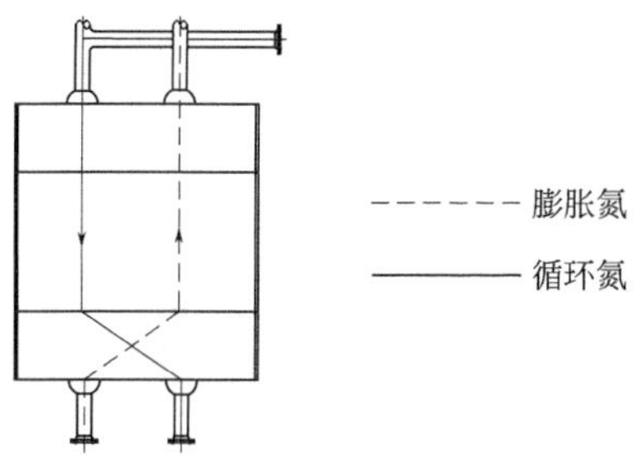

图 2-42　氮 3 换热器结构示意图

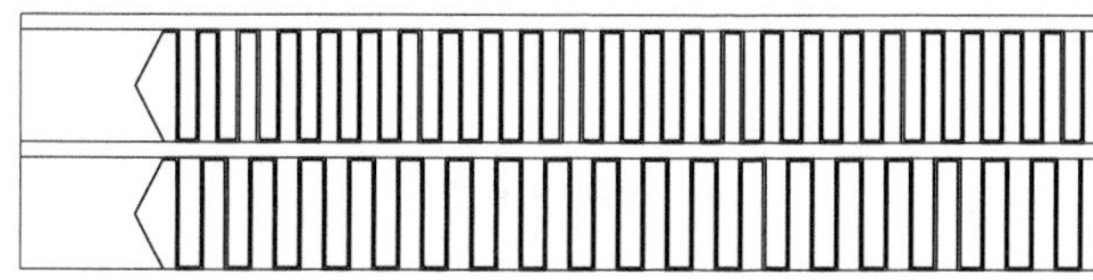

图 2-43　氮 3 换热器单组翅片结构局部放大图

循环氮侧的质量流速：

$$G_i = \frac{0.084}{8.21 \times 10^{-3}} = 10.23[\text{kg}/(\text{m}^2 \cdot \text{s})]$$

雷诺数 Re：

$$Re=\frac{10.23\times 2.12\times 10^{-3}}{11.14\times 10^{-6}\times 9.81}=198.45$$

普朗特数 Pr：

$$Pr=\frac{2.09\times 10^{3}\times 11.14\times 10^{-6}}{18.79\times 10^{-3}}=1.24$$

斯坦顿数 St（查得传热因子 j 为 0.0095）：

$$St=\frac{0.0095}{1.24^{2/3}}=0.00823$$

给热系数 α：

$$\alpha=\frac{3600\times 0.00823\times 2.09\times 10.23}{4.184}=151.4[\mathrm{kcal/(m^2\cdot h\cdot ℃)}]$$

循环氮侧的 p 值：

$$p=\sqrt{\frac{2\times 151.4}{165\times 2\times 10^{-4}}}=95.79$$

循环氮侧 b 值：

$$b=h/2=4.75\times 10^{-3}\mathrm{m}$$

查附表 2 可知：

$$\tanh(pb)=0.4266$$

循环氮侧翅片一次面传热效率：

$$\eta_{\mathrm{f}}=\frac{\tanh(pb)}{pb}=0.937$$

循环氮侧翅片总传热效率：

$$\eta_0=1-\frac{F_2}{F_0}(1-\eta_{\mathrm{f}})=0.946$$

（2）膨胀氮侧的常数计算

膨胀氮侧的翅片为翅高 9.5mm、当量直径 2.58mm 的翅片，将其有效宽度设定为 2m，因此，单层通道膨胀氮侧的质量流量为膨胀氮总质量流量的 1/30。

膨胀氮侧的质量流速：

$$G_i=\frac{0.283}{8.37\times 10^{-3}}=33.81[\mathrm{kg/(m^2\cdot s)}]$$

雷诺数 Re：

$$Re=\frac{33.81\times 2.58\times 10^{-3}}{9.21\times 10^{-6}\times 9.81}=965.46$$

普朗特数 Pr：

$$Pr=\frac{1.19\times 10^{3}\times 9.21\times 10^{-6}}{13\times 10^{-3}}=0.843$$

斯坦顿数 St（查得传热因子 j 为 0.0054）：

$$St=\frac{0.0054}{0.843^{2/3}}=0.00605$$

给热系数 α：

$$\alpha = \frac{3600 \times 0.00605 \times 1.19 \times 33.81}{4.184} = 209.44[\mathrm{kcal/(m^2 \cdot h \cdot ℃)}]$$

膨胀氮侧的 p 值：

$$p = \sqrt{\frac{2 \times 209.44}{165 \times 2 \times 10^{-4}}} = 112.66$$

循环氮侧 b 值：

$$b = h/2 = 4.75 \times 10^{-3}\mathrm{m}$$

查附表 2 可知：

$$\tanh(pb) = 0.4891$$

膨胀氮侧翅片一次面传热效率：

$$\eta_{\mathrm{f}} = \frac{\tanh(pb)}{pb} = 0.9126$$

膨胀氮侧翅片总传热效率：

$$\eta_0 = 1 - \frac{F_2}{F_0}(1 - \eta_{\mathrm{f}}) = 0.927$$

2.13.8.2　传热面积及板束长度计算

① 循环氮侧与膨胀氮侧总传热系数的计算　以循环氮侧传热面积为基准的总传热系数：

$$K_{\mathrm{c}} = \frac{1}{\dfrac{1}{151.4 \times 0.9459} \times \dfrac{12.7}{11.1} + \dfrac{1}{209.44 \times 0.927}} = 76.1[\mathrm{kcal/(m^2 \cdot h \cdot ℃)}]$$

以膨胀氮侧传热面积为基准的总传热系数：

$$K_{\mathrm{h}} = \frac{1}{\dfrac{1}{151.4 \times 0.9459} + \dfrac{11.1}{12.7} \times \dfrac{1}{209.44 \times 0.927}} = 87.07[\mathrm{kcal/(m^2 \cdot h \cdot ℃)}]$$

② 对数平均温差的计算

$$\Delta t_{\mathrm{max}}/\Delta t_{\mathrm{min}} \leqslant 2$$

$$\Delta t_{\mathrm{m}} = \frac{\Delta t_{\mathrm{max}} + \Delta t_{\mathrm{min}}}{2} = 4.8℃$$

③ 传热面积计算　循环氮侧传热面积：

$$A = \frac{(447.641/4.184) \times 3600}{76.1 \times 4.8} = 1054.42(\mathrm{m^2})$$

经过初步计算，确定板翅式换热器的宽度为 2m，则循环氮侧板束长度为：

$$l = \frac{1054.42}{12.7 \times 15 \times 2} = 2.78(\mathrm{m})$$

循环氮侧传热面积：

$$A = \frac{(447.641/4.184) \times 3600}{87.07 \times 4.8} = 921.58(\mathrm{m^2})$$

循环氮侧板束长度（经过优化设计，取每组流道数为 15）：

$$l = \frac{921.58}{11.1 \times 15 \times 2} = 2.77(\mathrm{m})$$

综上所述，氮 3 换热器最终板束长度为 2. 8m。

2.13.8.3　板侧的排列及组数

氮 3 换热器每组板侧排列（物质相对位置）如图 2-44 所示，共包括 30 组，每组之间采用钎焊连接。

循环氮
膨胀氮

图 2-44　氮 3 换热器每组板侧排列（物质相对位置）

2.13.8.4　压力损失计算

（1）循环氮侧压力损失的计算

循环氮侧总压损：

$$\Delta p = \frac{G^2}{2g_c\rho_1}\left[(K_c + 1 - \sigma^2) + 2\left(\frac{\rho_1}{\rho_2} - 1\right) + \frac{4fl}{D_e} \times \frac{\rho_1}{\rho_{av}} - (1 - \sigma^2 - K_e)\frac{\rho_1}{\rho_2}\right]$$

$$f_a = \frac{x(L-\delta)L_w n}{x+\delta} = \frac{1.5 \times 10^{-3} \times (9.5 - 0.2) \times 10^{-3} \times 2 \times 15}{1.7 \times 10^{-3}} = 0.246(\mathrm{m^2})$$

$$A_{fa} = (L + \delta_s)L_w N_t = (9.5 + 0.378) \times 10^{-3} \times 2 \times 30 = 0.593(\mathrm{m^2})$$

$$\sigma = \frac{f_a}{A_{fa}} = 0.415\ ;\ K_c = 0.66\ ;\ K_e = 0.26$$

$$\Delta p = \frac{(10.23\times3600)^2}{2\times1.27\times10^8\times77.87}\times\left[(0.66+1-0.415^2)+2\times\left(\frac{77.87}{613.36}-1\right)+\frac{4\times0.035\times2.7}{2.12\times10^{-3}}\times\frac{77.87}{613.36}\right.$$
$$\left.-(1-0.415^2-0.26)\times\frac{77.87}{613.36}\right]=1.53(\mathrm{Pa})$$

（2）膨胀氮侧压力损失的计算

膨胀氮侧总压损：

$$\Delta p = \frac{G^2}{2g_c\rho_1}\left[(K_c + 1 - \sigma^2) + 2\left(\frac{\rho_1}{\rho_2} - 1\right) + \frac{4fl}{D_e} \times \frac{\rho_1}{\rho_{av}} - (1 - \sigma^2 - K_e)\frac{\rho_1}{\rho_2}\right]$$

$$f_a = \frac{x(L-\delta)L_w n}{x+\delta} = \frac{1.8 \times 10^{-3} \times (9.5 - 0.2) \times 10^{-3} \times 2 \times 15}{2 \times 10^{-3}} = 0.2511(\mathrm{m^2})$$

$$A_{fa} = (L + \delta_s)L_w N_t = (9.5 + 0.314) \times 10^{-3} \times 2 \times 20 = 0.393(\mathrm{m^2})$$

$$\sigma = \frac{f_a}{A_{fa}} = 0.64\ ;\ K_c = 0.57\ ;\ K_e = 0.2$$

$$\Delta p = \frac{(33.81\times3600)^2}{2\times1.27\times10^8\times33.277}\times\left[(0.57+1-0.64^2)+2\times\left(\frac{33.277}{20.62}-1\right)+\frac{4\times0.019\times2.7}{2.58\times10^{-3}}\times\frac{33.277}{20.62}\right.$$
$$\left.-(1-0.64^2-0.2)\times\frac{33.277}{20.62}\right]=228.05(\mathrm{Pa})$$

2.14 板翅式换热器结构设计过程

2.14.1 封头设计

（1）封头介绍

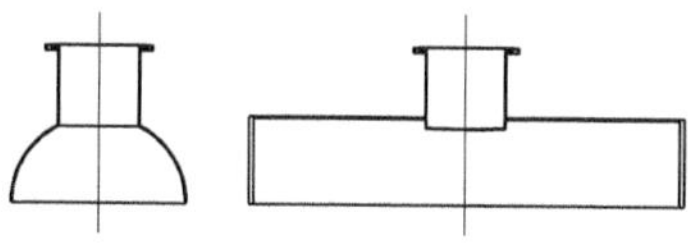

图 2-45　平板封头示意图

封头也叫作端盖，是换热器中心部分与接管的过渡段，主要由半圆柱流道和接管贯穿连接组成（图 2-45）。封头主要分为三类：凸形封头、平板形封头、锥形封头。在凸形封头中又分为：半球形封头、椭圆形封头、蝶形封头、球冠形封头。这些封头在不同设计中的选择是不同的，根据各自的需求进行选择。

（2）封头选型

选择的封头为平板形封头，主要进行封头内径的选择与封头壁厚、端板壁厚的计算。

（3）封头壁厚

当 d_i/D_i（封头内径/封头外径）≤0.5 时，可由下式计算出封头的壁厚：

$$\delta = \frac{pR_i}{[\sigma]'\varphi - 0.6p} + C \tag{2-18}$$

式中　R_i——弧形端面端板内半径，mm；

p——流体压力，MPa；

$[\sigma]'$——实验温度下的许用应力，MPa；

φ——焊接接头系数，取 $\varphi=0.6$；

C——壁厚附加量，mm。

（4）端板壁厚

半圆形平板最小厚度计算：

$$\delta_p = R_p\sqrt{\frac{0.44p}{[\sigma]^t\sin\alpha}} + C \quad (45° \leqslant \alpha \leqslant 90°) \tag{2-19}$$

式中　R_p——弧形端面端板内半径，mm；

$[\sigma]^t$——设计温度下的许用应力，MPa。

根据各个制冷剂的质量流量和换热器尺寸大小按照比例选取封头直径（表 2-14）。

表 2-14　封头内径

封头代号	1	2	3
封头内径/mm	350	875	100

2.14.1.1　氢 1 换热器各个板侧封头及端板壁厚计算

（1）氮气侧

根据规定内径 $D_i=875$mm 得内径 $R_i=437.5$mm。

封头壁厚：

$$\delta = \frac{pR_i}{[\sigma]'\varphi - 0.6p} + C = \frac{0.85 \times 437.5}{51 \times 0.6 - 0.6 \times 0.85} + 2 = 14.36(\mathrm{mm})$$

圆整壁厚 $[\delta]$ =20mm。

端板壁厚：

$$\delta_p = R_p\sqrt{\frac{0.44p}{[\sigma]^t \sin\alpha}} + C = 437.5 \times \sqrt{\frac{0.44 \times 0.85}{51}} + 2 = 39.465(\mathrm{mm})$$

圆整壁厚 $[\delta_p]$ =40mm。

（2）原料氢侧

根据规定内径 D_i=100mm 得内径 R_i=50mm。

封头壁厚：

$$\delta = \frac{pR_i}{[\sigma]'\varphi - 0.6p} + C = \frac{1.17 \times 50}{51 \times 0.6 - 0.6 \times 1.17} + 2 = 3.957(\mathrm{mm})$$

圆整壁厚 $[\delta]$ =10mm。

端板壁厚：

$$\delta_p = R_p\sqrt{\frac{0.44p}{[\sigma]^t \sin\alpha}} + C = 50 \times \sqrt{\frac{0.44 \times 1.17}{51}} + 2 = 7.023(\mathrm{mm})$$

圆整壁厚 $[\delta_p]$ =10mm。

（3）膨胀氢侧

根据规定内径 D_i=350mm 得内径 R_i=175mm。

封头壁厚：

$$\delta = \frac{pR_i}{[\sigma]'\varphi - 0.6p} + C = \frac{0.13 \times 175}{51 \times 0.6 - 0.6 \times 0.13} + 2 = 2.745(\mathrm{mm})$$

圆整壁厚 $[\delta]$ =10mm。

端板壁厚：

$$\delta_p = R_p\sqrt{\frac{0.44p}{[\sigma]^t \sin\alpha}} + C = 175 \times \sqrt{\frac{0.44 \times 0.13}{51}} + 2 = 7.86(\mathrm{mm})$$

圆整壁厚 $[\delta_p]$ =10mm。

（4）原料氢侧

根据规定内径 D_i=100mm 得内径 R_i=50mm。

封头壁厚：

$$\delta = \frac{pR_i}{[\sigma]'\varphi - 0.6p} + C = \frac{1.17 \times 50}{51 \times 0.6 - 0.6 \times 1.17} + 2 = 3.957(\mathrm{mm})$$

圆整壁厚 $[\delta]$ =10mm。

端板壁厚：

$$\delta_p = R_p\sqrt{\frac{0.44p}{[\sigma]^t \sin\alpha}} + C = 50 \times \sqrt{\frac{0.44 \times 1.17}{51}} + 2 = 7.023(\mathrm{mm})$$

圆整壁厚 $[\delta_p]$ =10mm。

（5）节流氢侧

根据规定内径 D_i=100mm 得内径 R_i=50mm。
封头壁厚：

$$\delta = \frac{pR_i}{[\sigma]'\varphi - 0.6p} + C = \frac{0.11 \times 50}{51 \times 0.6 - 0.6 \times 0.11} + 2 = 2.18(\mathrm{mm})$$

圆整壁厚 $[\delta]$ =10mm。
端板壁厚：

$$\delta_p = R_p\sqrt{\frac{0.44p}{[\sigma]^t \sin\alpha}} + C = 50 \times \sqrt{\frac{0.44 \times 0.11}{51}} + 2 = 3.54(\mathrm{mm})$$

圆整壁厚 $[\delta_p]$ =10mm。

2.14.1.2　氢 2 换热器各个板侧封头及端板壁厚计算

（1）氮气侧

根据规定内径 D_i=875mm 得内径 R_i=437.5mm。
封头壁厚：

$$\delta = \frac{pR_i}{[\sigma]'\varphi - 0.6p} + C = \frac{0.87 \times 437.5}{51 \times 0.6 - 0.6 \times 0.87} + 2 = 14.65(\mathrm{mm})$$

圆整壁厚 $[\delta]$ =20mm。
端板壁厚：

$$\delta_p = R_p\sqrt{\frac{0.44p}{[\sigma]^t \sin\alpha}} + C = 437.5 \times \sqrt{\frac{0.44 \times 0.87}{51}} + 2 = 39.903(\mathrm{mm})$$

圆整壁厚 $[\delta_p]$ =40mm。

（2）原料氢侧

根据规定内径 D_i=100mm 得内径 R_i=50mm。
封头壁厚：

$$\delta = \frac{pR_i}{[\sigma]'\varphi - 0.6p} + C = \frac{1.15 \times 50}{51 \times 0.6 - 0.6 \times 1.15} + 2 = 3.922(\mathrm{mm})$$

圆整壁厚 $[\delta]$ =10mm。
端板壁厚：

$$\delta_p = R_p\sqrt{\frac{0.44p}{[\sigma]^t \sin\alpha}} + C = 50 \times \sqrt{\frac{0.44 \times 1.15}{51}} + 2 = 6.98(\mathrm{mm})$$

圆整壁厚 $[\delta_p]$ =10mm。

（3）膨胀氢侧

根据规定内径 D_i=350mm 得内径 R_i=175mm。
封头壁厚：

$$\delta = \frac{pR_i}{[\sigma]'\varphi - 0.6p} + C = \frac{0.15 \times 175}{51 \times 0.6 - 0.6 \times 0.15} + 2 = 2.86(\text{mm})$$

圆整壁厚 $[\delta]$ =10mm。

端板壁厚：

$$\delta_p = R_p\sqrt{\frac{0.44p}{[\sigma]^t \sin\alpha}} + C = 175 \times \sqrt{\frac{0.44 \times 0.15}{51}} + 2 = 8.29(\text{mm})$$

圆整壁厚 $[\delta_p]$ =10mm。

（4）原料氢侧

根据规定内径 D_i=100mm 得内径 R_i=50mm。

封头壁厚：

$$\delta = \frac{pR_i}{[\sigma]'\varphi - 0.6p} + C = \frac{1.15 \times 50}{51 \times 0.6 - 0.6 \times 1.15} + 2 = 3.922(\text{mm})$$

圆整壁厚 $[\delta]$ =10mm。

端板壁厚：

$$\delta_p = R_p\sqrt{\frac{0.44p}{[\sigma]^t \sin\alpha}} + C = 50 \times \sqrt{\frac{0.44 \times 1.15}{51}} + 2 = 6.98(\text{mm})$$

圆整壁厚 $[\delta_p]$ =10mm。

2.14.1.3 氢 3 换热器各个板侧封头及端板壁厚计算

（1）氮气侧

根据规定内径 D_i=875mm 得内径 R_i=437.5mm。

封头壁厚：

$$\delta = \frac{pR_i}{[\sigma]'\varphi - 0.6p} + C = \frac{0.11 \times 437.5}{51 \times 0.6 - 0.6 \times 0.11} + 2 = 3.58(\text{mm})$$

圆整壁厚 $[\delta]$ =10mm。

端板壁厚：

$$\delta_p = R_p\sqrt{\frac{0.44p}{[\sigma]^t \sin\alpha}} + C = 437.5 \times \sqrt{\frac{0.44 \times 0.11}{51}} + 2 = 15.478(\text{mm})$$

圆整壁厚 $[\delta_p]$ =20mm。

（2）原料氢侧

根据规定内径 D_i=100mm 得内径 R_i=50mm。

封头壁厚：

$$\delta = \frac{pR_i}{[\sigma]'\varphi - 0.6p} + C = \frac{1.13 \times 50}{51 \times 0.6 - 0.6 \times 1.13} + 2 = 3.88(\text{mm})$$

圆整壁厚 $[\delta]$ =10mm。

端板壁厚：

$$\delta_p = R_p\sqrt{\frac{0.44p}{[\sigma]^t \sin\alpha}} + C = 50 \times \sqrt{\frac{0.44 \times 1.13}{51}} + 2 = 6.937(\text{mm})$$

圆整壁厚 $[\delta_p]=10mm$。

（3）膨胀氢侧

根据规定内径 $D_i=350mm$ 得内径 $R_i=175mm$。

封头壁厚：

$$\delta=\frac{pR_i}{[\sigma]'\varphi-0.6p}+C=\frac{0.17\times175}{51\times0.6-0.6\times0.17}+2=2.975(mm)$$

圆整壁厚 $[\delta]=10mm$。

端板壁厚：

$$\delta_p=R_p\sqrt{\frac{0.44p}{[\sigma]^t\sin\alpha}}+C=175\times\sqrt{\frac{0.44\times0.17}{51}}+2=8.702(mm)$$

圆整壁厚 $[\delta_p]=10mm$。

（4）原料氢侧

根据规定内径 $D_i=100mm$ 得内径 $R_i=50mm$。

封头壁厚：

$$\delta=\frac{pR_i}{[\sigma]'\varphi-0.6p}+C=\frac{1.13\times50}{51\times0.6-0.6\times1.13}+2=3.88(mm)$$

圆整壁厚 $[\delta]=10mm$。

端板壁厚：

$$\delta_p=R_p\sqrt{\frac{0.44p}{[\sigma]^t\sin\alpha}}+C=50\times\sqrt{\frac{0.44\times1.13}{51}}+2=6.937(mm)$$

圆整壁厚 $[\delta_p]=10mm$。

2.14.1.4　氢4换热器各个板侧封头及端板壁厚计算

（1）膨胀氢侧

根据规定内径 $D_i=100mm$ 得内径 $R_i=50mm$。

封头壁厚：

$$\delta=\frac{pR_i}{[\sigma]'\varphi-0.6p}+C=\frac{1.11\times50}{51\times0.6-0.6\times1.11}+2=3.85(mm)$$

圆整壁厚 $[\delta]=10mm$。

端板壁厚：

$$\delta_p=R_p\sqrt{\frac{0.44p}{[\sigma]^t\sin\alpha}}+C=50\times\sqrt{\frac{0.44\times1.11}{51}}+2=6.893(mm)$$

圆整壁厚 $[\delta_p]=10mm$。

（2）原料氢侧

根据规定内径 $D_i=350mm$ 得内径 $R_i=175mm$。

封头壁厚：

$$\delta = \frac{pR_i}{[\sigma]'\varphi - 0.6p} + C = \frac{0.19 \times 175}{51 \times 0.6 - 0.6 \times 0.19} + 2 = 3.09(\text{mm})$$

圆整壁厚 $[\delta] = 10\text{mm}$。

端板壁厚：

$$\delta_p = R_p\sqrt{\frac{0.44p}{[\sigma]^t\sin\alpha}} + C = 175 \times \sqrt{\frac{0.44 \times 0.19}{51}} + 2 = 9.08(\text{mm})$$

圆整壁厚 $[\delta_p] = 10\text{mm}$。

2.14.1.5 氢 5 换热器各个板侧封头及端板壁厚计算

（1）膨胀氢侧

根据规定内径 $D_i = 100\text{mm}$ 得内径 $R_i = 50\text{mm}$。

封头壁厚：

$$\delta = \frac{pR_i}{[\sigma]'\varphi - 0.6p} + C = \frac{1.09 \times 50}{51 \times 0.6 - 0.6 \times 1.09} + 2 = 3.819(\text{mm})$$

圆整壁厚 $[\delta] = 10\text{mm}$。

端板壁厚：

$$\delta_p = R_p\sqrt{\frac{0.44p}{[\sigma]^t\sin\alpha}} + C = 50 \times \sqrt{\frac{0.44 \times 1.09}{51}} + 2 = 6.848(\text{mm})$$

圆整壁厚 $[\delta_p] = 10\text{mm}$。

（2）原料氢侧

根据规定内径 $D_i = 350\text{mm}$ 得内径 $R_i = 175\text{mm}$。

封头壁厚：

$$\delta = \frac{pR_i}{[\sigma]'\varphi - 0.6p} + C = \frac{0.21 \times 175}{51 \times 0.6 - 0.6 \times 0.21} + 2 = 3.206(\text{mm})$$

圆整壁厚 $[\delta] = 10\text{mm}$。

端板壁厚：

$$\delta_p = R_p\sqrt{\frac{0.44p}{[\sigma]^t\sin\alpha}} + C = 175 \times \sqrt{\frac{0.44 \times 0.21}{51}} + 2 = 9.44(\text{mm})$$

圆整壁厚 $[\delta_p] = 10\text{mm}$。

2.14.1.6 氮 1 换热器各个板侧封头及端板壁厚计算

（1）循环氮侧

根据规定内径 $D_i = 350\text{mm}$ 得内径 $R_i = 175\text{mm}$。

封头壁厚：

$$\delta = \frac{pR_i}{[\sigma]'\varphi - 0.6p} + C = \frac{3.05 \times 175}{51 \times 0.6 - 0.6 \times 3.05} + 2 = 20.55(\text{mm})$$

圆整壁厚 $[\delta] = 25\text{mm}$。

端板壁厚：

$$\delta_p = R_p\sqrt{\frac{0.44p}{[\sigma]^t \sin\alpha}} + C = 175 \times \sqrt{\frac{0.44 \times 3.05}{51}} + 2 = 30.38(\text{mm})$$

圆整壁厚 $[\delta_p]$ =40mm。

（2）膨胀氮侧

根据规定内径 D_i=350mm 得内径 R_i=175mm。

封头壁厚：

$$\delta = \frac{pR_i}{[\sigma]^t\varphi - 0.6p} + C = \frac{0.85 \times 175}{51 \times 0.6 - 0.6 \times 0.85} + 2 = 6.94(\text{mm})$$

圆整壁厚 $[\delta]$ =10mm。

端板壁厚：

$$\delta_p = R_p\sqrt{\frac{0.44p}{[\sigma]^t \sin\alpha}} + C = 175 \times \sqrt{\frac{0.44 \times 0.85}{51}} + 2 = 16.986(\text{mm})$$

圆整壁厚 $[\delta_p]$ =20mm。

2.14.1.7　氮 2 换热器各个板侧封头及端板壁厚计算

（1）循环氮侧

根据规定内径 D_i=350mm 得内径 R_i=175mm。

封头壁厚：

$$\delta = \frac{pR_i}{[\sigma]^t\varphi - 0.6p} + C = \frac{3.03 \times 175}{51 \times 0.6 - 0.6 \times 3.03} + 2 = 20.423(\text{mm})$$

圆整壁厚 $[\delta]$ =25mm。

端板壁厚：

$$\delta_p = R_p\sqrt{\frac{0.44p}{[\sigma]^t \sin\alpha}} + C = 175 \times \sqrt{\frac{0.44 \times 3.03}{51}} + 2 = 30.29(\text{mm})$$

圆整壁厚 $[\delta_p]$ =40mm。

（2）膨胀氮侧

根据规定内径 D_i=350mm 得内径 R_i=175mm。

封头壁厚：

$$\delta = \frac{pR_i}{[\sigma]^t\varphi - 0.6p} + C = \frac{0.87 \times 175}{51 \times 0.6 - 0.6 \times 0.87} + 2 = 7.06(\text{mm})$$

圆整壁厚 $[\delta]$ =10mm。

端板壁厚：

$$\delta_p = R_p\sqrt{\frac{0.44p}{[\sigma]^t \sin\alpha}} + C = 175 \times \sqrt{\frac{0.44 \times 0.87}{51}} + 2 = 17.161(\text{mm})$$

圆整壁厚 $[\delta_p]$ =20mm。

2.14.1.8　氮 3 换热器各个板侧封头及端板壁厚计算

（1）循环氮侧

根据规定内径 $D_i=350\text{mm}$ 得内径 $R_i=175\text{mm}$。

封头壁厚：

$$\delta=\frac{pR_i}{[\sigma]'\varphi-0.6p}+C=\frac{3.01\times175}{51\times0.6-0.6\times3.01}+2=20.294(\text{mm})$$

圆整壁厚 $[\delta]=25\text{mm}$。

端板壁厚：

$$\delta_p=R_p\sqrt{\frac{0.44p}{[\sigma]^t\sin\alpha}}+C=175\times\sqrt{\frac{0.44\times3.01}{51}}+2=30.201(\text{mm})$$

圆整壁厚 $[\delta_p]=40\text{mm}$。

（2）膨胀氮侧

根据规定内径 $D_i=350\text{mm}$ 得内径 $R_i=175\text{mm}$。

封头壁厚：

$$\delta=\frac{pR_i}{[\sigma]'\varphi-0.6p}+C=\frac{0.89\times175}{51\times0.6-0.6\times0.89}+2=7.18(\text{mm})$$

圆整壁厚 $[\delta]=10\text{mm}$。

端板壁厚：

$$\delta_p=R_p\sqrt{\frac{0.44p}{[\sigma]^t\sin\alpha}}+C=175\times\sqrt{\frac{0.44\times0.89}{51}}+2=17.335(\text{mm})$$

圆整壁厚 $[\delta_p]=20\text{mm}$。

各级换热器封头及端板壁厚计算统计见表 2-15～表 2-22。

表 2-15　氢 1 换热器封头与端板的壁厚

项目	氮气	原料氢	膨胀氢	原料氢	节流氢
封头规格(规定内径)/mm	875	100	350	100	100
封头计算壁厚/mm	14.36	3.957	2.745	3.957	2.18
封头实际壁厚/mm	20	10	10	10	10
端板计算壁厚/mm	39.65	7.023	7.86	7.023	3.54
端板实际壁厚/mm	40	10	10	10	10

表 2-16　氢 2 换热器封头与端板的壁厚

项目	氮气	原料氢	膨胀氢	原料氢
封头规格(规定内径)/mm	875	100	350	100
封头计算壁厚/mm	14.65	3.922	2.86	3.922
封头实际壁厚/mm	20	10	10	10
端板计算壁厚/mm	39.903	6.98	8.29	6.98
端板实际壁厚/mm	40	10	10	10

表 2-17 氢 3 换热器封头与端板的壁厚

项目	氮气	原料氢	膨胀氢	原料氢
封头规格(规定内径)/mm	875	100	350	100
封头计算壁厚/mm	3.58	3.88	2.975	3.88
封头实际壁厚/mm	10	10	10	10
端板计算壁厚/mm	15.478	6.937	8.702	6.937
端板实际壁厚/mm	20	10	10	10

表 2-18 氢 4 换热器封头与端板的壁厚

项目	膨胀氢	原料氢
封头规格(规定内径)/mm	100	350
封头计算壁厚/mm	3.85	3.09
封头实际壁厚/mm	10	10
端板计算壁厚/mm	6.893	9.08
端板实际壁厚/mm	10	10

表 2-19 氢 5 换热器封头与端板的壁厚

项目	膨胀氢	原料氢
封头规格(规定内径)/mm	100	350
封头计算壁厚/mm	3.819	3.206
封头实际壁厚/mm	10	10
端板计算壁厚/mm	6.848	9.44
端板实际壁厚/mm	10	10

表 2-20 氮 1 换热器封头与端板的壁厚

项目	循环氮	膨胀氮
封头规格(规定内径)/mm	350	350
封头计算壁厚/mm	20.55	6.94
封头实际壁厚/mm	25	10
端板计算壁厚/mm	30.38	16.986
端板实际壁厚/mm	40	20

表 2-21 氮 2 换热器封头与端板的壁厚

项目	循环氮	膨胀氮
封头规格(规定内径)/mm	350	350
封头计算壁厚/mm	20.423	7.06
封头实际壁厚/mm	25	10
端板计算壁厚/mm	30.29	17.161
端板实际壁厚/mm	40	20

表 2-22 氮 3 换热器封头与端板的壁厚

项目	循环氮	膨胀氮
封头规格(规定内径)/mm	350	350
封头计算壁厚/mm	20.294	7.18
封头实际壁厚/mm	25	10
端板计算壁厚/mm	30.201	17.335
端板实际壁厚/mm	40	20

2.14.2 液压试验

2.14.2.1 液压试验目的

设计最高压力为3.06MPa。压力测试是进行其他步骤的前提条件，而液压试验是压力测试中普遍采用的一种。除了液压测试外，还有气压测试以及气密性测试。液压测试前需要对封头壁厚进行校核计算。

2.14.2.2 内压通道

(1) 液压试验压力

$$p_T = 1.3p \times \frac{[\sigma]}{[\sigma]^t} \tag{2-20}$$

式中 p_T——试验压力，MPa；
p——设计压力，MPa；
$[\sigma]$——试验温度下的许用应力，MPa；
$[\sigma]^t$——设计温度下的许用应力，MPa。

(2) 封头的应力校核

$$\sigma_T = \frac{p_T(R_i + 0.5\delta_e)}{\delta_e} \tag{2-21}$$

式中 σ_T——试验压力下封头的应力，MPa；
R_i——封头的内半径，mm；
p_T——试验压力，MPa；
δ_e——封头的有效厚度，mm。

当满足 $\sigma_T \leqslant 0.9\varphi\sigma_{p0.2}$ 时校核正确，否则需重新选取尺寸计算。其中，φ 为焊接系数；$\sigma_{p0.2}$ 为试验温度下的规定残余延伸应力，MPa，$\sigma_{p0.2}=170$MPa。

$$0.9\varphi\sigma_{p0.2} = 0.9 \times 0.6 \times 170 = 91.8(\text{MPa})$$

各级封头壁厚校核见表 2-23～表 2-30。

表 2-23 氢 1 换热器封头壁厚校核

项目	氮气	原料氢	膨胀氢	原料氢	节流氢
封头内径/mm	875	100	350	100	100
设计压力/MPa	0.85	1.17	0.13	1.17	0.11

续表

项目	氮气	原料氢	膨胀氢	原料氢	节流氢
封头实际壁厚/mm	20	10	10	10	10
厚度附加量/mm	2	2	2	2	2

表 2-24　氢 2 换热器封头壁厚校核

项目	氮气	原料氢	膨胀氢	原料氢
封头内径/mm	875	100	350	100
设计压力/MPa	0. 87	1. 15	0. 15	1. 15
封头实际壁厚/mm	20	10	10	10
厚度附加量/mm	2	2	2	2

表 2-25　氢 3 换热器封头壁厚校核

项目	氮气	原料氢	膨胀氢	原料氢
封头内径/mm	875	100	350	100
设计压力/MPa	0. 11	1. 13	0. 17	1. 13
封头实际壁厚/mm	20	10	10	10
厚度附加量/mm	2	2	2	2

表 2-26　氢 4 换热器封头壁厚校核

项目	膨胀氢	原料氢
封头内径/mm	100	350
设计压力/MPa	1. 11	0. 19
封头实际壁厚/mm	10	10
厚度附加量/mm	2	2

表 2-27　氢 5 换热器封头壁厚校核

项目	膨胀氢	原料氢
封头内径/mm	100	350
设计压力/MPa	1. 09	0. 21
封头实际壁厚/mm	10	10
厚度附加量/mm	2	2

表 2-28　氦 1 换热器封头壁厚校核

项目	循环氦	膨胀氦
封头内径/mm	350	350
设计压力/MPa	3. 05	0. 85
封头实际壁厚/mm	25	10
厚度附加量/mm	2	2

表 2-29　氮 2 换热器封头壁厚校核

项目	循环氮	膨胀氮
封头内径/mm	350	350
设计压力/MPa	3.03	0.87
封头实际壁厚/mm	25	10
厚度附加量/mm	2	2

表 2-30　氮 3 换热器封头壁厚校核

项目	循环氮	膨胀氮
封头内径/mm	350	350
设计压力/MPa	3.01	0.89
封头实际壁厚/mm	25	10
厚度附加量/mm	2	2

（3）尺寸校核计算

① 氢 1 换热器

氮气侧校核计算：

$$p_T = 1.3 \times 0.85 \times \frac{51}{51} = 1.105(\text{MPa})$$

$$\sigma_T = \frac{1.105 \times (437.5 + 0.5 \times 18)}{18} = 27.41(\text{MPa}) < 91.8\text{MPa}$$

校核值小于允许值，尺寸合适。

原料氢侧校核计算：

$$p_T = 1.3 \times 1.17 \times \frac{51}{51} = 1.521(\text{MPa})$$

$$\sigma_T = \frac{1.521 \times (175 + 0.5 \times 8)}{8} = 34.03(\text{MPa}) < 91.8\text{MPa}$$

校核值小于允许值，尺寸合适。

膨胀氢侧校核计算：

$$p_T = 1.3 \times 0.13 \times \frac{51}{51} = 0.169(\text{MPa})$$

$$\sigma_T = \frac{0.169 \times (175 + 0.5 \times 8)}{8} = 3.78(\text{MPa}) < 91.8\text{MPa}$$

校核值小于允许值，尺寸合适。

原料氢侧校核计算：

$$p_T = 1.3 \times 1.17 \times \frac{51}{51} = 1.521(\text{MPa})$$

$$\sigma_T = \frac{1.521 \times (175 + 0.5 \times 8)}{8} = 34.03(\text{MPa}) < 91.8\text{MPa}$$

校核值小于允许值，尺寸合适。

节流氢侧校核计算：

$$p_T = 1.3 \times 0.11 \times \frac{51}{51} = 0.143(\mathrm{MPa})$$

$$\sigma_T = \frac{0.143 \times (50 + 0.5 \times 8)}{8} = 0.97(\mathrm{MPa}) < 91.8\mathrm{MPa}$$

校核值小于允许值，尺寸合适。

② 氢 2 换热器

氮气侧校核计算：

$$p_T = 1.3 \times 0.87 \times \frac{51}{51} = 1.131(\mathrm{MPa})$$

$$\sigma_T = \frac{1.131 \times (437.5 + 0.5 \times 18)}{18} = 28.055(\mathrm{MPa}) < 91.8\mathrm{MPa}$$

校核值小于允许值，尺寸合适。

原料氢侧校核计算：

$$p_T = 1.3 \times 1.15 \times \frac{51}{51} = 1.495(\mathrm{MPa})$$

$$\sigma_T = \frac{1.495 \times (175 + 0.5 \times 8)}{8} = 33.45(\mathrm{MPa}) < 91.8\mathrm{MPa}$$

校核值小于允许值，尺寸合适。

膨胀氢侧校核计算

$$p_T = 1.3 \times 0.15 \times \frac{51}{51} = 0.195(\mathrm{MPa})$$

$$\sigma_T = \frac{0.195 \times (175 + 0.5 \times 8)}{8} = 4.36(\mathrm{MPa}) < 91.8\mathrm{MPa}$$

校核值小于允许值，尺寸合适。

原料氢侧校核计算：

$$p_T = 1.3 \times 1.15 \times \frac{51}{51} = 1.495(\mathrm{MPa})$$

$$\sigma_T = \frac{1.495 \times (175 + 0.5 \times 8)}{8} = 33.45(\mathrm{MPa}) < 91.8\mathrm{MPa}$$

③ 氢 3 换热器

氮气侧校核计算：

$$p_T = 1.3 \times 0.11 \times \frac{51}{51} = 0.143(\mathrm{MPa})$$

$$\sigma_T = \frac{0.143 \times (437.5 + 0.5 \times 18)}{18} = 3.54(\mathrm{MPa}) < 91.8\mathrm{MPa}$$

校核值小于允许值，尺寸合适。

原料氢侧校核计算：

$$p_T = 1.3 \times 1.13 \times \frac{51}{51} = 1.469(\mathrm{MPa})$$

$$\sigma_T = \frac{1.469 \times (175 + 0.5 \times 8)}{8} = 32.869(\mathrm{MPa}) < 91.8\mathrm{MPa}$$

校核值小于允许值，尺寸合适。

膨胀氢侧校核计算：

$$p_T = 1.3 \times 0.17 \times \frac{51}{51} = 0.221(\text{MPa})$$

$$\sigma_T = \frac{0.221 \times (175 + 0.5 \times 8)}{8} = 4.945(\text{MPa}) < 91.8\text{MPa}$$

校核值小于允许值，尺寸合适。

原料氢侧校核计算：

$$p_T = 1.3 \times 1.13 \times \frac{51}{51} = 1.469(\text{MPa})$$

$$\sigma_T = \frac{1.469 \times (175 + 0.5 \times 8)}{8} = 32.869(\text{MPa}) < 91.8\text{MPa}$$

校核值小于允许值，尺寸合适。

④ 氢 4 换热器

膨胀氢侧校核计算：

$$p_T = 1.3 \times 1.11 \times \frac{51}{51} = 1.443(\text{MPa})$$

$$\sigma_T = \frac{1.443 \times (175 + 0.5 \times 8)}{8} = 32.287(\text{MPa}) < 91.8\text{MPa}$$

校核值小于允许值，尺寸合适。

原料氢侧校核计算：

$$p_T = 1.3 \times 0.19 \times \frac{51}{51} = 0.247(\text{MPa})$$

$$\sigma_T = \frac{0.247 \times (175 + 0.5 \times 8)}{8} = 5.52(\text{MPa}) < 91.8\text{MPa}$$

校核值小于允许值，尺寸合适。

⑤ 氢 5 换热器

膨胀氢侧校核计算：

$$p_T = 1.3 \times 1.09 \times \frac{51}{51} = 1.417(\text{MPa})$$

$$\sigma_T = \frac{1.417 \times (175 + 0.5 \times 8)}{8} = 31.705(\text{MPa}) < 91.8\text{MPa}$$

校核值小于允许值，尺寸合适。

原料氢侧校核计算：

$$p_T = 1.3 \times 0.21 \times \frac{51}{51} = 0.273(\text{MPa})$$

$$\sigma_T = \frac{0.273 \times (175 + 0.5 \times 8)}{8} = 6.108(\text{MPa}) < 91.8\text{MPa}$$

校核值小于允许值，尺寸合适。

⑥ 氦 1 换热器

循环氦侧校核计算：

$$p_T = 1.3 \times 3.05 \times \frac{51}{51} = 3.965(\mathrm{MPa})$$

$$\sigma_T = \frac{3.965 \times (175 + 0.5 \times 23)}{23} = 32.151(\mathrm{MPa}) < 91.8\mathrm{MPa}$$

校核值小于允许值，尺寸合适。

膨胀氮侧校核计算：

$$p_T = 1.3 \times 0.85 \times \frac{51}{51} = 1.105(\mathrm{MPa})$$

$$\sigma_T = \frac{1.105 \times (175 + 0.5 \times 8)}{8} = 24.724(\mathrm{MPa}) < 91.8\mathrm{MPa}$$

校核值小于允许值，尺寸合适。

⑦ 氮 2 换热器

循环氮侧校核计算：

$$p_T = 1.3 \times 3.03 \times \frac{51}{51} = 3.939(\mathrm{MPa})$$

$$\sigma_T = \frac{3.939 \times (175 + 0.5 \times 23)}{23} = 31.94(\mathrm{MPa}) < 91.8\mathrm{MPa}$$

校核值小于允许值，尺寸合适。

膨胀氮侧校核计算：

$$p_T = 1.3 \times 0.87 \times \frac{51}{51} = 1.131(\mathrm{MPa})$$

$$\sigma_T = \frac{1.131 \times (175 + 0.5 \times 8)}{8} = 25.306(\mathrm{MPa}) < 91.8\mathrm{MPa}$$

校核值小于允许值，尺寸合适。

⑧ 氮 3 换热器

循环氮侧校核计算：

$$p_T = 1.3 \times 3.01 \times \frac{51}{51} = 3.913(\mathrm{MPa})$$

$$\sigma_T = \frac{3.913 \times (175 + 0.5 \times 23)}{23} = 31.729(\mathrm{MPa}) < 91.8\mathrm{MPa}$$

校核值小于允许值，尺寸合适。

膨胀氮侧校核计算：

$$p_T = 1.3 \times 0.89 \times \frac{51}{51} = 1.157(\mathrm{MPa})$$

$$\sigma_T = \frac{1.157 \times (175 + 0.5 \times 8)}{8} = 25.888(\mathrm{MPa}) < 91.8\mathrm{MPa}$$

校核值小于允许值，尺寸合适。

2.14.3　接管设计

（1）接管的确定方法

接管为物料进出的通道，它的尺寸大小与进出物料的流量有关。壁厚的取值则需要知道物料进出接管的压力状况，进行压力校核，选取合适的壁厚。采用标准 6063 接管，只需进行接管壁厚的校核计算，满足设计需求压力即可。

（2）接管尺寸的确定

当为圆筒或球壳开孔时，开孔处的计算厚度按照壳体计算厚度取值。各个换热器的接管尺寸选择见表 2-31。

表 2-31　各个换热器的接管尺寸选择　　单位：mm×mm

<table>
<tr><td colspan="20">氢 1 换热器</td></tr>
<tr><td colspan="4">氮气</td><td colspan="4">原料氢</td><td colspan="4">膨胀氢</td><td colspan="4">原料氢</td><td colspan="4">节流氢</td></tr>
<tr><td colspan="4">180×10</td><td colspan="4">45×8</td><td colspan="4">100×10</td><td colspan="4">45×8</td><td colspan="4">45×8</td></tr>
<tr><td colspan="20">氢 2 换热器</td></tr>
<tr><td colspan="5">氮气</td><td colspan="5">原料氢</td><td colspan="5">膨胀氢</td><td colspan="5">原料氢</td></tr>
<tr><td colspan="5">180×10</td><td colspan="5">45×8</td><td colspan="5">100×10</td><td colspan="5">45×8</td></tr>
<tr><td colspan="20">氢 3 换热器</td></tr>
<tr><td colspan="5">氮气</td><td colspan="5">原料氢</td><td colspan="5">膨胀氢</td><td colspan="5">原料氢</td></tr>
<tr><td colspan="5">180×10</td><td colspan="5">45×8</td><td colspan="5">100×10</td><td colspan="5">45×8</td></tr>
<tr><td colspan="20">氢 4 换热器</td></tr>
<tr><td colspan="10">膨胀氢</td><td colspan="10">原料氢</td></tr>
<tr><td colspan="10">45×8</td><td colspan="10">100×10</td></tr>
<tr><td colspan="20">氢 5 换热器</td></tr>
<tr><td colspan="10">膨胀氢</td><td colspan="10">原料氢</td></tr>
<tr><td colspan="10">45×8</td><td colspan="10">100×10</td></tr>
<tr><td colspan="20">氮 1 换热器</td></tr>
<tr><td colspan="10">循环氮</td><td colspan="10">膨胀氮</td></tr>
<tr><td colspan="10">230×16</td><td colspan="10">230×16</td></tr>
<tr><td colspan="20">氮 2 换热器</td></tr>
<tr><td colspan="10">循环氮</td><td colspan="10">膨胀氮</td></tr>
<tr><td colspan="10">200×20</td><td colspan="10">200×10</td></tr>
<tr><td colspan="20">氮 3 换热器</td></tr>
<tr><td colspan="10">循环氮</td><td colspan="10">膨胀氮</td></tr>
<tr><td colspan="10">200×20</td><td colspan="10">230×16</td></tr>
</table>

接管厚度计算：

$$\delta = \frac{p_c D_i}{2[\sigma]^t \varphi - p_c} \tag{2-22}$$

设计可根据标准管径选取管径大小，只需进行校核确定尺寸，标准 6063 接管尺寸见附表 3。

（3）氢 1 换热器接管壁厚

氮气侧接管壁厚：

$$\delta = \frac{p_c D_i}{2[\sigma]^t \varphi - p_c} + C = \frac{0.85 \times 180}{2 \times 51 \times 0.6 - 0.85} + 2 = 4.535(\text{mm})$$

原料氢侧接管壁厚：

$$\delta = \frac{p_c D_i}{2[\sigma]^t \varphi - p_c} + C = \frac{1.17 \times 45}{2 \times 51 \times 0.6 - 1.17} + 2 = 2.877(\text{mm})$$

膨胀氢侧接管壁厚：

$$\delta = \frac{p_c D_i}{2[\sigma]^t \varphi - p_c} + C = \frac{0.13 \times 100}{2 \times 51 \times 0.6 - 0.13} + 2 = 2.212(\text{mm})$$

原料氢侧接管壁厚：

$$\delta = \frac{p_c D_i}{2[\sigma]^t \varphi - p_c} + C = \frac{1.17 \times 45}{2 \times 51 \times 0.6 - 1.17} + 2 = 2.877(\text{mm})$$

节流氢侧接管壁厚：

$$\delta = \frac{p_c D_i}{2[\sigma]^t \varphi - p_c} + C = \frac{0.11 \times 45}{2 \times 51 \times 0.6 - 0.11} + 2 = 2.081(\text{mm})$$

（4）氢 2 换热器接管壁厚

氮气侧接管壁厚：

$$\delta = \frac{p_c D_i}{2[\sigma]^t \varphi - p_c} + C = \frac{0.87 \times 180}{2 \times 51 \times 0.6 - 0.87} + 2 = 4.596(\text{mm})$$

原料氢侧接管壁厚：

$$\delta = \frac{p_c D_i}{2[\sigma]^t \varphi - p_c} + C = \frac{1.15 \times 45}{2 \times 51 \times 0.6 - 1.15} + 2 = 2.862(\text{mm})$$

膨胀氢侧接管壁厚：

$$\delta = \frac{p_c D_i}{2[\sigma]^t \varphi - p_c} + C = \frac{0.15 \times 100}{2 \times 51 \times 0.6 - 0.15} + 2 = 2.246(\text{mm})$$

原料氢侧接管壁厚：

$$\delta = \frac{p_c D_i}{2[\sigma]^t \varphi - p_c} + C = \frac{1.15 \times 45}{2 \times 51 \times 0.6 - 1.15} + 2 = 2.862(\text{mm})$$

（5）氢 3 换热器接管壁厚

氮气侧接管壁厚：

$$\delta = \frac{p_c D_i}{2[\sigma]^t \varphi - p_c} + C = \frac{0.11 \times 180}{2 \times 51 \times 0.6 - 0.11} + 2 = 2.324(\text{mm})$$

原料氢侧接管壁厚：

$$\delta=\frac{p_cD_i}{2[\sigma]^t\varphi-p_c}+C=\frac{1.13\times45}{2\times51\times0.6-1.13}+2=2.847(\mathrm{mm})$$

膨胀氢侧接管壁厚：

$$\delta=\frac{p_cD_i}{2[\sigma]^t\varphi-p_c}+C=\frac{0.17\times100}{2\times51\times0.6-0.17}+2=2.279(\mathrm{mm})$$

原料氢侧接管壁厚：

$$\delta=\frac{p_cD_i}{2[\sigma]^t\varphi-p_c}+C=\frac{1.13\times45}{2\times51\times0.6-1.13}+2=2.847(\mathrm{mm})$$

（6） 氢 4 换热器接管壁厚

膨胀氢侧接管壁厚：

$$\delta=\frac{p_cD_i}{2[\sigma]^t\varphi-p_c}+C=\frac{1.11\times45}{2\times51\times0.6-1.11}+2=2.831(\mathrm{mm})$$

原料氢侧接管壁厚：

$$\delta=\frac{p_cD_i}{2[\sigma]^t\varphi-p_c}+C=\frac{0.19\times100}{2\times51\times0.6-0.19}+2=2.311(\mathrm{mm})$$

（7）氢 5 换热器接管壁厚

膨胀氢侧接管壁厚：

$$\delta=\frac{p_cD_i}{2[\sigma]^t\varphi-p_c}+C=\frac{1.09\times45}{2\times51\times0.6-1.09}+2=2.816(\mathrm{mm})$$

原料氢侧接管壁厚：

$$\delta=\frac{p_cD_i}{2[\sigma]^t\varphi-p_c}+C=\frac{0.21\times100}{2\times51\times0.6-0.21}+2=2.344(\mathrm{mm})$$

（8） 氮 1 换热器接管壁厚

循环氮侧接管壁厚：

$$\delta=\frac{p_cD_i}{2[\sigma]^t\varphi-p_c}+C=\frac{3.05\times230}{2\times51\times0.6-3.05}+2=14.064(\mathrm{mm})$$

膨胀氮侧接管壁厚：

$$\delta=\frac{p_cD_i}{2[\sigma]^t\varphi-p_c}+C=\frac{0.85\times230}{2\times51\times0.6-0.85}+2=5.239(\mathrm{mm})$$

（9）氮 2 换热器接管壁厚

循环氮侧接管壁厚：

$$\delta=\frac{p_cD_i}{2[\sigma]^t\varphi-p_c}+C=\frac{3.03\times230}{2\times51\times0.6-3.03}+2=13.98(\mathrm{mm})$$

膨胀氮侧接管壁厚：

$$\delta=\frac{p_c D_i}{2[\sigma]^t\varphi-p_c}+C=\frac{0.87\times 230}{2\times 51\times 0.6-0.87}+2=5.317(\mathrm{mm})$$

（10）氮 3 换热器接管壁厚

循环氮侧接管壁厚：

$$\delta=\frac{p_c D_i}{2[\sigma]^t\varphi-p_c}+C=\frac{3.01\times 230}{2\times 51\times 0.6-3.01}+2=13.897(\mathrm{mm})$$

膨胀氮侧接管壁厚：

$$\delta=\frac{p_c D_i}{2[\sigma]^t\varphi-p_c}+C=\frac{0.89\times 230}{2\times 51\times 0.6-0.89}+2=5.394(\mathrm{mm})$$

（11）接管尺寸汇总

各级换热器接管壁厚计算统计见表 2-32～表 2-39。

表 2-32　氢 1 换热器接管壁厚

项目	氮气	原料氢	膨胀氢	原料氢	节流氢
接管规格/mm	180×10	45×8	100×10	45×8	45×8
接管计算壁厚/mm	4.535	2.877	2.212	2.877	2.081
接管实际壁厚/mm	10	8	10	8	8

表 2-33　氢 2 换热器接管壁厚

项目	氮气	原料氢	膨胀氢	原料氢
接管规格/mm	180×10	45×8	100×10	45×8
接管计算壁厚/mm	4.596	2.862	2.246	2.862
接管实际壁厚/mm	10	8	10	8

表 2-34　氢 3 换热器接管壁厚

项目	氮气	原料氢	膨胀氢	原料氢
接管规格/mm	180×10	45×8	100×10	45×8
接管计算壁厚/mm	2.324	2.847	2.279	2.847
接管实际壁厚/mm	10	8	10	8

表 2-35　氢 4 换热器接管壁厚

项目	膨胀氢	原料氢
接管规格/mm	45×8	100×10
接管计算壁厚/mm	2.831	2.311
接管实际壁厚/mm	8	10

表 2-36 氢 5 换热器接管壁厚

项目	膨胀氢	原料氢
接管规格/mm	45×8	100×10
接管计算壁厚/mm	2.816	2.344
接管实际壁厚/mm	8	10

表 2-37 氮 1 换热器接管壁厚

项目	循环氮	膨胀氮
接管规格/mm	230×16	230×16
接管计算壁厚/mm	14.064	5.239
接管实际壁厚/mm	16	16

表 2-38 氮 2 换热器接管壁厚

项目	循环氮	膨胀氮
接管规格/mm	200×20	200×10
接管计算壁厚/mm	13.98	5.317
接管实际壁厚/mm	20	10

表 2-39 氮 3 换热器接管壁厚

项目	循环氮	膨胀氮
接管规格/mm	200×20	230×16
接管计算壁厚/mm	13.897	5.394
接管实际壁厚/mm	20	16

2.14.4 接管补强

2.14.4.1 补强方式

封头的补强方式应根据具体的情况进行选择，补强方式可分为：加强圈补强、接管全焊透补强、翻边或凸颈补强以及整体补强等。封头尺寸大小各异，补强方式也不同，但条件允许的情况下尽量以接管全焊透方式代替补强圈补强，尤其是在封头尺寸较小的情况下。在进行选择补强方式前要进行补强面积的计算，确定补强面积的大小以及是否需要补强。

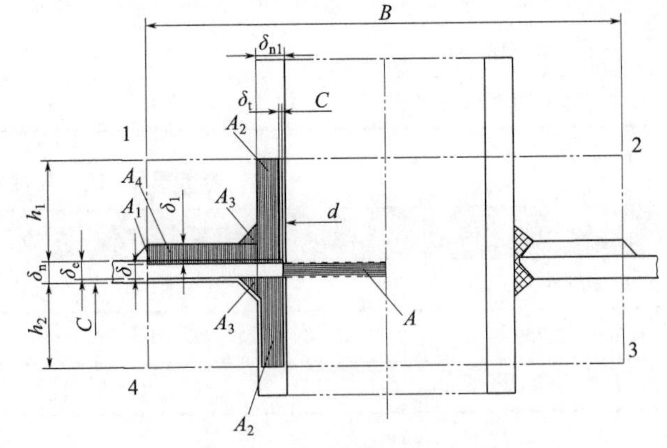

图 2-46 补强面积示意图

接管以全焊透方法与壳体相焊，主要补强方式有补强圈补强与接管补强，在条件许可的情况下尽量使用接管补强方式，尤其是在筒体半径较小的时候。首先要进行开孔所需补强面积的计算，用来确定封头是否需要进行补强。具体补强面积计算参考图 2-46。

2.14.4.2　补强面积计算方法

（1）封头开孔所需补强面积

按下式计算

$$A = d\delta \tag{2-23}$$

（2）有效补强范围

① 有效宽度 B 按下式计算，取两者中较大值：

$$B = \max\begin{cases} 2d \\ d + 2\delta_n + 2\delta_{nt} \end{cases} \tag{2-24}$$

② 有效高度按下式计算，分别取式中较小值。

外侧有效补强高度：

$$h_1 = \min\begin{cases} \sqrt{d\delta_{nt}} \\ \text{接管实际外伸长度} \end{cases} \tag{2-25}$$

内侧有效补强高度：

$$h_2 = \min\begin{cases} \sqrt{d\delta_{nt}} \\ \text{接管实际内伸长度} \end{cases} \tag{2-26}$$

（3）补强面积

在有效补强范围内，可作为补强的截面积计算如下：

$$A_e = A_1 + A_2 + A_3 \tag{2-27}$$

$$A_1 = (B - d)(\delta_e - \delta) - 2\delta_t(\delta_e - \delta) \tag{2-28}$$

$$A_2 = 2h_1(\delta_{et} - \delta_t) + 2h_2(\delta_{et} - \delta_t) \tag{2-29}$$

$$d = \text{接管内径} + 2C$$

$$\delta_e = \delta_n - C$$

焊接长度取 6mm。若 $A_e \geqslant A$，则开孔不需要加补强；若 $A_e < A$，则开孔需要另加补强，按下式计算：

$$A_4 \geqslant A - A_e \tag{2-30}$$

式中　A_1——壳体有效厚度减去计算厚度的多余面积，mm²；

A_2——接管有效厚度减去计算厚度之外的多余面积，mm²；

A_3——焊接金属截面积，mm²；

A_4——有效补强范围内另加补强面积，mm²；

δ——壳体开孔处的计算厚度，mm；

δ_n——壳体名义厚度，mm；

δ_t——接管计算厚度，mm；

δ_{nt}——接管名义厚度，mm。

2.14.4.3　补强面积的计算

（1）氢 1 换热器

① 氮气侧　氮气侧封头接管尺寸见表 2-40。

表 2-40　氢 1 换热器氮气侧封头接管尺寸

项目	封头	接管
内径/mm	875	180
计算厚度/mm	14. 36	4. 54
名义厚度/mm	20	10
厚度附加量/mm	2	2

封头开孔所需补强面积：

$$A = d\delta = 184 \times 14.36 = 2642.24(\text{mm}^2)$$

有效补强范围：

a. 有效宽度 B 按下式计算，取两者中较大值：

$$B = \max\begin{cases} 2 \times 184 = 368(\text{mm}) \\ 184 + 2 \times 20 + 2 \times 10 = 244(\text{mm}) \end{cases}$$

即 $B = 368\text{mm}$。

b. 有效高度按下式计算，分别取两式中较小值。

外侧有效补强高度：

$$h_1 = \min\begin{cases} \sqrt{184 \times 10} = 42.89(\text{mm}) \\ 150\text{mm} \end{cases}$$

即 $h_1 = 42.89\text{mm}$。

内侧有效补强高度：

$$h_2 = \min\begin{cases} \sqrt{184 \times 10} = 42.89(\text{mm}) \\ 0 \end{cases}$$

即 $h_2 = 0$。

壳体有效厚度减去计算厚度之外的多余面积 A_1：

$$\begin{aligned} A_1 &= (B - d)(\delta_e - \delta) - 2\delta_t(\delta_e - \delta) \\ &= (368 - 184)(18 - 14.36) - 2 \times 4.54 \times (18 - 14.36) \\ &= 636.71(\text{mm}^2) \end{aligned}$$

接管有效厚度减去计算厚度之外的多余面积 A_2：

$$\begin{aligned} A_2 &= 2h_1(\delta_{et} - \delta_t) + 2h_2(\delta_{et} - \delta_t) \\ &= 2 \times 42.89 \times (8 - 4.54) \\ &= 296.8(\text{mm}^2) \end{aligned}$$

焊接长度取 6mm：

$$A_3 = \frac{1}{2} \times 2 \times 6 \times 6 = 36(\text{mm}^2)$$

补强面积：

$$A_e = A_1 + A_2 + A_3 = 636.71 + 296.8 + 36 = 969.51(\mathrm{mm}^2)$$

$A_e<A$，开孔需要另加补强。

$$A_4 \geqslant A - A_e$$

即：

$$A_4 \geqslant 2642.24 - 969.51 = 1672.73(\mathrm{mm}^2)$$

② 原料氢侧　原料氢侧封头接管尺寸见表2-41。

表2-41　氢1换热器原料氢侧封头接管尺寸

项目	封头	接管
内径/mm	100	45
计算厚度/mm	3.96	3.94
名义厚度/mm	10	8
厚度附加量/mm	2	2

封头开孔所需补强面积：

$$A = d\delta = 49 \times 3.96 = 194.04(\mathrm{mm}^2)$$

有效补强范围：

a. 有效宽度 B 按下式计算，取两者中较大值：

$$B = \max\begin{cases} 2 \times 49 = 98(\mathrm{mm}) \\ 49 + 2 \times 10 + 2 \times 8 = 85(\mathrm{mm}) \end{cases}$$

即 $B = 98\mathrm{mm}$ 。

b. 有效高度按下式计算，分别取（两）式中较小值。

外侧有效补强高度：

$$h_1 = \min\begin{cases} \sqrt{49 \times 8} = 19.8(\mathrm{mm}) \\ 150\mathrm{mm} \end{cases}$$

即 $h_1 = 19.8\mathrm{mm}$ 。

内侧有效补强高度：

$$h_2 = \min\begin{cases} \sqrt{49 \times 8} = 19.8(\mathrm{mm}) \\ 0 \end{cases}$$

即 $h_2 = 0$。

壳体有效厚度减去计算厚度之外的多余面积 A_1：

$$\begin{aligned} A_1 &= (B - d)(\delta_e - \delta) - 2\delta_t(\delta_e - \delta) \\ &= (98 - 49)(8 - 3.96) - 2 \times 3.94 \times (8 - 3.96) \\ &= 166.12(\mathrm{mm}^2) \end{aligned}$$

接管有效厚度减去计算厚度之外的多余面积 A_2：

$$\begin{aligned} A_2 &= 2h_1(\delta_{et} - \delta_t) + 2h_2(\delta_{et} - \delta_t) \\ &= 2 \times 19.8 \times (6 - 3.94) \\ &= 81.58(\mathrm{mm}^2) \end{aligned}$$

焊接长度取 6mm：

$$A_3 = \frac{1}{2} \times 2 \times 6 \times 6 = 36(\mathrm{mm}^2)$$

补强面积：

$$A_e = A_1 + A_2 + A_3 = 166.12 + 81.58 + 36 = 283.7(\mathrm{mm}^2)$$

$A_e > A$，开孔不需要另加补强。

③ 膨胀氢侧　膨胀氢侧封头接管尺寸见表 2-42。

表 2-42　氢 1 换热器膨胀氢侧封头接管尺寸

项目	封头	接管
内径/mm	350	100
计算厚度/mm	2.75	2.21
名义厚度/mm	10	10
厚度附加量/mm	2	2

封头开孔所需补强面积：

$$A = d\delta = 104 \times 2.75 = 286(\mathrm{mm}^2)$$

有效补强范围：

a. 有效宽度 B 按下式计算，取两者中较大值：

$$B = \max\begin{cases} 2 \times 104 = 208(\mathrm{mm}) \\ 104 + 2 \times 10 + 2 \times 10 = 144(\mathrm{mm}) \end{cases}$$

即 $B = 208\mathrm{mm}$。

b. 有效高度按下式计算，分别取两式中较小值。

外侧有效补强高度：

$$h_1 = \min\begin{cases} \sqrt{104 \times 10} = 32.25(\mathrm{mm}) \\ 150\mathrm{mm} \end{cases}$$

即 $h_1 = 32.25\mathrm{mm}$。

内侧有效补强高度：

$$h_2 = \min\begin{cases} \sqrt{104 \times 10} = 32.25(\mathrm{mm}) \\ 0 \end{cases}$$

即 $h_2 = 0$。

壳体有效厚度减去计算厚度之外的多余面积 A_1：

$$\begin{aligned} A_1 &= (B - d)(\delta_e - \delta) - 2\delta_t(\delta_e - \delta) \\ &= (208 - 104)(8 - 2.75) - 2 \times 2.21 \times (8 - 2.75) \\ &= 522.8(\mathrm{mm}^2) \end{aligned}$$

接管有效厚度减去计算厚度之外的多余面积 A_2：

$$\begin{aligned} A_2 &= 2h_1(\delta_{et} - \delta_t) + 2h_2(\delta_{et} - \delta_t) \\ &= 2 \times 32.25 \times (8 - 2.21) \\ &= 373.46(\mathrm{mm}^2) \end{aligned}$$

焊接长度取 6mm：

$$A_3 = \frac{1}{2} \times 2 \times 6 \times 6 = 36(\mathrm{mm}^2)$$

补强面积：

$$A_e = A_1 + A_2 + A_3 = 522.8 + 373.46 + 36 = 932.26(\mathrm{mm}^2)$$

$A_e > A$，开孔不需要另加补强。

④ 原料氢侧　原料氢侧封头接管尺寸见表 2-43。

表 2-43　氢 1 换热器原料氢侧封头接管尺寸

项目	封头	接管
内径/mm	100	45
计算厚度/mm	3.96	3.94
名义厚度/mm	10	8
厚度附加量/mm	2	2

封头开孔所需补强面积：

$$A = d\delta = 49 \times 3.96 = 194.04(\mathrm{mm}^2)$$

有效补强范围：

a. 有效宽度 B 按下式计算，取两者中较大值：

$$B = \max\begin{cases} 2 \times 49 = 98(\mathrm{mm}) \\ 49 + 2 \times 10 + 2 \times 8 = 85(\mathrm{mm}) \end{cases}$$

即 $B = 98\mathrm{mm}$。

b. 有效高度按下式计算，分别取两式中较小值。

外侧有效补强高度：

$$h_1 = \min\begin{cases} \sqrt{49 \times 8} = 19.8(\mathrm{mm}) \\ 150\mathrm{mm} \end{cases}$$

即 $h_1 = 19.8\mathrm{mm}$。

内侧有效补强高度：

$$h_2 = \min\begin{cases} \sqrt{49 \times 8} = 19.8(\mathrm{mm}) \\ 0 \end{cases}$$

即 $h_2 = 0$。

壳体有效厚度减去计算厚度之外的多余面积 A_1：

$$\begin{aligned} A_1 &= (B - d)(\delta_e - \delta) - 2\delta_t(\delta_e - \delta) \\ &= (98 - 49)(8 - 3.96) - 2 \times 3.94 \times (8 - 3.96) \\ &= 166.12(\mathrm{mm}^2) \end{aligned}$$

接管有效厚度减去计算厚度之外的多余面积 A_2：

$$\begin{aligned} A_2 &= 2h_1(\delta_{et} - \delta_t) + 2h_2(\delta_{et} - \delta_t) \\ &= 2 \times 19.8 \times (6 - 3.94) \\ &= 81.58(\mathrm{mm}^2) \end{aligned}$$

焊接长度取 6mm：

$$A_3 = \frac{1}{2} \times 2 \times 6 \times 6 = 36(\mathrm{mm}^2)$$

补强面积：

$$A_e = A_1 + A_2 + A_3 = 166.12 + 81.58 + 36 = 283.7(\mathrm{mm}^2)$$

$A_e > A$，开孔不需要另加补强。

⑤ 节流氢侧　节流氢侧封头接管尺寸见表2-44。

表2-44　氢1换热器节流氢侧封头接管尺寸

项目	封头	接管
内径/mm	100	45
计算厚度/mm	2.18	2.08
名义厚度/mm	10	8
厚度附加量/mm	2	2

封头开孔所需补强面积：

$$A = d\delta = 49 \times 2.18 = 106.82(\mathrm{mm}^2)$$

有效补强范围：

a. 有效宽度 B 按下式计算，取两者中较大值：

$$B = \max\begin{cases} 2 \times 49 = 98(\mathrm{mm}) \\ 49 + 2 \times 10 + 2 \times 8 = 85(\mathrm{mm}) \end{cases}$$

即 $B = 98\mathrm{mm}$。

b. 有效高度按下式计算，分别取两式中较小值。

外侧有效补强高度：

$$h_1 = \min\begin{cases} \sqrt{49 \times 8} = 19.8(\mathrm{mm}) \\ 150\mathrm{mm} \end{cases}$$

即 $h_1 = 19.8\mathrm{mm}$。

内侧有效补强高度：

$$h_2 = \min\begin{cases} \sqrt{49 \times 8} = 19.8(\mathrm{mm}) \\ 0 \end{cases}$$

即 $h_2 = 0$。

壳体有效厚度减去计算厚度之外的多余面积 A_1：

$$\begin{aligned} A_1 &= (B - d)(\delta_e - \delta) - 2\delta_t(\delta_e - \delta) \\ &= (98 - 49)(8 - 2.18) - 2 \times 2.08 \times (8 - 2.18) \\ &= 260.97(\mathrm{mm}^2) \end{aligned}$$

接管有效厚度减去计算厚度之外的多余面积 A_2：

$$\begin{aligned} A_2 &= 2h_1(\delta_{et} - \delta_t) + 2h_2(\delta_{et} - \delta_t) \\ &= 2 \times 19.8 \times (6 - 2.08) \\ &= 155.23(\mathrm{mm}^2) \end{aligned}$$

焊接长度取6mm：

$$A_3 = \frac{1}{2} \times 2 \times 6 \times 6 = 36(\mathrm{mm}^2)$$

补强面积：

$$A_e = A_1 + A_2 + A_3 = 260.97 + 155.23 + 36 = 452.2(\mathrm{mm}^2)$$

$A_e>A$，开孔不需要另加补强。

（2）氢 2 换热器

氮气侧封头接管尺寸见表 2-45。

表 2-45 氢 2 换热器氮气侧封头接管尺寸

项目	封头	接管
内径/mm	875	180
计算厚度/mm	14.65	5.56
名义厚度/mm	20	10
厚度附加量/mm	2	2

① 氮气侧　封头开孔所需补强面积：

$$A = d\delta = 184 \times 14.65 = 2695.6(\mathrm{mm}^2)$$

有效补强范围：

a. 有效宽度 B 按下式计算，取两者中较大值：

$$B = \max\begin{cases} 2 \times 184 = 368(\mathrm{mm}) \\ 180 + 2 \times 20 + 2 \times 10 = 240(\mathrm{mm}) \end{cases}$$

即 $B = 368\mathrm{mm}$。

b. 有效高度按下式计算，分别取两式中较小值。

外侧有效补强高度：

$$h_1 = \min\begin{cases} \sqrt{184 \times 10} = 42.9(\mathrm{mm}) \\ 150\mathrm{mm} \end{cases}$$

即 $h_1 = 42.9\mathrm{mm}$。

内侧有效补强高度：

$$h_2 = \min\begin{cases} \sqrt{184 \times 10} = 42.9(\mathrm{mm}) \\ 0 \end{cases}$$

即 $h_2 = 0$。

壳体有效厚度减去计算厚度之外的多余面积 A_1：

$$\begin{aligned} A_1 &= (B - d)(\delta_e - \delta) - 2\delta_t(\delta_e - \delta) \\ &= (368 - 184)(18 - 14.65) - 2 \times 5.56 \times (18 - 14.65) \\ &= 579.15(\mathrm{mm}^2) \end{aligned}$$

接管有效厚度减去计算厚度之外的多余面积 A_2：

$$\begin{aligned} A_2 &= 2h_1(\delta_{et} - \delta_t) + 2h_2(\delta_{et} - \delta_t) \\ &= 2 \times 42.9 \times (8 - 5.56) \\ &= 209.4(\mathrm{mm}^2) \end{aligned}$$

焊接长度取 6mm：

$$A_3 = \frac{1}{2} \times 2 \times 6 \times 6 = 36(\mathrm{mm}^2)$$

补强面积：

$$A_e = A_1 + A_2 + A_3 = 579.15 + 209.4 + 36 = 824.55(\text{mm}^2)$$

$A_e<A$，开孔需要另加补强：

$$A_4 \geqslant A - A_e$$

即

$$A_4 \geqslant 2695.6 - 824.55 = 1871.05(\text{mm}^2)$$

② 原料氢侧　原料氢侧封头接管尺寸见表2-46。

表2-46　氢2换热器原料氢侧封头接管尺寸

项目	封头	接管
内径/mm	100	45
计算厚度/mm	3.92	2.86
名义厚度/mm	10	8
厚度附加量/mm	2	2

封头开孔所需补强面积：

$$A = d\delta = 49 \times 3.92 = 192.08(\text{mm}^2)$$

有效补强范围：

a. 有效宽度 B 按下式计算，取两者中较大值：

$$B = \max\begin{cases} 2 \times 49 = 98(\text{mm}) \\ 49 + 2 \times 10 + 2 \times 8 = 85(\text{mm}) \end{cases}$$

即 $B = 98\text{mm}$。

b. 有效高度按下式计算，分别取两式中较小值。

外侧有效补强高度：

$$h_1 = \min\begin{cases} \sqrt{49 \times 8} = 19.80(\text{mm}) \\ 150\text{mm} \end{cases}$$

即 $h_1 = 19.80\text{mm}$。

内侧有效补强高度：

$$h_2 = \min\begin{cases} \sqrt{49 \times 8} = 19.80(\text{mm}) \\ 0 \end{cases}$$

即 $h_2 = 0$。

壳体有效厚度减去计算厚度之外的多余面积 A_1：

$$\begin{aligned} A_1 &= (B - d)(\delta_e - \delta) - 2\delta_t(\delta_e - \delta) \\ &= (98 - 49)(8 - 3.92) - 2 \times 2.86 \times (8 - 3.92) \\ &= 176.58(\text{mm}^2) \end{aligned}$$

接管有效厚度减去计算厚度之外的多余面积 A_2：

$$\begin{aligned} A_2 &= 2h_1(\delta_{et} - \delta_t) + 2h_2(\delta_{et} - \delta_t) \\ &= 2 \times 19.80 \times (6 - 2.86) \\ &= 124.34(\text{mm}^2) \end{aligned}$$

焊接长度取6mm：

$$A_3 = \frac{1}{2} \times 2 \times 6 \times 6 = 36(\text{mm}^2)$$

补强面积：

$$A_e = A_1 + A_2 + A_3 = 176.58 + 124.34 + 36 = 336.92(\text{mm}^2)$$

$A_e > A$，开孔不需要另加补强。

③ 膨胀氢侧　膨胀氢侧封头接管尺寸见表 2-47。

表 2-47　氢 2 换热器膨胀氢侧封头接管尺寸

项目	封头	接管
内径/mm	350	100
计算厚度/mm	2.86	2.25
名义厚度/mm	10	10
厚度附加量/mm	2	2

封头开孔所需补强面积：

$$A = d\delta = 104 \times 2.86 = 297.44(\text{mm}^2)$$

有效补强范围：

a. 有效宽度 B 按下式计算，取两者中较大值：

$$B = \max\begin{cases} 2 \times 104 = 208(\text{mm}) \\ 104 + 2 \times 10 + 2 \times 10 = 144(\text{mm}) \end{cases}$$

即 $B = 208\text{mm}$。

b. 有效高度按下式计算，分别取两式中较小值。

外侧有效补强高度：

$$h_1 = \min\begin{cases} \sqrt{104 \times 10} = 32.25(\text{mm}) \\ 150\text{mm} \end{cases}$$

即 $h_1 = 32.25\text{mm}$。

内侧有效补强高度：

$$h_2 = \min\begin{cases} \sqrt{104 \times 10} = 32.25(\text{mm}) \\ 0 \end{cases}$$

即 $h_2 = 0$。

壳体有效厚度减去计算厚度之外的多余面积 A_1：

$$\begin{aligned} A_1 &= (B - d)(\delta_e - \delta) - 2\delta_t(\delta_e - \delta) \\ &= (208 - 104)(8 - 2.86) - 2 \times 2.25 \times (8 - 2.86) \\ &= 511.43(\text{mm}^2) \end{aligned}$$

接管有效厚度减去计算厚度之外的多余面积 A_2：

$$\begin{aligned} A_2 &= 2h_1(\delta_{et} - \delta_t) + 2h_2(\delta_{et} - \delta_t) \\ &= 2 \times 32.25 \times (8 - 2.25) \\ &= 370.88(\text{mm}^2) \end{aligned}$$

焊接长度取 6mm：

$$A_3 = \frac{1}{2} \times 2 \times 6 \times 6 = 36(\text{mm}^2)$$

补强面积：

$$A_e = A_1 + A_2 + A_3 = 511.43 + 370.88 + 36 = 918.31(\text{mm}^2)$$

$A_e > A$，开孔不需要另加补强。

④ 原料氢侧　原料氢侧封头接管尺寸见表 2-48。

表 2-48　氢 2 换热器原料氢侧封头接管尺寸

项目	封头	接管
内径/mm	100	45
计算厚度/mm	3.92	2.86
名义厚度/mm	10	8
厚度附加量/mm	2	2

封头开孔所需补强面积：

$$A = d\delta = 49 \times 3.92 = 192.08(\text{mm}^2)$$

有效补强范围：

a. 有效宽度 B 按下式计算，取两者中较大值：

$$B = \max\begin{cases} 2 \times 49 = 98(\text{mm}) \\ 49 + 2 \times 10 + 2 \times 8 = 85(\text{mm}) \end{cases}$$

即 $B = 98\text{mm}$。

b. 有效高度按下式计算，分别取两式中较小值。

外侧有效补强高度：

$$h_1 = \min\begin{cases} \sqrt{49 \times 8} = 19.8(\text{mm}) \\ 150\text{mm} \end{cases}$$

即 $h_1 = 19.8\text{mm}$。

内侧有效补强高度：

$$h_2 = \min\begin{cases} \sqrt{49 \times 8} = 19.8(\text{mm}) \\ 0 \end{cases}$$

即 $h_2 = 0$。

壳体有效厚度减去计算厚度之外的多余面积 A_1：

$$\begin{aligned} A_1 &= (B - d)(\delta_e - \delta) - 2\delta_t(\delta_e - \delta) \\ &= (98 - 49)(8 - 3.92) - 2 \times 2.86 \times (8 - 3.92) \\ &= 176.58(\text{mm}^2) \end{aligned}$$

接管有效厚度减去计算厚度之外的多余面积 A_2：

$$\begin{aligned} A_2 &= 2h_1(\delta_{et} - \delta_t) + 2h_2(\delta_{et} - \delta_t) \\ &= 2 \times 19.8 \times (6 - 2.86) \\ &= 124.34(\text{mm}^2) \end{aligned}$$

焊接长度取 6mm：

$$A_3 = \frac{1}{2} \times 2 \times 6 \times 6 = 36(\text{mm}^2)$$

补强面积：

$$A_e = A_1 + A_2 + A_3 = 176.58 + 124.34 + 36 = 336.92(\text{mm}^2)$$

$A_e>A$，开孔不需要另加补强。

（3）氢 3 换热器

① 氮气侧　氮气侧封头接管尺寸见表 2-49。

表 2-49　氢 3 换热器氮气侧封头接管尺寸

项目	封头	接管
内径/mm	875	180
计算厚度/mm	3.58	2.32
名义厚度/mm	10	10
厚度附加量/mm	2	2

封头开孔所需补强面积：

$$A = d\delta = 184 \times 3.58 = 658.72(\text{mm}^2)$$

有效补强范围：

a. 有效宽度 B 按下式计算，取两者中较大值：

$$B = \max\begin{cases} 2 \times 184 = 368(\text{mm}) \\ 184 + 2 \times 10 + 2 \times 10 = 224(\text{mm}) \end{cases}$$

即 $B = 368\text{mm}$。

b. 有效高度按下式计算，分别取两式中较小值。

外侧有效补强高度：

$$h_1 = \min\begin{cases} \sqrt{184 \times 10} = 42.9(\text{mm}) \\ 150\text{mm} \end{cases}$$

即 $h_1 = 42.9\text{mm}$。

内侧有效补强高度：

$$h_2 = \min\begin{cases} \sqrt{184 \times 10} = 42.9(\text{mm}) \\ 0 \end{cases}$$

即 $h_2 = 0$。

壳体有效厚度减去计算厚度之外的多余面积 A_1：

$$\begin{aligned} A_1 &= (B - d)(\delta_e - \delta) - 2\delta_t(\delta_e - \delta) \\ &= (368 - 184)(8 - 3.58) - 2 \times 2.32 \times (8 - 3.58) \\ &= 792.77(\text{mm}^2) \end{aligned}$$

接管有效厚度减去计算厚度之外的多余面积 A_2：

$$\begin{aligned} A_2 &= 2h_1(\delta_{et} - \delta_t) + 2h_2(\delta_{et} - \delta_t) \\ &= 2 \times 42.9 \times (8 - 2.32) \\ &= 487.34(\text{mm}^2) \end{aligned}$$

焊接长度取 6mm：

$$A_3 = \frac{1}{2} \times 2 \times 6 \times 6 = 36(\text{mm}^2)$$

补强面积：

$$A_e = A_1 + A_2 + A_3 = 792.77 + 487.34 + 36 = 1316.11(\text{mm}^2)$$

$A_e > A$，开孔不需要另加补强。

② 原料氢侧　原料氢侧封头接管尺寸见表 2-50。

表 2-50　氢 3 换热器原料氢侧封头接管尺寸

项目	封头	接管
内径/mm	100	45
计算厚度/mm	3.89	2.85
名义厚度/mm	10	8
厚度附加量/mm	2	2

封头开孔所需补强面积：

$$A = d\delta = 49 \times 3.89 = 190.61(\mathrm{mm}^2)$$

有效补强范围：

a. 有效宽度 B 按下式计算，取两者中较大值：

$$B = \max\begin{cases} 2 \times 49 = 98(\mathrm{mm}) \\ 49 + 2 \times 10 + 2 \times 8 = 85(\mathrm{mm}) \end{cases}$$

即 $B = 98\mathrm{mm}$。

b. 有效高度按下式计算，分别取两式中较小值。

外侧有效补强高度：

$$h_1 = \min\begin{cases} \sqrt{49 \times 8} = 19.80(\mathrm{mm}) \\ 150\mathrm{mm} \end{cases}$$

即 $h_1 = 19.80\mathrm{mm}$。

内侧有效补强高度：

$$h_2 = \min\begin{cases} \sqrt{49 \times 8} = 19.80(\mathrm{mm}) \\ 0 \end{cases}$$

即 $h_2 = 0$。

壳体有效厚度减去计算厚度之外的多余面积 A_1：

$$\begin{aligned} A_1 &= (B - d)(\delta_e - \delta) - 2\delta_t(\delta_e - \delta) \\ &= (98 - 49)(8 - 3.89) - 2 \times 2.85 \times (8 - 3.89) \\ &= 177.96(\mathrm{mm}^2) \end{aligned}$$

接管有效厚度减去计算厚度之外的多余面积 A_2：

$$\begin{aligned} A_2 &= 2h_1(\delta_{et} - \delta_t) + 2h_2(\delta_{et} - \delta_t) \\ &= 2 \times 19.8 \times (6 - 2.85) \\ &= 124.74(\mathrm{mm}^2) \end{aligned}$$

焊接长度取 6mm：

$$A_3 = \frac{1}{2} \times 2 \times 6 \times 6 = 36(\mathrm{mm}^2)$$

补强面积：

$$A_e = A_1 + A_2 + A_3 = 177.96 + 124.74 + 36 = 338.7(\mathrm{mm}^2)$$

$A_e > A$，开孔不需要另加补强。

③ 膨胀氢侧　膨胀氢侧封头接管尺寸见表 2-51。

表 2-51　氢 3 换热器膨胀氢侧封头接管尺寸

项目	封头	接管
内径/mm	350	100
计算厚度/mm	2.89	2.28
名义厚度/mm	10	10
厚度附加量/mm	2	2

封头开孔所需补强面积：

$$A = d\delta = 104 \times 2.89 = 300.56(\mathrm{mm}^2)$$

有效补强范围：

a. 有效宽度 B 按下式计算，取两者中较大值：

$$B = \max\begin{cases} 2 \times 104 = 208(\mathrm{mm}) \\ 104 + 2 \times 10 + 2 \times 10 = 144(\mathrm{mm}) \end{cases}$$

即 $B = 208\mathrm{mm}$ 。

b. 有效高度按下式计算，分别取两式中较小值。

外侧有效补强高度：

$$h_1 = \min\begin{cases} \sqrt{104 \times 10} = 32.25(\mathrm{mm}) \\ 150\mathrm{mm} \end{cases}$$

即 $h_1 = 32.25\mathrm{mm}$ 。

内侧有效补强高度：

$$h_2 = \min\begin{cases} \sqrt{104 \times 10} = 32.25(\mathrm{mm}) \\ 0 \end{cases}$$

即 $h_2 = 0$。

壳体有效厚度减去计算厚度之外的多余面积 A_1：

$$\begin{aligned} A_1 &= (B - d)(\delta_e - \delta) - 2\delta_t(\delta_e - \delta) \\ &= (208 - 104)(8 - 2.89) - 2 \times 2.28 \times (8 - 2.89) \\ &= 508.14(\mathrm{mm}^2) \end{aligned}$$

接管有效厚度减去计算厚度之外的多余面积 A_2：

$$\begin{aligned} A_2 &= 2h_1(\delta_{et} - \delta_t) + 2h_2(\delta_{et} - \delta_t) \\ &= 2 \times 32.25 \times (8 - 2.28) \\ &= 368.94(\mathrm{mm}^2) \end{aligned}$$

焊接长度取 6mm：

$$A_3 = \frac{1}{2} \times 2 \times 6 \times 6 = 36(\mathrm{mm}^2)$$

补强面积：

$$A_e = A_1 + A_2 + A_3 = 508.14 + 368.94 + 36 = 913.08(\mathrm{mm}^2)$$

$A_e>A$，开孔不需要另加补强。

④ 原料氢侧　原料氢侧封头接管尺寸见表 2-52。

表 2-52　氢 3 换热器原料氢侧封头接管尺寸

项目	封头	接管
内径/mm	100	45
计算厚度/mm	3. 88	2. 85
名义厚度/mm	10	8
厚度附加量/mm	2	2

封头开孔所需补强面积：

$$A = d\delta = 49 \times 3.88 = 190.12(\text{mm}^2)$$

有效补强范围：

a. 有效宽度 B 按下式计算，取两者中较大值：

$$B = \max\begin{cases} 2 \times 49 = 98(\text{mm}) \\ 49 + 2 \times 10 + 2 \times 8 = 85(\text{mm}) \end{cases}$$

即 $B = 98\text{mm}$ 。

b. 有效高度按下式计算，分别取两式中较小值。

外侧有效补强高度：

$$h_1 = \min\begin{cases} \sqrt{49 \times 8} = 19.80(\text{mm}) \\ 150\text{mm} \end{cases}$$

即 $h_1 = 19.80\text{mm}$ 。

内侧有效补强高度：

$$h_2 = \min\begin{cases} \sqrt{49 \times 8} = 19.80(\text{mm}) \\ 0 \end{cases}$$

即 $h_2 = 0$。

壳体有效厚度减去计算厚度之外的多余面积 A_1：

$$\begin{aligned} A_1 &= (B - d)(\delta_e - \delta) - 2\delta_t(\delta_e - \delta) \\ &= (98 - 49)(8 - 3.88) - 2 \times 2.85 \times (8 - 3.88) \\ &= 178.4(\text{mm}^2) \end{aligned}$$

接管有效厚度减去计算厚度之外的多余面积 A_2：

$$\begin{aligned} A_2 &= 2h_1(\delta_{et} - \delta_t) + 2h_2(\delta_{et} - \delta_t) \\ &= 2 \times 19.8 \times (6 - 2.85) \\ &= 124.74(\text{mm}^2) \end{aligned}$$

焊接长度取 6mm：

$$A_3 = \frac{1}{2} \times 2 \times 6 \times 6 = 36(\text{mm}^2)$$

补强面积：

$$A_e = A_1 + A_2 + A_3 = 178.4 + 124.74 + 36 = 339.14(\text{mm}^2)$$

$A_e > A$，开孔不需要另加补强。

（4）氢 4 换热器

① 膨胀氢侧　膨胀氢侧封头接管尺寸见表 2-53。

表 2-53　氢 4 换热器膨胀氢侧封头接管尺寸

项目	封头	接管
内径/mm	100	45
计算厚度/mm	3. 85	2. 83
名义厚度/mm	10	8
厚度附加量/mm	2	2

封头开孔所需补强面积：

$$A = d\delta = 49 \times 3.85 = 188.65(\text{mm}^2)$$

有效补强范围：

a. 有效宽度 B 按下式计算，取两者中较大值：

$$B = \max\begin{cases} 2 \times 49 = 98(\text{mm}) \\ 49 + 2 \times 10 + 2 \times 8 = 85(\text{mm}) \end{cases}$$

即 $B = 98\text{mm}$ 。

b. 有效高度按下式计算，分别取两式中较小值。

外侧有效补强高度：

$$h_1 = \min\begin{cases} \sqrt{49 \times 8} = 19.80(\text{mm}) \\ 150\text{mm} \end{cases}$$

即 $h_1 = 19.80\text{mm}$ 。

内侧有效补强高度：

$$h_2 = \min\begin{cases} \sqrt{49 \times 8} = 19.80(\text{mm}) \\ 0 \end{cases}$$

即 $h_2 = 0$。

壳体有效厚度减去计算厚度之外的多余面积 A_1：

$$\begin{aligned} A_1 &= (B - d)(\delta_e - \delta) - 2\delta_t(\delta_e - \delta) \\ &= (98 - 49)(8 - 3.85) - 2 \times 2.83 \times (8 - 3.85) \\ &= 179.86(\text{mm}^2) \end{aligned}$$

接管有效厚度减去计算厚度之外的多余面积 A_2：

$$\begin{aligned} A_2 &= 2h_1(\delta_{et} - \delta_t) + 2h_2(\delta_{et} - \delta_t) \\ &= 2 \times 19.80 \times (6 - 2.83) \\ &= 125.53(\text{mm}^2) \end{aligned}$$

焊接长度取 6mm：

$$A_3 = \frac{1}{2} \times 2 \times 6 \times 6 = 36(\text{mm}^2)$$

补强面积：

$$A_e = A_1 + A_2 + A_3 = 179.86 + 125.53 + 36 = 341.39(\text{mm}^2)$$

$A_e > A$，开孔不需要另加补强。

② 原料氢侧　原料氢侧封头接管尺寸见表 2-54。

表 2-54 氢 4 换热器原料氢侧封头接管尺寸

项目	封头	接管
内径/mm	350	100
计算厚度/mm	3.09	2.31
名义厚度/mm	10	10
厚度附加量/mm	2	2

封头开孔所需补强面积：

$$A = d\delta = 104 \times 3.09 = 321.36(\text{mm}^2)$$

有效补强范围：

a. 有效宽度 B 按下式计算，取两者中较大值：

$$B = \max\begin{cases} 2 \times 104 = 208(\text{mm}) \\ 104 + 2 \times 10 + 2 \times 10 = 144(\text{mm}) \end{cases}$$

即 $B = 208\text{mm}$。

b. 有效高度按下式计算，分别取两式中较小值。

外侧有效补强高度：

$$h_1 = \min\begin{cases} \sqrt{104 \times 10} = 32.25(\text{mm}) \\ 150\text{mm} \end{cases}$$

即 $h_1 = 32.25\text{mm}$。

内侧有效补强高度：

$$h_2 = \min\begin{cases} \sqrt{104 \times 10} = 32.25(\text{mm}) \\ 0 \end{cases}$$

即 $h_2 = 0$。

壳体有效厚度减去计算厚度之外的多余面积 A_1：

$$\begin{aligned} A_1 &= (B - d)(\delta_e - \delta) - 2\delta_t(\delta_e - \delta) \\ &= (208 - 104)(8 - 3.09) - 2 \times 2.31 \times (8 - 3.09) \\ &= 487.96(\text{mm}^2) \end{aligned}$$

接管有效厚度减去计算厚度之外的多余面积 A_2：

$$\begin{aligned} A_2 &= 2h_1(\delta_{et} - \delta_t) + 2h_2(\delta_{et} - \delta_t) \\ &= 2 \times 32.25 \times (8 - 2.31) \\ &= 367(\text{mm}^2) \end{aligned}$$

焊接长度取 6mm：

$$A_3 = \frac{1}{2} \times 2 \times 6 \times 6 = 36(\text{mm}^2)$$

补强面积：

$$A_e = A_1 + A_2 + A_3 = 487.96 + 367 + 36 = 890.96(\text{mm}^2)$$

$A_e > A$，开孔不需要另加补强。

（5）氢 5 换热器

① 膨胀氢侧　膨胀氢侧封头接管尺寸见表 2-55。

表 2-55　氢 5 换热器膨胀氢侧封头接管尺寸

项目	封头	接管
内径/mm	100	45
计算厚度/mm	3. 82	2. 82
名义厚度/mm	10	8
厚度附加量/mm	2	2

封头开孔所需补强面积：

$$A = d\delta = 49 \times 3.82 = 187.18(\text{mm}^2)$$

有效补强范围：

a. 有效宽度 B 按下式计算，取两者中较大值：

$$B = \max\begin{cases} 2 \times 49 = 98(\text{mm}) \\ 49 + 2 \times 10 + 2 \times 8 = 85(\text{mm}) \end{cases}$$

即 $B = 98\text{mm}$ 。

b. 有效高度按下式计算，分别取两式中较小值。

外侧有效补强高度：

$$h_1 = \min\begin{cases} \sqrt{49 \times 8} = 19.80(\text{mm}) \\ 150\text{mm} \end{cases}$$

即 $h_1 = 19.80\text{mm}$ 。

内侧有效补强高度：

$$h_2 = \min\begin{cases} \sqrt{49 \times 8} = 19.80(\text{mm}) \\ 0 \end{cases}$$

即 $h_2 = 0$。

壳体有效厚度减去计算厚度之外的多余面积 A_1：

$$\begin{aligned} A_1 &= (B - d)(\delta_e - \delta) - 2\delta_t(\delta_e - \delta) \\ &= (98 - 49)(8 - 3.82) - 2 \times 2.82 \times (8 - 3.82) \\ &= 181.24(\text{mm}^2) \end{aligned}$$

接管有效厚度减去计算厚度之外的多余面积 A_2：

$$\begin{aligned} A_2 &= 2h_1(\delta_{et} - \delta_t) + 2h_2(\delta_{et} - \delta_t) \\ &= 2 \times 19.80 \times (6 - 2.82) \\ &= 125.93(\text{mm}^2) \end{aligned}$$

焊接长度取 6mm：

$$A_3 = \frac{1}{2} \times 2 \times 6 \times 6 = 36(\text{mm}^2)$$

补强面积：

$$A_e = A_1 + A_2 + A_3 = 181.24 + 125.93 + 36 = 343.17(\text{mm}^2)$$

$A_e > A$，开孔不需要另加补强。

② 原料氢侧　原料氢侧封头接管尺寸见表 2-56。

表 2-56 氢 5 换热器原料氢侧封头接管尺寸

项目	封头	接管
内径/mm	350	100
计算厚度/mm	3.21	2.34
名义厚度/mm	10	10
厚度附加量/mm	2	2

封头开孔所需补强面积：

$$A = d\delta = 104 \times 3.21 = 333.84(\mathrm{mm}^2)$$

有效补强范围：

a. 有效宽度 B 按下式计算，取两者中较大值：

$$B = \max\begin{cases} 2 \times 104 = 208(\mathrm{mm}) \\ 104 + 2 \times 10 + 2 \times 10 = 144(\mathrm{mm}) \end{cases}$$

即 $B = 208\mathrm{mm}$ 。

b. 有效高度按下式计算，分别取两式中较小值。

外侧有效补强高度：

$$h_1 = \min\begin{cases} \sqrt{104 \times 10} = 32.25(\mathrm{mm}) \\ 150\mathrm{mm} \end{cases}$$

即 $h_1 = 32.25\mathrm{mm}$ 。

内侧有效补强高度：

$$h_2 = \min\begin{cases} \sqrt{104 \times 10} = 32.25(\mathrm{mm}) \\ 0 \end{cases}$$

即 $h_2 = 0$。

壳体有效厚度减去计算厚度之外的多余面积 A_1：

$$\begin{aligned} A_1 &= (B - d)(\delta_e - \delta) - 2\delta_t(\delta_e - \delta) \\ &= (208 - 104)(8 - 3.21) - 2 \times 2.34 \times (8 - 3.21) \\ &= 475.74(\mathrm{mm}^2) \end{aligned}$$

接管有效厚度减去计算厚度之外的多余面积 A_2：

$$\begin{aligned} A_2 &= 2h_1(\delta_{et} - \delta_t) + 2h_2(\delta_{et} - \delta_t) \\ &= 2 \times 32.25 \times (8 - 2.34) \\ &= 365.07(\mathrm{mm}^2) \end{aligned}$$

焊接长度取 6mm：

$$A_3 = \frac{1}{2} \times 2 \times 6 \times 6 = 36(\mathrm{mm}^2)$$

补强面积：

$$A_e = A_1 + A_2 + A_3 = 475.74 + 365.07 + 36 = 876.81(\mathrm{mm}^2)$$

$A_e > A$，开孔不需要另加补强。

（6）氮 1 换热器

① 膨胀氮侧　膨胀氮侧封头接管尺寸见表 2-57。

表 2-57　氮 1 换热器膨胀氮侧封头接管尺寸

项目	封头	接管
内径/mm	350	230
计算厚度/mm	20. 55	14. 06
名义厚度/mm	25	18
厚度附加量/mm	2	2

封头开孔所需补强面积：

$$A = d\delta = 234 \times 20.55 = 4808.7(\mathrm{mm}^2)$$

有效补强范围：

a. 有效宽度 B 按下式计算，取两者中较大值：

$$B = \max\begin{cases} 2 \times 234 = 468(\mathrm{mm}) \\ 234 + 2 \times 25 + 2 \times 16 = 316(\mathrm{mm}) \end{cases}$$

即 $B = 468\mathrm{mm}$。

b. 有效高度按下式计算，分别取两式中较小值。

外侧有效补强高度：

$$h_1 = \min\begin{cases} \sqrt{234 \times 16} = 61.19(\mathrm{mm}) \\ 150\mathrm{mm} \end{cases}$$

即 $h_1 = 61.19\mathrm{mm}$。

内侧有效补强高度：

$$h_2 = \min\begin{cases} \sqrt{234 \times 16} = 61.19(\mathrm{mm}) \\ 0 \end{cases}$$

即 $h_2 = 0$。

壳体有效厚度减去计算厚度之外的多余面积 A_1：

$$\begin{aligned} A_1 &= (B - d)(\delta_e - \delta) - 2\delta_t(\delta_e - \delta) \\ &= (468 - 234)(23 - 20.55) - 2 \times 14.06 \times (23 - 20.55) \\ &= 504.41(\mathrm{mm}^2) \end{aligned}$$

接管有效厚度减去计算厚度之外的多余面积 A_2：

$$\begin{aligned} A_2 &= 2h_1(\delta_{et} - \delta_t) + 2h_2(\delta_{et} - \delta_t) \\ &= 2 \times 61.19 \times (16 - 14.06) \\ &= 237.42(\mathrm{mm}^2) \end{aligned}$$

焊接长度取 6mm：

$$A_3 = \frac{1}{2} \times 2 \times 6 \times 6 = 36(\mathrm{mm}^2)$$

补强面积：

$$A_e = A_1 + A_2 + A_3 = 504.41 + 237.42 + 36 = 777.83(\mathrm{mm}^2)$$

$A_e<A$，开孔需要另加补强：

$$A_4 \geqslant A - A_e$$

即：

$$A_4 \geqslant 4808.7 - 777.83 = 4030.87(\mathrm{mm}^2)$$

② 循环氦侧　循环氦侧封头接管尺寸见表 2-58。

表 2-58　氦 1 换热器循环氦侧封头接管尺寸

项目	封头	接管
内径/mm	350	230
计算厚度/mm	6. 94	5. 24
名义厚度/mm	10	16
厚度附加量/mm	2	2

封头开孔所需补强面积：

$$A = d\delta = 234 \times 6.94 = 1623.96(\mathrm{mm}^2)$$

有效补强范围：

a. 有效宽度 B 按下式计算，取两者中较大值：

$$B = \max\begin{cases} 2 \times 234 = 468(\mathrm{mm}) \\ 234 + 2 \times 10 + 2 \times 16 = 286(\mathrm{mm}) \end{cases}$$

即 $B = 468\mathrm{mm}$ 。

b. 有效高度按下式计算，分别取两式中较小值。

外侧有效补强高度：

$$h_1 = \min\begin{cases} \sqrt{234 \times 16} = 61.19(\mathrm{mm}) \\ 150\mathrm{mm} \end{cases}$$

即 $h_1 = 61.19\mathrm{mm}$ 。

内侧有效补强高度：

$$h_2 = \min\begin{cases} \sqrt{234 \times 16} = 61.19(\mathrm{mm}) \\ 0 \end{cases}$$

即 $h_2 = 0$。

壳体有效厚度减去计算厚度之外的多余面积 A_1：

$$\begin{aligned} A_1 &= (B - d)(\delta_e - \delta) - 2\delta_t(\delta_e - \delta) \\ &= (468 - 234)(8 - 6.94) - 2 \times 5.24 \times (8 - 6.94) \\ &= 236.93(\mathrm{mm}^2) \end{aligned}$$

接管有效厚度减去计算厚度之外的多余面积 A_2：

$$\begin{aligned} A_2 &= 2h_1(\delta_{et} - \delta_t) + 2h_2(\delta_{et} - \delta_t) \\ &= 2 \times 61.19 \times (14 - 5.24) \\ &= 1084.5(\mathrm{mm}^2) \end{aligned}$$

焊接长度取 6mm：

$$A_3 = \frac{1}{2} \times 2 \times 6 \times 6 = 36(\mathrm{mm}^2)$$

补强面积：

$$A_e = A_1 + A_2 + A_3 = 236.93 + 1084.5 + 36 = 1357.4(\mathrm{mm}^2)$$

$A_e < A$，开孔需要另加补强：

$$A_4 \geqslant A - A_e$$

即：

$$A_4 \geqslant 1623.89 - 1357.4 = 266.49(\text{mm}^2)$$

（7）氮 2 换热器

① 膨胀氮侧　膨胀氮侧封头接管尺寸见表 2-59。

表 2-59　氮 2 换热器膨胀氮侧封头接管尺寸

项目	封头	接管
内径/mm	350	200
计算厚度/mm	12.42	14.42
名义厚度/mm	25	20
厚度附加量/mm	2	2

封头开孔所需补强面积：

$$A = d\delta = 204 \times 12.42 = 2533.68(\text{mm}^2)$$

有效补强范围：

a. 有效宽度 B 按下式计算，取两者中较大值：

$$B = \max\begin{cases} 2 \times 204 = 408(\text{mm}) \\ 204 + 2 \times 25 + 2 \times 20 = 294(\text{mm}) \end{cases}$$

即 $B = 408\text{mm}$。

b. 有效高度按下式计算，分别取两式中较小值。

外侧有效补强高度：

$$h_1 = \min\begin{cases} \sqrt{204 \times 20} = 63.87(\text{mm}) \\ 150\text{mm} \end{cases}$$

即 $h_1 = 63.87\text{mm}$。

内侧有效补强高度：

$$h_2 = \min\begin{cases} \sqrt{204 \times 20} = 63.87(\text{mm}) \\ 0 \end{cases}$$

即 $h_2 = 0$。

壳体有效厚度减去计算厚度之外的多余面积 A_1：

$$\begin{aligned} A_1 &= (B - d)(\delta_e - \delta) - 2\delta_t(\delta_e - \delta) \\ &= (408 - 204)(23 - 20.42) - 2 \times 12.42 \times (23 - 20.42) \\ &= 462.23(\text{mm}^2) \end{aligned}$$

接管有效厚度减去计算厚度之外的多余面积 A_2：

$$\begin{aligned} A_2 &= 2h_1(\delta_{et} - \delta_t) + 2h_2(\delta_{et} - \delta_t) \\ &= 2 \times 63.87 \times (18 - 14.42) \\ &= 457.31(\text{mm}^2) \end{aligned}$$

焊接长度取 6mm：

$$A_3 = \frac{1}{2} \times 2 \times 6 \times 6 = 36(\text{mm}^2)$$

补强面积：

$$A_e = A_1 + A_2 + A_3 = 462.23 + 457.31 + 36 = 955.54(\text{mm}^2)$$

$A_e<A$，开孔需要另加补强：

$$A_4 \geqslant A - A_e$$

即：

$$A_4 \geqslant 2533.68 - 955.54 = 1578.14(\text{mm}^2)$$

② 循环氮侧　循环氮侧封头接管尺寸见表 2-60。

表 2-60　氮 2 换热器循环氮侧封头接管尺寸

项目	封头	接管
内径/mm	350	200
计算厚度/mm	7.06	4.88
名义厚度/mm	10	20
厚度附加量/mm	2	2

封头开孔所需补强面积：

$$A = d\delta = 204 \times 7.06 = 1440.24(\text{mm}^2)$$

有效补强范围：

a. 有效宽度 B 按下式计算，取两者中较大值：

$$B = \max\begin{cases} 2 \times 204 = 408(\text{mm}) \\ 204 + 2 \times 10 + 2 \times 10 = 244(\text{mm}) \end{cases}$$

即 $B = 408\text{mm}$。

b. 有效高度按下式计算，分别取两式中较小值。

外侧有效补强高度：

$$h_1 = \min\begin{cases} \sqrt{204 \times 10} = 45.17(\text{mm}) \\ 150\text{mm} \end{cases}$$

即 $h_1 = 45.17\text{mm}$。

内侧有效补强高度：

$$h_2 = \min\begin{cases} \sqrt{204 \times 10} = 45.17(\text{mm}) \\ 0 \end{cases}$$

即 $h_2 = 0$。

壳体有效厚度减去计算厚度之外的多余面积 A_1：

$$\begin{aligned} A_1 &= (B - d)(\delta_e - \delta) - 2\delta_t(\delta_e - \delta) \\ &= (408 - 204)(8 - 7.06) - 2 \times 4.88 \times (8 - 7.06) \\ &= 182.59(\text{mm}^2) \end{aligned}$$

接管有效厚度减去计算厚度之外的多余面积 A_2：

$$\begin{aligned} A_2 &= 2h_1(\delta_{et} - \delta_t) + 2h_2(\delta_{et} - \delta_t) \\ &= 2 \times 45.17 \times (18 - 4.88) \\ &= 1185.26(\text{mm}^2) \end{aligned}$$

焊接长度取 6mm：

$$A_3 = \frac{1}{2} \times 2 \times 6 \times 6 = 36(\text{mm}^2)$$

补强面积：

$$A_e = A_1 + A_2 + A_3 = 182.59 + 1185.26 + 36 = 1403.85(\text{mm}^2)$$

$A_e<A$，开孔需要另加补强：

$$A_4 \geqslant A - A_e$$

即：

$$A_4 \geqslant 1440.24 - 1403.85 = 36.39(\text{mm}^2)$$

（8）氮 3 换热器

① 膨胀氮侧　膨胀氮侧封头接管尺寸见表 2-61。

表 2-61　氮 3 换热器膨胀氮侧封头接管尺寸

项目	封头	接管
内径/mm	350	200
计算厚度/mm	12.35	16.29
名义厚度/mm	25	20
厚度附加量/mm	2	2

封头开孔所需补强面积：

$$A = d\delta = 204 \times 12.35 = 2519.4(\text{mm}^2)$$

有效补强范围：

a. 有效宽度 B 按下式计算，取两者中较大值：

$$B = \max\begin{cases} 2 \times 204 = 408(\text{mm}) \\ 204 + 2 \times 25 + 2 \times 20 = 294(\text{mm}) \end{cases}$$

即 $B = 408\text{mm}$。

b. 有效高度按下式计算，分别取两式中较小值。

外侧有效补强高度：

$$h_1 = \min\begin{cases} \sqrt{204 \times 20} = 63.87(\text{mm}) \\ 150\text{mm} \end{cases}$$

即 $h_1 = 63.87\text{mm}$。

内侧有效补强高度：

$$h_2 = \min\begin{cases} \sqrt{204 \times 20} = 63.87(\text{mm}) \\ 0 \end{cases}$$

即 $h_2 = 0$。

壳体有效厚度减去计算厚度之外的多余面积 A_1：

$$\begin{aligned} A_1 &= (B - d)(\delta_e - \delta) - 2\delta_t(\delta_e - \delta) \\ &= (408 - 204)(23 - 12.35) - 2 \times 12.35 \times (23 - 12.35) \\ &= 1909.55(\text{mm}^2) \end{aligned}$$

接管有效厚度减去计算厚度之外的多余面积 A_2：

$$\begin{aligned} A_2 &= 2h_1(\delta_{et} - \delta_t) + 2h_2(\delta_{et} - \delta_t) \\ &= 2 \times 63.87 \times (18 - 16.29) \\ &= 218.44(\text{mm}^2) \end{aligned}$$

焊接长度取 6mm：

$$A_3 = \frac{1}{2} \times 2 \times 6 \times 6 = 36(\text{mm}^2)$$

补强面积：

$$A_e = A_1 + A_2 + A_3 = 1909.55 + 218.44 + 36 = 2163.99(\text{mm}^2)$$

$A_e<A$，开孔需要另加补强：

$$A_4 \geqslant A - A_e$$

即：

$$A_4 \geqslant 2519.4 - 2163.99 = 355.41(\text{mm}^2)$$

② 循环氦侧　循环氦侧封头接管尺寸见表 2-62。

表 2-62　氦 3 换热器循环氦侧封头接管尺寸

项目	封头	接管
内径/mm	350	230
计算厚度/mm	7.18	5.39
名义厚度/mm	10	16
厚度附加量/mm	2	2

封头开孔所需补强面积：

$$A = d\delta = 234 \times 7.18 = 1680.12(\text{mm}^2)$$

有效补强范围：

a. 有效宽度 B 按下式计算，取两者中较大值：

$$B = \max\begin{cases} 2 \times 234 = 468(\text{mm}) \\ 234 + 2 \times 10 + 2 \times 16 = 286(\text{mm}) \end{cases}$$

即 $B = 468\text{mm}$。

b. 有效高度按下式计算，分别取两式中较小值。

外侧有效补强高度：

$$h_1 = \min\begin{cases} \sqrt{234 \times 16} = 61.19(\text{mm}) \\ 150\text{mm} \end{cases}$$

即 $h_1 = 61.19\text{mm}$。

内侧有效补强高度：

$$h_2 = \min\begin{cases} \sqrt{234 \times 16} = 61.19(\text{mm}) \\ 0 \end{cases}$$

即 $h_2 = 0$。

壳体有效厚度减去计算厚度之外的多余面积 A_1：

$$\begin{aligned} A_1 &= (B - d)(\delta_e - \delta) - 2\delta_t(\delta_e - \delta) \\ &= (468 - 234)(8 - 7.18) - 2 \times 5.39 \times (8 - 7.18) \\ &= 183.04(\text{mm}^2) \end{aligned}$$

接管有效厚度减去计算厚度之外的多余面积 A_2：

$$\begin{aligned} A_2 &= 2h_1(\delta_{et} - \delta_t) + 2h_2(\delta_{et} - \delta_t) \\ &= 2 \times 61.19 \times (14 - 5.39) \\ &= 1053.69(\text{mm}^2) \end{aligned}$$

焊接长度取 6mm：

$$A_3 = \frac{1}{2} \times 2 \times 6 \times 6 = 36(\text{mm}^2)$$

补强面积：

$$A_e = A_1 + A_2 + A_3 = 183.04 + 1053.69 + 36 = 1272.73(\text{mm}^2)$$

$A_e<A$，开孔需要另加补强：

$$A_4 \geqslant A - A_e$$

即：

$$A_4 \geqslant 1680.12 - 1272.73 = 407.39(\text{mm}^2)$$

根据计算结果与设计要求需要进行焊接的接管可按图 2-47 的形式连接。

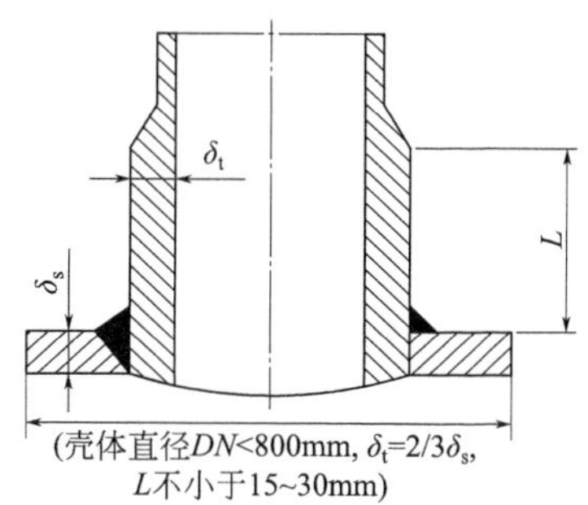

图 2-47　接管连接方式

2.14.5　法兰和垫片

（1）选型的要求

法兰是连接设计设备接管与外接管的设备元件。法兰的尺寸需要根据接管的尺寸、设计压力的大小以及设计所需法兰的形式来选择，配套选择所需的螺栓与垫片。只需依据标准选择法兰型号即可。垫片型号与尺寸见附表 5～附表 7。

（2）型号的选择

根据国家标准 GB/9119《钢制管法兰类型与参数》确定法兰尺寸。凹凸面对焊钢制管法兰见图 2-48，垫圈形式如图 2-49 所示。

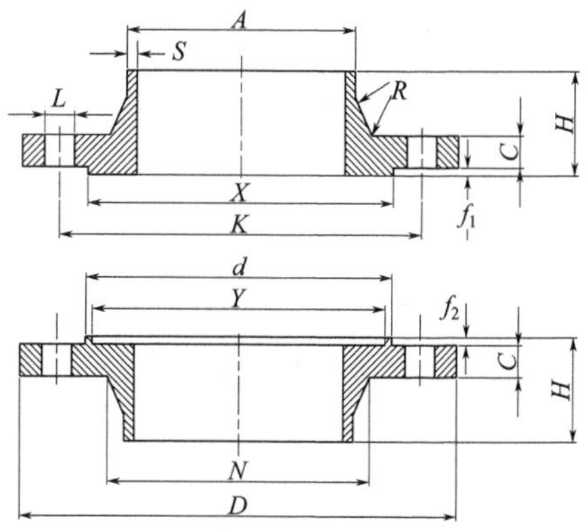

图 2-48　凹凸面对焊钢制管法兰

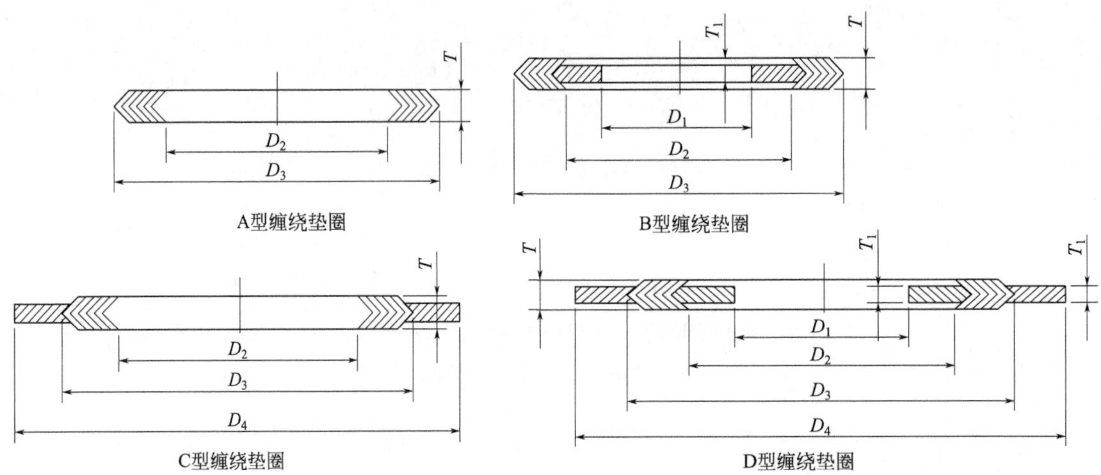

图 2-49 垫圈形式

2.14.6 隔板和封条设计造型

（1）隔板厚度计算

$$t = m\sqrt{\frac{3p}{4[\sigma_b]}} + C \qquad (2-31)$$

式中 m——翅片间距，mm；

C——腐蚀余量，一般取值 0.2mm；

$[\sigma_b]$——室温下力学性能保证值，翅片材料采用 6030，则 $[\sigma_b]$ =205MPa；

p——设计压力，MPa。

各级换热器隔板厚度见表 2-63。

表 2-63 各级换热器隔板厚度

项目	氢 1 换热器				
	氮气	原料氢	膨胀氢	原料氢	节流氢
翅距/mm	1.7	1.7	2	1.7	2
设计压力/MPa	0.85	1.17	0.13	1.17	0.11
隔板厚度/mm	0.29	0.31	0.24	0.31	0.24

项目	氢 2 换热器			
	氮气	原料氢	膨胀氢	原料氢
翅距/mm	1.7	2	1.7	2
设计压力/MPa	0.87	1.15	0.15	1.15
隔板厚度/mm	0.30	0.33	0.24	0.33

项目	氢 3 换热器			
	氮气	原料氢	膨胀氢	原料氢
翅距/mm	1.7	2	1.7	2
设计压力/MPa	0.11	1.13	0.17	1.13
隔板厚度/mm	0.23	0.33	0.24	0.33

续表

项目	氢 4 换热器	
	膨胀氢	原料氢
翅距/mm	1.7	2
设计压力/MPa	1.11	0.19
隔板厚度/mm	0.31	0.2
项目	氢 5 换热器	
	膨胀氢	原料氢
翅距/mm	1.7	2
设计压力/MPa	1.09	0.21
隔板厚度/mm	0.31	0.26
项目	氮 1 换热器	
	循环氮	膨胀氮
翅距/mm	1.7	2
设计压力/MPa	3.05	0.85
隔板厚度/mm	0.38	0.31
项目	氮 2 换热器	
	循环氮	膨胀氮
翅距/mm	1.7	2
设计压力/MPa	3.03	0.87
隔板厚度/mm	0.38	0.31
项目	氮 3 换热器	
	循环氮	膨胀氮
翅距/mm	1.7	2
设计压力/MPa	3.01	0.89
隔板厚度/mm	0.38	0.31

根据表 2-63 显示得出隔板厚度应取 1mm。

（2）封条的选型

根据 NB/T 47006 标准可知封条宽度可依据封头的厚度以及焊接的合理性进行选择，常用封条见图 2-50，选型见表 2-64。

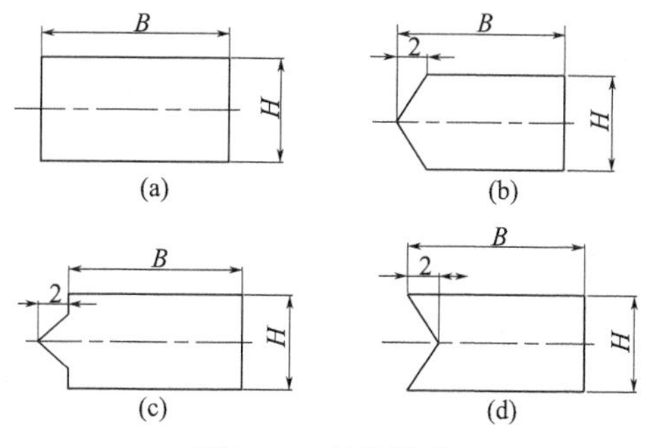

图 2-50　封条样式

表 2-64 封条选型

封条高度 H/mm	6.5	9.5
封条宽度 B/mm	35	35

（3）导流板的选型

根据板束的厚度以及导流片在板束中的开口位置与方向选择导流板，参见图 2-51。

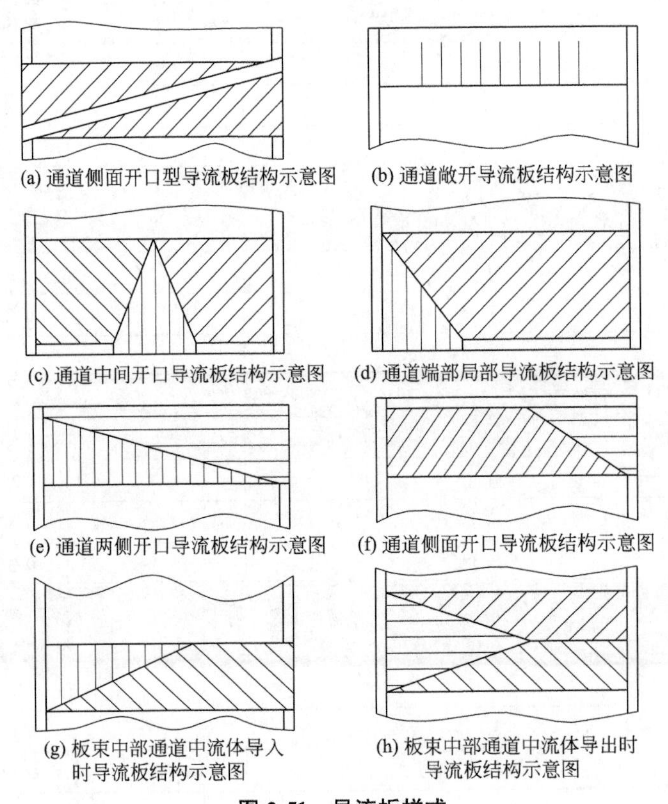

图 2-51 导流板样式

2.14.7 换热器的成型安装

2.14.7.1 板束安装

（1）组装要求

① 钎焊元件的尺寸偏差和形位公差应符合图样或相关技术文件的要求；组装前不得有毛刺，且表面不得有严重磕、划、碰伤等缺陷；组装前应进行清洗，以除去油迹、锈斑等杂质，清洗后应进行干燥处理。

② 组装前的翅片和导流板的翅形应保持规整，不得被挤压、拉伸和扭曲；翅片、导流板和封条的几何形状有局部形变时，应进行整形。

③ 隔板应保持平整，不得有弯曲、拱起、小角翘起和无包覆层的白边存在；板面上的局部凹印深度不得超过板厚的 10%，且深不大于 0.15mm。

④ 组装时每一层的钎焊元件应互相靠紧，但不得重叠。设计压力 $p \leq 2.5MPa$ 时，钎焊元件的拼接间隙应不大于1.5mm，局部不得大于3mm；设计压力 $p>2.5MPa$ 时，钎焊元件的拼接间隙应不大于1mm，局部不得大于2mm。拼接间隙的特殊要求应在图样中注明。

（2）钎焊工艺

钎焊工艺应针对相应的工艺进行，并进行钎焊工艺的评定。

（3）板束的外观

① 板束焊缝应饱满平滑，不得有钎料堵塞通道的现象。

② 导流板翅形应规整，不得露出隔板。

③ 相邻上下层封条间的内凹、外弹量不得超过2mm。

④ 板束上下平面的错位量每100mm高不大于1.5mm，且总错位量不大于8mm。

⑤ 侧板的下凹总量不得超过板束叠层总厚度的1％。

2.14.7.2　换热器的焊接工艺

① 热交换器施工前的焊接工艺评定应按JB/T 4734的附录B进行。热交换器的焊接工艺文件应按图样技术要求和评定合格的焊接工艺并参照JB/T 4734的附录E制定。

② 焊接工艺评定报告、焊接工艺规程、施焊记录的焊工识别标记等文件的保存期不得少于7年。焊工识别标记应打在规定的容器部位，但不得在耐腐蚀面上打钢印。

③ 焊接接头表面的形状尺寸及外观要求、焊接接头返修要求应符合JB/T 4734的有关规定。

④ 受压元件的A、B、C、D类焊接接头及钎焊缝的补焊应采用钨极氩弧焊、熔化极氩弧焊或采用通过实验可保证焊接质量的其他焊接方法，并符合JB/T 4734的有关规定。

2.14.7.3　封头选型

成型后封头的壁厚减薄量不得大于图样规定的10％，且不大于3mm。

2.14.7.4　换热器的试验、检验

在换热器制造后应进行试验与检测，在技术部门检验合格后才能出厂。

（1）耐压强度试验

热交换器的压力试验除符合标准和设计图样规定外，还应符合《压力容器安全技术检查规程》的规定。

（2）液压试验

热交换器的液压试验一般应采用水作试验介质，水应是洁净、对工件无腐蚀的。

（3）气压试验

热交换器的气压试验应采用干燥无油洁净的空气、氮气或惰性气体作为试验介质，试验压力按照有关规定确定。采用气压试验时，应有可靠的防护措施。

2.14.7.5　换热器的安装

在安装换热器时应注意换热器的碰损，在固定安装完成后应对管道进行隔热保冷的处理。

2.14.8 换热器的绝热保冷

根据图 2-52，保冷层厚度可选择 400mm。

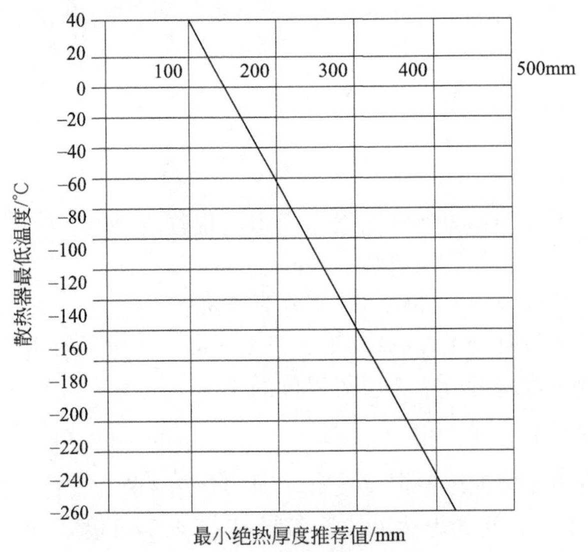

图 2-52　管道绝热层厚度

目前国内保温材料的种类较多。有机材料主要有聚苯乙烯泡沫、聚氨酯泡沫、酚醛泡沫、聚氯乙烯泡沫、巴尔沙轻木等。无机材料主要有岩棉、玻璃棉、陶瓷棉、泡沫玻璃、膨胀珍珠岩、硅酸钙等。由于液氢温度极低，满足其绝热要求的绝热材料必须具备以下条件：材料具有较低的热导率即较好的绝热性能、在超低温和常温交变时尺寸稳定性要好、在超低温和常温下具有一定的强度。常见的深冷保温材料有硬质聚氨酯泡沫（PUF）、酚醛树脂、聚氯乙烯、聚苯乙烯等发泡塑料。

由表 2-65 可以看出，保温性能最好的是硬质聚氨酯泡沫（PUF）。该材料具有无毒、无污染、自重轻、强度高、热导率低、闭孔率高、不透水、不吸湿、绝热、吸声、耐化学腐蚀、使用寿命长等优点。

表 2-65　常见保温材料及其性能

保温材料	密度/(kg/m³)	热导率/[W/(m·℃)]	透湿系数	吸水率(体积分数)/%	抗压强度/MPa	可燃性	最高使用温度/℃
泡沫玻璃	112～115	0.051	0	0.5	0.53	不燃	427
PUF	30～40	0.019	1%	1.5	0.16	自熄	100
聚苯乙烯泡沫	25～35	0.037	1.5%	2.0	0.41	自熄	70
聚氯乙烯泡沫	30～70	0.031	7.7g/(m³·d)	1.0	0.62	自熄	70
酚醛泡沫	30～40	0.031	123 g/(m³·d)	4.0	0.19	自熄	120～130

本章小结

通过研究开发 $30\times10^4 m^3/d$ PFHE 型液氮预冷五级膨胀制冷氢液化系统工艺装备设计计算

方法，并根据三级氮膨胀制冷、两级氢膨胀制冷工艺流程及八级多股流板翅式换热器（PFHE）特点进行主设备设计计算，就可突破-252℃ LH_2工艺设计计算方法及八级多股流板翅式换热器主设备设计计算方法。设计过程中采用三级氮 PFHE 辅助液化及五级氢 PFHE 主液化装备，内含五级膨胀制冷工艺及八级多股流板翅式换热器设计计算，其具有结构紧凑、换热效率高等特点，能有效解决液化工艺系统庞大、占地面积大等问题，并克服传统的 LH_2液化工艺缺陷，通过三级氮膨胀制冷获得液氮，然后再利用液氮预冷过程将氢气温度降低至-194℃后，再利用预冷后的高压氢气两次膨胀制冷过程连续制冷，可最终实现 LH_2液化工艺整合计算过程。其中，三级氮 PFHE 及五级氢 PFHE 可独立作为两套制冷系统，用两组 PFHE 实现氢的液化过程，其具有结构紧凑、便于多股流大温差换热的优点，也是 LH_2液化过程中可选用的高效制冷设备之一。

参考文献

[1] 王松汉 . 板翅式换热器 [M]. 北京：化学工业出版社，1984.

[2] 余建祖 . 换热器原理与设计 [M]. 北京：北京航空航天大学出版社，2006.

[3] 唐璐 . 基于液氮预冷的氢液化流程设计及系统模拟 [D]. 杭州：浙江大学，2011.

[4] 吴业正，朱瑞琪 . 制冷与低温技术原理 [M]. 北京：高等教育出版社，2013.

[5] 徐耀庭 . 氢液化设计的有关问题 [J]. 低温工程，1995，84(2)：1-7.

[6] GB150. 1～150. 4—2011 压力容器 [S].

[7] GB/T 3880. 1—2012 一般工业用铝及铝合金板/带材　第一部分：一般要求 [S].

[8] GB/T 3880. 2—2012 一般工业用铝及铝合金板/带材　第一部分：力学性能 [S].

[9] GB/T 3880. 3—2012 一般工业用铝及铝合金板/带材　第一部分：尺寸偏差 [S].

[10] JB/T 4734—2002　铝制焊接容器 [S].

[11] NB/T 47006—2009（JB/T 4757）铝制板翅式换热器 [S].

[12] GB/T 3198—2003 铝及铝合金箔 [S].

[13] JB/T 4700～4707—2000 压力容器法兰 [S].

[14] GB/T 151—2014 热交换器 [S].

[15] 张周卫 . LNG 低温液化一级制冷五股流板翅式换热器 [P]. 中国：201510040244. 7，2015. 01.

[16] 张周卫 . LNG 低温液化二级制冷四股流板翅式换热器 [P]. 中国：201510042630. X，2015. 01.

[17] 张周卫 . LNG 低温液化三级制冷三股流板翅式换热器 [P]. 中国：201510040244. 7，2015. 01.

[18] 张周卫 . LNG 混合制冷剂多股流板翅式换热器 [P]. 中国：201510051091. 6，2015. 02.

[19] Zhang Zhouwei，Wang Yahong，Li Yue，Xue Jiaxing. Research and development on series of LNG plate-fin heat exchanger [C]. 3rd International Conference on Mechatronics，Robotics and Automation（ICMRA 2015），2015(4)：1299-1304.

[20] 张周卫，郭舜之，汪雅红，赵丽 . 液化天然气装备设计技术（液化换热卷）[M]. 北京：化学工业出版社，2018(5) .

[21] 张周卫，赵丽，汪雅红，郭舜之 . 液化天然气装备设计技术（动力储运卷）[M]. 北京：化学工业出版社，2018(6) .

[22] 张周卫，苏斯君，张梓洲，田源 . 液化天然气装备设计技术（通用换热器卷）[M]. 北京：化学工业出版社，2018(5) .

[23] 张周卫，汪雅红，田源，张梓洲 . 液化天然气装备设计技术（LNG 低温阀门卷）[M]. 北京：化学工业出版社，2018(5) .

[24] 张周卫，汪雅红 . 缠绕管式换热器 [M]. 兰州：兰州大学出版社，2014(6) .

[25] 张周卫，李连波，李军，等 . 缠绕管式换热器设计计算软件 [Z]. 北京：中国版权保护中心，201310358118. 7，2011. 09.

[26] 张周卫，汪雅红，郭舜之，赵丽 . 低温制冷装备与技术 [M]. 北京：化学工业出版社，2018(3) .

[27] 张周卫，汪雅红 . 空间低温制冷技术 [M]. 兰州：兰州大学出版社，2014(3) .

[28] 张周卫，薛佳幸，汪雅红 . LNG 系列缠绕管式换热器的研究与开发 [J]. 石油机械，2015，43(4)：118-123.

[29] 张周卫，薛佳幸，汪雅红，李跃 . 缠绕管式换热器的研究与开发 [J]. 机械设计与制造，2015(9)：12-17.

[30] 张周卫，汪雅红，薛佳幸，李跃 . 低温甲醇用系列缠绕管式换热器的研究与开发 [J]. 化工机械，2014，41(6)：705-711.

[31] 张周卫，李跃，汪雅红．低温液氮用系列缠绕管式换热器的研究与开发［J］．石油机械，2015，43(6)：117-122.

[32] 张周卫，薛佳幸，汪雅红．双股流低温缠绕管式换热器设计计算方法研究［J］．低温工程，2014(6)：17-23.

[33] Zhang Zhouwei, Wang Yahong, Xue Jiaxing. Research and develop on series of LNG coil-wound heat exchanger [J]. Applied Mechanics and Materials, 2015(1070-1072): 1774-1779.

[34] Zhang Zhouwei, Xue Jiaxing, Wang Yahong. Calculation and design method study of the coil-wound heat exchanger [J]. Advanced Materials Research, 2014(1008-1009): 850-860.

[35] Xue Jiaxing, Zhang Zhouwei, Wang Yahong. Research on double-stream coil-wound heat exchanger [J]. Applied Mechanics and Materials, 2014(672-674): 1485-1495.

[36] Zhang Zhouwei, WangYahong, Xue Jiaxing. Research and develop on series of cryogenic liquid nitrogen coil-wound heat exchanger [J]. Advanced Materials Research, 2015(1070-1072): 1817-1822.

[37] Zhang Zhouwei, Wang Yahong, Xue Jiaxing. Research and develop on series of cryogenic methanol coil-wound heat exchanger [J]. Advanced Materials Research, 2015(1070-1072): 1769-1773.

[38] Zhang Zhouwei, Wang Yahong, Xue Jiaxing. Research on cryogenic characteristics in spatial cold-shield system [J]. Advanced Materials Research, 2014(1008-1009): 873-885.

[39] 张周卫．LNG 低温液化一级制冷四股流螺旋缠绕管式换热装备［P］．中国：201110379518.7, 2012.05.

[40] 张周卫．LNG 低温液化二级制冷三股流螺旋缠绕管式换热装备［P］．中国：201110376419.3, 2012.08.

[41] 张周卫．LNG 低温液化三级制冷螺旋缠绕管式换热装备［P］．中国：201110373110.9, 2012.08.

[42] 张周卫．LNG 低温液化混合制冷剂多股流螺旋缠绕管式主换热装备［P］．中国：201110381579.7, 2012.08.

[43] 张周卫．一种带真空绝热的单股流低温螺旋缠绕管式换热器［P］．中国：2011103111939，2011.09.

[44] 张周卫．单股流螺旋缠绕管式换热器设计计算方法［P］．中国：201210297815.1，2012.09.

[45] 张周卫．一种带真空绝热的双股流低温螺旋缠绕管式换热器［P］．中国：2011103156319, 2012.05.

[46] 张周卫．双股流螺旋缠绕管式换热器设计计算方法［P］．中国：201210303321.X, 2013.01.

[47] 张周卫．低温甲醇-甲醇缠绕管式换热器设计计算方法［P］：中国，201210519544.X, 2013.01.

[48] 张周卫．低温循环甲醇冷却器用缠绕管式换热器［P］．中国：201210548454.3, 2013.03.

[49] 张周卫．未变换气冷却器用低温缠绕管式换热器［P］．中国：201210569754.X, 2013.04.

[50] 张周卫．变换气冷却器用低温缠绕管式换热器［P］．中国：201310000047.3, 2013.04.

[51] 张周卫．原料气冷却器用三股流低温缠绕管式换热器［P］．中国：201310034723.9, 2013.05.

[52] 张周卫．低温液氮用多股流缠绕管式主回热换热装备［P］．中国：201310366573.1, 2013.08.

[53] 张周卫．低温液氮用一级回热多股流换热装备［P］．中国：201310387575.9, 2013.08.

[54] 张周卫．低温液氮用二级回热多股流缠绕管式换热装备［P］．中国：201310361165.7, 2013.08.

[55] 张周卫．低温液氮用三级回热多股流缠绕管式换热装备［P］．中国：201310358118.7, 2013.08.

[56] 苏斯君，张周卫，汪雅红．LNG 系列板翅式换热器的研究与开发［J］．化工机械，2018，45(6)：662-667.

[57] 张周卫，苏斯君，汪雅红．LNG 系列阀门的研究与开发［J］．化工机械，2018，45(5)：527-532.

[58] 张周卫，厉彦忠，汪雅红，等．空间低红外辐射液氮冷屏低温特性研究［J］．机械工程学报，2010，46(2)：111-118.

[59] 张周卫，张国珍，周文和，等．双压控制减压节流阀的数值模拟及实验研究［J］．机械工程学报，2010，46(22)：130-135.

[60] 张周卫，厉彦忠，陈光奇，等．空间低温冷屏蔽系统及表面温度分布研究［J］．西安交通大学学报，2009(8)：116-124.

[61] 张周卫，王军强，苏斯君，等．液化天然气装备设计技术（LNG 板翅换热卷上）［M］．北京：化学工业出版社，2019(11).

[62] 张周卫，汪雅红，耿宇阳，等．液化天然气装备设计技术（LNG 板翅换热卷下）［M］．北京：化学工业出版社，2019(11).

[63] 张周卫，殷丽，汪雅红，等．液化天然气装备设计技术（LNG 工艺流程卷）［M］．北京：化学工业出版社，2019(11).

[64] Li He, Zhang Zhouwei, Wang Yahong, Zhao Li. Research and development of new LNG series valves technology [C]. International Conference on Mechatronics and Manufacturing Technologies (MMT 2016, Wuhan China), 2016(4): 121-128.

第 3 章

30 万立方米 PFHE 型液氮预冷一级膨胀两级节流氢液化工艺装备

本章重点研究开发 30 万立方米 PFHE 型液氮预冷一级膨胀两级节流四级制冷氢液化工艺装备设计计算方法，并根据液氮预冷一级氢膨胀、两级节流制冷工艺流程及四级多股流板翅式换热器（PFHE），将氢气液化为 -252℃ LH_2。在氢气液化为 LH_2 过程中会放出大量热，需要研究开发相应 LH_2 液化工艺，构建制冷系统，并应用四级 PFHE 来降低氢气温度。液氮预冷一级膨胀两级节流氢液化多股流板翅式换热器（PFHE）如图 3-1 所示。

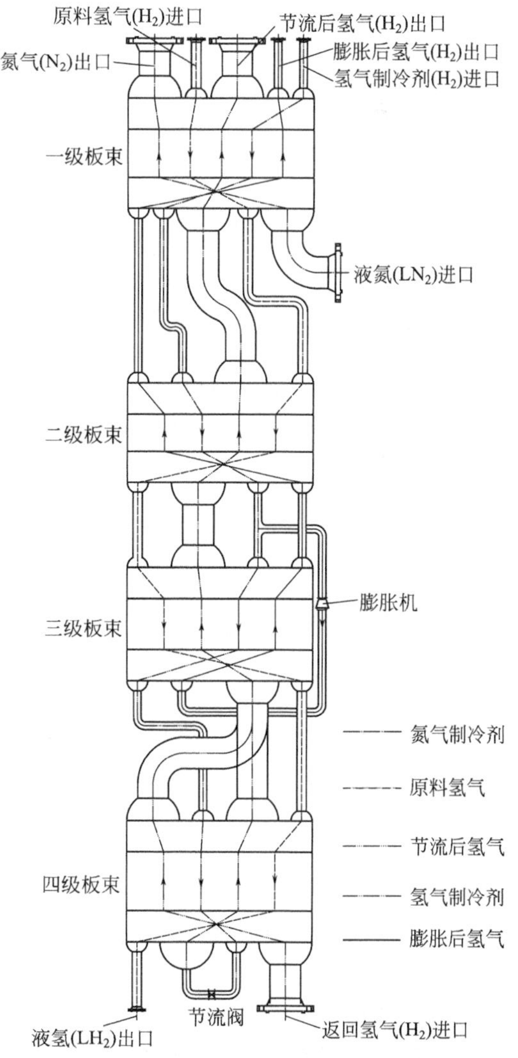

图 3-1　液氮预冷一级膨胀两级节流氢液化多股流板翅式换热器（PFHE）

传统的 LH_2 液化工艺一般运用氮气或氦气等制冷剂，通过多级膨胀制冷，最终将氢在 1atm 下冷却至 -252℃ 液体状态。由于传统的 LH_2 液化工艺系统占地面积大，需要膨胀机数量多，液化效率低，所以，本章采用液氮预冷一级氢膨胀及两级节流制冷的四级 PFHE 主液化装备，内含膨胀节流制冷工艺，其具有结构紧凑、换热效率高等特点，能有效解决液化工艺系统庞大、占地面积大等问题。通过研究给出了液氮预冷单级氢膨胀加两级节流制冷的 LH_2 工艺流程及主液化装备——四级多股流板翅式换热器的设计计算模型。液氮预冷一级膨胀两级节流氢液化工艺流程示意图如图 3-2 所示。

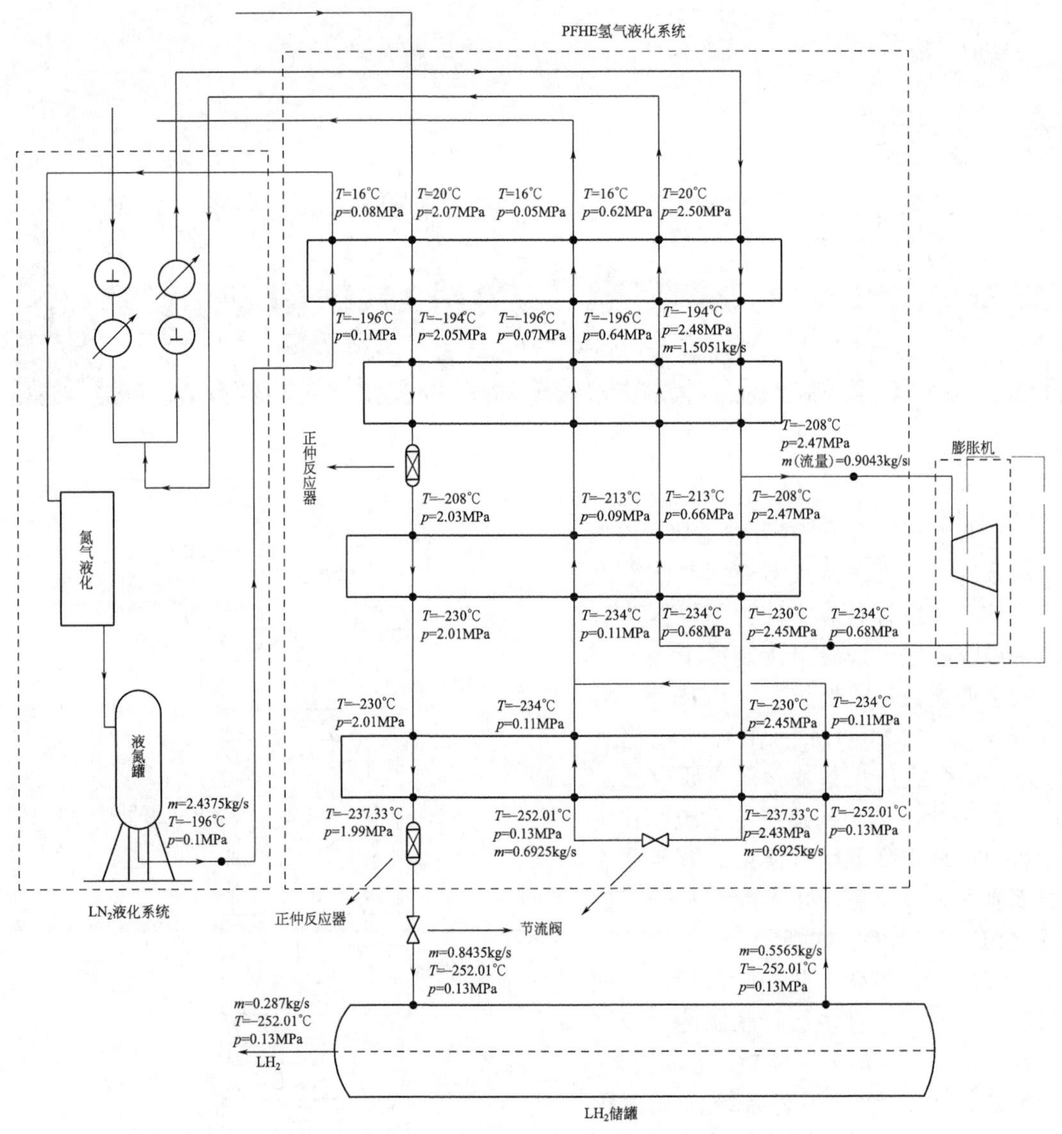

图 3-2 液氮预冷一级膨胀两级节流氢液化工艺流程

3.1 一级膨胀两级节流 LH_2 板翅式主换热器

采用多股流板翅式换热器的目的在于将氢气液化为-252℃的液氢。板翅式换热器具有结构紧凑、换热效率高的特点。但采用单一的多级换热机制不能解决在液化降温工艺中出现的占地面积大的问题，采用多股流板翅式换热器能大大减少液化工艺中的占地面积。氢气在换热器中沿翅片流动，通过与相邻翅片中流体的热量交换，达到降低氢气温度的目的。一级换热器冷量主要由液氮提供，二、三级换热器冷量主要由氢气制冷剂膨胀所提供，四级换热器由制冷剂液化之后的潜热提供，潜热提供能量大、换热效率好。最后由节流阀节流，达到氢气液化的压力、温度，使得氢气液化。最后在气液分离器中，液氢储存，低温氢气返回气又为换热器提供冷量。

3.2 板翅式换热器工艺设计计算概述

3.2.1 板翅式换热器设计步骤

板翅式换热器的工艺设计步骤主要有以下几部分：

① 根据液化氢气工艺流程，确定各级制冷剂；

② 确定各个制冷剂在不同压力和温度下的物性参数；

③ 根据各个制冷剂物性参数确定各级所需制冷剂种类；

④ 根据各级制冷剂吸收、放出热量平衡得出各级制冷剂的质量流量；

⑤ 确定换热系数、换热面积以及板束的排列；

⑥ 求出各级板束压力降。

3.2.2 制冷剂设计参数的确定

通过查阅相关资料和国内外对板翅式换热器的设计，确定出本设计所需的制冷剂是氢气，氢气制冷剂的参数都由 REFPROP 8.0 软件查得，如表 3-1 所示。

表 3-1 氢气制冷剂参数

名称	临界压力/MPa	临界温度/℃	饱和压力/MPa	饱和温度/℃
氢气	0.13	−252.01	0.13	−252.01

3.2.3 氢气液化工艺流程设计

氢气液化工艺流程中主要应用一级氢膨胀制冷工艺及氢节流制冷工艺，节流过程等熵膨胀 *T-S* 图如图 3-3 所示，等焓节流 *p-H* 图如图 3-4 所示。

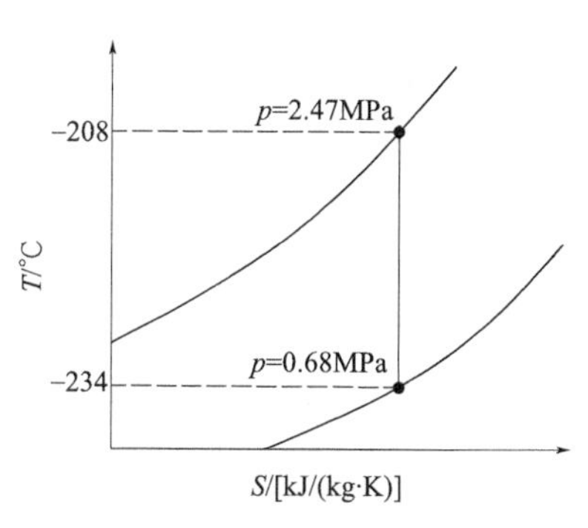

图 3-3　等熵膨胀 *T-S* 图

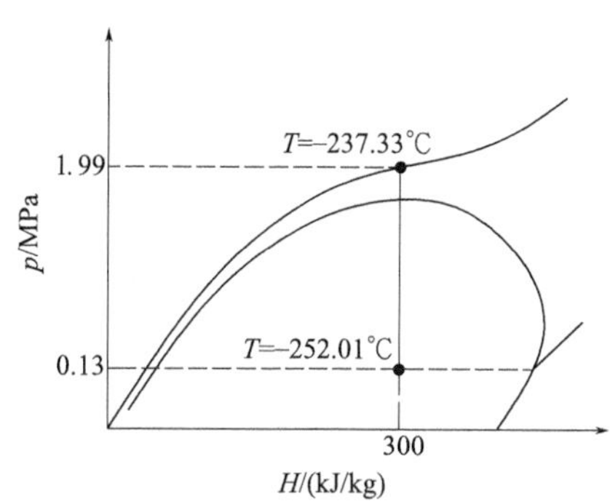

图 3-4　等焓节流 *p-H* 图

3.3 板翅式换热器工艺计算过程

3.3.1 一级设备预冷制冷过程

一级设备（EX1）预冷制冷过程如图 3-5 所示，热量平衡计算结果如表 3-2 所示。制冷剂在一级制冷装备里的预冷、再冷，氢气的预冷及制冷量计算如下。

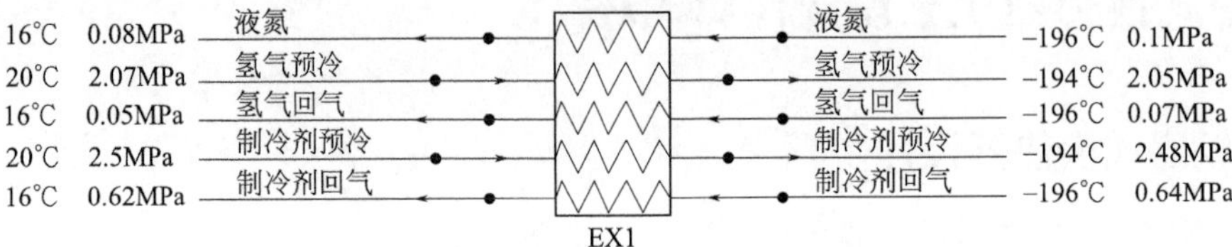

图 3-5 一级设备预冷制冷过程

表 3-2 EX1 热量平衡计算结果

类别	进口焓值/(kJ/kg)	出口焓值/(kJ/kg)	焓差/(kJ/kg)	流量/(kg/s)	热量/(kJ/s)
液氮	-122.44	299.95	422.39	2.4375	1029.5756
氢气预冷	3868.6	1024.1	-2844.5	0.8435	-2399.3357
氢气回气	1055.5	3803	2747.5	1.249	3431.6275
制冷剂预冷	3870.5	1014	-2856.5	1.5968	-4561.2592
制冷剂回气	1041.5	3805.3	2763.8	0.9043	2499.3043
热平衡	0.0874				

① 液氮的制冷过程

初状态：$T_1=-196℃$，$p_1=0.1\text{MPa}$，焓值 $H_1=-122.44\text{kJ/kg}$

终状态：$T_2=16℃$，$p_2=0.08\text{MPa}$，焓值 $H_2=299.95\text{kJ/kg}$

单位质量流量的制冷量：

$$H=H_2-H_1=299.95-(-122.44)=422.39(\text{kJ/kg})$$

氮气的总制冷量：

$$Q=422.39\times2.4375=1029.5756(\text{kJ/s})$$

② 氢气的预冷过程

初状态：$T_1=20℃$，$p_1=2.07\text{MPa}$，焓值 $H_1=3868.6\text{kJ/kg}$

终状态：$T_2=-194℃$，$p_2=2.05\text{MPa}$，焓值 $H_2=1024.1\text{kJ/kg}$

单位质量流量的预冷量：

$$H=H_2-H_1=1024.1-3868.6=-2844.5\ (\text{kJ/kg})$$

氢气的质量流量：

$$m=(300000\times0.082658)/(0.34025\times24\times3600)=0.8435(\text{kg/s})$$

氢气的总预冷量：

$$Q=-2844.5\times0.8435=-2399.3357(\text{kJ/s})$$

③ 氢气回气的制冷过程

初状态：$T_1=-196℃$，$p_1=0.07\text{MPa}$，焓值 $H_1=1055.5\text{kJ/kg}$

终状态：$T_2=16℃$，$p_2=0.05\text{MPa}$，焓值 $H_2=3803\text{kJ/kg}$

单位质量流量的制冷量：

$$H=H_2-H_1=3803-1055.5=2747.5(\text{kJ/kg})$$

制冷剂的总预冷量：

$$Q=2747.5\times1.249=3431.6275(\text{kJ/s})$$

④ 制冷剂的预冷过程

初状态：$T_1=20℃$，$p_1=2.5MPa$，焓值 $H_1=3870.5kJ/kg$

终状态：$T_2=-194℃$，$p_2=2.48MPa$，焓值 $H_2=1014kJ/kg$

单位质量流量的预冷量：

$$H = H_2 - H_1 = 1014 - 3870.5 = -2856.5(kJ/kg)$$

制冷剂的总预冷量：

$$Q = -2856.5 \times 1.5968 = -4561.2592(kJ/s)$$

⑤ 制冷剂回气的制冷过程

初状态：$T_1=-196℃$，$p_1=0.64MPa$，焓值 $H_1=1041.5kJ/kg$

终状态：$T_2=16℃$，$p_2=0.62MPa$，焓值 $H_2=3805.3kJ/kg$

单位质量流量的制冷量：

$$H = H_2 - H_1 = 3805.3 - 1041.5 = 2763.8(kJ/kg)$$

制冷剂的总制冷量：

$$Q = 2763.8 \times 0.9043 = 2499.3043(kJ/s)$$

3.3.2　二级设备预冷制冷过程

二级设备（EX2）预冷制冷过程如图 3-6 所示，热量平衡计算结果如表 3-3 所示。制冷剂在二级制冷装备中的再冷、液化及制冷量计算过程如下。

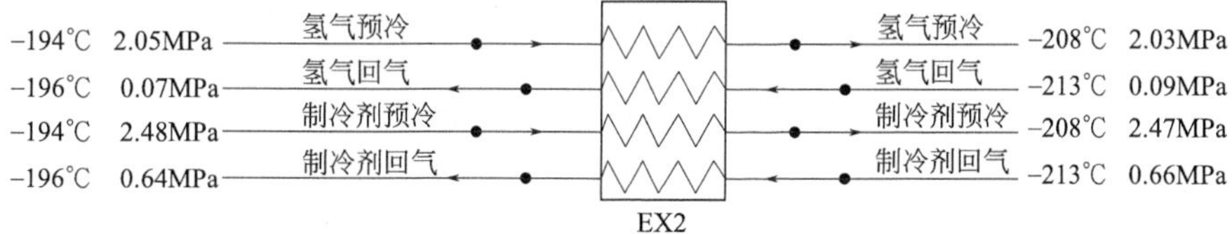

图 3-6　二级设备预冷制冷过程

表 3-3　EX2 热量平衡计算结果

类别	进口焓值/(kJ/kg)	出口焓值/(kJ/kg)	焓差/(kJ/kg)	流量/(kg/s)	热量/(kJ/s)
氢气预冷	1024.1	860.59	-163.51	0.8435	-137.9207
氢气回气	875.06	1055.5	180.44	1.249	225.3695
制冷剂预冷	1014	850.45	-163.55	1.5968	-261.1566
制冷剂回气	853.24	1041.5	188.26	0.9043	170.2435
热平衡	0.0902				

① 氢气的预冷过程

初状态：$T_1=-194℃$，$p_1=2.05MPa$，$H_1=1024.1kJ/kg$

终状态：$T_2=-208℃$，$p_2=2.03MPa$，$H_2=860.59kJ/kg$

单位质量流量的预冷量：

$$H = H_2 - H_1 = 860.59 - 1024.1 = -163.51(kJ/kg)$$

氢气的总预冷量为：

$$Q = -163.51 \times 0.8435 = -137.9207(kJ/s)$$

② 氢气回气的制冷过程

初状态：$T_1=-213℃$，$p_1=0.09MPa$，$H_1=875.06kJ/kg$

终状态：$T_2=-196℃$，$p_2=0.07MPa$，$H_2=1055.5kJ/kg$

单位质量流量的制冷量：

$$H=H_2-H_1=1055.5-875.06=180.44\ (kJ/kg)$$

氢气回气的总制冷量：

$$Q=180.44\times1.2490=225.3695(kJ/s)$$

③ 制冷剂的预冷过程

初状态：$T_1=-194℃$，$p_1=2.48MPa$，$H_1=1014kJ/kg$

终状态：$T_2=-208℃$，$p_2=2.47MPa$，$H_2=850.45kJ/kg$

单位质量流量的预冷量：

$$H=H_2-H_1=850.45-1014=-163.55(kJ/kg)$$

制冷剂的总预冷量：

$$Q=-163.55\times1.5968=-261.1566(kJ/s)$$

④ 制冷剂回气的制冷过程

初状态：$T_1=-213℃$，$p_1=0.66MPa$，$H_1=853.24kJ/kg$

终状态：$T_2=-196℃$，$p_2=0.64MPa$，$H_2=1041.5kJ/kg$

单位质量流量的预冷量：

$$H=H_2-H_1=1041.5-853.24=188.26(kJ/kg)$$

制冷剂回气的总制冷量：

$$Q=188.26\times0.9043=170.2435(kJ/s)$$

3.3.3 三级设备预冷制冷过程

三级设备（EX3）预冷制冷过程如图 3-7 所示，热量平衡计算结果如表 3-4 所示。制冷剂在三级制冷装备中的再冷、液化及制冷量计算过程如下。

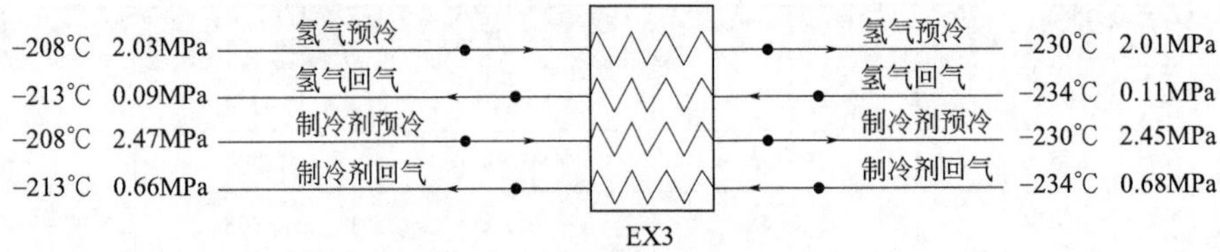

图 3-7 三级设备预冷制冷过程

表 3-4 EX3 热量平衡计算结果

类别	进口焓值/(kJ/kg)	出口焓值/(kJ/kg)	焓差/(kJ/kg)	流量/(kg/s)	热量/(kJ/s)
氢气预冷	864.59	550.43	−314.16	0.8435	−264.9939
氢气回气	651.77	875.06	223.29	1.249	278.8892
制冷剂预冷	850.45	508.82	−341.63	0.6925	−236.5787
制冷剂回气	607.01	853.24	246.23	0.9043	222.6657
热平衡	0.0177				

① 氢气的预冷过程

初状态：$T_1=-208℃$，$p_1=2.03\text{MPa}$，$H_1=864.59\text{kJ/kg}$

终状态：$T_2=-230℃$，$p_2=2.01\text{MPa}$，$H_2=550.43\text{kJ/kg}$

单位质量流量的预冷量：

$$H = H_2 - H_1 = 550.43 - 864.59 =-314.16(\text{kJ/kg})$$

氢气预冷的总预冷量：

$$Q =- 314.16 \times 0.8435 =-264.9939(\text{kJ/s})$$

② 氢气回气的制冷过程：

初状态：$T_1=-234℃$，$p_1=0.11\text{MPa}$，$H_1=651.77\text{kJ/kg}$

终状态：$T_2=-213℃$，$p_2=0.09\text{MPa}$，$H_2=875.06\text{kJ/kg}$

单位质量流量的制冷量：

$$H = H_2 - H_1 = 875.06 - 651.77 = 223.29\ (\text{kJ/kg})$$

氢气回气的总制冷量：

$$Q = 223.29 \times 1.2490 = 278.8892(\text{kJ/s})$$

③ 制冷剂的预冷过程

初状态：$T_1=-208℃$，$p_1=2.47\text{MPa}$，$H_1=850.45\text{kJ/kg}$

终状态：$T_2=-230℃$，$p_2=2.45\text{MPa}$，$H_2=508.82\text{kJ/kg}$

单位质量流量的预冷量：

$$H = H_2 - H_1 = 508.82 - 850.45 =-341.63(\text{kJ/kg})$$

制冷剂预冷的总预冷量：

$$Q =-314.63 \times 0.6925 =-236.5787(\text{kJ/s})$$

④ 制冷剂回气的制冷过程

初状态：$T_1=-234℃$，$p_1=0.68\text{MPa}$，$H_1=607.01\text{kJ/kg}$

终状态：$T_2=-213℃$，$p_2=0.66\text{MPa}$，$H_2=853.24\text{kJ/kg}$

单位质量流量的预冷量：

$$H = H_2 - H_1 = 853.24 - 607.01 = 246.23(\text{kJ/kg})$$

制冷剂回气的总制冷量：

$$Q = 246.23 \times 0.9043 = 222.6657(\text{kJ/s})$$

3.3.4　四级设备预冷制冷过程

四级设备（EX4）预冷制冷过程如图 3-8 所示，热量平衡计算结果如表 3-5 所示。制冷剂在四级制冷装备中的再冷、液化及制冷量计算过程如下。

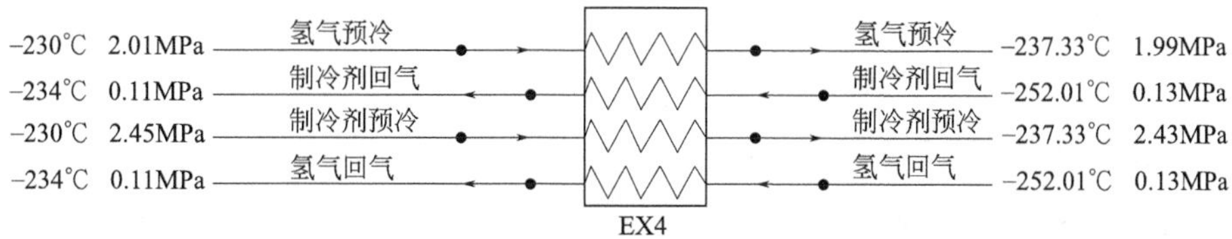

图 3-8　四级设备预冷制冷过程

表 3-5 EX4 热量平衡计算结果

类别	进口焓值/(kJ/kg)	出口焓值/(kJ/kg)	焓差/(kJ/kg)	流量/(kg/s)	热量/(kJ/s)
氢气预冷	550.43	300.28	-250.15	0.8435	-211.0015
制冷剂回气	259.7	651.77	392.07	0.6925	271.5084
制冷剂预冷	508.82	259.7	-249.12	0.6925	-172.5156
氢气回气	450.52	651.77	201.25	0.5565	111.9956
热平衡	0.013				

① 氢气的预冷过程

初状态：$T_1=-230℃$，$p_1=2.01\text{MPa}$，$H_1=550.43\text{kJ/kg}$

终状态：$T_2=-237.33℃$，$p_2=1.99\text{MPa}$，$H_2=300.28\text{kJ/kg}$

单位质量流量的预冷量：

$$H=H_2-H_1=300.28-550.43=-250.15(\text{kJ/kg})$$

氢气预冷的总预冷量：

$$Q=-250.15\times0.8435=-211.0015(\text{kJ/s})$$

② 制冷剂回气的制冷过程

初状态：$T_1=-252.01℃$，$p_1=0.13\text{MPa}$，$H_1=259.7\text{kJ/kg}$

终状态：$T_2=-234℃$，$p_2=0.11\text{MPa}$，$H_2=651.77\text{kJ/kg}$

单位质量流量的制冷量：

$$H=H_2-H_1=651.77-259.7=392.07\ (\text{kJ/kg})$$

制冷剂回气的总制冷量：

$$Q=392.07\times0.6925=271.5084(\text{kJ/s})$$

③ 制冷剂的预冷过程

初状态：$T_1=-230℃$，$p_1=2.45\text{MPa}$，$H_1=508.82\text{kJ/kg}$

终状态：$T_2=-237.33℃$，$p_2=2.43\text{MPa}$，$H_2=259.7\text{kJ/kg}$

单位质量流量的预冷量：

$$H=H_2-H_1=259.7-508.82=-249.12(\text{kJ/kg})$$

制冷剂预冷的总预冷量：

$$Q=-249.12\times0.6925=-172.5156(\text{kJ/s})$$

④ 氢气回气的制冷过程

初状态：$T_1=-252.01℃$，$p_1=0.13\text{MPa}$，$H_1=450.52\text{kJ/kg}$

终状态：$T_2=-234℃$，$p_2=0.11\text{MPa}$，$H_2=651.77\text{kJ/kg}$

单位质量流量的预冷量：

$$H=H_2-H_1=651.77-450.52=201.25(\text{kJ/kg})$$

制冷剂回气的总制冷量：

$$Q=201.25\times0.5565=111.9956(\text{kJ/s})$$

3.3.5 一级换热器流体参数计算

选择板翅式换热器为铝质材料，10 股，宽 3m，一流道。一级换热器翅片参数如表 3-6 所示。

表 3-6　一级换热器的翅片参数

名称	翅高 L/mm	翅厚 δ/mm	翅距/mm	当量直径 d_e/mm	通道截面积 F'/m^2	总传热面积 F_0/m^2	二次传热面积与总传热面积比
翅片 1	6.5	0.5	1.4	1.56	0.00386	9.86	0.869
翅片 2	6.5	0.3	1.7	2.28	0.00511	8.94	0.816
翅片 3	6.5	0.3	1.7	2.28	0.00511	8.94	0.816
翅片 4	6.5	0.3	1.7	2.28	0.00511	8.94	0.816
翅片 5	6.5	0.3	1.7	2.28	0.00511	8.94	0.816

（1）各股流道的质量流速

$$G_i = \frac{W}{nf_iL_w} \tag{3-1}$$

式中　G_i——流体流道的质量流速，kg/(m^2·s)；

W——各股流的质量流量，kg/s；

f_i——单层通道一米宽度上的截面积，m^2；

L_w——翅片有效宽度，$L_w = 3$m；

n——流股数。

1 通道：

$$G_1 = \frac{2.4375}{10 \times 3.86 \times 10^{-3} \times 3} = 21.0492\ [\mathrm{kg/(m^2 \cdot s)}]$$

2 通道：

$$G_2 = \frac{0.8435}{20 \times 5.11 \times 10^{-3} \times 3} = 2.7511\ [\mathrm{kg/(m^2 \cdot s)}]$$

3 通道：

$$G_3 = \frac{1.249}{20 \times 5.11 \times 10^{-3} \times 3} = 4.0737\ [\mathrm{kg/(m^2 \cdot s)}]$$

4 通道：

$$G_4 = \frac{0.9043}{20 \times 5.11 \times 10^{-3} \times 3} = 2.9494\ [\mathrm{kg/(m^2 \cdot s)}]$$

5 通道：

$$G_5 = \frac{1.5968}{30 \times 5.11 \times 10^{-3} \times 3} = 3.4721\ [\mathrm{kg/(m^2 \cdot s)}]$$

（2）各股流的雷诺数

$$Re = \frac{G_i d_e}{\mu g} \tag{3-2}$$

式中　G_i——各股流流道的质量流速，kg/(m^2·s)；

g——重力加速度，m/s^2；

d_e——各股流侧翅片当量直径，m；

μ——各股流的黏度，kg/(m·s)。

1 通道：

$$Re_1 = \frac{21.0492 \times 1.56 \times 10^{-3}}{1.2 \times 10^{-5} \times 9.81} = 278.9394\ [\mathrm{kg/(m^2 \cdot s)}]$$

2 通道：

$$Re_2 = \frac{2.7511 \times 2.28 \times 10^{-3}}{6.53 \times 10^{-6} \times 9.81} = 97.9172\ [\mathrm{kg/(m^2 \cdot s)}]$$

3 通道：

$$Re_3 = \frac{4.0737 \times 2.28 \times 10^{-3}}{6.38 \times 10^{-6} \times 9.81} = 148.4001\ [\mathrm{kg/(m^2 \cdot s)}]$$

4 通道：

$$Re_4 = \frac{2.9494 \times 2.28 \times 10^{-3}}{6.4 \times 10^{-6} \times 9.81} = 107.1074\ [\mathrm{kg/(m^2 \cdot s)}]$$

5 通道：

$$Re_5 = \frac{3.4721 \times 2.28 \times 10^{-3}}{6.55 \times 10^{-6} \times 9.81} = 123.2017\ [\mathrm{kg/(m^2 \cdot s)}]$$

（3）各股流的普朗特数

$$Pr = \frac{C\mu}{\lambda} \tag{3-3}$$

式中 μ——流体的黏度，kg/(m·s)；

C——流体的比热容，kJ/(kg·K)；

λ——流体的热导率，W/(m·K)。

1 通道：

$$Pr_1 = 1.2 \times 10^{-5} \times 1044/0.016893 = 0.7416$$

2 通道：

$$Pr_2 = 6.53 \times 10^{-6} \times 13481/0.12653 = 0.6957$$

3 通道：

$$Pr_3 = 6.38 \times 10^{-6} \times 13276/0.12213 = 0.6935$$

4 通道：

$$Pr_4 = 6.4 \times 10^{-6} \times 13323/0.1229 = 0.6941$$

5 通道：

$$Pr_5 = 6.55 \times 10^{-6} \times 13513/0.12713 = 0.6962$$

查《板翅式换热器》（王松汉）得传热因子为：

$$j_1 = 0.011,\ j_2 = 0.013,\ j_3 = 0.012,\ j_4 = 0.013,\ j_5 = 0.012$$

（4）各股流的斯坦顿数

$$St = \frac{j}{Pr^{2/3}} \tag{3-4}$$

1 通道：

$$St_1=0.011/0.7416^{\frac{2}{3}}=0.01343$$

2 通道：

$$St_2=0.013/0.6957^{\frac{2}{3}}=0.01656$$

3 通道：

$$St_3=0.012/0.6935^{\frac{2}{3}}=0.01532$$

4 通道：

$$St_4=0.013/0.6941^{\frac{2}{3}}=0.01658$$

5 通道：

$$St_5=0.012/0.6962^{\frac{2}{3}}=0.01528$$

（5）各股流的给热系数

$$\alpha = 3600 \times St \times C \times G_i \tag{3-5}$$

$\alpha_1 = 3600 \times 13.426 \times 10^{-3} \times 1044 \times 21.0492/4186 = 253.738$ [kcal/(m^2·h·℃)]

$\alpha_2 = 3600 \times 16.557 \times 10^{-3} \times 13481 \times 2.7511/4186 = 528.097$ [kcal/(m^2·h·℃)]

$\alpha_3 = 3600 \times 15.317 \times 10^{-3} \times 13276 \times 4.0737/4186 = 712.415$ [kcal/(m^2·h·℃)]

$\alpha_4 = 3600 \times 16.583 \times 10^{-3} \times 13323 \times 2.9494/4186 = 560.405$ [kcal/(m^2·h·℃)]

$\alpha_5 = 3600 \times 15.276 \times 10^{-3} \times 13513 \times 3.4721/4186 = 616.392$ [kcal/(m^2·h·℃)]

（6）各股流的 p 值

$$p = \sqrt{\frac{2\alpha}{\lambda\delta}} \tag{3-6}$$

式中　α——各股流侧流体的给热系数，kcal/(m^2·h·℃)；

λ——翅片材料的热导率，$\lambda=165$W/(m·K)；

δ——翅厚，$\delta_1=5\times10^{-4}$m，$\delta_2=3\times10^{-4}$m，$\delta_3=3\times10^{-4}$m，$\delta_4=3\times10^{-4}$m，$\delta_5=3\times10^{-4}$m。

$$p_1=\sqrt{\frac{2\times253.738}{165\times5\times10^{-4}}}=78.43;\quad p_2=\sqrt{\frac{2\times528.097}{165\times3\times10^{-4}}}=146.07$$

$$p_3=\sqrt{\frac{2\times712.415}{165\times3\times10^{-4}}}=169.66;\quad p_4=\sqrt{\frac{2\times560.405}{165\times3\times10^{-4}}}=150.47$$

$$p_5=\sqrt{\frac{2\times616.392}{165\times3\times10^{-4}}}=157.81$$

（7）翅片效率和翅片表面效率

根据翅片参数 p，然后计算翅片效率 η_f 和翅片表面效率 η_0。

其中：

$$\eta_f = \frac{\tanh\left(\frac{pL}{2}\right)}{\frac{pL}{2}} \tag{3-7}$$

式中　L——翅片的高度，m；

$\tanh\left(\frac{pL}{2}\right)$——双曲正切函数（查附表2得）。

$$\eta_0 = 1 - \frac{F_2}{F_0}(1 - \eta_f) \tag{3-8}$$

式中　F_2——各流股中各侧翅片二次传热面积（查附表1得），m^2；

F_0——各流股中各侧翅片总传热面积（查附表1得），m^2。

1股流侧：

$$L_1 = 6.5\times10^{-3}\text{m}$$

$$\frac{F_2}{F_0} = 0.869$$

$$\frac{pL_1}{2} = \frac{78.43\times6.5\times10^{-3}}{2} = 0.2549$$

查附表2可知：

$$\tanh\left(\frac{pL}{2}\right) = 0.2449$$

1股流侧翅片一次面传热效率按公式（3-7）计算：

$$\eta_f = \frac{\tanh\left(\frac{pL}{2}\right)}{\frac{pL}{2}} = \frac{0.2449}{0.2549} = 0.9608$$

1股流侧翅片总传热效率按公式（3-8）计算：

$$\eta_0 = 1 - \frac{F_2}{F_0}(1 - \eta_f) = 1 - 0.869 \times (1 - 0.9608) = 0.966$$

2股流侧：

$$L_2 = 6.5\times10^{-3}\text{m}$$

$$\frac{F_2}{F_0} = 0.816$$

$$\frac{pL_2}{2} = \frac{146.07\times6.5\times10^{-3}}{2} = 0.4747$$

查附表2可知：

$$\tanh\left(\frac{pL}{2}\right) = 0.4412$$

2股流侧翅片一次面传热效率按公式（3-7）计算：

$$\eta_f = \frac{\tanh\left(\frac{pL}{2}\right)}{\frac{pL}{2}} = \frac{0.4412}{0.4747} = 0.9294$$

2股流侧翅片总传热效率按公式（3-8）计算：

$$\eta_0 = 1 - \frac{F_2}{F_0}(1 - \eta_f) = 1 - 0.816 \times (1 - 0.9294) = 0.942$$

3 股流侧：

$$L_3 = 6.5\times10^{-3}\,\mathrm{m}$$

$$\frac{F_2}{F_0} = 0.816$$

$$\frac{pL_3}{2} = \frac{169.66\times6.5\times10^{-3}}{2} = 0.5514$$

查附表 2 可知：

$$\tanh\left(\frac{pL}{2}\right) = 0.5005$$

3 股流侧翅片一次面传热效率按公式（3-7）计算：

$$\eta_f = \frac{\tanh\left(\frac{pL}{2}\right)}{\frac{pL}{2}} = \frac{0.5005}{0.5514} = 0.9077$$

3 股流侧翅片总传热效率按公式（3-8）计算：

$$\eta_0 = 1 - \frac{F_2}{F_0}(1 - \eta_f) = 1 - 0.816\times(1 - 0.9077) = 0.925$$

4 股流侧：

$$L_4 = 6.5\times10^{-3}\,\mathrm{m}$$

$$\frac{F_2}{F_0} = 0.816$$

$$\frac{pL_4}{2} = \frac{150.47\times6.5\times10^{-3}}{2} = 0.489$$

查附表 2 可知：

$$\tanh\left(\frac{pL}{2}\right) = 0.4533$$

4 股流侧翅片一次面传热效率按公式（3-7）计算：

$$\eta_f = \frac{\tanh\left(\frac{pL}{2}\right)}{\frac{pL}{2}} = \frac{0.4533}{0.489} = 0.927$$

4 股流侧翅片总传热效率按公式（3-8）计算：

$$\eta_0 = 1 - \frac{F_2}{F_0}(1 - \eta_f) = 1 - 0.816\times(1 - 0.927) = 0.94$$

5 股流侧：

$$L_5 = 6.5\times10^{-3}\,\mathrm{m}$$

$$\frac{F_2}{F_0} = 0.816$$

$$\frac{pL_5}{2} = \frac{157.81\times6.5\times10^{-3}}{2} = 0.5129$$

查附表 2 可知：

$$\tanh\left(\frac{pL}{2}\right)=0.4702$$

5 股流侧翅片一次面传热效率按公式（3-7）计算：

$$\eta_{\mathrm{f}}=\frac{\tanh\left(\frac{pL}{2}\right)}{\frac{pL}{2}}=\frac{0.4702}{0.5129}=0.917$$

5 股流侧翅片总传热效率按公式（3-8）计算：

$$\eta_0=1-\frac{F_2}{F_0}(1-\eta_{\mathrm{f}})=1-0.816\times(1-0.917)=0.932$$

3.3.6 二级换热器流体参数计算

选择板翅式换热器为铝质材料，5 股，宽 3m，一流道。二级换热器翅片参数如表 3-7 所示。

表 3-7 二级换热器的翅片参数

名称	翅高 L/mm	翅厚 δ/mm	翅距/mm	当量直径 d_e/mm	通道截面积 F'/m²	总传热面积 F_0/m²	二次传热面积与总传热面积比
翅片 1	6.5	0.3	1.7	2.28	0.00511	8.94	0.816
翅片 2	6.5	0.3	1.7	2.28	0.00511	8.94	0.816
翅片 3	6.5	0.3	1.7	2.28	0.00511	8.94	0.816
翅片 4	9.5	0.2	2	3.02	0.00837	11.1	0.838

（1）各股流道的质量流速

$$G_i=\frac{W}{nf_iL_{\mathrm{w}}}$$

式中 G_i——流体流道的质量流速，kg/(m²·s)；

W——各股流的质量流量，kg/s；

f_i——单层通道一米宽度上的截面积，m²；

L_{w}——翅片有效宽度，$L_{\mathrm{w}}=3$m；

n——流股数。

1 通道：

$$G_1=\frac{0.8435}{5\times5.11\times10^{-3}\times3}=11.0046\ [\mathrm{kg/(m^2\cdot s)}]$$

2 通道：

$$G_2=\frac{1.249}{5\times5.11\times10^{-3}\times3}=16.2948\ [\mathrm{kg/(m^2\cdot s)}]$$

3 通道：

$$G_3=\frac{0.9043}{5\times5.11\times10^{-3}\times3}=11.7978\ [\mathrm{kg/(m^2\cdot s)}]$$

4 通道：

$$G_4 = \frac{1.5968}{5 \times 8.37 \times 10^{-3} \times 3} = 12.7184 \ [\mathrm{kg/(m^2 \cdot s)}]$$

（2）**各股流的雷诺数**

$$Re = \frac{G_i d_e}{\mu g}$$

式中　G_i——各股流流道的质量流速，kg/(m^2·s)；

g——重力加速度，m/s^2；

d_e——各股流侧翅片的当量直径，m；

μ——各股流的黏度，kg/(m·s)。

1 通道：

$$Re_1 = \frac{11.0046 \times 2.28 \times 10^{-3}}{3.51 \times 10^{-6} \times 9.81} = 728.67$$

2 通道：

$$Re_2 = \frac{16.2948 \times 2.28 \times 10^{-3}}{3.18 \times 10^{-6} \times 9.81} = 1190.934$$

3 通道：

$$Re_3 = \frac{11.7978 \times 2.28 \times 10^{-3}}{3.24 \times 10^{-6} \times 9.81} = 846.2952$$

4 通道：

$$Re_4 = \frac{12.7184 \times 3.02 \times 10^{-3}}{3.56 \times 10^{-6} \times 9.81} = 1099.82$$

（3）**各股流的普朗特数**

$$Pr = \frac{C\mu}{\lambda}$$

式中　μ——流体的黏度，kg/(m·s)；

C——流体的比热容，kJ/(kg·K)；

λ——流体的热导率，W/(m·K)。

1 通道：

$$Pr_1 = \frac{3.51 \times 10^{-6} \times 11970}{0.05754} = 0.73$$

2 通道：

$$Pr_2 = \frac{3.18 \times 10^{-6} \times 10541}{0.04989} = 0.6719$$

3 通道：

$$Pr_3 = \frac{3.24 \times 10^{-6} \times 10976}{0.0513} = 0.6932$$

4 通道：

$$Pr_4=\frac{3.56\times10^{-6}\times12286}{0.059}=0.741$$

查《板翅式换热器》（王松汉）得传热因子 j：

$$j_1=0.0059,\ j_2=0.005,\ j_3=0.0055,\ j_4=0.0055$$

（4）各股流的斯坦顿数

$$St=\frac{j}{Pr^{2/3}}$$

1 通道：

$$St_1=\frac{0.0059}{0.73^{2/3}}=0.007277$$

2 通道：

$$St_2=\frac{0.005}{0.6719^{2/3}}=0.00652$$

3 通道：

$$St_3=\frac{0.0055}{0.6932^{2/3}}=0.00702$$

4 通道：

$$St_4=\frac{0.0055}{0.741^{2/3}}=0.00671$$

（5）各股流的给热系数

$$\alpha=3600\times St\times C\times G_i$$

$$\alpha_1=3600\times7.277\times10^{-3}\times11970\times11.0046/4186=824.37\ [\mathrm{kcal/(m^2\cdot h\cdot ℃)}]$$
$$\alpha_2=3600\times6.52\times10^{-3}\times10541\times16.2948/4186=963.12\ [\mathrm{kcal/(m^2\cdot h\cdot ℃)}]$$
$$\alpha_3=3600\times7.02\times10^{-3}\times10976\times11.7978/4186=781.78\ [\mathrm{kcal/(m^2\cdot h\cdot ℃)}]$$
$$\alpha_4=3600\times6.71\times10^{-3}\times12286\times12.7184/4186=901.71\ [\mathrm{kcal/(m^2\cdot h\cdot ℃)}]$$

（6）各股流的 p 值

$$p=\sqrt{\frac{2\alpha}{\lambda\delta}}$$

式中 α——各股流侧流体给热系数，kcal/(m^2 · h · ℃)；

λ——翅片材料热导率，$\lambda=165\mathrm{W/(m\cdot K)}$；

δ——翅厚，$\delta_1=3\times10^{-4}\mathrm{m}$，$\delta_2=3\times10^{-4}\mathrm{m}$，$\delta_3=3\times10^{-4}\mathrm{m}$，$\delta_4=2\times10^{-4}\mathrm{m}$。

$$p_1=\sqrt{\frac{2\times824.37}{165\times3\times10^{-4}}}=182.5;\ p_2=\sqrt{\frac{2\times963.12}{165\times3\times10^{-4}}}=197.27$$

$$p_3=\sqrt{\frac{2\times781.78}{165\times3\times10^{-4}}}=177.73;\ p_4=\sqrt{\frac{2\times901.71}{165\times2\times10^{-4}}}=233.77$$

（7）翅片效率和翅片表面效率

根据翅片参数 p，然后计算翅片效率 η_f 和翅片表面效率 η_0。

其中：

$$\eta_f=\frac{\tanh\left(\frac{pL}{2}\right)}{\frac{pL}{2}}$$

式中　L——翅片的高度，m；

$\tanh\left(\frac{pL}{2}\right)$——双曲正切函数（查附表 2 得）。

$$\eta_0=1-\frac{F_2}{F_0}\ (1-\eta_f)$$

式中　F_2——各流股中各侧翅片二次传热面积，m^2；

F_0——各流股中各侧翅片总传热面积，m^2。

1 股流侧：

$$L_1=6.5\times10^{-3}\text{m}$$

$$\frac{F_2}{F_0}=0.816$$

$$\frac{pL_1}{2}=\frac{182.5\times6.5\times10^{-3}}{2}=0.5931$$

查附表 2 可知：

$$\tanh\left(\frac{pL}{2}\right)=0.5323$$

1 股流侧翅片一次面传热效率按公式(3-7)计算：

$$\eta_f=\frac{\tanh\left(\frac{pL}{2}\right)}{\frac{pL}{2}}=\frac{0.5323}{0.5931}=0.8974$$

1 股流侧翅片总传热效率按公式(3-8)计算：

$$\eta_0=1-\frac{F_2}{F_0}(1-\eta_f)=1-0.816\times(1-0.8974)=0.92$$

2 股流侧：

$$L_2=6.5\times10^{-3}\text{m}$$

$$\frac{F_2}{F_0}=0.816$$

$$\frac{pL_2}{2}=\frac{197.27\times6.5\times10^{-3}}{2}=0.6411$$

查附表 2 可知：

$$\tanh\left(\frac{pL}{2}\right)=0.5659$$

2 股流侧翅片一次面传热效率按公式（3-7）计算：

$$\eta_f=\frac{\tanh\left(\frac{pL}{2}\right)}{\frac{pL}{2}}=\frac{0.5659}{0.6411}=0.8827$$

2 股流侧翅片总传热效率按公式(3-8)计算:

$$\eta_0=1-\frac{F_2}{F_0}(1-\eta_f)=1-0.816\times(1-0.8827)=0.90$$

3 股流侧:

$$L_3=6.5\times10^{-3}\text{m}$$

$$\frac{F_2}{F_0}=0.816$$

$$\frac{pL_3}{2}=\frac{177.73\times6.5\times10^{-3}}{2}=0.578$$

查附表 2 可知:

$$\tanh\left(\frac{pL}{2}\right)=0.5207$$

3 股流侧翅片一次面传热效率按公式（3-7）计算:

$$\eta_f=\frac{\tanh\left(\frac{pL}{2}\right)}{\frac{pL}{2}}=\frac{0.5207}{0.578}=0.90$$

3 股流侧翅片总传热效率按公式（3-8）计算:

$$\eta_0=1-\frac{F_2}{F_0}(1-\eta_f)=1-0.816\times(1-0.9)=0.92$$

4 股流侧:

$$L_4=9.5\times10^{-3}\text{m}$$

$$\frac{F_2}{F_0}=0.838$$

$$\frac{pL_4}{2}=\frac{233.77\times9.5\times10^{-3}}{2}=1.11$$

查附表 2 可知:

$$\tanh\left(\frac{pL}{2}\right)=0.8041$$

4 股流侧翅片一次面传热效率按公式（3-7）计算:

$$\eta_f=\frac{\tanh\left(\frac{pL}{2}\right)}{\frac{pL}{2}}=\frac{0.8041}{1.11}=0.7244$$

4 股流侧翅片总传热效率按公式（3-8）计算:

$$\eta_0=1-\frac{F_2}{F_0}(1-\eta_f)=1-0.838\times(1-0.7244)=0.77$$

3.3.7　三级换热器流体参数计算

选择板翅式换热器为铝质材料，5 股，宽 3m，一流道。三级换热器翅片参数如表 3-8 所示。

表 3-8　三级换热器的翅片参数

名称	翅高 L/mm	翅厚 δ/mm	翅距/mm	当量直径 d_e/mm	通道截面积 F'/m^2	总传热面积 F_0/m^2	二次传热面积与总传热面积比
翅片 1	6. 5	0. 3	1. 7	2. 28	0. 00511	8. 94	0. 816
翅片 2	6. 5	0. 3	1. 7	2. 28	0. 00511	8. 94	0. 816
翅片 3	6. 5	0. 3	1. 7	2. 28	0. 00511	8. 94	0. 816
翅片 4	6. 5	0. 3	1. 7	2. 28	0. 00511	8. 94	0. 816

（1）**各股流道的质量流速**

$$G_i = \frac{W}{nf_iL_w}$$

式中　G_i——流体流道的质量流速，kg/(m² · s)；

W——各股流的质量流量，kg/s；

f_i——单层通道一米宽度上的截面积，m²；

L_w——翅片有效宽度，$L_w = 3$m；

n——流股数。

1 通道：

$$G_1 = \frac{0.8435}{5 \times 5.11 \times 10^{-3} \times 3} = 11.0046\ [\mathrm{kg/(m^2 \cdot s)}]$$

2 通道：

$$G_2 = \frac{1.249}{5 \times 5.11 \times 10^{-3} \times 3} = 16.2948\ [\mathrm{kg/(m^2 \cdot s)}]$$

3 通道：

$$G_3 = \frac{0.9043}{5 \times 5.11 \times 10^{-3} \times 3} = 11.7978\ [\mathrm{kg/(m^2 \cdot s)}]$$

4 通道：

$$G_4 = \frac{0.6925}{5 \times 5.11 \times 10^{-3} \times 3} = 9.0346\ [\mathrm{kg/(m^2 \cdot s)}]$$

（2）**各股流的雷诺数**

$$Re = \frac{G_i d_e}{\mu g}$$

式中　G_i——各股流流道的质量流速，kg/(m² · s)；

g——重力加速度，m/s²；

d_e——各股流侧翅片当量直径，m；

μ——各股流的黏度，kg/(m·s)。

1 通道：

$$Re_1=\frac{11.0046\times 2.28\times 10^{-3}}{2.95\times 10^{-6}\times 9.81}=866.998$$

2 通道：

$$Re_2=\frac{16.2948\times 2.28\times 10^{-3}}{2.46\times 10^{-6}\times 9.81}=1539.5$$

3 通道：

$$Re_3=\frac{11.7978\times 2.28\times 10^{-3}}{2.54\times 10^{-6}\times 9.81}=1079.526$$

4 通道：

$$Re_4=\frac{9.0346\times 2.28\times 10^{-3}}{3.06\times 10^{-6}\times 9.81}=686.2042$$

（3）各股流的普朗特数

$$Pr=\frac{C\mu}{\lambda}$$

式中　μ——流体的黏度，kg/（m·s）；

C——流体的比热容，kJ/（kg·K）；

λ——流体的热导率，W/（m·K）。

1 通道：

$$Pr_1=\frac{2.95\times 10^{-6}\times 13699}{0.04997}=0.8087$$

2 通道：

$$Pr_2=\frac{2.46\times 10^{-6}\times 10543}{0.03834}=0.6765$$

3 通道：

$$Pr_3=\frac{2.54\times 10^{-6}\times 11531}{0.0405}=0.7232$$

4 通道：

$$Pr_4=\frac{3.06\times 10^{-6}\times 14588}{0.0528}=0.8454$$

查《板翅式换热器》（王松汉）得传热因子：

$$j_1=0.0055,\ j_2=0.0045,\ j_3=0.0051,\ j_4=0.006$$

（4）各股流的斯坦顿数

$$St=\frac{j}{Pr^{2/3}}$$

1 通道：

$$St_1=\frac{0.0055}{0.8087^{2/3}}=0.0063$$

2 通道：

$$St_2=\frac{0.0045}{0.6765^{2/3}}=0.005839$$

3 通道：

$$St_3=\frac{0.0051}{0.7232^{2/3}}=0.00633$$

4 通道：

$$St_4=\frac{0.006}{0.8454^{2/3}}=0.00671$$

（5）各股流的给热系数：

$$\alpha=3600\times St\times C\times G_i$$

$$\alpha_1=3600\times 6.3\times 10^{-3}\times 13699\times 11.0046/4186=816.783\ [\mathrm{kcal/(m^2\cdot h\cdot ℃)}]$$

$$\alpha_2=3600\times 5.839\times 10^{-3}\times 10543\times 16.2948/4186=862.69\ [\mathrm{kcal/(m^2\cdot h\cdot ℃)}]$$

$$\alpha_3=3600\times 6.333\times 10^{-3}\times 11531\times 11.7978/4186=740.9361\ [\mathrm{kcal/(m^2\cdot h\cdot ℃)}]$$

$$\alpha_4=3600\times 6.716\times 10^{-3}\times 14588\times 9.0346/4186=761.235\ [\mathrm{kcal/(m^2\cdot h\cdot ℃)}]$$

（6）各股流的 p 值

$$p=\sqrt{\frac{2\alpha}{\lambda\delta}}$$

式中　α——各股流侧流体的给热系数，kcal/（$\mathrm{m^2}$·h·℃）；

λ——翅片材料的热导率，$\lambda=165$W/（m·K）；

δ——翅厚，$\delta_1=3\times10^{-4}$m，$\delta_2=3\times10^{-4}$m，$\delta_3=3\times10^{-4}$m，$\delta_4=3\times10^{-4}$m。

$$p_1=\sqrt{\frac{2\times816.783}{165\times3\times10^{-4}}}=181.663;\quad p_2=\sqrt{\frac{2\times862.69}{165\times3\times10^{-4}}}=186.698$$

$$p_3=\sqrt{\frac{2\times740.9361}{165\times3\times10^{-4}}}=173.0255;\quad p_4=\sqrt{\frac{2\times761.235}{165\times3\times10^{-4}}}=175.3767$$

（7）翅片效率和翅片表面效率

根据翅片参数 p，然后计算翅片效率 η_f和翅片表面效率 η_0。

其中：

$$\eta_f=\frac{\tanh\left(\frac{pL}{2}\right)}{\frac{pL}{2}}$$

式中　L——翅片的高度，m；

$\tanh\left(\frac{pL}{2}\right)$——双曲正切函数（查附表 2 得）。

$$\eta_0 = 1 - \frac{F_2}{F_0}(1 - \eta_f)$$

式中　F_2——各流股中各侧翅片二次传热面积，m^2；

F_0——各流股中各侧翅片总传热面积，m^2。

1 股流侧：

$$L_1 = 6.5 \times 10^{-3} m$$

$$\frac{F_2}{F_0} = 0.816$$

$$\frac{pL_1}{2} = \frac{181.663 \times 6.5 \times 10^{-3}}{2} = 0.59$$

查附表 2 可知：

$$\tanh\left(\frac{pL}{2}\right) = 0.5299$$

1 股流侧翅片一次面传热效率按公式(3-7)计算：

$$\eta_f = \frac{\tanh\left(\frac{pL}{2}\right)}{\frac{pL}{2}} = \frac{0.5299}{0.59} = 0.898$$

1 股流侧翅片总传热效率按公式(3-8)计算：

$$\eta_0 = 1 - \frac{F_2}{F_0}(1 - \eta_f) = 1 - 0.816 \times (1 - 0.898) = 0.92$$

2 股流侧：

$$L_2 = 6.5 \times 10^{-3} m$$

$$\frac{F_2}{F_0} = 0.816$$

$$\frac{pL_2}{2} = \frac{186.698 \times 6.5 \times 10^{-3}}{2} = 0.607$$

查附表 2 可知：

$$\tanh\left(\frac{pL}{2}\right) = 0.537$$

2 股流侧翅片一次面传热效率按公式(3-7)计算：

$$\eta_f = \frac{\tanh\left(\frac{pL}{2}\right)}{\frac{pL}{2}} = \frac{0.537}{0.607} = 0.8846$$

2 股流侧翅片总传热效率按公式(3-8)计算：

$$\eta_0 = 1 - \frac{F_2}{F_0}(1 - \eta_f) = 1 - 0.816 \times (1 - 0.8846) = 0.91$$

3 股流侧：

$$L_3=6.5\times10^{-3}\text{m}$$

$$\frac{F_2}{F_0}=0.816$$

$$\frac{pL_3}{2}=\frac{173.0255\times6.5\times10^{-3}}{2}=0.5623$$

查附表2可知：

$$\tanh\left(\frac{pL}{2}\right)=0.5083$$

3股流侧翅片一次面传热效率按公式(3-7)计算：

$$\eta_f=\frac{\tanh\left(\frac{pL}{2}\right)}{\frac{pL}{2}}=\frac{0.5083}{0.5623}=0.9039$$

3股流侧翅片总传热效率按公式(3-8)计算：

$$\eta_0=1-\frac{F_2}{F_0}(1-\eta_f)=1-0.816\times(1-0.9039)=0.92$$

4股流侧：

$$L_4=6.5\times10^{-3}\text{m}$$

$$\frac{F_2}{F_0}=0.816$$

$$\frac{pL_4}{2}=\frac{175.3767\times6.5\times10^{-3}}{2}=0.57$$

查附表2可知：

$$\tanh\left(\frac{pL}{2}\right)=0.5154$$

4股流侧翅片一次面传热效率按公式(3-7)计算：

$$\eta_f=\frac{\tanh\left(\frac{pL}{2}\right)}{\frac{pL}{2}}=\frac{0.5154}{0.57}=0.9042$$

4股流侧翅片总传热效率按公式(3-8)计算：

$$\eta_0=1-\frac{F_2}{F_0}(1-\eta_f)=1-0.816\times(1-0.9042)=0.92$$

3.3.8　四级换热器流体参数计算

选择板翅式换热器为铝质材料，5股，宽3m，一流道。四级换热器翅片参数如表3-9所示。

表3-9　四级换热器的翅片参数

名称	翅高 L/mm	翅厚 δ/mm	翅距/mm	当量直径 d_e/mm	通道截面积 F'/m^2	总传热面积 F_0/m^2	二次传热面积与总传热面积比
翅片1	6.5	0.3	1.7	2.28	0.00511	8.94	0.816

续表

名称	翅高 L/mm	翅厚 δ/mm	翅距/mm	当量直径 d_e/mm	通道截面积 F'/m^2	总传热面积 F_0/m^2	二次传热面积与总传热面积比
翅片 2	6.5	0.3	1.7	2.28	0.00511	8.94	0.816
翅片 3	6.5	0.3	1.7	2.28	0.00511	8.94	0.816
翅片 4	6.5	0.3	1.7	2.28	0.00511	8.94	0.816

（1）各股流道的质量流速

$$G_i=\frac{W}{nf_iL_w}$$

式中 G_i——流体流道的质量流速，kg/(m^2·s)；

W——各股流的质量流量，kg/s；

f_i——单层通道一米宽度上的截面积，m^2；

L_w——翅片有效宽度，$L_w=3$m；

n——流股数。

1 通道：

$$G_1=\frac{0.8435}{5\times5.11\times10^{-3}\times3}=11.0046\ [\mathrm{kg/(m^2\cdot s)}]$$

2 通道：

$$G_2=\frac{0.6925}{5\times5.11\times10^{-3}\times3}=9.0346\ [\mathrm{kg/(m^2\cdot s)}]$$

3 通道：

$$G_3=\frac{0.6925}{5\times5.11\times10^{-3}\times3}=9.0346\ [\mathrm{kg/(m^2\cdot s)}]$$

4 通道：

$$G_4=\frac{0.5565}{5\times5.11\times10^{-3}\times3}=7.2603\ [\mathrm{kg/(m^2\cdot s)}]$$

（2）各股流的雷诺数

$$Re=\frac{G_id_e}{\mu g}$$

式中 G_i——各股流流道的质量流速，kg/(m^2·s)；

g——重力加速度，m/s^2；

d_e——各股流侧翅片当量直径，m；

μ——各股流的黏度，kg/(m·s)。

1 通道：

$$Re_1=\frac{11.0046\times2.28\times10^{-3}}{2.87\times10^{-6}\times9.81}=891.17$$

2 通道：

$$Re_2=\frac{9.0346\times 2.28\times 10^{-3}}{1.58\times 10^{-6}\times 9.81}=1328.978$$

3 通道：

$$Re_3=\frac{9.0346\times 2.28\times 10^{-3}}{3.56\times 10^{-6}\times 9.81}=589.8272$$

4 通道：

$$Re_4=\frac{7.2603\times 2.28\times 10^{-3}}{1.58\times 10^{-6}\times 9.81}=1067.98$$

（3）各股流的普朗特数

$$Pr=\frac{C\mu}{\lambda}$$

式中　μ——流体的黏度，kg/(m·s)；

C——流体的比热容，kJ/(kg·K)；

λ——流体的热导率，W/(m·K)。

1 通道：

$$Pr_1=\frac{2.87\times 10^{-6}\times 29085}{0.0525}=1.59$$

2 通道：

$$Pr_2=\frac{1.58\times 10^{-6}\times 10888}{0.0249}=0.69$$

3 通道：

$$Pr_3=\frac{3.56\times 10^{-6}\times 37887}{0.0657}=2.053$$

4 通道：

$$Pr_4=\frac{1.58\times 10^{-6}\times 10888}{0.0249}=0.69$$

查《板翅式换热器》（王松汉）得传热因子：

$$j_1=0.0052,\ j_2=0.005,\ j_3=0.0064,\ j_4=0.0052$$

（4）各股流的斯坦顿数

$$St=\frac{j}{Pr^{2/3}}$$

1 通道：

$$St_1=\frac{0.0052}{1.59^{2/3}}=0.00382$$

2 通道：

$$St_2=\frac{0.005}{0.69^{2/3}}=0.0064$$

3 通道：

$$St_3=\frac{0.0064}{2.053^{2/3}}=0.00396$$

4 通道：

$$St_3=\frac{0.0052}{0.69^{2/3}}=0.00666$$

（5）各股流的给热系数

$$\alpha=3600\times St\times C\times G_i$$

$$\alpha_1=3600\times3.82\times10^{-3}\times29085\times11.0046/4186=1051.5\,[\mathrm{kcal/(m^2\cdot h\cdot ℃)}]$$

$$\alpha_2=3600\times6.4\times10^{-3}\times10888\times9.0346/4186=541.43\,[\mathrm{kcal/(m^2\cdot h\cdot ℃)}]$$

$$\alpha_3=3600\times3.96\times10^{-3}\times37887\times9.0346/4186=1165.73\,[\mathrm{kcal/(m^2\cdot h\cdot ℃)}]$$

$$\alpha_4=3600\times6.66\times10^{-3}\times10888\times7.2603/4186=452.77\,[\mathrm{kcal/(m^2\cdot h\cdot ℃)}]$$

（6）各股流的 p 值

$$p=\sqrt{\frac{2\alpha}{\lambda\delta}}$$

式中 α——各股流侧流体给热系数，kcal/(m^2·h·℃)；

λ——翅片材料热导率，$\lambda=165$W/（m·K)；

δ——翅厚，$\delta_1=3\times10^{-4}$m，$\delta_2=3\times10^{-4}$m，$\delta_3=3\times10^{-4}$m，$\delta_4=3\times10^{-4}$m。

$$p_1=\sqrt{\frac{2\times1051.5}{165\times3\times10^{-4}}}=206.12;\ p_2=\sqrt{\frac{2\times541.43}{165\times3\times10^{-4}}}=147.91$$

$$p_3=\sqrt{\frac{2\times1165.73}{165\times3\times10^{-4}}}=217.03;\ p_4=\sqrt{\frac{2\times452.77}{165\times3\times10^{-4}}}=135.25$$

（7）翅片效率和翅片表面效率

根据翅片参数 p，然后计算翅片效率 η_f 和翅片表面效率 η_0。

其中：

$$\eta_f=\frac{\tanh\left(\frac{pL}{2}\right)}{\frac{pL}{2}}$$

式中 L——翅片的高度，m；

$\tanh\left(\frac{pL}{2}\right)$——双曲正切函数（查附表 2 得）。

$$\eta_0=1-\frac{F_2}{F_0}(1-\eta_f)$$

式中 F_2——各流股中各侧翅片二次传热面积，m^2；

F_0——各流股中各侧翅片总传热面积，m^2。

1 股流侧：

$$L_1=6.5\times10^{-3}\mathrm{m}$$

$$\frac{F_2}{F_0}=0.816$$

$$\frac{pL_1}{2}=\frac{206.12\times6.5\times10^{-3}}{2}=0.6699$$

查附表 2 可知：

$$\tanh\left(\frac{pL}{2}\right)=0.585$$

1 股流侧翅片一次面传热效率按公式(3-7)计算：

$$\eta_f=\frac{\tanh\left(\frac{pL}{2}\right)}{\frac{pL}{2}}=\frac{0.585}{0.6699}=0.8733$$

1 股流侧翅片总传热效率按公式(3-8)计算：

$$\eta_0=1-\frac{F_2}{F_0}(1-\eta_f)=1-0.816\times(1-0.8733)=0.90$$

2 股流侧：

$$L_2=6.5\times10^{-3}\text{m}$$

$$\frac{F_2}{F_0}=0.816$$

$$\frac{pL_2}{2}=\frac{147.91\times6.5\times10^{-3}}{2}=0.481$$

查附表 2 可知：

$$\tanh\left(\frac{pL}{2}\right)=0.446$$

2 股流侧翅片一次面传热效率按公式(3-7)计算：

$$\eta_f=\frac{\tanh\left(\frac{pL}{2}\right)}{\frac{pL}{2}}=\frac{0.446}{0.481}=0.9272$$

2 股流侧翅片总传热效率按公式(3-8)计算：

$$\eta_0=1-\frac{F_2}{F_0}(1-\eta_f)=1-0.816\times(1-0.9272)=0.94$$

3 股流侧：

$$L_3=6.5\times10^{-3}\text{m}$$

$$\frac{F_2}{F_0}=0.816$$

$$\frac{pL_3}{2}=\frac{217.03\times6.5\times10^{-3}}{2}=0.7053$$

查附表 2 可知：

$$\tanh\left(\frac{pL}{2}\right)=0.6044$$

3 股流侧翅片一次面传热效率按公式(3-7)计算：

$$\eta_f=\frac{\tanh\left(\frac{pL}{2}\right)}{\frac{pL}{2}}=\frac{0.6044}{0.7053}=0.8569$$

3 股流侧翅片总传热效率按公式(3-8)计算：

$$\eta_0=1-\frac{F_2}{F_0}(1-\eta_f)=1-0.816\times(1-0.8569)=0.88$$

4 股流侧：

$$L_3=6.5\times10^{-3}\text{m}$$

$$\frac{F_2}{F_0}=0.816$$

$$\frac{pL_3}{2}=\frac{135.25\times6.5\times10^{-3}}{2}=0.4396$$

查附表 2 可知：

$$\tanh\left(\frac{pL}{2}\right)=0.4135$$

4 股流侧翅片一次面传热效率按公式(3-7)计算：

$$\eta_f=\frac{\tanh\left(\frac{pL}{2}\right)}{\frac{pL}{2}}=\frac{0.4135}{0.4396}=0.941$$

4 股流侧翅片总传热效率按公式(3-8)计算：

$$\eta_0=1-\frac{F_2}{F_0}(1-\eta_f)=1-0.816\times(1-0.941)=0.95$$

3.3.9 一级板翅式换热器传热面积计算

(1) 氮气侧与氢气预冷侧换热面积计算

以氮气侧传热面积为基准的总传热系数：

$$K_c=\frac{1}{\frac{1}{\alpha_h\eta_{0h}}\times\frac{F_{oc}}{F_{oh}}+\frac{1}{\alpha_c\eta_{0c}}} \tag{3-9}$$

式中 K_c——总传热系数，kcal/(m^2·h·℃)；

α_h——氢气预冷侧给热系数，kcal/(m^2·h·℃)；

η_{0h}——氢气预冷侧总传热效率；

η_{0c}——氮气侧总传热效率；

F_{oc}——氮气侧单位面积翅片的总传热面积，m^2；

F_{oh}——氢气预冷侧单位面积翅片的总传热面积，m^2；

α_c——氮气侧给热系数，kcal/(m^2·h·℃)。

$$K_c = \frac{1}{\dfrac{1}{253.738 \times 0.966} \times \dfrac{9.86}{8.94} + \dfrac{1}{528.097 \times 0.942}} = 153.61\ [\text{kcal}/(\text{m}^2 \cdot \text{h} \cdot ℃)]$$

以氢气侧传热面积为基准的总传热系数：

$$K_h = \frac{1}{\dfrac{1}{\alpha_h \eta_{0h}} + \dfrac{F_{oh}}{F_{oc}} \times \dfrac{1}{\alpha_c \eta_{0c}}} \tag{3-10}$$

$$= \frac{1}{\dfrac{1}{253.738 \times 0.966} + \dfrac{8.94}{9.86} \times \dfrac{1}{528.097 \times 0.942}} = 169.42\ [\text{kcal}/(\text{m}^2 \cdot \text{h} \cdot ℃)]$$

对数平均温差：

$$\Delta t_m = \frac{\Delta t' - \Delta t''}{\ln \dfrac{\Delta t'}{\Delta t''}} \tag{3-11}$$

式中　$\Delta t'$——换热器同一侧冷热流体较大温差端的温差,℃；

$\Delta t''$——换热器同一侧冷热流体较小温差端的温差,℃。

对顺流换热器，$\Delta t' = t'_1 - t'_2$，$\Delta t'' = t''_1 - t''_2$；对逆流换热器，$\Delta t'$为 $t'_1 - t''_2$ 和 $t''_1 - t'_2$ 两个温差中较大的一个温差，而 $\Delta t''$为另一个较小的温差。

$$\Delta t_m = \frac{\Delta t' - \Delta t''}{\ln \dfrac{\Delta t'}{\Delta t''}} = \frac{4-2}{\ln \dfrac{4}{2}} = 2.885\ (℃)$$

氮气侧传热面积：

$$A = \frac{Q}{K\Delta t} \tag{3-12}$$

式中　Q——传热负荷，W/（$\text{m}^2 \cdot \text{K}$）；

K——给热系数，kcal/（$\text{m}^2 \cdot \text{h} \cdot ℃$）；

Δt——对数平均温差,℃。

$$A = \frac{Q}{K\Delta t} = \frac{1029.5756 \times 3600}{4.186 \times 153.61 \times 2.885} = 1998\ (\text{m}^2)$$

经过初步计算，确定板翅式换热器的宽度为 3m。

氮气侧板束长度：

$$l = \frac{A}{fnb} \tag{3-13}$$

式中　f——氮气侧单位面积翅片的总传热面积，m^2；

n——流道数；

b——板翅式换热器宽度，m。

$$l = \frac{1998}{9.86 \times 3 \times 1 \times 10} = 6.75\ (\text{m})$$

氢气侧传热面积：

$$A = \frac{Q}{K\Delta t} = \frac{2399.3357 \times 3600}{4.186 \times 169.42 \times 2.885} = 4221.67\ (\text{m}^2)$$

氢气侧板束长度：

$$l=\frac{A}{fnb}=\frac{4221.67}{8.94\times3\times2\times10}=7.87(\mathrm{m})$$

（2）氢气预冷侧与氢气回气侧换热面积计算

以氢气预冷侧传热面积为基准的总传热系数：

$$K_c=\frac{1}{\dfrac{1}{\alpha_h\eta_{0h}}\times\dfrac{F_{oc}}{F_{oh}}+\dfrac{1}{\alpha_c\eta_{0c}}} \tag{3-14}$$

式中 K_c——氢气预冷侧总传热系数，kcal/(m^2·h·℃)；

α_h——氢气回气侧给热系数，kcal/(m^2·h·℃)；

η_{0h}——氢气回气侧总传热效率；

η_{0c}——氢气预冷侧总传热效率；

F_{oc}——氢气预冷侧单位面积翅片的总传热面积，m^2；

F_{oh}——氢气回气侧单位面积翅片的总传热面积，m^2；

α_c——氢气预冷侧给热系数，kcal/(m^2·h·℃)。

$$K_c=\frac{1}{\dfrac{1}{528.097\times0.942}\times\dfrac{8.94}{8.94}+\dfrac{1}{712.415\times0.925}}=283.473\ [\mathrm{kcal/(m^2\cdot h\cdot ℃)}]$$

以氢气回气侧传热面积为基准的总传热系数：

$$K_h=\frac{1}{\dfrac{1}{\alpha_h\eta_{0h}}+\dfrac{F_{oh}}{F_{oc}}\times\dfrac{1}{\alpha_c\eta_{0c}}} \tag{3-15}$$

$$=\frac{1}{\dfrac{1}{528.097\times0.942}+\dfrac{8.94}{8.94}\times\dfrac{1}{712.415\times0.925}}=283.473\ [\mathrm{kcal/(m^2\cdot h\cdot ℃)}]$$

对数平均温差计算：

$$\Delta t_m=\frac{\Delta t'-\Delta t''}{\ln\dfrac{\Delta t'}{\Delta t''}}=\frac{4-2}{\ln\dfrac{4}{2}}=2.885(℃)$$

氢气预冷侧传热面积：

$$A=\frac{Q}{K\Delta t}=\frac{2399.3357\times3600}{4.186\times283.473\times2.885}=2523.11\ (\mathrm{m^2})$$

式中 Q——传热负荷，W/（m^2·K）；

K——给热系数，kcal/（m^2·h·℃）；

Δt——对数平均温差，℃。

经过初步计算，确定板翅式换热器的宽度为3m。

氢气预冷侧板束长度：

$$l=\frac{A}{fnb}=\frac{2523.11}{8.94\times3\times2\times10}=4.704(\mathrm{m})$$

式中 f——氢气预冷侧单位面积翅片的总传热面积，m^2；

n——流道数；

b——板翅式换热器宽度，m。

氢气回气侧传热面积：

$$A=\frac{Q}{K\Delta t}=\frac{3431.6275\times3600}{4.186\times283.473\times2.885}=3608.66\ (\mathrm{m}^2)$$

氢气回气侧板束长度：

$$l=\frac{A}{fnb}=\frac{3608.66}{8.94\times3\times2\times10}=6.73(\mathrm{m})$$

（3）氢气回气侧与制冷剂预冷侧换热面积计算

以氢气回气侧传热面积为基准的总传热系数：

$$K_c=\frac{1}{\dfrac{1}{\alpha_h\eta_{0h}}\times\dfrac{F_{oc}}{F_{oh}}+\dfrac{1}{\alpha_c\eta_{0c}}} \tag{3-16}$$

式中 K_c——氢气回气侧总传热系数，kcal/(m^2·h·℃)；

α_h——制冷剂预冷侧给热系数，kcal/(m^2·h·℃)；

η_{0h}——制冷剂预冷侧总传热效率；

η_{0c}——氢气回气侧总传热效率；

F_{oc}——氢气回气侧单位面积翅片的总传热面积，m^2；

F_{oh}——制冷剂预冷侧单位面积翅片的总传热面积，m^2；

α_c——氢气回气侧给热系数，kcal/(m^2·h·℃)。

$$K_c=\frac{1}{\dfrac{1}{712.415\times0.925}\times\dfrac{8.94}{8.94}+\dfrac{1}{560.405\times0.94}}=292.76\ [\mathrm{kcal/(m^2\cdot h\cdot ℃)}]$$

以制冷剂预冷侧传热面积为基准的总传热系数：

$$K_h=\frac{1}{\dfrac{1}{\alpha_h\eta_{0h}}+\dfrac{F_{oh}}{F_{oc}}\times\dfrac{1}{\alpha_c\eta_{0c}}} \tag{3-17}$$

$$=\frac{1}{\dfrac{1}{712.415\times0.925}+\dfrac{8.94}{8.94}\times\dfrac{1}{560.405\times0.94}}=292.76\ [\mathrm{kcal/(m^2\cdot h\cdot ℃)}]$$

对数平均温差计算：

$$\Delta t_m=\frac{\Delta t'-\Delta t''}{\ln\dfrac{\Delta t'}{\Delta t''}}=\frac{4-2}{\ln\dfrac{4}{2}}=2.885(℃)$$

氢气回气侧传热面积：

$$A=\frac{Q}{K\Delta t}=\frac{3431.6275\times3600}{4.186\times292.76\times2.885}=3494.18\ (\mathrm{m}^2)$$

式中 Q——传热负荷，W/(m^2·K)；

K——给热系数，kcal/(m^2·h·℃)；

Δt——对数平均温差，℃。

经过初步计算，确定板翅式换热器的宽度为 3m。

氢气回气侧板束长度：

$$l=\frac{A}{fnb}=\frac{3494.18}{8.94\times3\times2\times10}=6.51(\mathrm{m})$$

式中 f——氢气回气侧单位面积翅片的总传热面积，$\mathrm{m^2}$；

n——流道数；

b——板翅式换热器宽度，m。

制冷剂预冷侧传热面积：

$$A=\frac{Q}{K\Delta t}=\frac{4561.2592\times3600}{4.186\times292.76\times2.885}=4644.41\ (\mathrm{m^2})$$

制冷剂预冷侧板束长度：

$$l=\frac{A}{fnb}=\frac{4644.41}{8.94\times3\times3\times10}=5.77(\mathrm{m})$$

（4）制冷剂预冷侧与制冷剂回气侧换热面积计算

以制冷剂预冷侧传热面积为基准的总传热系数：

$$K_c=\frac{1}{\dfrac{1}{\alpha_h\eta_{0h}}\times\dfrac{F_{oc}}{F_{oh}}+\dfrac{1}{\alpha_c\eta_{0c}}} \tag{3-18}$$

式中 K_c——制冷剂预冷侧总传热系数，kcal/(m²·h·℃)；

α_h——制冷剂回气侧给热系数，kcal/(m²·h·℃)；

η_{0h}——制冷剂回气侧总传热效率；

η_{0c}——制冷剂预冷侧总传热效率；

F_{oc}——制冷剂预冷侧单位面积翅片的总传热面积，$\mathrm{m^2}$；

F_{oh}——制冷剂回气侧单位面积翅片的总传热面积，$\mathrm{m^2}$；

α_c——制冷剂预冷侧给热系数，kcal/(m²·h·℃)。

$$K_c=\frac{1}{\dfrac{1}{560.405\times0.94}\times\dfrac{8.94}{8.94}+\dfrac{1}{616.392\times0.932}}=274.8\ [\mathrm{kcal/(m^2\cdot h\cdot ℃)}]$$

以制冷剂回气侧传热面积为基准的总传热系数：

$$K_h=\frac{1}{\dfrac{1}{\alpha_h\eta_{0h}}+\dfrac{F_{oh}}{F_{oc}}\times\dfrac{1}{\alpha_c\eta_{0c}}} \tag{3-19}$$

$$=\frac{1}{\dfrac{1}{560.405\times0.94}+\dfrac{8.94}{8.94}\times\dfrac{1}{616.392\times0.932}}=274.8\ [\mathrm{kcal/(m^2\cdot h\cdot ℃)}]$$

对数平均温差计算：

$$\Delta t_m=\frac{\Delta t'-\Delta t''}{\ln\dfrac{\Delta t'}{\Delta t''}}=\frac{4-2}{\ln\dfrac{4}{2}}=2.885(℃)$$

制冷剂预冷侧传热面积：

$$A=\frac{Q}{K\Delta t}=\frac{4561.2592\times3600}{4.186\times274.8\times2.885}=4947.95\ (\mathrm{m^2})$$

式中　Q——传热负荷，W/(m² · K)；

K——给热系数，kcal/(m² · h · ℃)；

Δt——对数平均温差,℃。

经过初步计算，确定板翅式换热器的宽度为 3m。

制冷剂预冷侧板束长度：

$$l=\frac{A}{fnb}=\frac{4947.95}{8.94\times3\times3\times10}=6.15(\mathrm{m})$$

式中　f——制冷剂预冷侧单位面积翅片的总传热面积，m²；

n——流道数；

b——板翅式换热器宽度，m。

制冷剂回气侧传热面积：

$$A=\frac{Q}{K\Delta t}=\frac{2499.3043\times3600}{4.186\times274.8\times2.885}=2711.19\ (\mathrm{m^2})$$

制冷剂回气侧板束长度：

$$l=\frac{A}{fnb}=\frac{2711.19}{8.94\times3\times2\times10}=5.05(\mathrm{m})$$

综上所述，对各计算长度取整，得到 EX1 换热器长度为 8m。

一级板翅式换热器每组板侧排列如图 3-9 所示，共 5 组，每组之间采用钎焊连接。其各侧换热面积如表 3-10 所示。

氮气
氢气预冷
氢气回气
制冷剂预冷
制冷剂回气

图 3-9　一级板翅式换热器每组板侧排列

表 3-10　一级板翅式换热器各侧换热面积

换热侧	面积/m²
氮气侧	1998
氢气预冷侧	4221.67
氢气预冷侧	2523.11
氢气回气侧	3608.66
氢气回气侧	3494.18
制冷剂预冷侧	4644.41
制冷剂预冷侧	4947.95
制冷剂回气侧	2711.19
总换热面积	28149.17

3.3.10 二级板翅式换热器传热面积计算

（1）氢气预冷侧与氢气回气侧换热面积计算

以氢气预冷侧传热面积为基准的总传热系数：

$$K_c=\frac{1}{\frac{1}{\alpha_h\eta_{0h}}\times\frac{F_{oc}}{F_{oh}}+\frac{1}{\alpha_c\eta_{0c}}}$$

式中 K_c——氢气预冷侧总传热系数，kcal/(m^2·h·℃)；

α_h——氢气回气侧给热系数，kcal/(m^2·h·℃)；

η_{0h}——氢气回气侧总传热效率；

η_{0c}——氢气预冷侧总传热效率；

F_{oc}——氢气预冷侧单位面积翅片的总传热面积，m^2；

F_{oh}——氢气回气侧单位面积翅片的总传热面积，m^2；

α_c——氢气预冷侧给热系数，kcal/(m^2·h·℃)。

$$K_c=\frac{1}{\frac{1}{824.37\times0.92}\times\frac{8.94}{8.94}+\frac{1}{963.12\times0.9}}=404.5\ [\text{kcal/(m}^2\cdot\text{h}\cdot℃)]$$

以氢气回气侧传热面积为基准的总传热系数：

$$K_h=\frac{1}{\frac{1}{\alpha_h\eta_{0h}}+\frac{F_{oh}}{F_{oc}}\times\frac{1}{\alpha_c\eta_{0c}}}$$

$$=\frac{1}{\frac{1}{824.37\times0.92}+\frac{8.94}{8.94}\times\frac{1}{963.12\times0.9}}=404.5\ [\text{kcal/(m}^2\cdot\text{h}\cdot℃)]$$

对数平均温差的计算：

$$\Delta t_m=\frac{\Delta t'-\Delta t''}{\ln\frac{\Delta t'}{\Delta t''}}=\frac{5-2}{\ln\frac{5}{2}}=3.27(℃)$$

氢气预冷侧传热面积：

$$A=\frac{Q}{K\Delta t}=\frac{137.9207\times3600}{4.186\times404.5\times3.27}=89.67\ (\text{m}^2)$$

式中 Q——传热负荷，W/(m^2·K)；

K——给热系数，kcal/(m^2·h·℃)；

Δt——对数平均温差,℃。

经过初步计算，确定板翅式换热器的宽度为3m。

氢气预冷侧板束长度：

$$l=\frac{A}{fnb}=\frac{89.67}{8.94\times3\times1\times5}=0.67(\text{m})$$

式中 f——氢气预冷侧单位面积翅片的总传热面积，m^2；

n——流道数；

b——板翅式换热器宽度，m。

氢气回气侧传热面积：

$$A=\frac{Q}{K\Delta t}=\frac{225.3695\times3600}{4.186\times404.5\times3.27}=144.58\ (\text{m}^2)$$

氢气回气侧板束长度：

$$l=\frac{A}{fnb}=\frac{144.58}{8.94\times3\times1\times5}=1.08(\text{m})$$

（2）氢气回气侧与制冷剂预冷侧换热面积计算

以氢气回气侧传热面积为基准的总传热系数：

$$K_c=\frac{1}{\frac{1}{\alpha_h\eta_{0h}}\times\frac{F_{oc}}{F_{oh}}+\frac{1}{\alpha_c\eta_{0c}}}$$

式中　K_c——氢气回气侧总传热系数，kcal/(m²·h·℃)；

α_h——制冷剂预冷侧给热系数，kcal/(m²·h·℃)；

η_{0h}——制冷剂预冷侧总传热效率；

η_{0c}——氢气回气侧总传热效率；

F_{oc}——氢气回气侧单位面积翅片的总传热面积，m²；

F_{oh}——制冷剂预冷侧单位面积翅片的总传热面积，m²；

α_c——氢气回气侧给热系数，kcal/(m²·h·℃)。

$$K_c=\frac{1}{\frac{1}{963.12\times0.9}\times\frac{8.94}{11.1}+\frac{1}{781.78\times0.92}}=431.12\ [\text{kcal}/(\text{m}^2\cdot\text{h}\cdot{}^\circ\text{C})]$$

以制冷剂预冷侧传热面积为基准的总传热系数：

$$K_h=\frac{1}{\frac{1}{\alpha_h\eta_{0h}}+\frac{F_{oh}}{F_{oc}}\times\frac{1}{\alpha_c\eta_{0c}}}$$

$$=\frac{1}{\frac{1}{963.12\times0.9}+\frac{11.1}{8.94}\times\frac{1}{781.78\times0.92}}=347.23\ [\text{kcal}/(\text{m}^2\cdot\text{h}\cdot{}^\circ\text{C})]$$

对数平均温差计算：

$$\Delta t_m=\frac{\Delta t'-\Delta t''}{\ln\frac{\Delta t'}{\Delta t''}}=\frac{5-2}{\ln\frac{5}{2}}=3.27(^\circ\text{C})$$

氢气回气侧传热面积：

$$A=\frac{Q}{K\Delta t}=\frac{225.3695\times3600}{4.186\times431.12\times3.27}=137.48\ (\text{m}^2)$$

式中　Q——传热负荷，W/(m²·K)；

K——给热系数，kcal/(m²·h·℃)；

Δt——对数平均温差，℃。

经过初步计算，确定板翅式换热器的宽度为 3m。

氢气回气侧板束长度：

$$l=\frac{A}{fnb}=\frac{137.48}{8.94\times3\times1\times5}=1.03(\mathrm{m})$$

式中 f——氢气回气侧单位面积翅片的总传热面积，m^2；

n——流道数；

b——板翅式换热器宽度，m。

制冷剂预冷侧传热面积：

$$A=\frac{Q}{K\Delta t}=\frac{261.1566\times3600}{4.186\times347.23\times3.27}=197.81\ (\mathrm{m^2})$$

制冷剂预冷侧板束长度：

$$l=\frac{A}{fnb}=\frac{197.81}{11.1\times3\times1\times5}=1.19(\mathrm{m})$$

（3）制冷剂预冷侧与制冷剂回气侧换热面积计算

以制冷剂预冷侧传热面积为基准的总传热系数：

$$K_c=\frac{1}{\frac{1}{\alpha_h\eta_{0h}}\times\frac{F_{oc}}{F_{oh}}+\frac{1}{\alpha_c\eta_{0c}}}$$

式中 K_c——制冷剂预冷侧总传热系数，kcal/(m^2·h·℃)；

α_h——制冷剂回气侧给热系数，kcal/(m^2·h·℃)；

η_{0h}——制冷剂回气侧总传热效率；

η_{0c}——制冷剂预冷侧总传热效率；

F_{oc}——制冷剂预冷侧单位面积翅片的总传热面积，m^2；

F_{oh}——制冷剂回气侧单位面积翅片的总传热面积，m^2；

α_c——制冷剂预冷侧给热系数，kcal/(m^2·h·℃)。

$$K_c=\frac{1}{\frac{1}{781.78\times0.92}\times\frac{11.1}{8.94}+\frac{1}{901.71\times0.77}}=315.8[\mathrm{kcal/(m^2\cdot h\cdot ℃)}]$$

以制冷剂回气侧传热面积为基准的总传热系数：

$$K_h=\frac{1}{\frac{1}{\alpha_h\eta_{0h}}+\frac{F_{oh}}{F_{oc}}\times\frac{1}{\alpha_c\eta_{0c}}}$$

$$=\frac{1}{\frac{1}{781.78\times0.92}+\frac{8.94}{11.1}\times\frac{1}{901.71\times0.77}}=392.1[\mathrm{kcal/(m^2\cdot h\cdot ℃)}]$$

对数平均温差计算：

$$\Delta t_m=\frac{\Delta t'-\Delta t''}{\ln\frac{\Delta t'}{\Delta t''}}=\frac{5-2}{\ln\frac{5}{2}}=3.27(℃)$$

制冷剂预冷侧传热面积：

$$A=\frac{Q}{K\Delta t}=\frac{261.1566\times 3600}{4.186\times 315.8\times 3.27}=217.49(\mathrm{m^2})$$

式中　Q——传热负荷，W/(m² · K)；

K——给热系数，kcal/(m² · h · ℃)；

Δt——对数平均温差，℃。

经过初步计算，确定板翅式换热器的宽度为 3m。

制冷剂预冷侧板束长度：

$$l=\frac{A}{fnb}=\frac{217.49}{11.1\times 3\times 1\times 5}=1.31(\mathrm{m})$$

式中　f——制冷剂预冷侧单位面积翅片的总传热面积，m²；

n——流道数；

b——板翅式换热器宽度，m。

制冷剂回气侧传热面积：

$$A=\frac{Q}{K\Delta t}=\frac{170.2435\times 3600}{4.186\times 392.1\times 3.27}=114.19(\mathrm{m^2})$$

制冷剂回气侧板束长度：

$$l=\frac{A}{fnb}=\frac{114.19}{8.94\times 3\times 1\times 5}=0.85(\mathrm{m})$$

综上所述，对各计算长度取整，得到 EX2 换热器长度为 1.4m。

二级板翅式换热器每组板侧排列如图 3-10 所示，共 4 组，每组之间采用钎焊连接。其各侧换热面积如表 3-11 所示。

氮气
氢气预冷
氢气回气
制冷剂预冷
制冷剂回气

图 3-10　二级板翅式换热器每组板侧排列

表 3-11　二级板翅式换热器各侧换热面积

换热侧	面积/m²
氢气预冷侧	89.67
氢气回气侧	144.58
氢气回气侧	137.48
制冷剂预冷侧	197.81
制冷剂预冷侧	217.49
制冷剂回气侧	114.19
总换热面积	901.22

3.3.11 三级板翅式换热器传热面积计算

（1）氢气预冷侧与氢气回气侧换热面积计算

以氢气预冷侧传热面积为基准的总传热系数：

$$K_c=\frac{1}{\frac{1}{\alpha_h\eta_{0h}}\times\frac{F_{oc}}{F_{oh}}+\frac{1}{\alpha_c\eta_{0c}}}$$

式中 K_c——氢气预冷侧总传热系数，kcal/(m^2·h·℃)；

α_h——氢气回气侧给热系数，kcal/(m^2·h·℃)；

η_{0h}——氢气回气侧总传热效率；

η_{0c}——氢气预冷侧总传热效率；

F_{oc}——氢气预冷侧单位面积翅片的总传热面积，m^2；

F_{oh}——氢气回气侧单位面积翅片的总传热面积，m^2；

α_c——氢气预冷侧给热系数，kcal/(m^2·h·℃)。

$$K_c=\frac{1}{\frac{1}{816.783\times0.91}\times\frac{8.94}{8.94}+\frac{1}{862.69\times0.91}}=383.94[\mathrm{kcal/(m^2\cdot h\cdot ℃)}]$$

以氢气回气侧传热面积为基准的总传热系数：

$$K_h=\frac{1}{\frac{1}{\alpha_h\eta_{0h}}+\frac{F_{oh}}{F_{oc}}\times\frac{1}{\alpha_c\eta_{0c}}}$$

$$=\frac{1}{\frac{1}{816.783\times0.91}+\frac{8.94}{8.94}\times\frac{1}{862.69\times0.91}}=383.94[\mathrm{kcal/(m^2\cdot h\cdot ℃)}]$$

对数平均温差计算：

$$\Delta t_{max}/\Delta t_{min}<2$$

则：

$$\Delta t_m=\frac{5+4}{2}=4.5(℃)$$

氢气预冷侧传热面积：

$$A=\frac{Q}{K\Delta t}=\frac{264.994\times3600}{4.186\times383.94\times4.5}=131.91(\mathrm{m^2})$$

式中 Q——传热负荷，W/(m^2·K)；

K——给热系数，kcal/(m^2·h·℃)；

Δt——对数平均温差，℃。

经过初步计算，确定板翅式换热器的宽度为3m。

氢气预冷侧板束长度：

$$l=\frac{A}{fnb}=\frac{131.91}{8.94\times3\times1\times5}=0.98(\mathrm{m})$$

式中 f——氢气预冷侧单位面积翅片的总传热面积，m^2；

n——流道数；

b——板翅式换热器宽度，m。

氢气回气侧传热面积：

$$A=\frac{Q}{K\Delta t}=\frac{278.889\times3600}{4.186\times383.94\times4.5}=138.8(\text{m}^2)$$

氢气回气侧板束长度：

$$l=\frac{A}{fnb}=\frac{138.8}{8.94\times3\times1\times5}=1.04(\text{m})$$

（2）氢气回气侧与制冷剂预冷侧换热面积计算

以氢气回气侧传热面积为基准的总传热系数：

$$K_c=\cfrac{1}{\cfrac{1}{\alpha_h\eta_{0h}}\times\cfrac{F_{oc}}{F_{oh}}+\cfrac{1}{\alpha_c\eta_{0c}}}$$

式中　K_c——氢气回气侧总传热系数，kcal/(m^2·h·℃)；

α_h——制冷剂预冷侧给热系数，kcal/(m^2·h·℃)；

η_{0h}——制冷剂预冷侧总传热效率；

η_{0c}——氢气回气侧总传热效率；

F_{oc}——氢气回气侧单位面积翅片的总传热面积，m^2；

F_{oh}——制冷剂预冷侧单位面积翅片的总传热面积，m^2；

α_c——氢气回气侧给热系数，kcal/(m^2·h·℃)。

$$K_c=\cfrac{1}{\cfrac{1}{862.69\times0.91}\times\cfrac{8.94}{8.94}+\cfrac{1}{740.9361\times0.92}}=365[\text{kcal}/(\text{m}^2\cdot\text{h}\cdot℃)]$$

以制冷剂预冷侧传热面积为基准的总传热系数：

$$K_h=\cfrac{1}{\cfrac{1}{\alpha_h\eta_{0h}}+\cfrac{F_{oh}}{F_{oc}}\times\cfrac{1}{\alpha_c\eta_{0c}}}=\cfrac{1}{\cfrac{1}{862.69\times0.91}+\cfrac{8.94}{8.94}\times\cfrac{1}{740.9361\times0.92}}=365[\text{kcal}/(\text{m}^2\cdot\text{h}\cdot℃)]$$

对数平均温差计算：

$$\Delta t_{max}/\Delta t_{min}<2$$

则：

$$\Delta t_m=\frac{5+4}{2}=4.5(℃)$$

氢气回气侧传热面积：

$$A=\frac{Q}{K\Delta t}=\frac{278.889\times3600}{4.186\times365\times4.5}=146.03(\text{m}^2)$$

式中　Q——传热负荷，W/(m^2·K)；

K——给热系数，kcal/(m^2·h·℃)；

Δt——对数平均温差，℃。

经过初步计算，确定板翅式换热器的宽度为3m。

氢气回气侧板束长度：

$$l=\frac{A}{fnb}=\frac{146.03}{8.94\times3\times1\times5}=1.09(\mathrm{m})$$

式中 f——氢气回气侧单位面积翅片的总传热面积，m^2；

n——流道数；

b——板翅式换热器宽度，m。

制冷剂预冷侧传热面积：

$$A=\frac{Q}{K\Delta t}=\frac{236.5788\times3600}{4.186\times365\times4.5}=123.87(\mathrm{m^2})$$

制冷剂预冷侧板束长度：

$$l=\frac{A}{fnb}=\frac{123.87}{8.94\times3\times1\times5}=0.92(\mathrm{m})$$

（3）制冷剂预冷侧与制冷剂回气侧换热面积计算

以制冷剂预冷侧传热面积为基准的总传热系数：

$$K_c=\frac{1}{\frac{1}{\alpha_h\eta_{0h}}\times\frac{F_{oc}}{F_{oh}}+\frac{1}{\alpha_c\eta_{0c}}}$$

式中 K_c——制冷剂预冷侧总传热系数，kcal/(m²·h·℃)；

α_h——制冷剂回气侧给热系数，kcal/(m²·h·℃)；

η_{0h}——制冷剂回气侧总传热效率；

η_{0c}——制冷剂预冷侧总传热效率；

F_{oc}——制冷剂预冷侧单位面积翅片的总传热面积，m^2；

F_{oh}——制冷剂回气侧单位面积翅片的总传热面积，m^2；

α_c——制冷剂预冷侧给热系数，kcal/(m²·h·℃)。

$$K_c=\frac{1}{\frac{1}{740.9361\times0.92}\times\frac{8.94}{8.94}+\frac{1}{761.235\times0.92}}=345.44[\mathrm{kcal/(m^2\cdot h\cdot ℃)}]$$

以制冷剂回气侧传热面积为基准的总传热系数：

$$K_h=\frac{1}{\frac{1}{\alpha_h\eta_{0h}}+\frac{F_{oh}}{F_{oc}}\times\frac{1}{\alpha_c\eta_{0c}}}$$

$$=\frac{1}{\frac{1}{740.9361\times0.92}+\frac{8.94}{8.94}\times\frac{1}{761.235\times0.92}}=345.44[\mathrm{kcal/(m^2\cdot h\cdot ℃)}]$$

对数平均温差的计算：

$$\Delta t_{max}/\Delta t_{min}<2$$

则：

$$\Delta t_m = \frac{5 + 4}{2} = 4.5(℃)$$

制冷剂预冷侧传热面积：

$$A = \frac{Q}{K\Delta t} = \frac{236.5787 \times 3600}{4.186 \times 345.44 \times 4.5} = 130.89(m^2)$$

式中　Q——传热负荷，W/(m^2 · K)；

K——给热系数，kcal/(m^2 · h · ℃)；

Δt——对数平均温差，℃。

经过初步计算，确定板翅式换热器的宽度为 3m。

制冷剂预冷侧板束长度：

$$l = \frac{A}{fnb} = \frac{130.89}{8.94 \times 3 \times 1 \times 5} = 0.98(m)$$

式中　f——制冷剂预冷侧单位面积翅片的总传热面积，m^2；

n——流道数；

b——板翅式换热器宽度，m。

制冷剂回气侧传热面积：

$$A = \frac{Q}{K\Delta t} = \frac{222.6657 \times 3600}{4.186 \times 345.44 \times 4.5} = 123.19(m^2)$$

制冷剂回气侧板束长度：

$$l = \frac{A}{fnb} = \frac{123.19}{8.94 \times 3 \times 1 \times 5} = 0.92(m)$$

综上所述，对各计算长度取整，得到 EX3 换热器长度为 1.1m。

三级板翅式换热器每组板侧排列如图 3-11 所示，共 4 组，每组之间采用钎焊连接。其各侧换热面积如表 3-12 所示。

氢气预冷
氢气回气
制冷剂预冷
制冷剂回气

图 3-11　三级板翅式换热器每组板侧排列

表 3-12　三级板翅式换热器各侧换热面积

换热侧	面积/m^2
氢气预冷侧	131.91
氢气回气侧	138.8
氢气回气侧	146.03
制冷剂预冷侧	123.87
制冷剂预冷侧	130.89
制冷剂回气侧	123.19
总换热面积	794.69

3.3.12 四级板翅式换热器传热面积计算

（1）氢气预冷侧与制冷剂回气侧换热面积计算

以氢气预冷侧传热面积为基准的总传热系数：

$$K_c = \frac{1}{\frac{1}{\alpha_h \eta_{0h}} \times \frac{F_{oc}}{F_{oh}} + \frac{1}{\alpha_c \eta_{0c}}}$$

式中 K_c——氢气预冷侧总传热系数，kcal/(m^2·h·℃)；

α_h——制冷剂回气侧给热系数，kcal/(m^2·h·℃)；

η_{0h}——制冷剂回气侧总传热效率；

η_{0c}——氢气预冷侧总传热效率；

F_{oc}——氢气预冷侧单位面积翅片的总传热面积，m^2；

F_{oh}——制冷剂回气侧单位面积翅片的总传热面积，m^2；

α_c——氢气预冷侧给热系数，kcal/(m^2·h·℃)。

$$K_c = \frac{1}{\frac{1}{1051.5 \times 0.9} \times \frac{8.94}{8.94} + \frac{1}{541.43 \times 0.94}} = 330.96[\text{kcal/(m}^2 \cdot \text{h} \cdot ℃)]$$

以制冷剂回气侧传热面积为基准的总传热系数：

$$K_h = \frac{1}{\frac{1}{\alpha_h \eta_{0h}} + \frac{F_{oh}}{F_{oc}} \times \frac{1}{\alpha_c \eta_{0c}}} = \frac{1}{\frac{1}{1051.5 \times 0.9} + \frac{8.94}{8.94} \times \frac{1}{541.43 \times 0.94}} = 330.96[\text{kcal/(m}^2 \cdot \text{h} \cdot ℃)]$$

对数平均温差计算：

$$\Delta t_m = \frac{\Delta t' - \Delta t''}{\ln \frac{\Delta t'}{\Delta t''}} = \frac{14.68 - 4}{\ln \frac{14.68}{4}} = 8.214(℃)$$

氢气预冷侧传热面积：

$$A = \frac{Q}{K\Delta t} = \frac{211.0015 \times 3600}{4.186 \times 330.96 \times 8.214} = 66.75(\text{m}^2)$$

式中 Q——传热负荷，W/(m^2·K)；

K——给热系数，kcal/(m^2·h·℃)；

Δt——对数平均温差，℃。

经过初步计算，确定板翅式换热器的宽度为3m。

氢气预冷侧板束长度：

$$l = \frac{A}{fnb} = \frac{66.75}{8.94 \times 3 \times 1 \times 5} = 0.50(\text{m})$$

式中 f——氢气预冷侧单位面积翅片的总传热面积，m^2；

n——流道数；

b——板翅式换热器宽度，m。

制冷剂回气侧传热面积：

$$A=\frac{Q}{K\Delta t}=\frac{271.5084\times 3600}{4.186\times 330.96\times 8.214}=85.89(\mathrm{m}^2)$$

制冷剂回气侧板束长度：

$$l=\frac{A}{fnb}=\frac{85.89}{8.94\times 3\times 1\times 5}=0.64(\mathrm{m})$$

（2）**制冷剂回气侧与制冷剂预冷侧换热面积计算**

以制冷剂回气侧传热面积为基准的总传热系数：

$$K_c=\frac{1}{\frac{1}{\alpha_h\eta_{0h}}\times\frac{F_{oc}}{F_{oh}}+\frac{1}{\alpha_c\eta_{0c}}}$$

式中 K_c——制冷剂回气侧总传热系数，kcal/(m^2·h·℃)；

α_h——制冷剂预冷侧给热系数，kcal/(m^2·h·℃)；

η_{0h}——制冷剂预冷侧总传热效率；

η_{0c}——制冷剂回气侧总传热效率；

F_{oc}——制冷剂回气侧单位面积翅片的总传热面积，m^2；

F_{oh}——制冷剂预冷侧单位面积翅片的总传热面积，m^2；

α_c——制冷剂回气侧给热系数，kcal/(m^2·h·℃)。

$$K_c=\frac{1}{\frac{1}{541.43\times 0.94}\times\frac{8.94}{8.94}+\frac{1}{1165.73\times 0.88}}=340.18[\mathrm{kcal/(m^2\cdot h\cdot ℃)}]$$

以制冷剂预冷侧传热面积为基准的总传热系数：

$$K_h=\frac{1}{\frac{1}{\alpha_h\eta_{0h}}+\frac{F_{oh}}{F_{oc}}\times\frac{1}{\alpha_c\eta_{0c}}}$$

$$=\frac{1}{\frac{1}{541.43\times 0.94}+\frac{8.94}{8.94}\times\frac{1}{1165.73\times 0.88}}=340.18[\mathrm{kcal/(m^2\cdot h\cdot ℃)}]$$

对数平均温差的计算：

$$\Delta t_m=\frac{\Delta t'-\Delta t''}{\ln\frac{\Delta t'}{\Delta t''}}=\frac{14.68-4}{\ln\frac{14.68}{4}}=8.214(℃)$$

制冷剂回气侧传热面积：

$$A=\frac{Q}{K\Delta t}=\frac{271.5084\times 3600}{4.186\times 340.18\times 8.214}=83.56(\mathrm{m}^2)$$

式中 Q——传热负荷，W/(m^2·K)；

K——给热系数，kcal/(m^2·h·℃)；

Δt——对数平均温差，℃。

经过初步计算，确定板翅式换热器的宽度为3m。

制冷剂回气侧板束长度：

$$l=\frac{A}{fnb}=\frac{83.56}{8.94\times3\times1\times5}=0.62(\mathrm{m})$$

式中 f——制冷剂回气侧单位面积翅片的总传热面积，m^2；

n——流道数；

b——板翅式换热器宽度，m。

制冷剂预冷侧传热面积：

$$A=\frac{Q}{K\Delta t}=\frac{172.5156\times3600}{4.186\times340.18\times8.214}=53.10(\mathrm{m}^2)$$

制冷剂预冷侧板束长度：

$$l=\frac{A}{fnb}=\frac{53.10}{8.94\times3\times1\times5}=0.40(\mathrm{m})$$

（3）制冷剂预冷侧与氢气回气侧换热面积计算

以制冷剂预冷侧传热面积为基准的总传热系数：

$$K_c=\frac{1}{\frac{1}{\alpha_h\eta_{0h}}\times\frac{F_{oc}}{F_{oh}}+\frac{1}{\alpha_c\eta_{0c}}}$$

式中 K_c——制冷剂预冷侧总传热系数，kcal/(m^2·h·℃)；

α_h——氢气回气侧给热系数，kcal/(m^2·h·℃)；

η_{0h}——氢气回气侧总传热效率；

η_{0c}——制冷剂预冷侧总传热效率；

F_{oc}——制冷剂预冷侧单位面积翅片的总传热面积，m^2；

F_{oh}——氢气回气侧单位面积翅片的总传热面积，m^2；

α_c——制冷剂预冷侧给热系数，kcal/(m^2·h·℃)。

$$K_c=\frac{1}{\frac{1}{1165.73\times0.88}\times\frac{8.94}{8.94}+\frac{1}{452.77\times0.95}}=303.06[\mathrm{kcal/(m^2\cdot h\cdot ℃)}]$$

以氢气回气侧传热面积为基准的总传热系数：

$$K_h=\frac{1}{\frac{1}{\alpha_h\eta_{0h}}+\frac{F_{oh}}{F_{oc}}\times\frac{1}{\alpha_c\eta_{0c}}}$$

$$K_h=\frac{1}{\frac{1}{1165.73\times0.88}+\frac{8.94}{8.94}\times\frac{1}{452.77\times0.95}}=303.06[\mathrm{kcal/(m^2\cdot h\cdot ℃)}]$$

对数平均温差的计算：

$$\Delta t_m=\frac{\Delta t'-\Delta t''}{\ln\frac{\Delta t'}{\Delta t''}}=\frac{14.68-4}{\ln\frac{14.68}{4}}=8.214(℃)$$

制冷剂预冷侧传热面积：

$$A=\frac{Q}{K\Delta t}=\frac{172.5156\times 3600}{4.186\times 303.06\times 8.214}=59.6(\text{m}^2)$$

式中　Q——传热负荷，W/(m^2·K)；

K——给热系数，kcal/(m^2·h·℃)；

Δt——对数平均温差，℃。

经过初步计算，确定板翅式换热器的宽度为 3m。

制冷剂预冷侧板束长度：

$$l=\frac{A}{fnb}=\frac{59.6}{8.94\times 3\times 1\times 5}=0.44(\text{m})$$

式中　f——制冷剂预冷侧单位面积翅片的总传热面积，m^2；

n——流道数；

b——板翅式换热器宽度，m。

氢气回气侧传热面积：

$$A=\frac{Q}{K\Delta t}=\frac{111.9956\times 3600}{4.186\times 303.06\times 8.214}=38.69(\text{m}^2)$$

氢气回气侧板束长度：

$$l=\frac{A}{fnb}=\frac{38.69}{8.94\times 3\times 1\times 5}=0.29(\text{m})$$

综上所述，对各计算长度取整，得到 EX4 换热器长度为 1m。

四级板翅式换热器每组板侧排列如图 3-12 所示，共 4 组，每组之间采用钎焊连接。其各侧换热面积如表 3-13 所示。

氢气预冷
制冷剂回气
制冷剂预冷
氢气回气

图 3-12　四级板翅式换热器每组板侧排列

表 3-13　四级板翅式换热器各侧换热面积

换热侧	面积/m^2
氢气预冷侧	66.75
制冷剂回气侧	85.89
制冷剂回气侧	83.56
制冷剂预冷侧	53.10
制冷剂预冷侧	59.60
氢气回气侧	38.69
总换热面积	387.59

3.3.13　换热器压力损失计算

翅片部分参数如表 3-14 所示。

表 3-14　翅片部分参数

名称	单位	平直翅片
翅高 L	mm	6.5
翅厚	mm	0.3
翅距 m	mm	1.7
通道截面积	m^2	0.00511
当量直径 D_e	mm	2.28

为了简化板翅式换热器的阻力计算，可以把板翅式换热器分成三部分，见图 2-23。分别为入口管、出口管和换热器中心部分，各项阻力分别用以下公式计算。

a. 换热器中心入口的压力损失，即由导流片出口到换热器中心截面积的变化引起的压力降。

$$\Delta p_1 = \frac{G^2}{2g_c \rho_1}(1 - \sigma^2) + K_c \frac{G^2}{2g_c\rho_1} \tag{3-20}$$

式中　Δp_1——入口处压力降，Pa；

G——流体在板束中的质量流速，kg/(m²·h)；

g_c——重力换算系数，为 1.27×10^8；

ρ_1——流体入口密度，kg/m³；

σ——板束通道截面积与集气管最大截面积之比；

K_c——收缩阻力系数，由附图 3 查得。

b. 换热器中心部分出口的压力降，即由换热器中心部分到导流片入口截面积发生变化引起的压力降。

$$\Delta p_2 = \frac{G^2}{2g_c\rho_2}(1 - \sigma^2) - K_e \frac{G^2}{2g_c \rho_2} \tag{3-21}$$

式中　Δp_2——出口处压升，Pa；

ρ_2——流体出口密度，kg/m³；

K_e——扩大阻力系数，由附图 3 查得。

c. 换热器中心部分的压力降。换热器中心部分的压力降主要由传热面形状改变产生的摩擦阻力和局部阻力组成，将这两部分阻力综合考虑，可以看作是作用于总摩擦面积 A 上的等效剪切力。即换热器中心部分压力降可用以下公式计算：

$$\Delta p_3 = \frac{4fl}{D_e} \times \frac{G^2}{2g_c \rho_{av}} \tag{3-22}$$

式中　Δp_3——换热器中心部分压力降，Pa；

f——摩擦系数；

l——换热器长度，m；

D_e——翅片当量直径，m；

ρ_{av}——进出口流体平均密度，kg/m³。

所以流体经过板翅式换热器的总压力降可表示为：

$$\Delta p = \frac{G^2}{2g_c\rho_1}\left[(K_c + 1 - \sigma^2) + 2\left(\frac{\rho_1}{\rho_2} - 1\right) + \frac{4fl}{D_e} \times \frac{\rho_1}{\rho_{av}} - (1 - \sigma^2 - K_e)\frac{\rho_1}{\rho_2}\right] \tag{3-23}$$

$$\sigma = \frac{f_a}{A_{fa}};\quad f_a = \frac{x(L - \delta)L_w n}{x + \delta};\quad A_{fa} = (L + \delta_s)L_w N_t \tag{3-24}$$

式中　δ_s——板翅式换热器翅片隔板厚度，m；

δ——翅片厚度，m；

L——翅片高度，m；

L_w——翅片有效宽度，m；

x——翅片内距，$x=m-\delta$，m；

N_t——冷热交换总层数，m；

n——通道层数。

（1）EX1 换热器压力损失计算

一级换热器各侧的雷诺数、质量流速、出入口密度的统计如表 3-15 所示。

表 3-15　EX1 换热器压力损失计算参数表

名称	雷诺数	质量流速/[kg/(m²·s)]	入口处密度/(kg/m³)	出口处密度/(kg/m³)	平均温度下的密度/(kg/m³)
氮气侧	278. 9394	21. 0492	807. 02	0. 9324	1. 6601
氢气预冷侧	97. 9172	2. 7511	1. 6912	6. 4429	2. 6458
氢气回气侧	148. 4001	4. 0737	0. 22023	0. 04191	0. 07939
制冷剂预冷侧	123. 2017	3. 4721	2. 0373	7. 8251	3. 1884
制冷剂回气侧	107. 1074	2. 9494	2. 0318	0. 5179	0. 8042

① 氮气侧压力损失的计算

$$\Delta p=\frac{G^2}{2g_c\rho_1}\left[(K_c+1-\sigma^2)+2\left(\frac{\rho_1}{\rho_2}-1\right)+\frac{4fl}{D_e}\times\frac{\rho_1}{\rho_{av}}-(1-\sigma^2-K_e)\frac{\rho_1}{\rho_2}\right]$$

$$f_a=\frac{x(L-\delta)L_wn}{x+\delta}=\frac{(m-\delta)(L-\delta)L_wn}{m}=\frac{(1.4-0.5)\times(6.5-0.5)\times3\times10\times10^{-3}}{1.4}=0.1157(\text{m}^2)$$

$$A_{fa}=(L+\delta_s)L_wN_t=(6.5+0.227)\times3\times20\times10^{-3}=0.4036(\text{m}^2)$$

$$\sigma=\frac{f_a}{A_{fa}}=\frac{0.1157}{0.4036}=0.2867$$

查附图 3 得 $K_c=0.76$，$K_e=0.53$；取摩擦系数 $f=0.045$。

$$\Delta p=\frac{(21.0492\times3600)^2}{2\times1.27\times10^8\times807.02}\times\left[(0.76+1-0.2867^2)+2\times\left(\frac{807.02}{0.9324}-1\right)+\frac{4\times0.045\times8}{0.001\times1.56}\times\frac{807.02}{1.6601}-(1-0.2867^2-0.53)\times\frac{807.02}{0.9324}\right]=12598.6(\text{Pa})$$

② 氢气预冷侧压力损失的计算

$$\Delta p=\frac{G^2}{2g_c\rho_1}\left[(K_c+1-\sigma^2)+2\left(\frac{\rho_1}{\rho_2}-1\right)+\frac{4fl}{D_e}\times\frac{\rho_1}{\rho_{av}}-(1-\sigma^2-K_e)\frac{\rho_1}{\rho_2}\right]$$

$$f_a=\frac{x(L-\delta)L_wn}{x+\delta}=\frac{(m-\delta)(L-\delta)L_wn}{m}=\frac{(1.7-0.3)\times(6.5-0.3)\times3\times10\times10^{-3}}{1.7}=0.1532(\text{m}^2)$$

$$A_{fa}=(L+\delta_s)L_wN_t=(6.5+0.35)\times3\times30\times10^{-3}=0.6165(\text{m}^2)$$

$$\sigma=\frac{f_a}{A_{fa}}=\frac{0.1532}{0.6165}=0.2485$$

查附图 3 得 $K_c=0.78$，$K_e=0.47$；取摩擦系数 $f=0.05$。

$$\Delta p=\frac{(2.7511\times3600)^2}{2\times1.27\times10^8\times1.6912}\times\left[(0.78+1-0.2485^2)+2\times\left(\frac{1.6912}{6.4429}-1\right)+\frac{4\times0.05\times8}{0.001\times2.28}\times\frac{1.6912}{2.6458}-(1-0.2485^2-0.47)\times\frac{1.6912}{6.4429}\right]=102.4(\mathrm{Pa})$$

③ 氢气回气侧压力损失的计算

$$\Delta p=\frac{G^2}{2g_c\rho_1}\left[(K_c+1-\sigma^2)+2\left(\frac{\rho_1}{\rho_2}-1\right)+\frac{4fl}{D_e}\times\frac{\rho_1}{\rho_{av}}-(1-\sigma^2-K_e)\frac{\rho_1}{\rho_2}\right]$$

$$f_a=\frac{x(L-\delta)L_w n}{x+\delta}=\frac{(m-\delta)(L-\delta)L_w n}{m}=\frac{(1.7-0.3)\times(6.5-0.3)\times3\times10\times10^{-3}}{1.7}=0.1532(\mathrm{m}^2)$$

$$A_{fa}=(L+\delta_s)L_w N_t=(6.5+0.227)\times3\times30\times10^{-3}=0.6054(\mathrm{m}^2)$$

$$\sigma=\frac{f_a}{A_{fa}}=\frac{0.1532}{0.6054}=0.253$$

查附图 3 得 $K_c=0.78$，$K_e=0.47$；取摩擦系数 $f=0.048$。

$$\Delta p=\frac{(4.0737\times3600)^2}{2\times1.27\times10^8\times0.22023}\times\left[(0.78+1-0.2530^2)+2\times\left(\frac{0.22023}{0.04191}-1\right)+\frac{4\times0.048\times8}{0.001\times2.28}\times\frac{0.22023}{0.07939}-(1-0.2530^2-0.47)\times\frac{0.22023}{0.04191}\right]=7256.8(\mathrm{Pa})$$

④ 制冷剂预冷侧压力损失的计算

$$\Delta p=\frac{G^2}{2g_c\rho_1}\left[(K_c+1-\sigma^2)+2\left(\frac{\rho_1}{\rho_2}-1\right)+\frac{4fl}{D_e}\times\frac{\rho_1}{\rho_{av}}-(1-\sigma^2-K_e)\frac{\rho_1}{\rho_2}\right]$$

$$f_a=\frac{x(L-\delta)L_w n}{x+\delta}=\frac{(m-\delta)(L-\delta)L_w n}{m}=\frac{(1.7-0.3)\times(6.5-0.3)\times3\times10\times10^{-3}}{1.7}=0.1532(\mathrm{m}^2)$$

$$A_{fa}=(L+\delta_s)L_w N_t=(6.5+0.36)\times3\times30\times10^{-3}=0.6174(\mathrm{m}^2)$$

$$\sigma=\frac{f_a}{A_{fa}}=\frac{0.1532}{0.6174}=0.2480$$

查附图 3 得 $K_c=0.78$，$K_e=0.47$；取摩擦系数 $f=0.05$。

$$\Delta p=\frac{(3.4721\times3600)^2}{2\times1.27\times10^8\times2.0373}\times\left[(0.78+1-0.2480^2)+2\times\left(\frac{2.0373}{7.8251}-1\right)+\frac{4\times0.05\times8}{0.001\times2.28}\times\frac{2.0373}{3.1884}-(1-0.2480^2-0.47)\times\frac{2.0373}{7.8251}\right]=135.4(\mathrm{Pa})$$

⑤ 制冷剂回气侧压力损失的计算

$$\Delta p=\frac{G^2}{2g_c\rho_1}\left[(K_c+1-\sigma^2)+2\left(\frac{\rho_1}{\rho_2}-1\right)+\frac{4fl}{D_e}\times\frac{\rho_1}{\rho_{av}}-(1-\sigma^2-K_e)\frac{\rho_1}{\rho_2}\right]$$

$$f_a=\frac{x(L-\delta)L_w n}{x+\delta}=\frac{(m-\delta)(L-\delta)L_w n}{m}=\frac{(1.7-0.3)\times(6.5-0.3)\times3\times10\times10^{-3}}{1.7}=0.1532(\mathrm{m}^2)$$

$$A_{fa}=(L+\delta_s)L_w N_t=(6.5+0.28)\times3\times20\times10^{-3}=0.4068(\mathrm{m}^2)$$

$$\sigma=\frac{f_a}{A_{fa}}=\frac{0.1532}{0.4068}=0.377$$

查附图 3 得 $K_c=0.7$，$K_e=0.25$；取摩擦系数 $f=0.05$。

$$\Delta p = \frac{(2.9494 \times 3600)^2}{2 \times 1.27 \times 10^8 \times 2.0318} \times \left[(0.7 + 1 - 0.377^2) + 2 \times \left(\frac{2.0318}{0.5179} - 1\right) + \frac{4 \times 0.05 \times 8}{0.001 \times 2.28} \times \frac{2.0318}{0.8042} - (1 - 0.377^2 - 0.25) \times \frac{2.0318}{0.5179}\right] = 390.9(\mathrm{Pa})$$

（2）EX2 换热器压力损失计算

二级换热器各侧的雷诺数、质量流速、出入口密度的统计如表 3-16 所示。

表 3-16　EX2 换热器压力损失计算参数表

名称	雷诺数	质量流速 /[kg/(m² · s)]	入口处密度 /(kg/m³)	出口处密度 /(kg/m³)	平均温度下的密度 /(kg/m³)
氢气预冷侧	728.67	11.0046	6.4429	8.0512	7.1415
氢气回气侧	1190.934	16.2948	0.3642	0.22023	0.28315
制冷剂预冷侧	1099.82	12.7184	7.8251	9.912	8.7249
制冷剂回气侧	846.2952	11.7978	2.7388	2.0318	2.3357

① 氮气预冷侧压力损失的计算

$$\Delta p = \frac{G^2}{2g_c\rho_1}\left[(K_c + 1 - \sigma^2) + 2\left(\frac{\rho_1}{\rho_2} - 1\right) + \frac{4fl}{D_e} \times \frac{\rho_1}{\rho_{av}} - (1 - \sigma^2 - K_e)\frac{\rho_1}{\rho_2}\right]$$

$$f_a = \frac{x(L-\delta)L_w n}{x+\delta} = \frac{(m-\delta)(L-\delta)L_w n}{m} = \frac{(1.7-0.3) \times (6.5-0.3) \times 3 \times 5 \times 10^{-3}}{1.7} = 0.0766(\mathrm{m}^2)$$

$$A_{fa} = (L + \delta_s)L_w N_t = (6.5 + 0.347) \times 3 \times 10 \times 10^{-3} = 0.2054(\mathrm{m}^2)$$

$$\sigma = \frac{f_a}{A_{fa}} = \frac{0.0766}{0.2054} = 0.373$$

查附图 3 得 $K_c = 0.55$，$K_e = 0.28$；取摩擦系数 $f = 0.025$。

$$\Delta p = \frac{(11.0046 \times 3600)^2}{2 \times 1.27 \times 10^8 \times 6.4429} \times \left[(0.55 + 1 - 0.373^2) + 2 \times \left(\frac{6.4429}{8.0512} - 1\right) + \frac{4 \times 0.025 \times 1.5}{0.001 \times 2.28} \times \frac{6.4429}{7.1415} - (1 - 0.373^2 - 0.28) \times \frac{6.4429}{8.0512}\right] = 57.4(\mathrm{Pa})$$

② 氢气回气侧压力损失的计算

$$\Delta p = \frac{G^2}{2g_c\rho_1}\left[(K_c + 1 - \sigma^2) + 2\left(\frac{\rho_1}{\rho_2} - 1\right) + \frac{4fl}{D_e} \times \frac{\rho_1}{\rho_{av}} - (1 - \sigma^2 - K_e)\frac{\rho_1}{\rho_2}\right]$$

$$f_a = \frac{x(L-\delta)L_w n}{x+\delta} = \frac{(m-\delta)(L-\delta)L_w n}{m} = \frac{(1.7-0.3) \times (6.5-0.3) \times 3 \times 5 \times 10^{-3}}{1.7} = 0.0766(\mathrm{m}^2)$$

$$A_{fa} = (L + \delta_s)L_w N_t = (6.5 + 0.23) \times 3 \times 15 \times 10^{-3} = 0.3029(\mathrm{m}^2)$$

$$\sigma = \frac{f_a}{A_{fa}} = \frac{0.0766}{0.3029} = 0.25$$

查附图 3 得 $K_c = 0.6$，$K_e = 0.43$；取摩擦系数 $f = 0.017$。

$$\Delta p = \frac{(16.2948 \times 3600)^2}{2 \times 1.27 \times 10^8 \times 0.3642} \times \left[(0.6 + 1 - 0.25^2) + 2 \times \left(\frac{0.3642}{0.22023} - 1\right) + \frac{4 \times 0.017 \times 1.5}{0.001 \times 2.28} \times \frac{0.3642}{0.28315} - (1 - 0.25^2 - 0.43) \times \frac{0.3642}{0.22023}\right] = 2239.3(\mathrm{Pa})$$

③ 制冷剂预冷侧压力损失的计算

$$\Delta p=\frac{G^2}{2g_c\rho_1}\left[(K_c+1-\sigma^2)+2\left(\frac{\rho_1}{\rho_2}-1\right)+\frac{4fl}{D_e}\times\frac{\rho_1}{\rho_{av}}-(1-\sigma^2-K_e)\frac{\rho_1}{\rho_2}\right]$$

$$f_a=\frac{x(L-\delta)L_wn}{x+\delta}=\frac{(m-\delta)(L-\delta)L_wn}{m}=\frac{(2-0.2)\times(9.5-0.2)\times3\times5\times10^{-3}}{2}=0.1256(m^2)$$

$$A_{fa}=(L+\delta_s)L_wN_t=(9.5+0.39)\times3\times15\times10^{-3}=0.4450(m^2)$$

$$\sigma=\frac{f_a}{A_{fa}}=\frac{0.1256}{0.4450}=0.28$$

查附图 3 得 $K_c=0.6$，$K_e=0.43$；取摩擦系数 $f=0.018$。

$$\Delta p=\frac{(12.7184\times3600)^2}{2\times1.27\times10^8\times7.8251}\times\left[(0.6+1-0.28^2)+2\times\left(\frac{7.8251}{9.912}-1\right)+\frac{4\times0.018\times1.5}{0.001\times3.02}\times\frac{7.8251}{8.7249}-(1-0.28^2-0.43)\times\frac{7.8251}{9.912}\right]=34.6(Pa)$$

④ 制冷剂回气侧压力损失的计算

$$\Delta p=\frac{G^2}{2g_c\rho_1}\left[(K_c+1-\sigma^2)+2\left(\frac{\rho_1}{\rho_2}-1\right)+\frac{4fl}{D_e}\times\frac{\rho_1}{\rho_{av}}-(1-\sigma^2-K_e)\frac{\rho_1}{\rho_2}\right]$$

$$f_a=\frac{x(L-\delta)L_wn}{x+\delta}=\frac{(m-\delta)(L-\delta)L_wn}{m}=\frac{(1.7-0.3)\times(6.5-0.3)\times3\times5\times10^{-3}}{1.7}=0.0766(m^2)$$

$$A_{fa}=(L+\delta_s)L_wN_t=(6.5+0.28)\times3\times15\times10^{-3}=0.3051(m^2)$$

$$\sigma=\frac{f_a}{A_{fa}}=\frac{0.0766}{0.3051}=0.25$$

查附图 3 得 $K_c=0.58$，$K_e=0.25$；取摩擦系数 $f=0.021$。

$$\Delta p=\frac{(11.7978\times3600)^2}{2\times1.27\times10^8\times2.7388}\times\left[(0.58+1-0.25^2)+2\times\left(\frac{2.7388}{2.0318}-1\right)+\frac{4\times0.021\times1.5}{0.001\times2.28}\times\frac{2.7388}{2.3357}-(1-0.25^2-0.25)\times\frac{2.7388}{2.0318}\right]=1171.4(Pa)$$

（3）EX3 换热器压力损失计算

三级换热器各侧的雷诺数、质量流速、出入口密度的统计如表 3-17 所示。

表 3-17 EX3 换热器压力损失计算参数表

名称	雷诺数	质量流速 /[kg/(m²·s)]	入口处密度 /(kg/m³)	出口处密度 /(kg/m³)	平均温度下的密度/(kg/m³)
氢气预冷侧	1095.1553	11.0046	8.051	15.602	10.369
氢气回气侧	1539.5	16.2948	0.69356	0.3642	0.49231
制冷剂预冷侧	686.2042	9.0346	9.912	20.798	12.9
制冷剂回气侧	1079.526	11.7978	4.7703	2.7388	3.4629

① 氢气预冷侧压力损失的计算

$$\Delta p=\frac{G^2}{2g_c\rho_1}\left[(K_c+1-\sigma^2)+2\left(\frac{\rho_1}{\rho_2}-1\right)+\frac{4fl}{D_e}\times\frac{\rho_1}{\rho_{av}}-(1-\sigma^2-K_e)\frac{\rho_1}{\rho_2}\right]$$

$$f_a = \frac{x(L-\delta)L_w n}{x+\delta} = \frac{(m-\delta)(L-\delta)L_w n}{m} = \frac{(1.7-0.3)\times(6.5-0.3)\times 3\times 5\times 10^{-3}}{1.7} = 0.0766(\mathrm{m}^2)$$

$$A_{fa} = (L+\delta_s)L_w N_t = (6.5+0.347)\times 3\times 10\times 10^{-3} = 0.2054(\mathrm{m}^2)$$

$$\sigma = \frac{f_a}{A_{fa}} = \frac{0.0766}{0.2054} = 0.3729$$

查附图 3 得 $K_c=0.62$，$K_e=0.28$；取摩擦系数 $f=0.02$。

$$\Delta p = \frac{(11.0046\times 3600)^2}{2\times 1.27\times 10^8\times 8.051}\times\left[(0.62+1-0.3729^2)+2\times\left(\frac{8.051}{15.602}-1\right)+\frac{4\times 0.02\times 1.2}{0.001\times 2.28}\times\frac{8.051}{10.369}-(1-0.3729^2-0.28)\times\frac{8.051}{15.602}\right]=251.1(\mathrm{Pa})$$

② 氢气回气侧压力损失的计算

$$\Delta p = \frac{G^2}{2g_c\rho_1}\left[(K_c+1-\sigma^2)+2\left(\frac{\rho_1}{\rho_2}-1\right)+\frac{4fl}{D_e}\times\frac{\rho_1}{\rho_{av}}-(1-\sigma^2-K_e)\frac{\rho_1}{\rho_2}\right]$$

$$f_a = \frac{x(L-\delta)L_w n}{x+\delta} = \frac{(m-\delta)(L-\delta)L_w n}{m} = \frac{(1.7-0.3)\times(6.5-0.3)\times 3\times 5\times 10^{-3}}{1.7} = 0.0766(\mathrm{m}^2)$$

$$A_{fa} = (L+\delta_s)L_w N_t = (6.5+0.234)\times 3\times 15\times 10^{-3} = 0.3030(\mathrm{m}^2)$$

$$\sigma = \frac{f_a}{A_{fa}} = \frac{0.0766}{0.3030} = 0.25$$

查附图 3 得 $K_c=0.59$，$K_e=0.45$；取摩擦系数 $f=0.014$。

$$\Delta p = \frac{(16.2948\times 3600)^2}{2\times 1.27\times 10^8\times 0.69356}\times\left[(0.59+1-0.25^2)+2\times\left(\frac{0.69356}{0.3642}-1\right)+\frac{4\times 0.014\times 1.2}{0.001\times 2.28}\times\frac{0.69356}{0.49231}-(1-0.25^2-0.45)\times\frac{0.69356}{0.3642}\right]=861.2(\mathrm{Pa})$$

③ 制冷剂预冷侧压力损失的计算

$$\Delta p = \frac{G^2}{2g_c\rho_1}\left[(K_c+1-\sigma^2)+2\left(\frac{\rho_1}{\rho_2}-1\right)+\frac{4fl}{D_e}\times\frac{\rho_1}{\rho_{av}}-(1-\sigma^2-K_e)\frac{\rho_1}{\rho_2}\right]$$

$$f_a = \frac{x(L-\delta)L_w n}{x+\delta} = \frac{(m-\delta)(L-\delta)L_w n}{m} = \frac{(1.7-0.3)\times(6.5-0.3)\times 3\times 5\times 10^{-3}}{1.7} = 0.0766(\mathrm{m}^2)$$

$$A_{fa} = (L+\delta_s)L_w N_t = (6.5+0.362)\times 3\times 15\times 10^{-3} = 0.3088(\mathrm{m}^2)$$

$$\sigma = \frac{f_a}{A_{fa}} = \frac{0.0766}{0.3088} = 0.25$$

查附图 3 得 $K_c=0.69$，$K_e=0.5$；取摩擦系数 $f=0.026$。

$$\Delta p = \frac{(9.0346\times 3600)^2}{2\times 1.27\times 10^8\times 9.912}\times\left[(0.69+1-0.25^2)+2\times\left(\frac{9.912}{20.798}-1\right)+\frac{4\times 0.026\times 1.2}{0.001\times 2.28}\times\frac{9.912}{12.9}-(1-0.25^2-0.5)\times\frac{9.912}{20.798}\right]=17.82(\mathrm{Pa})$$

④ 制冷剂回气侧压力损失的计算

$$\Delta p = \frac{G^2}{2g_c\rho_1}\left[(K_c+1-\sigma^2)+2\left(\frac{\rho_1}{\rho_2}-1\right)+\frac{4fl}{D_e}\times\frac{\rho_1}{\rho_{av}}-(1-\sigma^2-K_e)\frac{\rho_1}{\rho_2}\right]$$

$$f_a = \frac{x(L-\delta)L_w n}{x+\delta} = \frac{(m-\delta)(L-\delta)L_w n}{m} = \frac{(1.7-0.3)\times(6.5-0.3)\times 3\times 5\times 10^{-3}}{1.7} = 0.0766(\mathrm{m}^2)$$

$$A_{fa}=(L+\delta_s)L_wN_t=(6.5+0.285)\times 3\times 10\times 10^{-3}=0.2036(m^2)$$

$$\sigma=\frac{f_a}{A_{fa}}=\frac{0.0766}{0.2036}=0.376$$

查附图 3 得 $K_c=0.58$，$K_e=0.29$；取摩擦系数 $f=0.017$。

$$\Delta p=\frac{(11.7978\times 3600)^2}{2\times 1.27\times 10^8\times 4.7703}\times\left[(0.58+1-0.376^2)+2\times\left(\frac{4.7703}{2.7388}-1\right)+\frac{4\times 0.017\times 1.2}{0.001\times 2.28}\times\frac{4.7703}{3.4629}-(1-0.376^2-0.29)\times\frac{4.7703}{2.7388}\right]=76.3(Pa)$$

(4) EX4 换热器压力损失计算

四级换热器各侧的雷诺数、质量流速、出入口密度的统计如表 3-18 所示。

表 3-18 EX4 换热器压力损失计算参数表

名称	雷诺数	质量流速/[kg/(m²·s)]	入口处密度/(kg/m³)	出口处密度/(kg/m³)	平均温度下的密度/(kg/m³)
氢气预冷侧	1125.682	11.0046	15.602	38.52	20.39
制冷剂回气侧	1328.978	9.0346	69.824	0.69356	1.0049
制冷剂预冷侧	589.8272	9.0346	20.798	46.413	29.428
氢气回气侧	1067.98	7.2603	1.6698	0.69356	1.0051

① 氢气预冷侧压力损失的计算

$$\Delta p=\frac{G^2}{2g_c\rho_1}\left[(K_c+1-\sigma^2)+2\left(\frac{\rho_1}{\rho_2}-1\right)+\frac{4fl}{D_e}\times\frac{\rho_1}{\rho_{av}}-(1-\sigma^2-K_e)\frac{\rho_1}{\rho_2}\right]$$

$$f_a=\frac{x(L-\delta)L_wn}{x+\delta}=\frac{(m-\delta)(L-\delta)L_wn}{m}=\frac{(1.7-0.3)\times(6.5-0.3)\times 3\times 5\times 10^{-3}}{1.7}=0.0766(m^2)$$

$$A_{fa}=(L+\delta_s)L_wN_t=(6.5+0.346)\times 3\times 10\times 10^{-3}=0.2054(m^2)$$

$$\sigma=\frac{f_a}{A_{fa}}=\frac{0.0766}{0.2054}=0.3729$$

查附图 3 得 $K_c=0.6$，$K_e=0.3$；取摩擦系数 $f=0.019$。

$$\Delta p=\frac{(11.0046\times 3600)^2}{2\times 1.27\times 10^5\times 15.602}\times\left[(0.6+1-0.3729^2)+2\times\left(\frac{15.602}{38.52}-1\right)+\frac{4\times 0.019\times 0.8}{0.001\times 2.28}\times\frac{15.602}{20.39}-(1-0.3729^2-0.3)\times\frac{15.602}{38.52}\right]=8.1(Pa)$$

② 制冷剂回气侧压力损失的计算

$$\Delta p=\frac{G^2}{2g_c\rho_1}\left[(K_c+1-\sigma^2)+2\left(\frac{\rho_1}{\rho_2}-1\right)+\frac{4fl}{D_e}\times\frac{\rho_1}{\rho_{av}}-(1-\sigma^2-K_e)\frac{\rho_1}{\rho_2}\right]$$

$$f_a=\frac{x(L-\delta)L_wn}{x+\delta}=\frac{(m-\delta)(L-\delta)L_wn}{m}=\frac{(1.7-0.3)\times(6.5-0.3)\times 3\times 5\times 10^{-3}}{1.7}=0.0766(m^2)$$

$$A_{fa}=(L+\delta_s)L_wN_t=(6.5+0.237)\times 3\times 15\times 10^{-3}=0.3032(m^2)$$

$$\sigma=\frac{f_a}{A_{fa}}=\frac{0.0766}{0.3032}=0.25$$

查附图 3 得 $K_c=0.6$，$K_e=0.5$；取摩擦系数 $f=0.016$。

$$\Delta p=\frac{(9.0346\times3600)^2}{2\times1.27\times10^8\times69.824}\times\left[(0.6+1-0.25^2)+2\times\left(\frac{69.824}{0.6936}-1\right)+\frac{4\times0.016\times0.8}{0.001\times2.28}\times\frac{69.824}{1.0049}-(1-0.25^2-0.5)\times\frac{69.824}{0.6936}\right]=102.4(\mathrm{Pa})$$

③ 制冷剂预冷侧压力损失的计算

$$\Delta p=\frac{G^2}{2g_c\rho_1}\left[(K_c+1-\sigma^2)+2\left(\frac{\rho_1}{\rho_2}-1\right)+\frac{4fl}{D_e}\times\frac{\rho_1}{\rho_{av}}-(1-\sigma^2-K_e)\frac{\rho_1}{\rho_2}\right]$$

$$f_a=\frac{x(L-\delta)L_wn}{x+\delta}=\frac{(m-\delta)(L-\delta)L_wn}{m}=\frac{(1.7-0.3)\times(6.5-0.3)\times3\times5\times10^{-3}}{1.7}=0.0766(\mathrm{m}^2)$$

$$A_{fa}=(L+\delta_s)L_wN_t=(6.5+0.36)\times3\times15\times10^{-3}=0.3087(\mathrm{m}^2)$$

$$\sigma=\frac{f_a}{A_{fa}}=\frac{0.0766}{0.3087}=0.25$$

查附图 3 得 $K_c=0.7$，$K_e=0.48$；取摩擦系数 $f=0.03$。

$$\Delta p=\frac{(9.0346\times3600)^2}{2\times1.27\times10^8\times20.798}\times\left[(0.7+1-0.25^2)+2\times\left(\frac{20.798}{46.413}-1\right)+\frac{4\times0.03\times0.8}{0.001\times2.28}\times\frac{20.798}{29.428}-(1-0.25^2-0.48)\times\frac{20.798}{46.413}\right]=6.02(\mathrm{Pa})$$

④ 氢气回气侧压力损失的计算

$$\Delta p=\frac{G^2}{2g_c\rho_1}\left[(K_c+1-\sigma^2)+2\left(\frac{\rho_1}{\rho_2}-1\right)+\frac{4fl}{D_e}\times\frac{\rho_1}{\rho_{av}}-(1-\sigma^2-K_e)\frac{\rho_1}{\rho_2}\right]$$

$$f_a=\frac{x(L-\delta)L_wn}{x+\delta}=\frac{(m-\delta)(L-\delta)L_wn}{m}=\frac{(1.7-0.3)\times(6.5-0.3)\times3\times5\times10^{-3}}{1.7}=0.0766(\mathrm{m}^2)$$

$$A_{fa}=(L+\delta_s)L_wN_t=(6.5+0.237)\times3\times10\times10^{-3}=0.2021(\mathrm{m}^2)$$

$$\sigma=\frac{f_a}{A_{fa}}=\frac{0.0766}{0.2021}=0.379$$

查附图 3 得 $K_c=0.6$，$K_e=0.31$；取摩擦系数 $f=0.017$。

$$\Delta p=\frac{(7.2603\times3600)^2}{2\times1.27\times10^8\times1.6698}\times\left[(0.6+1-0.379^2)+2\times\left(\frac{1.6698}{0.69356}-1\right)+\frac{4\times0.017\times0.8}{0.001\times2.28}\times\frac{1.6698}{1.0051}-(1-0.379^2-0.31)\times\frac{1.6698}{0.69356}\right]=68.6(\mathrm{Pa})$$

3.4 板翅式换热器结构设计

3.4.1 封头设计

封头也叫作端盖，是筒体（芯体）与接管的过渡段。封头主要分为三类：凸形封头、平板形封头、锥形封头。凸形封头又分为：半球形封头、椭圆形封头、蝶形封头、球冠形封头。这些封头在不同设计中的选择是不同的，根据各自的需求进行选择。

本次设计选择的封头为平板形封头，主要进行封头内径的选择和封头壁厚、端板壁厚的计算与选择。平板形封头示意图见图 2-45。

3.4.2 封头计算

(1)封头壁厚

当 $d_i/D_i \leqslant 0.5$ 时，可由下式计算出封头的厚度：

$$\delta = \frac{pR_i}{[\sigma]'\varphi - 0.6p} + C \tag{3-25}$$

式中 R_i——弧形端面端板内半径，mm；

p——流体压力，MPa；

$[\sigma]'$——实验温度下的许用应力，MPa；

φ——焊接接头系数，取 $\varphi=0.6$；

C——壁厚附加量，mm。

(2)端板壁厚

半圆形平板最小厚度：

$$\delta_p = R_p\sqrt{\frac{0.44p}{[\sigma]^t \sin\alpha}} + C \tag{3-26}$$

其中，$45° \leqslant \alpha \leqslant 90°$。本设计根据各个制冷剂的质量流量和换热器尺寸大小，按照比例选取封头直径。封头内径如表 3-19 所示。

表 3-19 封头内径

封头代号	1	2	3	4	5
封头内径/mm	1070	350	875	100	100

3.4.3 EX1 换热器各个板侧封头壁厚计算

(1)氢气侧封头壁厚

根据规定内径 $D_i=875$mm，内径 $R_i=437.5$mm。

$$\delta = \frac{pR_i}{[\sigma]'\varphi - 0.6p} + C = \frac{0.1\times 437.5}{51\times 0.6 + 0.6\times 0.1} + 2 = 3.43(\text{mm})$$

圆整壁厚 $[\delta]=10$mm。

端板壁厚：

$$\delta_p = R_p\sqrt{\frac{0.44p}{[\sigma]^t \sin\alpha}} + C = 437.5\times\sqrt{\frac{0.44\times 0.1}{51}} + 2 = 14.85(\text{mm})$$

端板壁厚 $[\delta_p]=20$mm，端板厚度应大于等于封头厚度，则端板厚度为 20mm。

(2)氢气预冷侧封头壁厚

根据规定内径 $D_i=350$mm，内径 $R_i=175$mm。

$$\delta=\frac{pR_{\mathrm{i}}}{[\sigma]'\varphi-0.6p}+C=\frac{2.07\times175}{51\times0.6+0.6\times2.07}+2=13.38(\mathrm{mm})$$

圆整壁厚$[\delta]=20\mathrm{mm}$。

端板壁厚：

$$\delta_{\mathrm{p}}=R_{\mathrm{p}}\sqrt{\frac{0.44p}{[\sigma]^{\mathrm{t}}\sin\alpha}}+C=175\times\sqrt{\frac{0.44\times2.07}{51}}+2=25.39(\mathrm{mm})$$

端板壁厚$[\delta_{\mathrm{p}}]=30\mathrm{mm}$，端板厚度应大于等于封头厚度，则端板厚度为 30mm。

（3）氢气回气侧封头壁厚

根据规定内径 $D_{\mathrm{i}}=875\mathrm{mm}$，内径 $R_{\mathrm{i}}=437.5\mathrm{mm}$。

$$\delta=\frac{pR_{\mathrm{i}}}{[\sigma]'\varphi-0.6p}+C=\frac{0.07\times437.5}{51\times0.6+0.6\times0.07}+2=3(\mathrm{mm})$$

圆整壁厚$[\delta]=10\mathrm{mm}$。

端板壁厚：

$$\delta_{\mathrm{p}}=R_{\mathrm{p}}\sqrt{\frac{0.44p}{[\sigma]^{\mathrm{t}}\sin\alpha}}+C=437.5\times\sqrt{\frac{0.44\times0.07}{51}}+2=12.75(\mathrm{mm})$$

端板壁厚$[\delta_{\mathrm{p}}]=20\mathrm{mm}$，端板厚度应大于等于封头厚度，则端板厚度为 20mm。

（4）制冷剂预冷侧封头壁厚

根据规定内径 $D_{\mathrm{i}}=350\mathrm{mm}$，内径 $R_{\mathrm{i}}=175\mathrm{mm}$。

$$\delta=\frac{pR_{\mathrm{i}}}{[\sigma]'\varphi-0.6p}+C=\frac{2.5\times175}{51\times0.6+0.6\times2.5}+2=15.63(\mathrm{mm})$$

圆整壁厚$[\delta]=20\mathrm{mm}$。

端板壁厚：

$$\delta_{\mathrm{p}}=R_{\mathrm{p}}\sqrt{\frac{0.44p}{[\sigma]^{\mathrm{t}}\sin\alpha}}+C=175\times\sqrt{\frac{0.44\times2.5}{51}}+2=27.7(\mathrm{mm})$$

端板壁厚$[\delta_{\mathrm{p}}]=30\mathrm{mm}$，端板厚度应大于等于封头厚度，则端板厚度为 30mm。

（5）制冷剂回气侧封头壁厚

根据规定内径 $D_{\mathrm{i}}=350\mathrm{mm}$，内径 $R_{\mathrm{i}}=175\mathrm{mm}$。

$$\delta=\frac{pR_{\mathrm{i}}}{[\sigma]'\varphi-0.6p}+C=\frac{0.64\times175}{51\times0.6+0.6\times0.64}+2=5.6(\mathrm{mm})$$

圆整壁厚$[\delta]=10\mathrm{mm}$。

端板壁厚：

$$\delta_{\mathrm{p}}=R_{\mathrm{p}}\sqrt{\frac{0.44p}{[\sigma]^{\mathrm{t}}\sin\alpha}}+C=175\times\sqrt{\frac{0.44\times0.64}{51}}+2=15(\mathrm{mm})$$

端板壁厚$[\delta_{\mathrm{p}}]=20\mathrm{mm}$，端板厚度应大于等于封头厚度，则端板厚度为 20mm。

EX1 换热器封头与端板的壁厚如表 3-20 所示。

表 3-20 EX1 换热器封头与端板的壁厚

项目	氮气	氢气预冷	氢气回气	制冷剂预冷	制冷剂回气
封头内径/mm	875	350	875	350	350
封头计算壁厚/mm	3.43	13.38	3	15.63	5.6
封头实际壁厚/mm	10	20	10	20	10
端板计算壁厚/mm	14.85	25.39	12.75	27.7	15
端板实际壁厚/mm	20	30	20	30	20

3.4.4 EX2 换热器各个板侧封头壁厚计算

（1）氢气预冷侧封头壁厚

根据规定内径 $D_i=350\text{mm}$，内径 $R_i=175\text{mm}$。

$$\delta=\frac{pR_i}{[\sigma]'\varphi-0.6p}+C=\frac{2.05\times175}{51\times0.6+0.6\times2.05}+2=13.27(\text{mm})$$

圆整壁厚 ［δ］ =20mm。

端板壁厚：

$$\delta_p=R_p\sqrt{\frac{0.44p}{[\sigma]^t\sin\alpha}}+C=175\times\sqrt{\frac{0.44\times2.05}{51}}+2=25.27(\text{mm})$$

端板壁厚$[\delta_p]=30\text{mm}$，端板厚度应大于等于封头厚度，则端板厚度为30mm。

（2）氢气回气侧封头壁厚

根据规定内径 $D_i=875\text{mm}$，内径 $R_i=437.5\text{mm}$。

$$\delta=\frac{pR_i}{[\sigma]'\varphi-0.6p}+C=\frac{0.09\times437.5}{51\times0.6+0.6\times0.09}+2=3.28(\text{mm})$$

圆整壁厚$[\delta]=10\text{mm}$。

端板壁厚：

$$\delta_p=R_p\sqrt{\frac{0.44p}{[\sigma]^t\sin\alpha}}+C=437.5\times\sqrt{\frac{0.44\times0.09}{51}}+2=14.19(\text{mm})$$

端板壁厚$[\delta_p]=20\text{mm}$，端板厚度应大于等于封头厚度，则端板厚度为20mm。

（3）制冷剂预冷侧封头壁厚

根据规定内径 $D_i=350\text{mm}$，内径 $R_i=175\text{mm}$。

$$\delta=\frac{pR_i}{[\sigma]'\varphi-0.6p}+C=\frac{2.48\times175}{51\times0.6+0.6\times2.48}+2=15.53(\text{mm})$$

圆整壁厚$[\delta]=20\text{mm}$。

端板壁厚：

$$\delta_p=R_p\sqrt{\frac{0.44p}{[\sigma]^t\sin\alpha}}+C=175\times\sqrt{\frac{0.44\times2.48}{51}}+2=27.6(\text{mm})$$

端板壁厚$[\delta_p]=30\text{mm}$，端板厚度应大于等于封头厚度，则端板厚度为30mm。

（4）制冷剂预冷侧封头壁厚

根据规定内径 $D_i=350\text{mm}$，内径 $R_i=175\text{mm}$。

$$\delta=\frac{pR_i}{[\sigma]'\varphi-0.6p}+C=\frac{0.66\times175}{51\times0.6+0.6\times0.66}+2=5.73(\text{mm})$$

圆整壁厚$[\delta]=10\text{mm}$。

端板壁厚：

$$\delta_p=R_p\sqrt{\frac{0.44p}{[\sigma]^t\sin\alpha}}+C=175\times\sqrt{\frac{0.44\times0.66}{51}}+2=15.2(\text{mm})$$

端板壁厚$[\delta_p]=20\text{mm}$，端板厚度应大于等于封头厚度，则端板厚度为 20mm。

EX2 换热器封头与端板的壁厚如表 3-21 所示。

表 3-21　EX2 换热器封头与端板的壁厚

项目	氢气预冷	氢气回气	制冷剂预冷	制冷剂回气
封头内径/mm	350	875	350	350
封头计算壁厚/mm	13.27	3.28	15.53	5.73
封头实际壁厚/mm	20	10	20	10
端板计算壁厚/mm	25.27	14.19	27.6	15.2
端板实际壁厚/mm	30	20	30	20

3.4.5　EX3 换热器各个板侧封头壁厚计算

（1）氢气预冷侧封头壁厚

根据规定内径 $D_i=350\text{mm}$，内径 $R_i=175\text{mm}$。

$$\delta=\frac{pR_i}{[\sigma]'\varphi-0.6p}+C=\frac{2.03\times175}{51\times0.6+0.6\times2.03}+2=13.17(\text{mm})$$

圆整壁厚$[\delta]=20\text{mm}$。

端板壁厚：

$$\delta_p=R_p\sqrt{\frac{0.44p}{[\sigma]^t\sin\alpha}}+C=175\times\sqrt{\frac{0.44\times2.03}{51}}+2=25.16(\text{mm})$$

端板壁厚$[\delta_p]=30\text{mm}$，端板厚度应大于等于封头厚度，则端板厚度为 30mm。

（2）氢气回气侧封头壁厚

根据规定内径 $D_i=875\text{mm}$，内径 $R_i=437.5\text{mm}$。

$$\delta=\frac{pR_i}{[\sigma]'\varphi-0.6p}+C=\frac{0.11\times437.5}{51\times0.6+0.6\times0.11}+2=3.57(\text{mm})$$

圆整壁厚$[\delta]=10\text{mm}$。

端板壁厚：

$$\delta_p = R_p\sqrt{\frac{0.44p}{[\sigma]^t\sin\alpha}} + C = 437.5\times\sqrt{\frac{0.44\times0.11}{51}} + 2 = 15.48(\text{mm})$$

端板壁厚$[\delta_p]$=20mm，端板厚度应大于等于封头厚度，则端板厚度为20mm。

（3）制冷剂预冷侧封头壁厚

根据规定内径D_i=350mm，内径R_i=175mm。

$$\delta = \frac{pR_i}{[\sigma]'\varphi - 0.6p} + C = \frac{2.47\times175}{51\times0.6+0.6\times2.47} + 2 = 15.47(\text{mm})$$

圆整壁厚$[\delta]$=20mm。

端板壁厚：

$$\delta_p = R_p\sqrt{\frac{0.44p}{[\sigma]^t\sin\alpha}} + C = 175\times\sqrt{\frac{0.44\times2.47}{51}} + 2 = 27.55(\text{mm})$$

端板壁厚$[\delta_p]$=30mm，端板厚度应大于等于封头厚度，则端板厚度为30mm。

（4）制冷剂预冷侧封头壁厚

根据规定内径D_i=350mm，内径R_i=175mm。

$$\delta = \frac{pR_i}{[\sigma]'\varphi - 0.6p} + C = \frac{0.68\times175}{51\times0.6+0.6\times0.68} + 2 = 5.84(\text{mm})$$

圆整壁厚$[\delta]$=10mm。

端板壁厚：

$$\delta_p = R_p\sqrt{\frac{0.44p}{[\sigma]^t\sin\alpha}} + C = 175\times\sqrt{\frac{0.44\times0.68}{51}} + 2 = 15.4(\text{mm})$$

端板壁厚$[\delta_p]$=20mm，端板厚度应大于等于封头厚度，则端板厚度为20mm。

EX3换热器封头与端板的壁厚如表3-22所示。

表3-22 EX3换热器封头与端板的壁厚

项目	氢气预冷	氢气回气	制冷剂预冷	制冷剂回气
封头内径/mm	350	875	350	350
封头计算壁厚/mm	13.17	3.57	15.47	5.84
封头实际壁厚/mm	20	10	20	10
端板计算壁厚/mm	25.16	15.48	27.55	15.4
端板实际壁厚/mm	30	20	30	20

3.4.6 EX4换热器各个侧封头壁厚计算

（1）氢气预冷侧封头壁厚

根据规定内径D_i=350mm，内径R_i=175mm。

$$\delta = \frac{pR_i}{[\sigma]'\varphi - 0.6p} + C = \frac{2.01 \times 175}{51 \times 0.6 + 0.6 \times 2.01} + 2 = 13.06(\text{mm})$$

圆整壁厚$[\delta]$=20mm。

端板壁厚：

$$\delta_p = R_p\sqrt{\frac{0.44p}{[\sigma]^t \sin\alpha}} + C = 175 \times \sqrt{\frac{0.44 \times 2.01}{51}} + 2 = 25.05(\text{mm})$$

端板壁厚$[\delta_p]$=30mm，端板厚度应大于等于封头厚度，则端板厚度为 30mm。

（2）制冷剂回气侧封头壁厚

根据规定内径 D_i=875mm，内径 R_i=437.5mm。

$$\delta = \frac{pR_i}{[\sigma]'\varphi - 0.6p} + C = \frac{0.13 \times 437.5}{51 \times 0.6 + 0.6 \times 0.13} + 2 = 3.86(\text{mm})$$

圆整壁厚$[\delta]$=10mm。

端板壁厚：

$$\delta_p = R_p\sqrt{\frac{0.44p}{[\sigma]^t \sin\alpha}} + C = 437.5 \times \sqrt{\frac{0.44 \times 0.13}{51}} + 2 = 16.65(\text{mm})$$

端板壁厚$[\delta_p]$=20mm，端板厚度应大于等于封头厚度，则端板厚度为 20mm。

（3）制冷剂预冷侧封头壁厚

根据规定内径 D_i=350mm，内径 R_i=175mm。

$$\delta = \frac{pR_i}{[\sigma]'\varphi - 0.6p} + C = \frac{2.45 \times 175}{51 \times 0.6 + 0.6 \times 2.45} + 2 = 15.37(\text{mm})$$

圆整壁厚$[\delta]$=20mm。

端板壁厚：

$$\delta_p = R_p\sqrt{\frac{0.44p}{[\sigma]^t \sin\alpha}} + C = 175 \times \sqrt{\frac{0.44 \times 2.45}{51}} + 2 = 27.44(\text{mm})$$

端板壁厚$[\delta_p]$=30mm，端板厚度应大于等于封头厚度，则端板厚度为 30mm。

（4）氢气回气侧封头壁厚

根据规定内径 D_i=875mm，内径 R_i=437.5mm。

$$\delta = \frac{pR_i}{[\sigma]'\varphi - 0.6p} + C = \frac{0.13 \times 437.5}{51 \times 0.6 + 0.6 \times 0.13} + 2 = 3.85(\text{mm})$$

圆整壁厚$[\delta]$=10mm。

端板壁厚：

$$\delta_p = R_p\sqrt{\frac{0.44p}{[\sigma]^t \sin\alpha}} + C = 437.5 \times \sqrt{\frac{0.44 \times 0.13}{51}} + 2 = 16.65(\text{mm})$$

端板壁厚$[\delta_p]$=20mm，端板厚度应大于等于封头厚度，则端板厚度为 20mm。

EX4 换热器封头与端板的壁厚如表 3-23 所示。

表 3-23 EX4 换热器封头与端板的壁厚

项目	氢气预冷	制冷剂回气	制冷剂预冷	氢气回气
封头内径/mm	350	875	350	875
封头计算壁厚/mm	13.06	3.86	15.37	3.85
封头实际壁厚/mm	20	10	20	10
端板计算壁厚/mm	25.05	16.65	27.44	16.65
端板实际壁厚/mm	30	20	30	20

3.5 液压试验

3.5.1 液压试验目的

本设计板翅式换热器中压力较高，压力最高为 2.5MPa。为了能够安全合理地进行设计，进行压力测试是进行其他步骤的前提条件。液压试验是压力测试中的一种，除了液压测试外，还有气压测试以及气密性测试。

本章计算是对液压测试前封头壁厚的校核计算。

3.5.2 内压通道

（1）液压试验压力

$$p_T = 1.3p \times \frac{[\sigma]}{[\sigma]^t} \tag{3-27}$$

式中 p_T——试验压力，MPa；

p——设计压力，MPa；

$[\sigma]$——试验温度下的许用应力，MPa；

$[\sigma]^t$——设计温度下的许用应力，MPa。

（2）封头的应力校核

$$\sigma_T = \frac{p_T(R_i + 0.5\delta_e)}{\delta_e} \tag{3-28}$$

式中 σ_T——试验压力下封头的应力，MPa；

R_i——封头的内半径，mm；

p_T——试验压力，MPa；

δ_e——封头的有效厚度，mm。

当满足 $\sigma_T \leqslant 0.9\varphi\sigma_{p0.2}$ 时校核正确，否则需重新选取尺寸进行计算。其中，φ 为焊接系数；$\sigma_{p0.2}$ 为试验温度下的规定残余延伸应力，MPa，此处取 170MPa。

$$0.9\varphi\sigma_{p0.2} = 0.9 \times 0.6 \times 170 = 91.8(\text{MPa})$$

（3）EX1 换热器封头壁厚校核计算

EX1 换热器封头壁厚校核如表 3-24 所示。

表3-24　EX1换热器封头壁厚校核

项目	氮气制冷	氢气预冷	氢气回气	制冷剂预冷	制冷剂回气
封头内径/mm	875	350	875	350	350
设计压力/MPa	0.1	2.07	0.07	2.5	0.64
封头实际壁厚/mm	10	20	10	20	10
厚度附加量/mm	2	2	2	2	2

① 氮气制冷

$$p_T = 1.3 \times 0.1 \times \frac{51}{51} = 0.13(\text{MPa})$$

$$\sigma_T = \frac{0.13 \times (437.5 + 0.5 \times 8)}{8} = 7.17(\text{MPa})$$

校核值小于允许值，则尺寸合适。

② 氢气预冷

$$p_T = 1.3 \times 2.07 \times \frac{51}{51} = 2.69(\text{MPa})$$

$$\sigma_T = \frac{2.69 \times (175 + 0.5 \times 18)}{18} = 27.50(\text{MPa})$$

校核值小于允许值，则尺寸合适。

③ 氢气回气

$$p_T = 1.3 \times 0.07 \times \frac{51}{51} = 0.09(\text{MPa})$$

$$\sigma_T = \frac{0.09 \times (437.5 + 0.5 \times 8)}{8} = 4.97(\text{MPa})$$

校核值小于允许值，则尺寸合适。

④ 制冷剂预冷

$$p_T = 1.3 \times 2.5 \times \frac{51}{51} = 3.25(\text{MPa})$$

$$\sigma_T = \frac{3.25 \times (175 + 0.5 \times 18)}{18} = 33.22(\text{MPa})$$

校核值小于允许值，则尺寸合适。

⑤ 制冷剂回气

$$p_T = 1.3 \times 0.64 \times \frac{51}{51} = 0.83(\text{MPa})$$

$$\sigma_T = \frac{0.83 \times (175 + 0.5 \times 8)}{8} = 18.57(\text{MPa})$$

校核值小于允许值，则尺寸合适。

（4）EX2换热器封头壁厚校核计算

EX2换热器封头壁厚校核如表3-25所示。

表 3-25 EX2 换热器封头壁厚校核

项目	氢气预冷	氢气回气	制冷剂预冷	制冷剂回气
封头内径/mm	350	875	350	350
设计压力/MPa	2.05	0.09	2.48	0.66
封头实际壁厚/mm	20	10	20	10
厚度附加量/mm	2	2	2	2

① 氢气预冷

$$p_T = 1.3 \times 2.05 \times \frac{51}{51} = 2.665(\mathrm{MPa})$$

$$\sigma_T = \frac{2.665 \times (175 + 0.5 \times 18)}{18} = 27.24(\mathrm{MPa})$$

校核值小于允许值，则尺寸合适。

② 氢气回气

$$p_T = 1.3 \times 0.09 \times \frac{51}{51} = 0.117(\mathrm{MPa})$$

$$\sigma_T = \frac{0.117 \times (437.5 + 0.5 \times 8)}{8} = 6.46(\mathrm{MPa})$$

校核值小于允许值，则尺寸合适。

③ 制冷剂预冷

$$p_T = 1.3 \times 2.48 \times \frac{51}{51} = 3.22(\mathrm{MPa})$$

$$\sigma_T = \frac{3.22 \times (175 + 0.5 \times 18)}{18} = 32.92(\mathrm{MPa})$$

校核值小于允许值，则尺寸合适。

④ 制冷剂回气

$$p_T = 1.3 \times 0.66 \times \frac{51}{51} = 0.86(\mathrm{MPa})$$

$$\sigma_T = \frac{0.86 \times (175 + 0.5 \times 8)}{8} = 19.2(\mathrm{MPa})$$

校核值小于允许值，则尺寸合适。

（5）EX3 换热器封头壁厚校核计算

EX3 换热器封头壁厚校核如表 3-26 所示。

表 3-26 EX3 换热器封头壁厚校核

项目	氢气预冷	氢气回气	制冷剂预冷	制冷剂回气
封头内径/mm	350	875	350	350
设计压力/MPa	2.03	0.11	2.47	0.68
封头实际壁厚/mm	20	10	20	10
厚度附加量/mm	2	2	2	2

① 氢气预冷

$$p_T = 1.3 \times 2.03 \times \frac{51}{51} = 2.64(\text{MPa})$$

$$\sigma_T = \frac{2.64 \times (175 + 0.5 \times 18)}{18} = 26.99(\text{MPa})$$

校核值小于允许值，则尺寸合适。

② 氢气回气

$$p_T = 1.3 \times 0.11 \times \frac{51}{51} = 0.143(\text{MPa})$$

$$\sigma_T = \frac{0.143 \times (437.5 + 0.5 \times 8)}{8} = 7.89(\text{MPa})$$

校核值小于允许值，则尺寸合适。

③ 制冷剂预冷

$$p_T = 1.3 \times 2.47 \times \frac{51}{51} = 3.21(\text{MPa})$$

$$\sigma_T = \frac{3.21 \times (175 + 0.5 \times 18)}{18} = 32.81(\text{MPa})$$

校核值小于允许值，则尺寸合适。

④ 制冷剂回气

$$p_T = 1.3 \times 0.68 \times \frac{51}{51} = 0.88(\text{MPa})$$

$$\sigma_T = \frac{0.88 \times (175 + 0.5 \times 8)}{8} = 19.69(\text{MPa})$$

校核值小于允许值，则尺寸合适。

（6）EX4 换热器封头壁厚校核计算

EX4 换热器封头壁厚校核如表 3-27 所示。

表 3-27　EX4 换热器封头壁厚校核

项目	氢气预冷	制冷剂回气	制冷剂预冷	氢气回气
封头内径/mm	350	875	350	875
设计压力/MPa	2.01	0.13	2.45	0.13
封头实际壁厚/mm	20	10	20	10
厚度附加量/mm	2	2	2	2

① 氢气预冷

$$p_T = 1.3 \times 2.01 \times \frac{51}{51} = 2.61(\text{MPa})$$

$$\sigma_T = \frac{2.61 \times (175 + 0.5 \times 18)}{18} = 26.68(\text{MPa})$$

校核值小于允许值，则尺寸合适。

② 制冷剂回气

$$p_{\mathrm{T}} = 1.3 \times 0.13 \times \frac{51}{51} = 0.169(\mathrm{MPa})$$

$$\sigma_{\mathrm{T}} = \frac{0.169 \times (437.5 + 0.5 \times 8)}{8} = 9.33(\mathrm{MPa})$$

校核值小于允许值，则尺寸合适。

③ 制冷剂预冷

$$p_{\mathrm{T}} = 1.3 \times 2.45 \times \frac{51}{51} = 3.185(\mathrm{MPa})$$

$$\sigma_{\mathrm{T}} = \frac{3.185 \times (175 + 0.5 \times 18)}{18} = 32.56(\mathrm{MPa})$$

校核值小于允许值，则尺寸合适。

④ 氢气回气

$$p_{\mathrm{T}} = 1.3 \times 0.13 \times \frac{51}{51} = 0.169(\mathrm{MPa})$$

$$\sigma_{\mathrm{T}} = \frac{0.169 \times (437.5 + 0.5 \times 8)}{8} = 9.33(\mathrm{MPa})$$

校核值小于允许值，则尺寸合适。

3.5.3 接管计算

接管为物料进出通道，它的尺寸大小与进出物料的流量有关。壁厚的取值则需要知道物料进出接管的压力状况，进行压力校核，选取合适的壁厚。

本设计采用标准 6063 接管，只需进行接管壁厚的校核计算，满足设计需求压力即可。接管尺寸见附表 3。接管规格选取参照相应封头的内半径，接管规格如表 3-28 所示。

表 3-28 接管规格（外径×壁厚）

ϕ155×30	ϕ355×10	ϕ155×30	ϕ508×8	ϕ125×20

当为圆筒或球壳开孔时，开孔处的计算厚度按照壳体计算厚度取值。

（1）接管厚度计算

$$\delta = \frac{p_{\mathrm{c}} D_{\mathrm{i}}}{2[\sigma]^{\mathrm{t}} \varphi - p_{\mathrm{c}}} \tag{3-29}$$

（2）EX1 换热器接管壁厚计算

EX1 换热器接管壁厚如表 3-29 所示。

表 3-29 EX1 换热器接管壁厚

项目	氮气制冷	氢气预冷	氢气回气	制冷剂预冷	制冷剂回气
接管规格/mm	ϕ508×8	ϕ155×30	ϕ508×8	ϕ125×20	ϕ125×20
接管计算壁厚/mm	1.29	3.48	1.04	3.75	1.03

续表

项目	氮气制冷	氢气预冷	氢气回气	制冷剂预冷	制冷剂回气
接管实际壁厚/mm	8	30	8	20	20
厚度附加量/mm	0.48	0.13	0.48	0.13	0.13

氮气制冷侧接管壁厚：

$$\delta = \frac{p_c D_i}{2[\sigma]^t\varphi - p_c} + C = \frac{0.1 \times 492}{2 \times 51 \times 0.6 - 0.1} + 0.48 = 1.29(\mathrm{mm})$$

氢气预冷侧接管壁厚：

$$\delta = \frac{p_c D_i}{2[\sigma]^t\varphi - p_c} + C = \frac{2.07 \times 95}{2 \times 51 \times 0.6 - 2.47} + 0.13 = 3.48(\mathrm{mm})$$

氢气回气侧接管壁厚：

$$\delta = \frac{p_c D_i}{2[\sigma]^t\varphi - p_c} + C = \frac{0.07 \times 492}{2 \times 51 \times 0.6 - 0.07} + 0.48 = 1.04(\mathrm{mm})$$

制冷剂预冷侧接管壁厚：

$$\delta = \frac{p_c D_i}{2[\sigma]^t\varphi - p_c} + C = \frac{2.5 \times 85}{2 \times 51 \times 0.6 - 2.5} + 0.13 = 3.75(\mathrm{mm})$$

制冷剂回气侧接管壁厚：

$$\delta = \frac{p_c D_i}{2[\sigma]^t\varphi - p_c} + C = \frac{0.64 \times 85}{2 \times 51 \times 0.6 - 0.64} + 0.13 = 1.03(\mathrm{mm})$$

（3）EX2换热器接管壁厚计算

EX2换热器接管壁厚如表3-30所示。

表3-30　EX2换热器接管壁厚

项目	氢气预冷	氢气回气	制冷剂预冷	制冷剂回气
接管规格/mm	ϕ155×30	ϕ508×8	ϕ125×20	ϕ125×20
接管计算壁厚/mm	3.42	1.2	3.72	1.06
接管实际壁厚/mm	30	8	20	20
厚度附加量/mm	0.13	0.48	0.13	0.13

氢气预冷侧接管壁厚：

$$\delta = \frac{p_c D_i}{2[\sigma]^t\varphi - p_c} + C = \frac{2.05 \times 95}{2 \times 51 \times 0.6 - 2.05} + 0.13 = 3.42(\mathrm{mm})$$

氢气回气侧接管壁厚：

$$\delta = \frac{p_c D_i}{2[\sigma]^t\varphi - p_c} + C = \frac{0.09 \times 492}{2 \times 51 \times 0.6 - 0.09} + 0.48 = 1.2(\mathrm{mm})$$

制冷剂预冷侧接管壁厚：

$$\delta = \frac{p_c D_i}{2[\sigma]^t\varphi - p_c} + C = \frac{2.48 \times 85}{2 \times 51 \times 0.6 - 2.48} + 0.13 = 3.72(\mathrm{mm})$$

制冷剂回气侧接管壁厚：

$$\delta = \frac{p_c D_i}{2[\sigma]^t \varphi - p_c} + C = \frac{0.66 \times 85}{2 \times 51 \times 0.6 - 0.66} + 0.13 = 1.06(\text{mm})$$

（4）EX3 换热器接管壁厚计算

EX3 换热器接管壁厚如表 3-31 所示。

表 3-31 EX3 换热器接管壁厚

项目	氢气预冷	氢气回气	制冷剂预冷	制冷剂回气
接管规格/mm	ϕ155×30	ϕ508×8	ϕ125×20	ϕ125×20
接管计算壁厚/mm	3.39	1.37	3.7	1.09
接管实际壁厚/mm	30	8	20	20
厚度附加量/mm	0.13	0.48	0.13	0.13

氢气预冷侧接管壁厚：

$$\delta = \frac{p_c D_i}{2[\sigma]^t \varphi - p_c} + C = \frac{2.03 \times 95}{2 \times 51 \times 0.6 - 2.03} + 0.13 = 3.39(\text{mm})$$

氢气回气侧接管壁厚：

$$\delta = \frac{p_c D_i}{2[\sigma]^t \varphi - p_c} + C = \frac{0.11 \times 492}{2 \times 51 \times 0.6 - 0.11} + 0.48 = 1.37(\text{mm})$$

制冷剂预冷侧接管壁厚：

$$\delta = \frac{p_c D_i}{2[\sigma]^t \varphi - p_c} + C = \frac{2.47 \times 85}{2 \times 51 \times 0.6 - 2.47} + 0.13 = 3.7(\text{mm})$$

制冷剂回气侧接管壁厚：

$$\delta = \frac{p_c D_i}{2[\sigma]^t \varphi - p_c} + C = \frac{0.68 \times 85}{2 \times 51 \times 0.6 - 0.68} + 0.13 = 1.09(\text{mm})$$

（5）EX4 换热器接管壁厚计算

EX4 换热器接管壁厚如表 3-32 所示。

表 3-32 EX4 换热器接管壁厚

项目	氢气预冷	制冷剂回气	制冷剂预冷	氢气回气
接管规格/mm	ϕ155×30	ϕ508×8	ϕ125×20	ϕ508×8
接管计算壁厚/mm	3.36	1.53	3.67	1.53
接管实际壁厚/mm	30	8	20	8
厚度附加量/mm	0.13	0.48	0.13	0.48

氢气预冷侧接管壁厚：

$$\delta = \frac{p_c D_i}{2[\sigma]^t \varphi - p_c} + C = \frac{2.01 \times 95}{2 \times 51 \times 0.6 - 2.01} + 0.13 = 3.36(\text{mm})$$

制冷剂回气侧接管壁厚：

$$\delta = \frac{p_c D_i}{2[\sigma]^t \varphi - p_c} + C = \frac{0.13 \times 492}{2 \times 51 \times 0.6 - 0.13} + 0.48 = 1.53(\text{mm})$$

制冷剂预冷侧接管壁厚：

$$\delta = \frac{p_c D_i}{2[\sigma]^t \varphi - p_c} + C = \frac{2.45 \times 85}{2 \times 51 \times 0.6 - 2.45} + 0.13 = 3.67(\text{mm})$$

氢气回气侧接管壁厚：

$$\delta = \frac{p_c D_i}{2[\sigma]^t \varphi - p_c} + C = \frac{0.13 \times 492}{2 \times 51 \times 0.6 - 0.13} + 0.48 = 1.53(\text{mm})$$

3.6 接管补强

3.6.1 补强计算

封头的补强方式应根据具体的情况进行选择，补强方式可分为：加强圈补强、接管全焊透补强、翻边或凸颈补强以及整体补强等。

本设计封头尺寸大小各异，补强方式也不同，但在条件允许的情况下尽量以接管全焊透方式代替补强圈补强，尤其是封头尺寸较小的情况下。在进行选择补强方式前要进行补强面积的计算，确定补强面积的大小以及是否需要补强。补强面积示意图见图 2-46。

3.6.2 接管计算

（1）封头开孔所需补强面积

按下式计算：

$$A = d\delta \tag{3-30}$$

（2）有效补强范围

有效宽度 B 按下式计算，取两者中较大值：

$$B = \begin{cases} 2d \\ d + 2\delta_n + 2\delta_{nt} \end{cases} \tag{3-31}$$

有效高度按下式计算，分别取两式中较小值。

外侧有效补强高度：

$$h_1 = \begin{cases} \sqrt{d\delta_{nt}} \\ \text{接管实际外伸长度} \end{cases} \tag{3-32}$$

内侧有效补强高度：

$$h_2 = \begin{cases} \sqrt{d\delta_{nt}} \\ \text{接管实际内伸长度} \end{cases} \tag{3-33}$$

（3）补强面积

在有效补强范围内，可作为补强的截面积：

$$A_e = A_1 + A_2 + A_3 \tag{3-34}$$

$$A_1 = (B - d)(\delta_e - \delta) - 2\delta_t(\delta_e - \delta) \tag{3-35}$$

$$A_2 = 2h_1(\delta_{et} - \delta_t) + 2h_2(\delta_{et} - \delta_t) \tag{3-36}$$

$$d=接管内径+2C$$

$$\delta_e=\delta_n-C$$

$$\delta_{et}=\delta_{nt}-C$$

本设计焊接长度取6mm。若 $A_e \geqslant A$，则开孔不需要加补强；若 $A_e<A$，则开孔需要另加补强，按下式计算：

$$A_4 \geqslant A - A_e \tag{3-37}$$

式中 A_1——壳体有效厚度减去计算厚度之外的多余面积，mm^2；

A_2——接管有效厚度减去计算厚度之外的多余面积，mm^2；

A_3——焊接金属截面积，mm^2；

A_4——有效补强范围内另加补强面积，mm^2；

δ——封头的计算厚度，mm；

δ_n——封头名义厚度，mm；

δ_t——接管计算厚度，mm；

δ_{nt}——接管名义厚度，mm。

3.6.3 EX1换热器补强面积计算

（1）氮气制冷侧补强面积计算

EX1换热器氮气制冷侧封头、接管尺寸如表3-33所示。

表3-33 EX1换热器氮气制冷侧封头、接管尺寸

项目	封头	接管
内径/mm	875	492
计算厚度/mm	3.43	1.29
名义厚度/mm	10	8
厚度附加量/mm	2	0.48

① 根据公式(3-30)得封头开孔所需补强面积：

$$A = d\delta = 492.96 \times 3.43 = 1690.85(mm^2)$$

② 有效补强范围　有效宽度 B 按公式（3-31）计算，取两者中较大值：

$$B = \begin{cases} 2 \times 492.96 = 985.92(mm) \\ 492.96 + 2 \times 10 + 2 \times 8 = 528.96(mm) \end{cases}$$

$$B_{max} = 985.92mm$$

有效高度按式(3-32)和式(3-33)计算，分别取两式中较小值。

外侧有效补强高度：

$$h_1 = \begin{cases} \sqrt{492.96 \times 8} = 62.8(mm) \\ 150mm \end{cases}$$

$$h_{1min} = 62.8mm$$

内侧有效补强高度：

$$h_2=\begin{cases}\sqrt{492.96\times 8}=62.8(\mathrm{mm})\\ 0\end{cases}$$

$$h_{2\min}=0$$

③ 各补强面积根据式(3-35)和式(3-36)计算：

$$\begin{aligned}A_1&=(B-d)(\delta_e-\delta)-2\delta_t(\delta_e-\delta)\\&=(985.92-492.96)\times(8-3.43)-2\times 1.29\times(8-3.43)\\&=2241.04(\mathrm{mm}^2)\end{aligned}$$

$$A_2=2h_1(\delta_{et}-\delta_t)+2h_2(\delta_{et}-\delta_t)=2\times 62.8\times(7.52-1.29)=782.49(\mathrm{mm}^2)$$

本设计焊接长度取 6mm：

$$A_3=\frac{1}{2}\times 2\times 6\times 6=36(\mathrm{mm}^2)$$

在有效补强范围内，可作为补强的截面积根据公式(3-34)计算：

$$A_e=A_1+A_2+A_3=2241.04+782.49+36=3059.53(\mathrm{mm}^2)$$

由于 $A_e>A$，故开孔不需要另加补强。

（2）氢气预冷侧补强面积计算

EX1 换热器氢气预冷侧封头、接管尺寸如表 3-34 所示。

表 3-34　EX1 换热器氢气预冷侧封头、接管尺寸

项目	封头	接管
内径/mm	350	95
计算厚度/mm	13.38	3.48
名义厚度/mm	20	30
厚度附加量/mm	2	0.13

① 封头开孔所需补强面积根据公式(3-30)得：

$$A=d\delta=95.26\times 13.38=1274.58(\mathrm{mm}^2)$$

② 有效补强范围　有效宽度 B 按公式(3-31)计算，取两者中较大值：

$$B=\begin{cases}2\times 95.26=190.52(\mathrm{mm})\\ 95.26+2\times 20+2\times 30=195.26(\mathrm{mm})\end{cases}$$

$$B_{\max}=195.26\mathrm{mm}$$

有效高度按式(3-32)和式(3-33)计算，分别取两式中较小值。

外侧有效补强高度：

$$h_1=\begin{cases}\sqrt{95.26\times 30}=53.46(\mathrm{mm})\\ 150\mathrm{mm}\end{cases}$$

$$h_{1\min}=53.46\mathrm{mm}$$

内侧有效补强高度：

$$h_2=\begin{cases}\sqrt{95.26\times 30}=53.46(\mathrm{mm})\\ 0\end{cases}$$

$$h_{2\min}=0$$

③ 各补强面积的计算根据式(3-35)和式(3-36)得：

$$A_1 = (B-d)(\delta_e-\delta) - 2\delta_t(\delta_e-\delta)$$
$$= (195.26-95.26)\times(18-13.38) - 2\times3.46\times(18-13.38)$$
$$= 430.03(mm^2)$$

$$A_2 = 2h_1(\delta_{et}-\delta_t) + 2h_2(\delta_{et}-\delta_t) = 2\times53.46\times(29.87-3.46) = 2823.76(mm^2)$$

本设计焊接长度取6mm：

$$A_3 = \frac{1}{2}\times2\times6\times6 = 36(mm^2)$$

在有效补强范围内，可作为补强的截面积根据公式(3-34)计算：

$$A_e = A_1 + A_2 + A_3 = 430.03 + 2823.76 + 36 = 3289.79(mm^2)$$

由于$A_e>A$，故开孔不需要另加补强。

（3）氢气回气侧补强面积计算

EX1换热器氢气回气侧封头、接管尺寸如表3-35所示。

表3-35 EX1换热器氢气回气侧封头、接管尺寸

项目	封头	接管
内径/mm	875	492
计算厚度/mm	3.00	1.04
名义厚度/mm	10	8
厚度附加量/mm	2	0.48

① 封头开孔所需补强面积根据公式(3-30)得：

$$A = d\delta = 492.96\times3.00 = 1478.88(mm^2)$$

② 有效补强范围　有效宽度B按公式（3-31）计算，取两者中较大值：

$$B = \begin{cases} 2\times492.96 = 985.92(mm) \\ 492.96+2\times10+2\times8 = 528.96(mm) \end{cases}$$

$$B_{max} = 985.92mm$$

有效高度按式(3-32)和式(3-33)计算，分别取两式中较小值。

外侧有效补强高度：

$$h_1 = \begin{cases} \sqrt{492.96\times8} = 62.80(mm) \\ 150mm \end{cases}$$

$$h_{1min} = 62.80mm$$

内侧有效补强高度：

$$h_2 = \begin{cases} \sqrt{492.96\times8} = 62.80(mm) \\ 0 \end{cases}$$

$$h_{2min} = 0$$

③ 各补强面积的计算根据式(3-35)和式(3-36)得：

$$A_1 = (B-d)(\delta_e-\delta) - 2\delta_t(\delta_e-\delta)$$
$$= (985.92-492.96)\times(8-3) - 2\times1.04\times(8-3)$$
$$= 2454.4(mm^2)$$

$$A_2 = 2h_1(\delta_{et}-\delta_t) + 2h_2(\delta_{et}-\delta_t) = 2\times62.80\times(7.52-1.04) = 813.89(mm^2)$$

本设计焊接长度取 6mm：

$$A_3=\frac{1}{2}\times 2\times 6\times 6=36(\mathrm{mm}^2)$$

在有效补强范围内，可作为补强的截面积根据公式(3-34)计算：

$$A_e=A_1+A_2+A_3=2454.4+813.89+36=3304.29(\mathrm{mm}^2)$$

由于 $A_e>A$，故开孔不需要另加补强。

(4) 制冷剂预冷侧补强面积计算

EX1 换热器制冷剂预冷侧封头、接管尺寸如表 3-36 所示。

表 3-36　EX1 换热器制冷剂预冷侧封头、接管尺寸

项目	封头	接管
内径/mm	350	85
计算厚度/mm	15.63	3.75
名义厚度/mm	20	20
厚度附加量/mm	2	0.13

① 封头开孔所需补强面积根据公式(3-30)得：

$$A=d\delta=85.26\times 15.63=1332.61(\mathrm{mm}^2)$$

② 有效补强范围　有效宽度 B 按公式(3-31)计算，取两者中较大值：

$$B=\begin{cases}2\times 85.26=170.52(\mathrm{mm})\\85.26+2\times 20+2\times 20=165.26(\mathrm{mm})\end{cases}$$

$$B_{\max}=170.52\mathrm{mm}$$

有效高度按式(3-32)和式(3-33)计算，分别取两式中较小值。

外侧有效补强高度：

$$h_1=\begin{cases}\sqrt{85.26\times 20}=41.29(\mathrm{mm})\\150\mathrm{mm}\end{cases}$$

$$h_{1\min}=41.29\mathrm{mm}$$

内侧有效补强高度：

$$h_2=\begin{cases}\sqrt{85.26\times 20}=41.29(\mathrm{mm})\\0\end{cases}$$

$$h_{2\min}=0$$

③ 各补强面积的计算根据式(3-35)和式(3-36)得：

$$\begin{aligned}A_1&=(B-d)(\delta_e-\delta)-2\delta_t(\delta_e-\delta)\\&=(170.52-85.26)\times(18-15.63)-2\times 3.75\times(18-15.63)\\&=184.29(\mathrm{mm}^2)\end{aligned}$$

$$A_2=2h_1(\delta_{et}-\delta_t)+2h_2(\delta_{et}-\delta_t)=2\times 41.29\times(19.87-3.75)=1331.19(\mathrm{mm}^2)$$

本设计焊接长度取 6mm：

$$A_3=\frac{1}{2}\times 2\times 6\times 6=36(\mathrm{mm}^2)$$

在有效补强范围内，可作为补强的截面积根据公式（3-34）计算：

$$A_e = A_1 + A_2 + A_3 = 184.29 + 1331.19 + 36 = 1551.48(\mathrm{mm}^2)$$

由于 $A_e > A$，故开孔不需要另加补强。

（5）制冷剂回气侧补强面积计算

EX1 换热器制冷剂回气侧封头、接管尺寸如表 3-37 所示。

表 3-37 EX1 换热器制冷剂回气侧封头、接管尺寸

项目	封头	接管
内径/mm	350	85
计算厚度/mm	5.6	1.03
名义厚度/mm	10	20
厚度附加量/mm	2	0.13

① 封头开孔所需补强面积根据公式(3-30)得：

$$A = d\delta = 85.26 \times 5.6 = 477.46(\mathrm{mm}^2)$$

② 有效补强范围　有效宽度 B 按公式(3-31)计算，取两者中较大值：

$$B = \begin{cases} 2 \times 85.26 = 170.52(\mathrm{mm}) \\ 85.26 + 2 \times 10 + 2 \times 20 = 145.26(\mathrm{mm}) \end{cases}$$

$$B_{\max} = 170.52\mathrm{mm}$$

有效高度按式(3-32)和式(3-33)计算，分别取两式中较小值。

外侧有效补强高度：

$$h_1 = \begin{cases} \sqrt{85.26 \times 20} = 41.29(\mathrm{mm}) \\ 150\mathrm{mm} \end{cases}$$

$$h_{1\min} = 41.29\mathrm{mm}$$

内侧有效补强高度：

$$h_2 = \begin{cases} \sqrt{85.26 \times 20} = 41.29(\mathrm{mm}) \\ 0 \end{cases}$$

$$h_{2\min} = 0$$

③ 各补强面积的计算根据式(3-35)和式(3-36)得：

$$\begin{aligned} A_1 &= (B - d)(\delta_e - \delta) - 2\delta_t(\delta_e - \delta) \\ &= (170.52 - 85.26) \times (8 - 5.6) - 2 \times 1.03 \times (8 - 5.6) \\ &= 199.68(\mathrm{mm}^2) \end{aligned}$$

$$A_2 = 2h_1(\delta_{et} - \delta_t) + 2h_2(\delta_{et} - \delta_t) = 2 \times 41.29 \times (19.87 - 1.03) = 1555.81(\mathrm{mm}^2)$$

本设计焊接长度取 6mm：

$$A_3 = \frac{1}{2} \times 2 \times 6 \times 6 = 36(\mathrm{mm}^2)$$

在有效补强范围内，可作为补强的截面积根据公式(3-34)计算：

$$A_e = A_1 + A_2 + A_3 = 199.68 + 1555.81 + 36 = 1791.49(\mathrm{mm}^2)$$

由于 $A_e > A$，故开孔不需要另加补强。

3.6.4　EX2 换热器补强面积计算

（1）氢气预冷侧补强面积计算

EX2 换热器氢气预冷侧封头、接管尺寸如表 3-38 所示。

表 3-38　EX2 换热器氢气预冷侧封头、接管尺寸

项目	封头	接管
内径/mm	350	95
计算厚度/mm	13.27	3.42
名义厚度/mm	20	30
厚度附加量/mm	2	0.13

① 封头开孔所需补强面积根据公式(3-30)得：

$$A = d\delta = 95.26 \times 13.27 = 1264.1(\text{mm}^2)$$

② 有效补强范围　有效宽度 B 按公式(3-31)计算，取两者中较大值：

$$B = \begin{cases} 2 \times 95.26 = 190.52(\text{mm}) \\ 95.26 + 2 \times 20 + 2 \times 30 = 195.26(\text{mm}) \end{cases}$$

$$B_{\max} = 195.26\text{mm}$$

有效高度按式(3-32)和式(3-33)计算，分别取两式中较小值。

外侧有效补强高度：

$$h_1 = \begin{cases} \sqrt{95.26 \times 30} = 53.46(\text{mm}) \\ 150\text{mm} \end{cases}$$

$$h_{1\min} = 53.46\text{mm}$$

内侧有效补强高度：

$$h_2 = \begin{cases} \sqrt{95.26 \times 30} = 53.46(\text{mm}) \\ 0 \end{cases}$$

$$h_{2\min} = 0$$

③ 各补强面积按式(3-35)和式(3-36)计算：

$$\begin{aligned} A_1 &= (B-d)(\delta_e-\delta) - 2\delta_t(\delta_e-\delta) \\ &= (195.26-95.26)\times(18-13.27) - 2\times 3.42\times(18-13.27) \\ &= 440.65(\text{mm}^2) \end{aligned}$$

$$A_2 = 2h_1(\delta_{et}-\delta_t) + 2h_2(\delta_{et}-\delta_t) = 2\times 53.46\times(29.87-3.42) = 2828.03(\text{mm}^2)$$

本设计焊接长度取 6mm：

$$A_3 = \frac{1}{2}\times 2\times 6\times 6 = 36(\text{mm}^2)$$

在有效补强范围内，可作为补强的截面积根据公式(3-34)计算：

$$A_e = A_1 + A_2 + A_3 = 440.65 + 2828.03 + 36 = 3304.68(\text{mm}^2)$$

由于 $A_e > A$，故开孔不需要另加补强。

（2）氢气回气侧补强面积计算

EX2 换热器氢气回气侧封头、接管尺寸如表 3-39 所示。

表 3-39　EX2 换热器氢气回气侧封头、接管尺寸

项目	封头	接管
内径/mm	875	492
计算厚度/mm	3.28	1.2
名义厚度/mm	10	8
厚度附加量/mm	2	0.48

① 封头开孔所需补强面积根据公式(3-30)得：

$$A = d\delta = 492.96 \times 3.28 = 1616.91(\mathrm{mm}^2)$$

② 有效补强范围　有效宽度 B 按公式(3-31)计算，取两者中较大值：

$$B = \begin{cases} 2 \times 492.96 = 985.92(\mathrm{mm}) \\ 492.96 + 2 \times 10 + 2 \times 8 = 528.96(\mathrm{mm}) \end{cases}$$

$$B_{\max} = 985.92\mathrm{mm}$$

有效高度按式(3-32)和式(3-33)计算，分别取两式中较小值。

外侧有效补强高度：

$$h_1 = \begin{cases} \sqrt{492.96 \times 8} = 62.80(\mathrm{mm}) \\ 150\mathrm{mm} \end{cases}$$

$$h_{1\min} = 62.80\mathrm{mm}$$

内侧有效补强高度：

$$h_2 = \begin{cases} \sqrt{492.96 \times 8} = 62.80(\mathrm{mm}) \\ 0 \end{cases}$$

$$h_{2\min} = 0$$

③ 各补强面积根据式(3-35)和式(3-36)计算

$$\begin{aligned} A_1 &= (B - d)(\delta_e - \delta) - 2\delta_t(\delta_e - \delta) \\ &= (985.92 - 492.96) \times (8 - 3.28) - 2 \times 1.2 \times (8 - 3.28) \\ &= 2315.44(\mathrm{mm}^2) \end{aligned}$$

$$\begin{aligned} A_2 &= 2h_1(\delta_{et} - \delta_t) + 2h_2(\delta_{et} - \delta_t) \\ &= 2 \times 62.80 \times (7.52 - 1.2) \\ &= 793.79(\mathrm{mm}^2) \end{aligned}$$

本设计焊接长度取 6mm：

$$A_3 = \frac{1}{2} \times 2 \times 6 \times 6 = 36(\mathrm{mm}^2)$$

在有效补强范围内，可作为补强的截面积根据公式(3-34)计算：

$$A_e = A_1 + A_2 + A_3 = 2315.44 + 793.79 + 36 = 3145.23(\mathrm{mm}^2)$$

由于 $A_e > A$，故开孔不需要另加补强。

（3）制冷剂预冷侧补强面积计算

EX2 换热器制冷剂预冷侧封头、接管尺寸如表 3-40 所示。

表 3-40　EX2 换热器制冷剂预冷侧封头、接管尺寸

项目	封头	接管
内径/mm	350	85
计算厚度/mm	15.53	3.72
名义厚度/mm	20	20
厚度附加量/mm	2	0.13

① 封头开孔所需补强面积根据公式(3-30)得：

$$A = d\delta = 85.26 \times 15.53 = 1324.09(\text{mm}^2)$$

② 有效补强范围　有效宽度 B 按公式(3-31)计算，取两者中较大值：

$$B = \begin{cases} 2 \times 85.26 = 170.52(\text{mm}) \\ 85.26 + 2 \times 20 + 2 \times 20 = 165.26(\text{mm}) \end{cases}$$

$$B_{\max} = 170.52\text{mm}$$

有效高度按式(3-32)和式(3-33)计算，分别取两式中较小值。

外侧有效补强高度：

$$h_1 = \begin{cases} \sqrt{85.26 \times 20} = 41.29(\text{mm}) \\ 150\text{mm} \end{cases}$$

$$h_{1\min} = 41.29\text{mm}$$

内侧有效补强高度：

$$h_2 = \begin{cases} \sqrt{85.26 \times 20} = 41.29(\text{mm}) \\ 0 \end{cases}$$

$$h_{2\min} = 0$$

③ 各补强面积根据式(3-35)和式(3-36)计算：

$$\begin{aligned} A_1 &= (B - d)(\delta_e - \delta) - 2\delta_t(\delta_e - \delta) \\ &= (170.52 - 85.26) \times (18 - 15.53) - 2 \times 3.72 \times (18 - 15.53) \\ &= 192.22(\text{mm}^2) \end{aligned}$$

$$A_2 = 2h_1(\delta_{et} - \delta_t) + 2h_2(\delta_{et} - \delta_t) = 2 \times 41.29 \times (19.87 - 3.72) = 1333.67(\text{mm}^2)$$

本设计焊接长度取 6mm：

$$A_3 = \frac{1}{2} \times 2 \times 6 \times 6 = 36(\text{mm}^2)$$

在有效补强范围内，可作为补强的截面积根据公式(3-34)计算：

$$A_e = A_1 + A_2 + A_3 = 192.22 + 1333.67 + 36 = 1561.89(\text{mm}^2)$$

由于 $A_e > A$，故开孔不需要另加补强。

（4）制冷剂回气侧补强面积计算

EX2 换热器制冷剂回气侧封头、接管尺寸如表 3-41 所示。

表 3-41　EX2 换热器制冷剂回气侧封头、接管尺寸

项目	封头	接管
内径/mm	350	85
计算厚度/mm	5.73	1.06

续表

项目	封头	接管
名义厚度/mm	10	20
厚度附加量/mm	2	0.13

① 封头开孔所需补强面积根据公式(3-30)得：

$$A = d\delta = 85.26 \times 5.73 = 488.54(\mathrm{mm}^2)$$

② 有效补强范围　有效宽度 B 按公式(3-31)计算，取两者中较大值：

$$B = \begin{cases} 2 \times 85.26 = 170.52(\mathrm{mm}) \\ 85.26 + 2 \times 10 + 2 \times 20 = 145.26(\mathrm{mm}) \end{cases}$$

$$B_{\max} = 170.52\mathrm{mm}$$

有效高度按式(3-32)和式(3-33)计算，分别取两式中较小值。

外侧有效补强高度：

$$h_1 = \begin{cases} \sqrt{85.26 \times 20} = 41.29(\mathrm{mm}) \\ 150\mathrm{mm} \end{cases}$$

$$h_{1\min} = 41.29\mathrm{mm}$$

内侧有效补强高度：

$$h_2 = \begin{cases} \sqrt{85.26 \times 20} = 41.29(\mathrm{mm}) \\ 0 \end{cases}$$

$$h_{2\min} = 0$$

③ 各补强面积根据式(3-35)和式(3-36)计算：

$$\begin{aligned} A_1 &= (B - d)(\delta_e - \delta) - 2\delta_t(\delta_e - \delta) \\ &= (170.52 - 85.26) \times (8 - 5.73) - 2 \times 1.06 \times (8 - 5.73) \\ &= 188.73(\mathrm{mm}^2) \end{aligned}$$

$$A_2 = 2h_1(\delta_{et} - \delta_t) + 2h_2(\delta_{et} - \delta_t) = 2 \times 41.29 \times (19.87 - 1.06) = 1553.33(\mathrm{mm}^2)$$

本设计焊接长度取6mm：

$$A_3 = \frac{1}{2} \times 2 \times 6 \times 6 = 36(\mathrm{mm}^2)$$

在有效补强范围内，可作为补强的截面积根据公式(3-34)计算：

$$A_e = A_1 + A_2 + A_3 = 188.73 + 1553.33 + 36 = 1778.06(\mathrm{mm}^2)$$

由于 $A_e > A$，故开孔不需要另加补强。

3.6.5 EX3 换热器补强面积计算

(1) 氢气预冷侧补强面积计算

EX3 换热器氢气预冷侧封头、接管尺寸如表 3-42 所示。

表 3-42 EX3 换热器氢气预冷侧封头、接管尺寸

项目	封头	接管
内径/mm	350	95

续表

项目	封头	接管
计算厚度/mm	13.17	3.39
名义厚度/mm	20	30
厚度附加量/mm	2	0.13

① 封头开孔所需补强面积根据公式(3-30)得：

$$A = d\delta = 95.26 \times 13.17 = 1254.57(\mathrm{mm}^2)$$

② 有效补强范围　有效宽度 B 按公式(3-31)计算，取两者中较大值：

$$B = \begin{cases} 2 \times 95.26 = 190.52(\mathrm{mm}) \\ 95.26 + 2 \times 20 + 2 \times 30 = 195.26(\mathrm{mm}) \end{cases}$$

$$B_{\max} = 195.26\mathrm{mm}$$

有效高度按式(3-32)和式(3-33)计算，分别取两式中较小值。

外侧有效补强高度：

$$h_1 = \begin{cases} \sqrt{95.26 \times 30} = 53.46(\mathrm{mm}) \\ 150\mathrm{mm} \end{cases}$$

$$h_{1\min} = 53.46\mathrm{mm}$$

内侧有效补强高度：

$$h_2 = \begin{cases} \sqrt{95.26 \times 30} = 53.46(\mathrm{mm}) \\ 0 \end{cases}$$

$$h_{2\min} = 0$$

③ 各补强面积按式(3-35)和式(3-36)计算：

$$\begin{aligned} A_1 &= (B - d)(\delta_e - \delta) - 2\delta_t(\delta_e - \delta) \\ &= (195.26 - 95.26) \times (18 - 13.17) - 2 \times 3.39 \times (18 - 13.17) \\ &= 450.25(\mathrm{mm}^2) \end{aligned}$$

$$A_2 = 2h_1(\delta_{et} - \delta_t) + 2h_2(\delta_{et} - \delta_t) = 2 \times 53.45 \times (29.87 - 3.39) = 2830.71(\mathrm{mm}^2)$$

本设计焊接长度取 6mm：

$$A_3 = \frac{1}{2} \times 2 \times 6 \times 6 = 36(\mathrm{mm}^2)$$

在有效补强范围内，可作为补强的截面积根据公式（3-34）计算：

$$A_e = A_1 + A_2 + A_3 = 450.25 + 2830.71 + 36 = 3316.96(\mathrm{mm}^2)$$

由于 $A_e > A$，故开孔不需要另加补强。

（2）氢气回气侧补强面积计算

EX3 换热器氢气回气侧封头、接管尺寸如表 3-43 所示。

表 3-43　EX3 换热器氢气回气侧封头、接管尺寸

项目	封头	接管
内径/mm	875	492
计算厚度/mm	3.57	1.37

续表

项目	封头	接管
名义厚度/mm	10	8
厚度附加量/mm	2	0.48

① 封头开孔所需补强面积根据公式(3-30)得：

$$A = d\delta = 492.96 \times 3.57 = 1759.87(\text{mm}^2)$$

② 有效补强范围　有效宽度 B 按公式(3-31)计算，取两者中较大值：

$$B = \begin{cases} 2 \times 492.96 = 985.92(\text{mm}) \\ 492.96 + 2 \times 10 + 2 \times 8 = 528.96(\text{mm}) \end{cases}$$

$$B_{\max} = 985.92\text{mm}$$

有效高度按式(3-32)和式(3-33)计算，分别取两式中较小值。
外侧有效补强高度：

$$h_1 = \begin{cases} \sqrt{492.96 \times 8} = 62.80(\text{mm}) \\ 150\text{mm} \end{cases}$$

$$h_{1\min} = 62.80\text{mm}$$

内侧有效补强高度：

$$h_2 = \begin{cases} \sqrt{492.96 \times 8} = 62.80(\text{mm}) \\ 0 \end{cases}$$

$$h_{2\min} = 0$$

③ 各补强面积根据式(3-35)和式(3-36)计算：

$$\begin{aligned} A_1 &= (B - d)(\delta_e - \delta) - 2\delta_t(\delta_e - \delta) \\ &= (985.92 - 492.96) \times (8 - 3.57) - 2 \times 1.37 \times (8 - 3.57) \\ &= 2171.67(\text{mm}^2) \end{aligned}$$

$$A_2 = 2h_1(\delta_{et} - \delta_t) + 2h_2(\delta_{et} - \delta_t) = 2 \times 62.80 \times (7.52 - 1.37) = 772.44(\text{mm}^2)$$

本设计焊接长度取6mm：

$$A_3 = \frac{1}{2} \times 2 \times 6 \times 6 = 36(\text{mm}^2)$$

在有效补强范围内，可作为补强的截面积根据公式(3-34)计算：

$$A_e = A_1 + A_2 + A_3 = 2171.67 + 772.44 + 36 = 2980.11(\text{mm}^2)$$

由于 $A_e > A$，故开孔不需要另加补强。

（3）制冷剂预冷侧补强面积计算

EX3 换热器制冷剂预冷侧封头、接管尺寸如表 3-44 所示。

表 3-44　EX3 换热器制冷剂预冷侧封头、接管尺寸

项目	封头	接管
内径/mm	350	85
计算厚度/mm	15.47	3.7
名义厚度/mm	20	20
厚度附加量/mm	2	0.13

① 封头开孔所需补强面积根据公式(3-30)得：

$$A = d\delta = 85.26 \times 15.47 = 1318.97(\mathrm{mm}^2)$$

② 有效补强范围　有效宽度 B 按公式(3-31)计算，取两者中较大值：

$$B = \begin{cases} 2 \times 85.26 = 170.52(\mathrm{mm}) \\ 85.26 + 2 \times 20 + 2 \times 20 = 165.26(\mathrm{mm}) \end{cases}$$

$$B_{\max} = 170.52\mathrm{mm}$$

有效高度按式(3-32)和式(3-33)计算，分别取两式中较小值。

外侧有效补强高度：

$$h_1 = \begin{cases} \sqrt{85.26 \times 20} = 41.29(\mathrm{mm}) \\ 150\mathrm{mm} \end{cases}$$

$$h_{1\min} = 41.29\mathrm{mm}$$

内侧有效补强高度：

$$h_2 = \begin{cases} \sqrt{85.26 \times 20} = 41.29(\mathrm{mm}) \\ 0 \end{cases}$$

$$h_{2\min} = 0$$

③ 各补强面积根据式(3-35)和式(3-36)计算：

$$\begin{aligned} A_1 &= (B - d)(\delta_e - \delta) - 2\delta_t(\delta_e - \delta) \\ &= (170.52 - 85.26) \times (18 - 15.47) - 2 \times 3.7 \times (18 - 15.47) \\ &= 196.99(\mathrm{mm}^2) \end{aligned}$$

$$A_2 = 2h_1(\delta_{et} - \delta_t) + 2h_2(\delta_{et} - \delta_t) = 2 \times 41.29 \times (19.87 - 3.7) = 1335.32(\mathrm{mm}^2)$$

本设计焊接长度取 6mm：

$$A_3 = \frac{1}{2} \times 2 \times 6 \times 6 = 36(\mathrm{mm}^2)$$

在有效补强范围内，可作为补强的截面积根据公式（3-34）计算：

$$A_e = A_1 + A_2 + A_3 = 196.99 + 1335.32 + 36 = 1568.31(\mathrm{mm}^2)$$

由于 $A_e > A$，故开孔不需要另加补强。

（4）制冷剂回气侧补强面积计算

EX3 换热器制冷剂回气侧封头、接管尺寸如表 3-45 所示。

表 3-45　EX3 换热器制冷剂回气侧封头、接管尺寸

项目	封头	接管
内径/mm	350	85
计算厚度/mm	5.84	1.09
名义厚度/mm	10	20
厚度附加量/mm	2	0.13

① 封头开孔所需补强面积根据公式(3-30)得：

$$A = d\delta = 85.26 \times 5.84 = 497.92(\mathrm{mm}^2)$$

② 有效补强范围　有效宽度 B 按公式（3-31）计算，取两者中较大值：

$$B=\begin{cases}2\times 85.26=170.52(\mathrm{mm})\\85.26+2\times 10+2\times 20=145.26(\mathrm{mm})\end{cases}$$

$$B_{\max}=170.52\mathrm{mm}$$

有效高度按式(3-32)和式(3-33)计算，分别取两式中较小值。

外侧有效补强高度：

$$h_1=\begin{cases}\sqrt{85.26\times 20}=41.29(\mathrm{mm})\\150\mathrm{mm}\end{cases}$$

$$h_{1\min}=41.29\mathrm{mm}$$

内侧有效补强高度：

$$h_2=\begin{cases}\sqrt{85.26\times 20}=41.29(\mathrm{mm})\\0\end{cases}$$

$$h_{2\min}=0$$

③ 各补强面积根据式(3-35)和式(3-36)计算：

$$\begin{aligned}A_1&=(B-d)(\delta_e-\delta)-2\delta_t(\delta_e-\delta)\\&=(170.52-85.26)\times(8-5.84)-2\times 1.09\times(8-5.84)\\&=179.45(\mathrm{mm}^2)\end{aligned}$$

$$A_2=2h_1(\delta_{et}-\delta_t)+2h_2(\delta_{et}-\delta_t)=2\times 41.29\times(19.87-1.09)=1550.85(\mathrm{mm}^2)$$

本设计焊接长度取6mm：

$$A_3=\frac{1}{2}\times 2\times 6\times 6=36(\mathrm{mm}^2)$$

在有效补强范围内，可作为补强的截面积根据公式(3-34)计算：

$$A_e=A_1+A_2+A_3=179.45+1550.85+36=1766.3(\mathrm{mm}^2)$$

由于$A_e>A$，故开孔不需要另加补强。

3.6.6 EX4 换热器补强面积计算

（1）氢气预冷侧补强面积计算

EX4 换热器氢气预冷侧封头、接管尺寸如表 3-46 所示。

表 3-46 EX4 换热器氢气预冷侧封头、接管尺寸

项目	封头	接管
内径/mm	350	95
计算厚度/mm	13.06	3.36
名义厚度/mm	20	30
厚度附加量/mm	2	0.13

① 封头开孔所需补强面积根据公式(3-30)得：

$$A=d\delta=95.26\times 13.06=1244.10(\mathrm{mm}^2)$$

② 有效补强范围　有效宽度 B 按公式（3-31）计算，取两者中较大值：

$$B=\begin{cases}2\times 95.26=190.52(\mathrm{mm})\\95.26+2\times 20+2\times 30=195.26(\mathrm{mm})\end{cases}$$

$$B_{max} = 195.26\text{mm}$$

有效高度按式(3-32)和式(3-33)计算，分别取两式中较小值。

外侧有效补强高度：

$$h_1 = \begin{cases} \sqrt{95.26 \times 30} = 53.46(\text{mm}) \\ 150\text{mm} \end{cases}$$

$$h_{1min} = 53.46\text{mm}$$

内侧有效补强高度：

$$h_2 = \begin{cases} \sqrt{95.26 \times 30} = 53.46(\text{mm}) \\ 0 \end{cases}$$

$$h_{2min} = 0$$

③ 各补强面积按式(3-35)和式(3-36)计算：

$$\begin{aligned} A_1 &= (B-d)(\delta_e - \delta) - 2\delta_t(\delta_e - \delta) \\ &= (195.26 - 95.26) \times (18 - 13.06) - 2 \times 3.36 \times (18 - 13.06) \\ &= 460.80(\text{mm}^2) \end{aligned}$$

$$A_2 = 2h_1(\delta_{et} - \delta_t) + 2h_2(\delta_{et} - \delta_t) = 2 \times 53.45 \times (29.87 - 3.36) = 2833.92(\text{mm}^2)$$

本设计焊接长度取 6mm：

$$A_3 = \frac{1}{2} \times 2 \times 6 \times 6 = 36(\text{mm}^2)$$

在有效补强范围内，可作为补强的截面积根据公式(3-34)计算：

$$A_e = A_1 + A_2 + A_3 = 460.80 + 2833.92 + 36 = 3330.72(\text{mm}^2)$$

由于 $A_e>A$，故开孔不需要另加补强。

（2）制冷剂回气侧补强面积计算

EX4 换热器制冷剂回气侧封头、接管尺寸如表 3-47 所示。

表 3-47　EX4 换热器制冷剂回气侧封头、接管尺寸

项目	封头	接管
内径/mm	875	492
计算厚度/mm	3.86	1.53
名义厚度/mm	10	8
厚度附加量/mm	2	0.48

① 封头开孔所需补强面积根据公式(3-30)得：

$$A = d\delta = 492.96 \times 3.86 = 1902.83(\text{mm}^2)$$

② 有效补强范围　有效宽度 B 按公式（3-31）计算，取两者中较大值：

$$B = \begin{cases} 2 \times 492.96 = 985.92(\text{mm}) \\ 492.96 + 2 \times 10 + 2 \times 8 = 528.96(\text{mm}) \end{cases}$$

$$B_{max} = 985.92\text{mm}$$

有效高度按式(3-32)和式(3-33)计算，分别取两式中较小值。

外侧有效补强高度：

$$h_1=\begin{cases}\sqrt{492.96\times 8}=62.80(\text{mm})\\ 150\text{mm}\end{cases}$$

$$h_{1\min}=62.80\text{mm}$$

内侧有效补强高度：

$$h_2=\begin{cases}\sqrt{492.96\times 8}=62.80(\text{mm})\\ 0\end{cases}$$

$$h_{2\min}=0$$

③ 各补强面积根据式(3-35)和式(3-36)计算：

$$\begin{aligned}A_1&=(B-d)(\delta_e-\delta)-2\delta_t(\delta_e-\delta)\\&=(985.92-492.96)\times(8-3.86)-2\times1.52\times(8-3.86)\\&=2028.27(\text{mm}^2)\end{aligned}$$

$$A_2=2h_1(\delta_{et}-\delta_1)+2h_2(\delta_{et}-\delta_t)=2\times62.79\times(7.52-1.52)=753.48(\text{mm}^2)$$

本设计焊接长度取6mm：

$$A_3=\frac{1}{2}\times2\times6\times6=36(\text{mm}^2)$$

在有效补强范围内，可作为补强的截面积根据公式(3-34)计算：

$$A_e=A_1+A_2+A_3=2028.27+753.48+36=2817.75(\text{mm}^2)$$

由于$A_e>A$，故开孔不需要另加补强。

（3）制冷剂预冷侧补强面积计算

EX4换热器制冷剂预冷侧封头、接管尺寸如表3-48所示。

表3-48 EX4换热器制冷剂预冷侧封头、接管尺寸

项目	封头	接管
内径/mm	350	85
计算厚度/mm	15.37	3.67
名义厚度/mm	20	20
厚度附加量/mm	2	0.13

① 封头开孔所需补强面积根据公式(3-30)得：

$$A=d\delta=85.26\times15.37=1310.45(\text{mm}^2)$$

② 有效补强范围　有效宽度B按公式(3-31)计算，取两者中较大值：

$$B=\begin{cases}2\times85.26=170.52(\text{mm})\\ 85.26+2\times20+2\times20=165.26(\text{mm})\end{cases}$$

$$B_{\max}=170.52\text{mm}$$

有效高度按式(3-32)和式(3-33)计算，分别取两式中较小值。

外侧有效补强高度：

$$h_1=\begin{cases}\sqrt{85.26\times 20}=41.29(\text{mm})\\ 150\text{mm}\end{cases}$$

$$h_{1\min}=41.29\text{mm}$$

内侧有效补强高度：

$$h_2=\begin{cases}\sqrt{85.26\times 20}=41.29(\text{mm})\\0\end{cases}$$

$$h_{2\min}=0$$

③ 各补强面积根据式(3-35)和式(3-36)计算：

$$\begin{aligned}A_1&=(B-d)(\delta_e-\delta)-2\delta_t(\delta_e-\delta)\\&=(170.52-85.26)\times(18-15.37)-2\times 3.67\times(18-15.37)\\&=204.93(\text{mm}^2)\end{aligned}$$

$$A_2=2h_1(\delta_{et}-\delta_t)+2h_2(\delta_{et}-\delta_t)=2\times 41.29\times(19.87-3.67)=1337.80(\text{mm}^2)$$

本设计焊接长度取 6mm：

$$A_3=\frac{1}{2}\times 2\times 6\times 6=36(\text{mm}^2)$$

在有效补强范围内，可作为补强的截面积根据公式(3-34)计算：

$$A_e=A_1+A_2+A_3=204.93+1337.80+36=1578.73(\text{mm}^2)$$

由于 $A_e>A$，故开孔不需要另加补强。

（4）氢气回气侧补强面积计算

EX4 换热器氢气回气侧封头、接管尺寸如表 3-49 所示。

表 3-49　EX4 换热器氢气回气侧封头、接管尺寸

项目	封头	接管
内径/mm	875	492
计算厚度/mm	3.85	1.53
名义厚度/mm	10	8
厚度附加量/mm	2	0.48

① 封头开孔所需补强面积根据公式(3-30)得：

$$A=d\delta=492.96\times 3.85=1897.90\ (\text{mm}^2)$$

② 有效补强范围　有效宽度 B 按公式(3-31)计算，取两者中较大值：

$$B=\begin{cases}2\times 492.96=985.92(\text{mm})\\492.96+2\times 10+2\times 8=528.96(\text{mm})\end{cases}$$

$$B_{\max}=985.92\text{mm}$$

有效高度按式(3-32)和式(3-33)计算，分别取两式中较小值。

外侧有效补强高度：

$$h_1=\begin{cases}\sqrt{492.96\times 8}=62.80(\text{mm})\\150\text{mm}\end{cases}$$

$$h_{1\min}=62.80\text{mm}$$

内侧有效补强高度：

$$h_2=\begin{cases}\sqrt{492.96\times 8}=62.80(\text{mm})\\0\end{cases}$$

$$h_{2\min}=0$$

③ 各补强面积根据式(3-35)和式(3-36)计算：

$$A_1 = (B - d)(\delta_e - \delta) - 2\delta_t(\delta_e - \delta)$$
$$= (985.92 - 492.96) \times (8 - 3.85) - 2 \times 1.53 \times (8 - 3.85)$$
$$= 2033.09(\mathrm{mm}^2)$$

$$A_2 = 2h_1(\delta_{et} - \delta_t) + 2h_2(\delta_{et} - \delta_t) = 2 \times 62.8 \times (7.52 - 1.53) = 752.34(\mathrm{mm}^2)$$

本设计焊接长度取 6mm：

$$A_3 = \frac{1}{2} \times 2 \times 6 \times 6 = 36\ (\mathrm{mm}^2)$$

在有效补强范围内，可作为补强的截面积根据公式（3-34）计算：

$$A_e = A_1 + A_2 + A_3 = 2033.09 + 752.34 + 36 = 2821.43(\mathrm{mm}^2)$$

由于 $A_e>A$，故开孔不需要另加补强。

根据计算结果与设计要求，需要进行焊接的接管可按图 2-47 的连接形式进行连接。

3.7 法兰和垫片

法兰是连接设计设备接管与外接管的设备元件。法兰的尺寸需要根据接管的尺寸、设计压力的大小以及设计所需法兰的形式进行选择，配套选择所需的螺栓与垫片。只需依据标准选择法兰型号即可。垫片型号见附表 5，尺寸选型见附表 6、附表 7。

根据国家标准 GB/T 9112《钢制管法兰　类型与参数》确定法兰尺寸。凹凸面对焊钢制管法兰见图 2-48，垫圈形式如图 2-49 所示。

3.8 隔板、导流板及封条

3.8.1 隔板厚度计算

隔板厚度的计算见式(3-38)，翅片规格见附表 1 标准翅片参数。

$$t = m\sqrt{\frac{3p}{4[\sigma_b]}} + C \tag{3-38}$$

式中 m——翅片间距，mm；

C——腐蚀余量，一般取值 0.2mm；

$[\sigma_b]$——室温下力学性能保证值，翅片材料采用 6030，则 $[\sigma_b]$ =205Pa；

p——设计压力，MPa。

（1）EX1 换热器隔板厚度计算

① 氮气制冷隔板厚度

$$t = m\sqrt{\frac{3p}{4[\sigma_b]}} + C = 1.4 \times \sqrt{\frac{3 \times 0.1}{4 \times 205}} + 0.2 = 0.227(\mathrm{mm})$$

② 氢气预冷隔板厚度

$$t = m\sqrt{\frac{3p}{4[\sigma_b]}} + C = 1.7 \times \sqrt{\frac{3 \times 2.07}{4 \times 205}} + 0.2 = 0.348(\mathrm{mm})$$

③ 氢气回气隔板厚度

$$t = m\sqrt{\frac{3p}{4[\sigma_b]}} + C = 1.7 \times \sqrt{\frac{3 \times 0.07}{4 \times 205}} + 0.2 = 0.227(\text{mm})$$

④ 制冷剂预冷隔板厚度

$$t = m\sqrt{\frac{3p}{4[\sigma_b]}} + C = 1.7 \times \sqrt{\frac{3 \times 2.5}{4 \times 205}} + 0.2 = 0.363(\text{mm})$$

⑤ 制冷剂回气隔板厚度

$$t = m\sqrt{\frac{3p}{4[\sigma_b]}} + C = 1.7 \times \sqrt{\frac{3 \times 0.64}{4 \times 205}} + 0.2 = 0.282(\text{mm})$$

根据计算取整，隔板厚度应取 1mm。

EX1 换热器隔板厚度计算结果如表 3-50 所示。

表 3-50　EX1 换热器隔板厚度计算结果表

项目	氮气制冷	氢气预冷	氢气回气	制冷剂预冷	制冷剂回气
翅距/mm	1.4	1.7	1.7	1.7	1.7
设计压力/MPa	0.1	2.07	0.07	2.5	0.64
隔板厚度/mm	0.227	0.348	0.227	0.363	0.282

（2）EX2 换热器隔板厚度计算

① 氢气预冷隔板厚度

$$t = m\sqrt{\frac{3p}{4[\sigma_b]}} + C = 1.7 \times \sqrt{\frac{3 \times 2.05}{4 \times 205}} + 0.2 = 0.347(\text{mm})$$

② 氢气回气隔板厚度

$$t = m\sqrt{\frac{3p}{4[\sigma_b]}} + C = 1.7 \times \sqrt{\frac{3 \times 0.09}{4 \times 205}} + 0.2 = 0.23(\text{mm})$$

③ 制冷剂预冷隔板厚度

$$t = m\sqrt{\frac{3p}{4[\sigma_b]}} + C = 2 \times \sqrt{\frac{3 \times 2.48}{4 \times 205}} + 0.2 = 0.39(\text{mm})$$

④ 制冷剂回气隔板厚度

$$t = m\sqrt{\frac{3p}{4[\sigma_b]}} + C = 1.7 \times \sqrt{\frac{3 \times 0.66}{4 \times 205}} + 0.2 = 0.284(\text{mm})$$

根据计算取整，隔板厚度应取 1mm。

EX2 换热器隔板厚度计算结果如表 3-51 所示。

表 3-51　EX2 换热器隔板厚度计算结果表

项目	氢气预冷	氢气回气	制冷剂预冷	制冷剂回气
翅距/mm	1.7	1.7	2	1.7
设计压力/MPa	2.05	0.09	2.48	0.66
隔板厚度/mm	0.347	0.23	0.39	0.284

（3）EX3 换热器隔板厚度计算

① 氢气预冷隔板厚度

$$t = m\sqrt{\frac{3p}{4[\sigma_b]}} + C = 1.7 \times \sqrt{\frac{3 \times 2.03}{4 \times 205}} + 0.2 = 0.347(\text{mm})$$

② 氢气回气隔板厚度

$$t = m\sqrt{\frac{3p}{4[\sigma_b]}} + C = 1.7 \times \sqrt{\frac{3 \times 0.11}{4 \times 205}} + 0.2 = 0.234(\text{mm})$$

③ 制冷剂预冷隔板厚度

$$t = m\sqrt{\frac{3p}{4[\sigma_b]}} + C = 1.7 \times \sqrt{\frac{3 \times 2.47}{4 \times 205}} + 0.2 = 0.362(\text{mm})$$

④ 制冷剂回气隔板厚度

$$t = m\sqrt{\frac{3p}{4[\sigma_b]}} + C = 1.7 \times \sqrt{\frac{3 \times 0.68}{4 \times 205}} + 0.2 = 0.285(\text{mm})$$

根据计算取整，隔板厚度应取 1mm。

EX3 换热器隔板厚度计算结果如表 3-52 所示。

表 3-52　EX3 换热器隔板厚度计算结果表

项目	氢气预冷	氢气回气	制冷剂预冷	制冷剂回气
翅距/mm	1.7	1.7	1.7	1.7
设计压力/MPa	2.03	0.11	2.47	0.68
隔板厚度/mm	0.347	0.234	0.362	0.285

（4）EX4 换热器隔板厚度计算

① 氢气预冷隔板厚度

$$t = m\sqrt{\frac{3p}{4[\sigma_b]}} + C = 1.7 \times \sqrt{\frac{3 \times 2.01}{4 \times 205}} + 0.2 = 0.345(\text{mm})$$

② 制冷剂回气隔板厚度

$$t = m\sqrt{\frac{3p}{4[\sigma_b]}} + C = 1.7 \times \sqrt{\frac{3 \times 0.13}{4 \times 205}} + 0.2 = 0.237(\text{mm})$$

③ 制冷剂预冷隔板厚度

$$t = m\sqrt{\frac{3p}{4[\sigma_b]}} + C = 1.7 \times \sqrt{\frac{3 \times 2.45}{4 \times 205}} + 0.2 = 0.36(\text{mm})$$

④ 氢气回气隔板厚度

$$t = m\sqrt{\frac{3p}{4[\sigma_b]}} + C = 1.7 \times \sqrt{\frac{3 \times 0.13}{4 \times 205}} + 0.2 = 0.237(\text{mm})$$

根据计算取整，隔板厚度应取 1mm。

EX4 换热器隔板厚度计算结果如表 3-53 所示。

表 3-53 EX4 换热器隔板厚度计算结果表

项目	氢气预冷	制冷剂回气	制冷剂预冷	氢气回气
翅距/mm	1.7	1.7	1.7	1.7
设计压力/MPa	2.01	0.13	2.45	0.13
隔板厚度/mm	0.345	0.237	0.36	0.237

3.8.2 封条设计选择

根据 NB/T 47006 标准可知封条宽度可依据封头的厚度以及焊接的合理性进行选择。常用封条规格质量见附表 4，封条样式见图 2-50，封条选型如表 3-54 所示。

表 3-54 封条选型

封条高度 H/mm	6.5	6.5	6.5	9.5	6.5
封条宽度 B/mm	35	35	35	35	35

3.8.3 导流板的选择

根据板束的厚度以及导流片在板束中的开口位置与方向进行选择，导流片样式可参照图 2-51。

3.9 换热器的成型安装

3.9.1 板束安装规则

（1）组装要求

① 钎焊元件的尺寸偏差和形位公差应符合图样或相关技术文件的要求；组装前不得有毛刺，且表面不得有严重磕、划、碰伤等缺陷；组装前应进行清洗，以除去油迹、锈斑等杂质，清洗后应进行干燥处理。

② 组装前的翅片和导流片的翅形应保持规整，不得被挤压、拉伸和扭曲；翅片、导流片和封条的几何形状有局部形变时，应进行整形。

③ 隔板应保持平整，不得有弯曲、拱起、小角翘起和无包覆层的白边存在；板面上的局部凹印深度不得超过板厚的 10%，且深不大于 0.15mm。

④ 组装时每一层的钎焊元件应互相靠紧，但不得重叠。设计压力 $p \leqslant 2.5$MPa 时，钎焊元件的拼接间隙应不大于 1.5mm，局部不得大于 3mm；设计压力 $p > 2.5$MPa 时，钎焊元件的拼接间隙应不大于 1mm，局部不得大于 2mm。拼接间隙的特殊要求应在图样中注明。

（2）钎焊工艺

钎焊工艺应针对相应的工艺进行，并进行钎焊工艺的评定。

（3）板束的外观

① 板束焊缝应饱满平滑，不得有钎料堵塞通道的现象；
② 导流片翅形应规整，不得露出隔板；

③ 相邻上下层封条间的内凹、外弹量不得超过 2mm；
④ 束上下平面的错位量每 100mm 高不大于 1.5mm，且总错位量不大于 8mm；
⑤ 侧板的下凹总量不得超过板束叠层总厚度的 1%。

3.9.2 焊接工艺和形式

（1）焊接工艺

① 热交换器施工前的焊接工艺评定应按 JB/T 4734 的附录 B 进行。热交换器的焊接工艺文件应按图样技术要求和评定合格的焊接工艺并参照 JB/T 4734 的附录 E 制定。

② 焊接工艺评定报告、焊接工艺规程、施焊记录的焊工识别标记等文件的保存期不得少于 7 年。焊工识别标记应打在规定的容器部位，但不得在耐腐蚀面上打钢印。

（2）焊接形式

① 焊接接头表面的形状尺寸及外观要求、焊接接头返修要求应符合 JB/T 4734 的有关规定；
② 受压元件的 A、B、C、D 类焊接接头及钎焊缝的补焊应采用钨极氩弧焊、熔化极氩弧焊或采用通过实验可保证焊接质量的其他焊接方法，并符合 JB/T 4734 的有关规定。

在换热器制造后应进行试验与检测，技术部门检验合格后才能出厂。

（1）耐压强度试验

热交换器的压力试验除符合标准和设计图样规定外，还应符合《压力容器安全技术检查规程》的规定。

（2）液压试验

热交换器的液压试验一般应采用水作试验介质，水应是洁净、对工件无腐蚀的。

（3）气压试验

热交换器的气压试验应采用干燥、无油、洁净的空气、氮气或惰性气体作为试验介质，试验压力按照有关规定确定。采用气压试验时，应有可靠的防护措施。

3.9.3 绝热保冷设计

一般选用聚氨酯泡沫作为绝热材料供换热器保冷使用，厚度应满足保冷的需求。根据图 2-52，保冷层厚度选择 400mm。

通过设计计算可以看出，各个制冷剂和氢气在翅片内流动时，由于没有相变，通过板翅式换热器时压力损失很少，对于高压板侧的流动，这些压力降可看作是流体静压的波动减少量，对流体的动压没影响，所以流体在板束中的流动速度不需要校正。经过对板翅式换热器换热工艺及结构进行设计计算，可得出以下结论：

① 不同封头结构对换热器流量分配和温度分布影响很大；
② 板翅式换热器的核心部分为换热工艺计算过程，还需进一步研究；
③ 板翅式换热器中流速不宜太大，否则会使压力降增大，对流速的影响很大；
④ 翅片选择应综合考虑各个流道尺寸和负荷大小，做到相适应；
⑤ 混合制冷剂的制冷量计算和质量流量计算过程复杂，应考虑各股流冷热负荷。

本章小结

通过研究开发 30 万立方米 PFHE 型液氮预冷一级膨胀两级节流四级制冷氢液化工艺装备设计计算方法，并根据液氮预冷一级氢膨胀、两级节流制冷工艺流程及四级多股流板翅式换热器（PFHE）特点进行主设备设计计算，就可突破-252℃液氮预冷单级膨胀两级节流 LH_2 液化工艺设计计算方法及四级 PFHE 设计计算方法。设计过程中采用四级 PFHE 换热，其具有结构紧凑、换热效率高等特点，能有效解决液化工艺系统庞大、占地面积大等问题，并克服传统的 LH_2 液化工艺缺陷，通过四级 PFHE 连续制冷，可最终实现 LH_2 液化工艺整合计算过程。四级 PFHE 便于多股流大温差换热，也是 LH_2 液化过程中可选用的高效制冷设备之一。本章采用 PFHE 型液氮预冷单级氢膨胀及两级节流制冷系统，由四个连贯的板束组成，包括一次液氮预冷板束、二次回热板束、三次膨胀制冷板束及四次节流制冷板束，其结构简洁，层次分明，易于设计计算，该工艺也是目前 LH_2 液化工艺系统的主要选择之一。

参 考 文 献

[1] 王松汉．板翅式换热器［M］. 北京：化学工业出版社，1984(4)．

[2] 吴业正，朱瑞琪．制冷与低温技术原理［M］. 北京：高等教育出版社，2005(9)．

[3] 钱寅国，文顺清．板翅式换热器的传热计算［J］. 深冷技术，2011(3)：32-36.

[4] 敬加强，梁光川．液化天然气技术问答［M］. 北京：化学工业出版社，2006，12.

[5] 徐烈．我国低温绝热与贮运技术的发展与应用［J］. 低温工程，2001(2)：1-8.

[6] 李兆慈，徐烈，张洁，孙恒．LNG 槽车贮槽绝热结构设计［J］. 天然气工业，2004(2)：85-87.

[7] 魏巍，汪荣顺．国内外液化天然气输运容器发展状态［J］. 低温与超导，2005(2)：40，41.

[8] 董大勤，袁凤隐．压力容器设计手册［M］. 2 版．北京：化学工业出版社，2014.

[9] 王志文，蔡仁良．化工容器设计［M］. 3 版．北京：化学工业出版社，2011.

[10] JB/T 4700~4707—2000 压力容器法兰［S］.

[11] TSG R0005—2011 移动式压力容器安全技术监察规程［S］.

[12] 贺匡国．化工容器及设备简明设计手册［M］. 2 版．北京：化学工业出版社，2002.

[13] GB 150—2005 钢制压力容器［S］.

[14] 潘家祯．压力容器材料实用手册［M］. 北京：化学工业出版社，2000.

[15] HG/T 20592～20635—2009 钢制管法兰、垫片、紧固件［S］.

[16] JB/T 4712. 1～4712. 4—2007 容器支座［S］.

[17] JB/T 4736—2002 补强圈［S］.

[18] 张周卫．LNG 低温液化一级制冷五股流板翅式换热器［P］. 中国：201510040244. 7，2015. 01.

[19] 张周卫．LNG 低温液化二级制冷四股流板翅式换热器［P］. 中国：201510042630. X，2015. 01.

[20] 张周卫．LNG 低温液化三级制冷三股流板翅式换热器［P］. 中国：201510040244. 7，2015. 01.

[21] 张周卫．LNG 混合制冷剂多股流板翅式换热器［P］. 中国：201510051091. 6，2015. 02.

[22] Zhang Zhouwei，Wang Yahong，Li Yue，Xue Jiaxing. Research and development on series of LNG plate-fin heat exchanger［C］. 3rd International Conference on Mechatronics，Robotics and Automation(ICMRA 2015)，2015(4)：1299-1304.

第 4 章

30 万立方米 PFHE 型 LNG 预冷两级氦膨胀五级氢液化工艺装备

本章重点研究开发 30 万立方米 PFHE 型 LNG 预冷两级氦膨胀五级氢液化工艺装备设计计算方法，并根据 LNG 预冷两级氦膨胀、两级节流制冷工艺流程及五级多股流板翅式换热器(PFHE)，将氢气液化为-252℃ LH_2。在氢气液化为 LH_2 过程中会放出大量热，需要研究开发相应的 LH_2 液化工艺，构建制冷系统，并应用五级 PFHE 来降低氢气温度。

由于传统的 LH_2 液化工艺系统占地面积大，液化效率低，所以，本章采用 LNG 一级预冷两级氦膨胀及两级节流制冷的五级氢液化主换热装备，如图 4-1 所示。内含膨胀节流制冷工艺，其具有结构紧凑、换热效率高等特点，能有效解决液化工艺系统庞大、占地面积大等问题。并给出了 LNG 预冷两级氦膨胀加两级节流制冷的 LH_2 工艺流程及主液化装备——五级多股流板翅式换热器的设计计算模型。

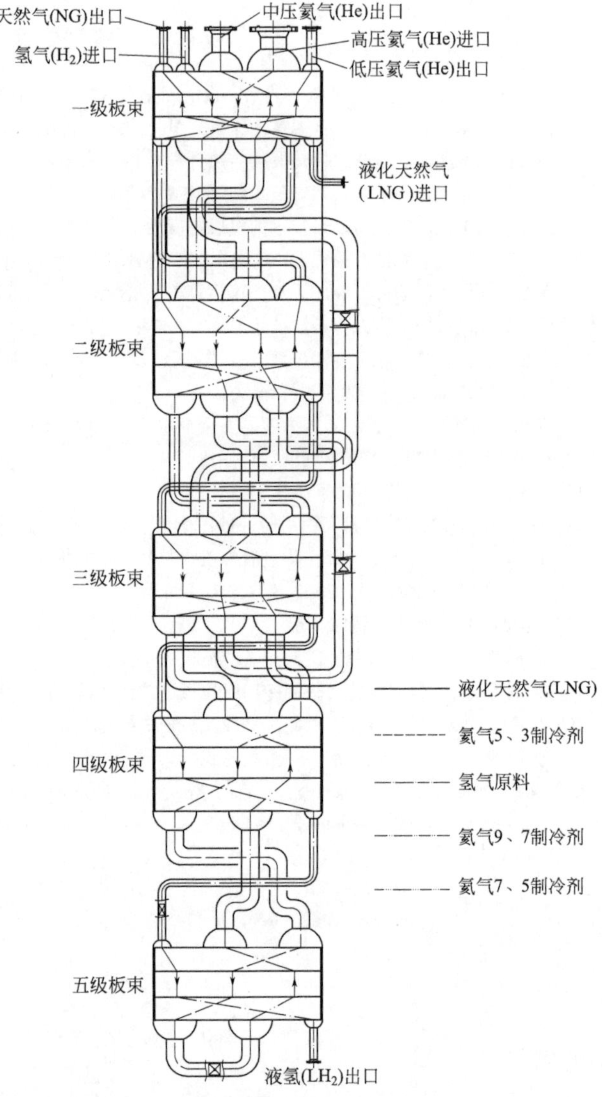

图 4-1 PFHE 型 LNG 预冷两级氦膨胀五级氢液化板翅式换热器

4.1 LH_2 板翅式换热器制冷工艺

氢气液化系统由五组板束组成。首先，将氢气压缩并冷却后进入一级 LNG 预冷板束，利用 LNG 气化提供的冷能将氢气预冷至-161℃，之后经过二、三级板束提供的膨胀制冷量将氢气液化，再经四级回热后节流进入五级板束过冷。五级板束冷量主要由节流制冷获取。氦制冷剂经一级板束预冷后分离一股经过膨胀机膨胀后返回二级板束并为二级提供制冷量。经二级板束预冷后分离一股氦气并经二级膨胀机膨胀后返回为三级板束提供冷量。经三级、四级及五级板束预冷后的氦气节流后返回并为五级及四级板束提供冷量。LNG 预冷两级氦膨胀氢液化工艺流程如图 4-2 所示。

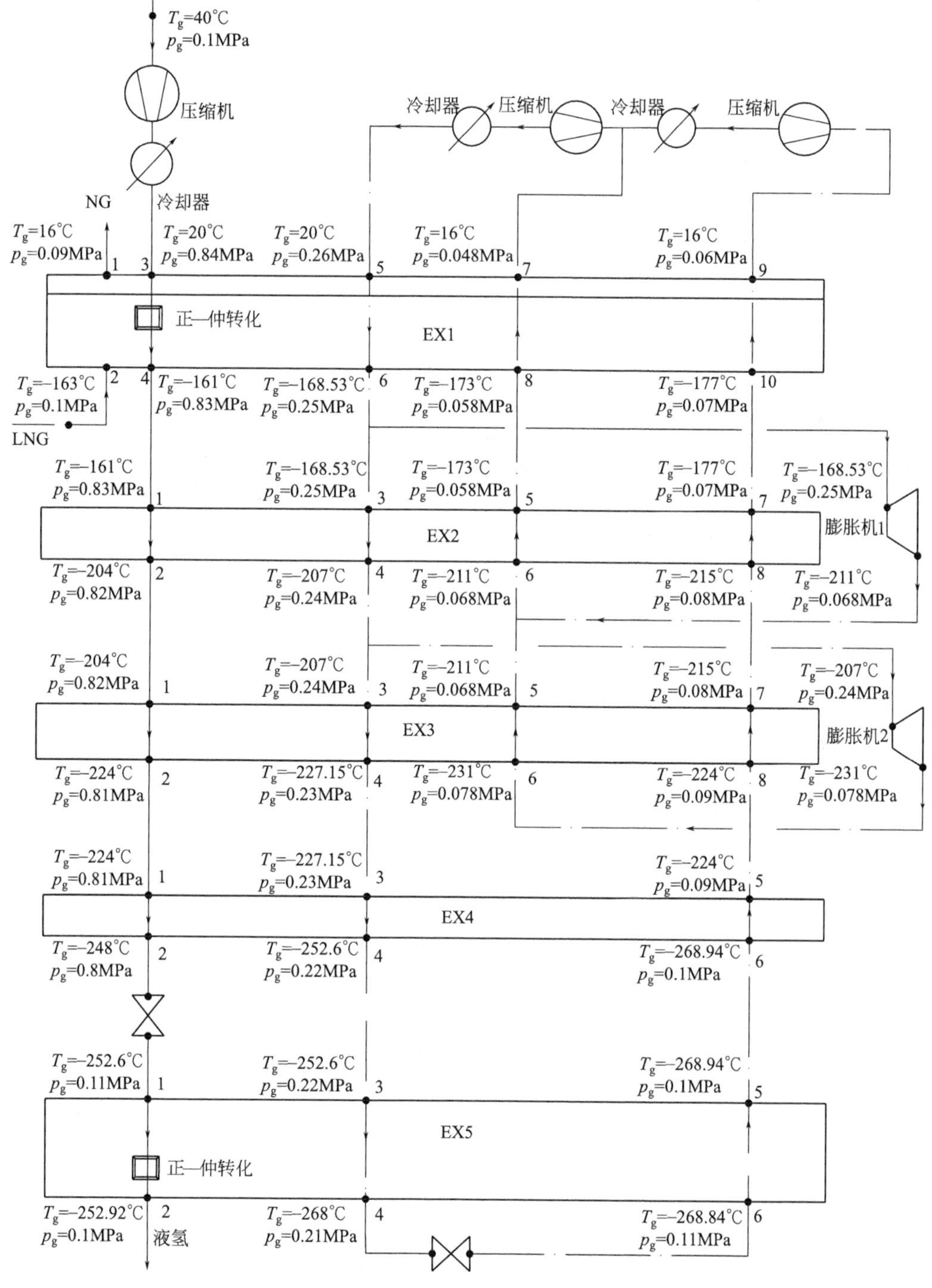

图 4-2　LNG 预冷两级氦膨胀 LH_2 液化工艺流程图

4.2 LH_2 板翅式换热器的工艺计算

4.2.1 板翅式换热器工艺设计

LH_2 板翅式换热器的主要工艺设计环节有以下几点：

① 根据所设计的液化天然气预冷氢液化工艺流程图，确定各级所需制冷剂；

② 确定每处制冷剂在相对应压力和温度下的物性参数；

③ 根据各制冷剂物性参数确定此设计工艺中所符合要求的制冷剂种类；

④ 根据每级换热器吸收热量和放出热量相等，得出各级制冷剂的质量流量；

⑤ 确定换热系数和换热面积，以及一级板束的排列；

⑥ 求出各级板束换热器所形成的压力降。

4.2.2 制冷剂设计参数的确定

通过查阅相关资料并研究国内外对板翅式换热器的设计，确定本次设计初选的制冷剂是氦气，氦气制冷剂的各种参数都由 REFPROP 8.0 软件查得，如表 4-1 所示。

表 4-1 氦气制冷剂参数

名称	临界压力/MPa	临界温度/K	饱和压力/MPa	饱和温度/K
氦气	0.22	5.5	0.22	5.5

4.2.3 氢气液化工艺计算过程

4.2.3.1 一级设备预冷制冷过程

一级设备（EX1）预冷制冷过程如图 4-3 所示，各股流体进出口参数如表 4-2 所示。

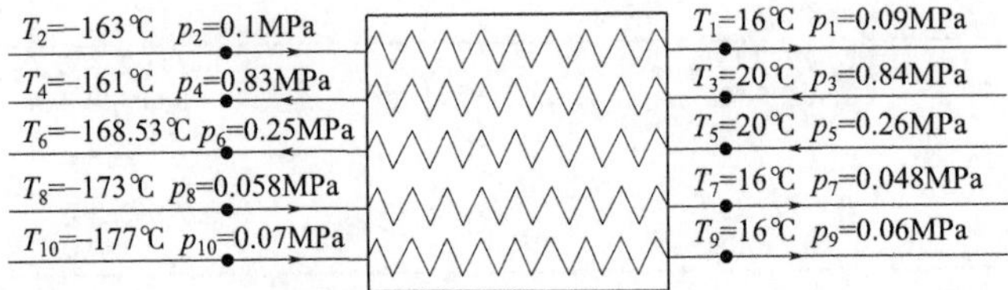

图 4-3 EX1 预冷制冷过程

表 4-2 EX1 各股流体进出口参数

类别	出口焓值/(kJ/kg)	进口焓值/(kJ/kg)	焓差/(kJ/kg)	流量/(kg/s)	热量/(kJ/s)
天然气	-263.154	852.28	-1115.434	0.74078	-826.291
原料氢气	1434.9	3863.4	-2428.5	0.287007	-696.98
氦气 1	549.14	1528.4	-979.26	3.982717	-3900.115
氦气 2	1507	525.46	-981.54	2.1928	-2152.321
氦气 3	1507	504.71	-1002.29	1.789917	-1794.01291
热平衡	0.048				

制冷剂在一级制冷装备里的预冷及制冷计算如下。

（1）天然气制冷过程计算

初状态：$T_1=16℃$，$p_1=0.09\text{MPa}$，$H_1=852.28\text{kJ/kg}$

终状态：$T_2=-163℃$，$p_2=0.1\text{MPa}$，$H_2=-263.154\text{kJ/kg}$

单位质量流量的制冷量：

$$H = H_2 - H_1 = -263.154 - 852.28 = -1115.434(\text{kJ/kg})$$

天然气的质量流量：

$$W = (88990 \times 0.71922)/(24 \times 3600) = 0.74078(\text{kg/s})$$

天然气的总制冷量：

$$Q = -1115.434 \times 0.74078 = -826.291(\text{kJ/s})$$

（2）氢气预冷过程计算

初状态：$T_3=20℃$，$p_3=0.84\text{MPa}$，$H_3=3863.4\text{kJ/kg}$

终状态：$T_4=-161℃$，$p_4=0.83\text{MPa}$，$H_4=1434.9\text{kJ/kg}$

单位质量流量的制冷量：

$$H = H_4 - H_3 = 1434.9 - 3863.4 = -2428.5(\text{kJ/kg})$$

氢气的质量流量：

$$W = (300000 \times 0.082658)/(24 \times 3600) = 0.287007(\text{kg/s})$$

氢的总预冷量：

$$Q = -2428.5 \times 0.287007 = -696.98(\text{kJ/s})$$

（3）氦气预冷过程计算

① 氦气的预冷过程

初状态：$T_5=20℃$，$p_5=0.26\text{MPa}$，$H_5=1528.4\text{kJ/kg}$

终状态：$T_6=-168.53℃$，$p_6=0.25\text{MPa}$，$H_6=549.14\text{kJ/kg}$

单位质量流量的预冷量：

$$H = H_6 - H_5 = 549.14 - 1528.4 = -979.26(\text{kJ/kg})$$

② 氦气的制冷过程

初状态：$T_7=16℃$，$p_7=0.048\text{MPa}$，$H_7=1507\text{kJ/kg}$

终状态：$T_8=-173℃$，$p_8=0.058\text{MPa}$，$H_8=525.46\text{kJ/kg}$

单位质量流量的制冷量：

$$H = H_8 - H_7 = 525.46 - 1507 = -981.54(\text{kJ/kg})$$

③ 氦气的制冷过程

初状态：$T_9=16℃$，$p_9=0.06\text{MPa}$，$H_9=1507\text{kJ/kg}$

终状态：$T_{10}=-177℃$，$p_{10}=0.07\text{MPa}$，$H_{10}=504.71\text{kJ/kg}$

单位质量流量制冷量：

$$H = H_{10} - H_9 = 504.71 - 1507 = -1002.29(\text{kJ/kg})$$

4.2.3.2　二级设备预冷制冷过程

二级设备（EX2）预冷制冷过程如图 4-4 所示，各股流体进出口参数如表 4-3 所示。

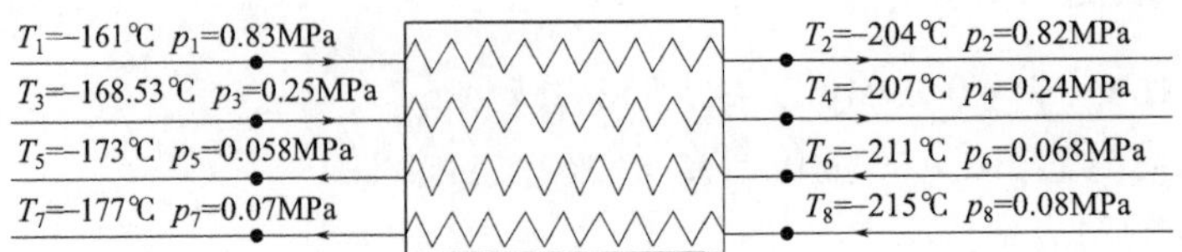

图 4-4 EX2 预冷制冷过程

表 4-3 EX2 各股流体进出口参数

类别	出口焓值/(kJ/kg)	进口焓值/(kJ/kg)	焓差/(kJ/kg)	流量/(kg/s)	热量/(kJ/s)
氢气	948. 35	589. 73	358. 62	0. 287007	102. 9264503
氦气 1	349. 11	549. 15	-200. 04	3. 415917	-683. 3200367
氦气 2	525. 46	328. 07	-197. 39	2. 1928	-432. 836792
氦气 3	587. 82	307. 3	-280. 52	1. 789917	-353. 347515
热平衡	0. 06218				

制冷剂在二级制冷装备里的再冷及制冷量计算过程如下。

① 氢气预冷过程

初状态：$T_1=-161℃$，$p_1=0.83\text{MPa}$，$H_1=589.73\text{kJ/kg}$

终状态：$T_2=-204℃$，$p_2=0.82\text{MPa}$，$H_2=948.35\text{kJ/kg}$

单位质量流量的预冷量：

$$H=H_2-H_1=948.35-589.73=358.62(\text{kJ/kg})$$

② 氦气 1 预冷过程

初状态：$T_3=-168.53℃$，$p_3=0.25\text{MPa}$，$H_3=549.15\text{kJ/kg}$

终状态：$T_4=-207℃$，$p_4=0.24\text{MPa}$，$H_4=349.11\text{kJ/kg}$

单位质量流量的预冷量：

$$H=H_4-H_3=349.11-549.15=-200.04(\text{kJ/kg})$$

③ 氦气 2 制冷过程

初状态：$T_5=-173℃$，$p_5=0.058\text{MPa}$，$H_5=525.46\text{kJ/kg}$

终状态：$T_6=-211℃$，$p_6=0.068\text{MPa}$，$H_6=328.07\text{kJ/kg}$

单位质量流量的制冷量：

$$H=H_6-H_5=328.07-525.46=-197.39(\text{kJ/kg})$$

④ 氦气 3 制冷过程

初状态：$T_7=-177℃$，$p_7=0.07\text{MPa}$，$H_7=587.82\text{kJ/kg}$

终状态：$T_8=-215℃$，$p_8=0.08\text{MPa}$，$H_8=307.3\text{kJ/kg}$

单位质量流量的制冷量：

$$H=H_8-H_7=307.3-587.82=-280.52(\text{kJ/kg})$$

4.2.3.3 三级设备预冷制冷过程

三级设备（EX3）预冷制冷过程如图 4-5 所示，各股流体进出口参数如表 4-4 所示。

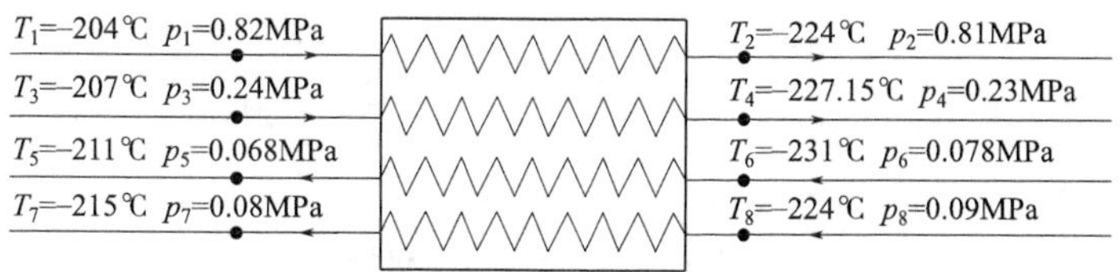

图 4-5　EX3 预冷制冷过程

表 4-4　EX3 各股流体进出口参数

类别	出口焓值/(kJ/kg)	进口焓值/(kJ/kg)	焓差/(kJ/kg)	流量/(kg/s)	热量/(kJ/s)
氢气	721. 92	948. 35	−226. 43	0. 287007	−64. 98699501
氦气 1	244. 17	349. 11	−104. 94	1. 789917	−187. 83389
氦气 2	328. 07	224. 11	−103. 96	1. 626	−169. 03896
氦气 3	307. 3	260. 52	−46. 78	1. 789917	−83. 73231726
热平衡	0. 0496				

制冷剂在三级制冷装备中的再冷及制冷量计算过程如下。

① 氢气预冷过程

初状态：$T_1=-204℃$，$p_1=0.82\text{MPa}$，$H_1=948.35\text{kJ/kg}$

终状态：$T_2=-224℃$，$p_2=0.81\text{MPa}$，$H_2=721.92\text{kJ/kg}$

单位质量流量的预冷量：

$$H=H_2-H_1=721.92-948.35=-226.43(\text{kJ/kg})$$

② 氦气 1 预冷过程

初状态：$T_3=-207℃$，$p_3=0.24\text{MPa}$，$H_3=349.11\text{kJ/kg}$

终状态：$T_4=-227.15℃$，$p_4=0.23\text{MPa}$，$H_4=244.17\text{kJ/kg}$

单位质量流量的预冷量：

$$H=H_4-H_3=244.17-349.11=-104.94(\text{kJ/kg})$$

③ 氦气 2 制冷过程

初状态：$T_5=-211℃$，$p_5=0.068\text{MPa}$，$H_5=328.07\text{kJ/kg}$

终状态：$T_6=-231℃$，$p_6=0.078\text{MPa}$，$H_6=224.11\text{kJ/kg}$

单位质量流量的制冷量：

$$H=H_6-H_5=224.11-328.07=-103.96(\text{kJ/kg})$$

④ 氦气 3 制冷过程

初状态：$T_7=-215℃$，$p_7=0.08\text{MPa}$，$H_7=307.3\text{kJ/kg}$

终状态：$T_8=-224℃$，$p_8=0.09\text{MPa}$，$H_8=260.52\text{kJ/kg}$

单位质量流量的制冷量：

$$H=H_8-H_7=260.52-307.3=-46.78(\text{kJ/kg})$$

4.2.3.4　四级设备预冷制冷过程

四级设备（EX4）预冷制冷过程如图 4-6 所示，各股流体进出口参数如表 4-5 所示。

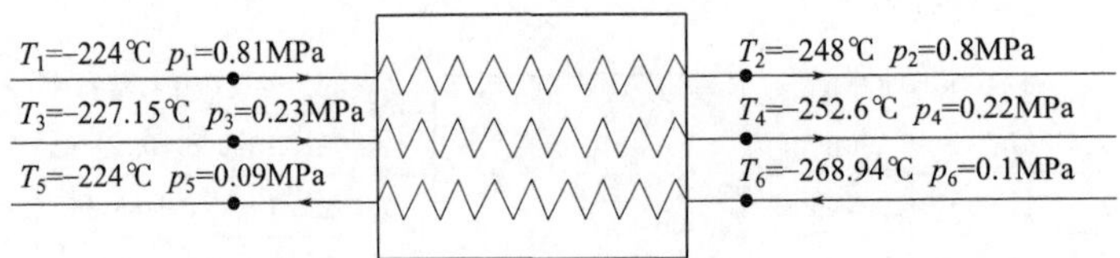

图 4-6 EX4 预冷制冷过程

表 4-5 EX4 各股流体进出口参数

类别	出口焓值/(kJ/kg)	进口焓值/(kJ/kg)	焓差/(kJ/kg)	流量/(kg/s)	热量/(kJ/s)
液氢	58.815	721.92	-633.105	0.287007	-190.3157399
氦气 1	110.84	244.17	-133.33	1.789917	-238.6496336
氦气 2	260.52	20.857	-239.663	1.789917	-428.976878
热平衡	-0.0115				

制冷剂在四级制冷装备中的再冷、液化及制冷量计算过程如下。

① 氢气液化过程

初状态：$T_1=-224℃$，$p_1=0.81\text{MPa}$，$H_1=721.92\text{kJ/kg}$

终状态：$T_2=-248℃$，$p_2=0.8\text{MPa}$，$H_2=58.815\text{kJ/kg}$

单位质量流量的预冷量：

$$H = H_2 - H_1 = 58.815 - 721.92 = -663.105(\text{kJ/kg})$$

② 氦气 1 预冷过程

初状态：$T_3=-227.15℃$，$p_3=0.23\text{MPa}$，$H_3=244.17\text{kJ/kg}$

终状态：$T_4=-252.6℃$，$p_4=0.22\text{MPa}$，$H_4=110.84\text{kJ/kg}$

单位质量流量的预冷量：

$$H = H_4 - H_3 = 110.84 - 244.17 = -133.33(\text{kJ/kg})$$

③ 氦气 2 制冷过程

初状态：$T_5=-224℃$，$p_5=0.09\text{MPa}$，$H_5=260.52\text{kJ/kg}$

终状态：$T_6=-268.94℃$，$p_6=0.1\text{MPa}$，$H_6=20.857\text{kJ/kg}$

单位质量流量的制冷量：

$$H = H_6 - H_5 = 20.857 - 260.52 = -239.663(\text{kJ/kg})$$

④ 节流过程

节流前：$T_2=-248℃$，$p_2=0.8\text{MPa}$，$H_2=60.296\text{kJ/kg}$

节流过程属于等焓过程，节流后：$H=60.296\text{kJ/kg}$，$p=0.11\text{MPa}$，查得 $T=-252.6℃$。

4.2.3.5 五级设备预冷制冷过程

五级设备（EX5）预冷制冷过程如图 4-7 所示，各股流体进出口参数如表 4-6 所示。

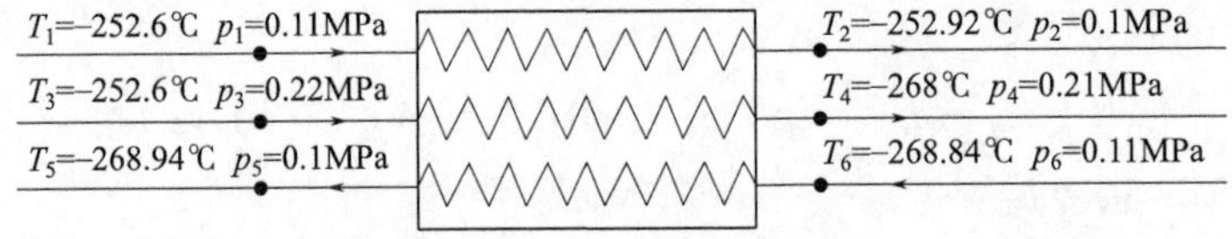

图 4-7 EX5 预冷制冷过程

表 4-6　EX5 各股流体进出口参数

类别	出口焓值/(kJ/kg)	进口焓值/(kJ/kg)	焓差/(kJ/kg)	流量/(kg/s)	热量/(kJ/s)
液氢	445.86	2.8158	443.0442	0.287007	127.1567621
氦气	19.219	110.84	-91.621	1.789917	-163.9939549
氦气	20.928	0.47115	-20.4569	1.789917	-36.61605676
热平衡	-0.2211				

制冷剂在五级制冷装备中的再冷、液化及制冷量计算过程如下。

① 氢气预冷过程

初状态：$T_1=-252.6℃$，$p_1=0.11\text{MPa}$，$H_1=2.8158\text{kJ/kg}$

终状态：$T_2=-252.92℃$，$p_2=0.1\text{MPa}$，$H_2=455.86\text{kJ/kg}$

单位质量流量的制冷量：

$$H=H_2-H_1=455.86-2.8158=443.0442\ (\text{kJ/kg})$$

② 氦气液化过程

初状态：$T_3=-252.6℃$，$p_3=0.22\text{MPa}$，$H_3=110.84\text{kJ/kg}$

终状态：$T_4=-268℃$，$p_4=0.21\text{MPa}$，$H_4=19.219\text{kJ/kg}$

单位质量流量的预冷量：

$$H=H_4-H_3=19.219-110.84=-91.621\ (\text{kJ/kg})$$

③ 氦气制冷过程

初状态：$T_5=-268.94℃$，$p_5=0.1\text{MPa}$，$H_5=20.928\text{kJ/kg}$

终状态：$T_6=-268.84℃$，$p_6=0.11\text{MPa}$，$H_6=0.47115\text{kJ/kg}$

单位质量流量的制冷量：

$$H=H_6-H_5=0.47115-20.928=-20.4569(\text{kJ/kg})$$

④ 节流过程

节流前：$T_4=-268.06℃$，$p_4=0.21\text{MPa}$，$H_4=8.3644\text{kJ/kg}$

节流过程属于等焓过程，节流后：$H=8.3644\text{kJ/kg}$，$p=0.11\text{MPa}$，查得 $T=-268.84℃$。

4.3 换热器长度计算

4.3.1 一级换热器流体参数计算

标准翅片参数表见附表 1，选择板翅式换热器为铝质材料，15 股，宽 3.35m，一流道。一级换热器翅片参数如表 4-7 所示，一级换热器示意图如图 4-8 所示，换热器单组翅片局部放大图如图 4-9 所示。

表 4-7　一级换热器的翅片参数

名称	翅高 L/mm	翅厚 δ/mm	翅距/mm	当量直径 d_e/mm	通道截面积 F'/m^2	总传热面积 F_0/m^2	二次传热面积与总传热面积比
翅片 1	6.5	0.3	1.4	1.87	0.00487	10.23	0.85
翅片 2	4.7	0.3	2.0	2.45	0.00374	6.1	0.722

续表

名称	翅高 L/mm	翅厚 δ/mm	翅距/mm	当量直径 d_e/mm	通道截面积 F'/m²	总传热面积 F_0/m²	二次传热面积与总传热面积比
翅片 3	9.5	0.2	2.0	3.02	0.00837	11.1	0.838
翅片 4	6.5	0.3	2.0	2.12	0.00527	7.9	0.785
翅片 5	6.5	0.3	1.4	1.87	0.00527	10.23	0.785

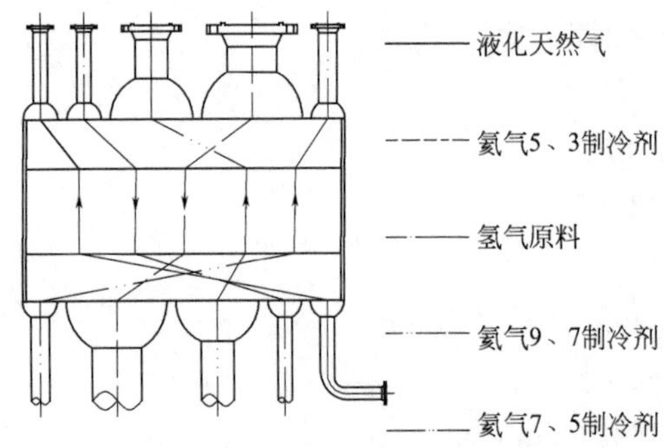

图 4-8　一级换热器示意图

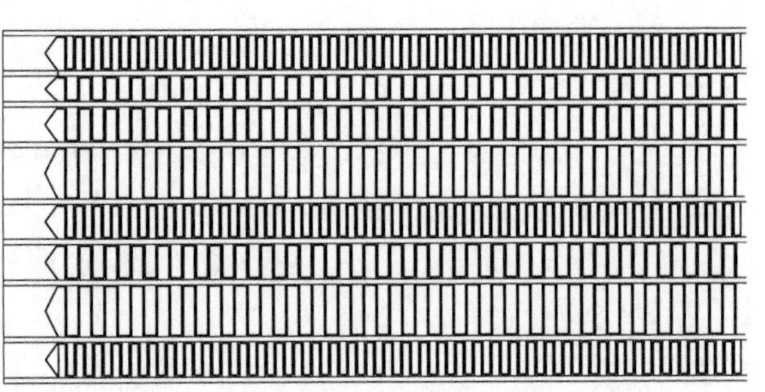

图 4-9　一级换热器单组翅片局部放大图

（1）各股流流道的质量流速

$$G_i = \frac{W}{nf_iL_w} \tag{4-1}$$

式中　G_i——流体流道的质量流速，kg/(m²·s)；

W——各股流的质量流量，kg/s；

f_i——单层通道一米宽度上的截面积，m²；

L_w——翅片有效宽度，m。

1 通道：

$$G_1 = \frac{0.7408/(3.35 \times 1)}{15 \times 4.87 \times 10^{-3}} = 3.027[\text{kg}/(\text{m}^2 \cdot \text{s})]$$

2 通道：

$$G_2 = \frac{0.287/(3.35 \times 1)}{15 \times 3.74 \times 10^{-3}} = 1.5271[\text{kg}/(\text{m}^2 \cdot \text{s})]$$

3 通道：

$$G_3 = \frac{3.9827/(3.35 \times 2)}{15 \times 8.37 \times 10^{-3}} = 4.7346[\text{kg}/(\text{m}^2 \cdot \text{s})]$$

4 通道：

$$G_4 = \frac{2.1928/(3.35 \times 2)}{15 \times 5.27 \times 10^{-3}} = 4.1402[\text{kg}/(\text{m}^2 \cdot \text{s})]$$

5 通道：

$$G_5 = \frac{1.7899/(3.35 \times 2)}{15 \times 5.27 \times 10^{-3}} = 3.3795[\text{kg}/(\text{m}^2 \cdot \text{s})]$$

（2）各股流的雷诺数

$$Re = \frac{G_i d_e}{\mu g} \tag{4-2}$$

式中　G_i——各股流流道的质量流速，kg/(m²·s)；

g——重力加速度，m/s²；

d_e——各股流侧翅片当量直径，m；

μ——各股流的黏度，kg/(m·s)。

1 通道：

$$Re = \frac{3.027 \times 1.87 \times 10^{-3}}{7.49 \times 10^{-6} \times 9.81} = 77.038[\text{kg}/(\text{m}^2 \cdot \text{s})]$$

2 通道：

$$Re = \frac{1.5217 \times 2.45 \times 10^{-3}}{6.87 \times 10^{-6} \times 9.81} = 55.318[\text{kg}/(\text{m}^2 \cdot \text{s})]$$

3 通道：

$$Re = \frac{4.7346 \times 3.02 \times 10^{-3}}{1.51 \times 10^{-5} \times 9.81} = 96.526[\text{kg}/(\text{m}^2 \cdot \text{s})]$$

4 通道：

$$Re = \frac{4.1402 \times 2.12 \times 10^{-3}}{1.49 \times 10^{-5} \times 9.81} = 60.049[\text{kg}/(\text{m}^2 \cdot \text{s})]$$

5 通道：

$$Re = \frac{3.3795 \times 1.87 \times 10^{-3}}{1.48 \times 10^{-5} \times 9.81} = 43.527[\text{kg}/(\text{m}^2 \cdot \text{s})]$$

（3）各股流的普朗特数

$$Pr = \frac{C\mu}{\lambda} \tag{4-3}$$

式中　μ——流体的黏度，kg/(m·s)；

C——流体的比热容，kJ/(kg·K)；

λ——流体的热导率，W/(m·K)。

1 通道：

$$Pr = 7.49 \times 10^{-6} \times 1997.6/0.0204 = 0.73$$

2 通道：

$$Pr = 6.87 \times 10^{-6} \times 13623/0.13487 = 0.69$$

3 通道：

$$Pr = 1.51 \times 10^{-5} \times 5193.8/0.11765 = 0.67$$

4 通道：

$$Pr = 1.49 \times 10^{-5} \times 5193.3/0.1577 = 0.49$$

5 通道：

$$Pr = 1.48 \times 10^{-5} \times 5193.3/0.11497 = 0.67$$

查《板翅式换热器》（王松汉）得传热因子：

$$j_1=0.013,\ j_2=0.012,\ j_3=0.01,\ j_4=0.015,\ j_5=0.01$$

（4）各股流的斯坦顿数

$$St=\frac{j}{Pr^{2/3}} \tag{4-4}$$

1 通道：

$$St_1=0.013/0.73^{\frac{2}{3}}=0.016$$

2 通道：

$$St_2=0.012/0.69^{\frac{2}{3}}=0.015$$

3 通道：

$$St_3=0.01/0.67^{\frac{2}{3}}=0.013$$

4 通道：

$$St_4=0.015/0.49^{\frac{2}{3}}=0.024$$

5 通道：

$$St_5=0.01/0.67^{\frac{2}{3}}=0.013$$

（5）各股流的给热系数

$$\alpha=3600\times St\times C\times G_i \tag{4-5}$$

$$\alpha_1=3600\times 0.016\times 10^{-3}\times 1997.6\times 3.027/4.186=83.2[\text{kcal}/(\text{m}^2\cdot\text{h}\cdot℃)]$$

$$\alpha_2=3600\times 0.015\times 10^{3}\times 13623\times 1.5271/4.186=268.37[\text{kcal}/(\text{m}^2\cdot\text{h}\cdot℃)]$$

$$\alpha_3=3600\times 0.013\times 10^{-3}\times 5193.8\times 4.7346/4.186=275.06[\text{kcal}/(\text{m}^2\cdot\text{h}\cdot℃)]$$

$$\alpha_4=3600\times 0.024\times 10^{-3}\times 5193.3\times 4.1402/4.186=443.8[\text{kcal}/(\text{m}^2\cdot\text{h}\cdot℃)]$$

$$\alpha_5=3600\times 0.013\times 10^{-3}\times 5193.3\times 3.3795/4.186=196.2[\text{kcal}/(\text{m}^2\cdot\text{h}\cdot℃)]$$

（6）各股流的 p 值

$$p=\sqrt{\frac{2\alpha}{\lambda\delta}} \tag{4-6}$$

式中 α——各股流侧流体给热系数，kcal/(m³·h·℃)；

λ——翅片材料热导率，$\lambda=165\text{W}/(\text{m}\cdot\text{K})$；

δ——翅厚，$\delta_1=3\times10^{-4}\text{m}$，$\delta_2=3\times10^{-4}\text{m}$，$\delta_3=2\times10^{-4}\text{m}$，$\delta_4=3\times10^{-4}\text{m}$，$\delta_5=3\times10^{-4}\text{m}$。

$$p_1=\sqrt{\frac{2\times83.2}{165\times3\times10^{-4}}}=57.98；p_2=\sqrt{\frac{2\times268.37}{165\times3\times10^{-4}}}=104.13$$

$$p_3=\sqrt{\frac{2\times275.06}{165\times2\times10^{-4}}}=129.11；p_4=\sqrt{\frac{2\times443.8}{165\times3\times10^{-4}}}=133.91$$

$$p_5=\sqrt{\frac{2\times196.2}{165\times3\times10^{-4}}}=89.04$$

（7）翅片效率和翅片表面效率

根据翅片参数 p，然后计算翅片效率 η_f 和翅片的表面效率 η_0。

其中：

$$\eta_f = \frac{\tanh\left(\frac{pL}{2}\right)}{\frac{pL}{2}} \tag{4-7}$$

式中　L——翅片的高度，m；

$\tanh\left(\frac{pL}{2}\right)$——双曲正切函数（查附表 2 得）。

$$\eta_0 = 1 - \frac{F_2}{F_0}(1 - \eta_f) \tag{4-8}$$

式中　F_2——天然气侧翅片二次传热面积（查附表 1 得），m^2；

F_0——天然气侧翅片总传热面积（查附表 1 得），m^2。

1 股流侧：

$$L_1 = 6.5 \times 10^{-3} m$$

$$\frac{F_2}{F_0} = 0.85$$

$$\frac{pL_1}{2} = \frac{57.98 \times 6.5 \times 10^{-3}}{2} = 0.1884$$

查附表 2 可知：

$$\tanh\left(\frac{pL}{2}\right) = 0.1751$$

1 股流侧翅片一次面传热效率按公式(4-7)计算：

$$\eta_{f1} = 0.929$$

1 股流侧翅片总传热效率按公式(4-8)计算：

$$\eta_0 = 1 - \frac{F_2}{F_0}(1 - \eta_f) = 1 - 0.85 \times (1 - 0.929) = 0.94$$

2 股流侧：

$$L_2 = 4.7 \times 10^{-3} m$$

$$\frac{F_2}{F_0} = 0.722$$

$$\frac{pL_2}{2} = \frac{104.13 \times 4.7 \times 10^{-3}}{2} = 0.244$$

查附表 2 可知：

$$\tanh\left(\frac{pL}{2}\right) = 0.2170$$

2 股流侧翅片一次面传热效率按公式(4-7)计算：

$$\eta_{f2} = 0.89$$

2 股流侧翅片总传热效率按公式(4-8)计算：

$$\eta_0 = 1 - \frac{F_2}{F_0}(1 - \eta_f) = 1 - 0.722 \times (1 - 0.89) = 0.92$$

3 股流侧：

$$L_3=9.5\times10^{-3}\text{m}$$

$$\frac{F_2}{F_0}=0.838$$

$$\frac{pL_3}{2}=\frac{129.11\times9.5\times10^{-3}}{2}=0.6133$$

查附表 2 可知：

$$\tanh\left(\frac{pL}{2}\right)=0.5441$$

3 股流侧翅片一次面传热效率按公式(4-7)计算：

$$\eta_{f3}=0.8872$$

3 股流侧翅片总传热效率按公式(4-8)计算：

$$\eta_0=1-\frac{F_2}{F_0}(1-\eta_f)=1-0.838\times(1-0.8872)=0.91$$

4 股流侧：

$$L_4=6.5\times10^{-3}\text{m}$$

$$\frac{F_2}{F_0}=0.785$$

$$\frac{pL_4}{2}=\frac{133.91\times6.5\times10^{-3}}{2}=0.4352$$

查附表 2 可知：

$$\tanh\left(\frac{pL}{2}\right)=0.3811$$

4 股流侧翅片一次面传热效率按公式(4-7)计算：

$$\eta_{f4}=0.8757$$

4 股流侧翅片总传热效率按公式(4-8)计算：

$$\eta_0=1-\frac{F_2}{F_0}(1-\eta_f)=1-0.785\times(1-0.8757)=0.9$$

5 股流侧：

$$L_5=6.5\times10^{-3}\text{m}$$

$$\frac{F_2}{F_0}=0.785$$

$$\frac{pL_5}{2}=\frac{89.04\times6.5\times10^{-3}}{2}=0.29$$

查附表 2 可知：

$$\tanh\left(\frac{pL}{2}\right)=0.263$$

5 股流侧翅片一次面传热效率按公式(4-7)计算：

$$\eta_{f5}=0.91$$

5 股流侧翅片总传热效率按公式(4-8)计算：

$$\eta_0 = 1 - \frac{F_2}{F_0}(1 - \eta_f) = 1 - 0.785 \times (1 - 0.91) = 0.93$$

4.3.2　一级板翅式换热器传热面积计算

（1）天然气侧与氢气侧换热面积计算

以天然气侧传热面积为基准的总传热系数：

$$K_c = \frac{1}{\frac{1}{\alpha_h \eta_{0h}} \times \frac{F_{oc}}{F_{oh}} + \frac{1}{\alpha_c \eta_{0c}}} \tag{4-9}$$

式中　K_c——总传热系数，kcal/(m^2·h·℃)；

α_h——氢气侧给热系数，kcal/(m^2·h·℃)；

α_c——天然气侧给热系数，kcal/(m^2·h·℃)；

η_{0c}——天然气侧总传热效率；

η_{0h}——氢气侧总传热效率；

F_{oc}——天然气侧单位面积翅片的总传热面积，m^2；

F_{oh}——氢气侧单位面积翅片的总传热面积，m^2。

$$K_c = \frac{1}{\frac{1}{83.2 \times 0.94} \times \frac{10.23}{7.9} + \frac{1}{268.37 \times 0.92}} = 48.53[\text{kcal/(m}^2 \cdot \text{h} \cdot ℃)]$$

以氢气侧传热面积为基准的总传热系数：

$$K_h = \frac{1}{\frac{1}{\alpha_h \eta_{0h}} + \frac{F_{oh}}{F_{oc}} \times \frac{1}{\alpha_c \eta_{0c}}} \tag{4-10}$$

$$K_h = \frac{1}{\frac{1}{83.2 \times 0.94} + \frac{7.9}{10.23} \times \frac{1}{268.37 \times 0.92}} = 62.84[\text{kcal/(m}^2 \cdot \text{h} \cdot ℃)]$$

对数平均温差：

$$\Delta t_m = \frac{\Delta t' - \Delta t''}{\ln \frac{\Delta t'}{\Delta t''}} \tag{4-11}$$

式中　$\Delta t'$——换热器同一侧冷热流体较大温差端的温差，℃；

$\Delta t''$——换热器同一侧冷热流体较小温差端的温差，℃。

对顺流换热器，$\Delta t' = t'_1 - t'_2$，$\Delta t'' = t''_1 - t''_2$；对逆流换热器，$\Delta t'$为 $t'_1 - t''_2$ 和 $t''_1 - t'_2$ 两个温差较大的一个温差，而 $\Delta t''$为另一个较小的温差。

$$\Delta t_m = \frac{\Delta t' - \Delta t''}{\ln \frac{\Delta t'}{\Delta t''}} = \frac{4-2}{\ln \frac{4}{2}} = 2.885(℃)$$

天然气侧传热面积：

$$A = \frac{Q}{K \Delta t} \tag{4-12}$$

式中　Q——传热负荷，W/(m²·K)；

K——给热系数，kcal/(m²·h·℃)；

Δt——对数平均温差,℃。

$$A=\frac{Q}{K\Delta t}=\frac{650.726\times 3600}{4.18\times 48.53\times 2.885}=4002.84(\mathrm{m}^2)$$

经过初步计算，确定板翅式换热器的宽度为1m。

天然气侧板束长度：

$$l=\frac{A}{fnb} \tag{4-13}$$

式中　f——天然气侧单位面积翅片的总传热面积，m²；

n——流道数；

b——板翅式换热器宽度，m。

$$l=\frac{A}{fnb}=\frac{4002.84}{10.23\times 1\times 3.35\times 15}=7.79(\mathrm{m})$$

氢气侧传热面积：

$$A=\frac{Q}{K\Delta t}=\frac{696.9965\times 3600}{4.18\times 62.84\times 2.885}=3311.12(\mathrm{m}^2)$$

氢气侧板束长度：

$$l=\frac{A}{fnb}=\frac{3311.12}{10.23\times 1\times 3.35\times 15}=6.44(\mathrm{m})$$

（2）氢气侧与氦气侧换热面积计算

以氢气侧传热面积为基准的总传热系数：

$$K_c=\frac{1}{\frac{1}{\alpha_h\eta_{0h}}\times\frac{F_{oc}}{F_{oh}}+\frac{1}{\alpha_c\eta_{0c}}} \tag{4-14}$$

式中　K_c——总传热系数，kcal/(m²·h·℃)；

α_h——氦气预冷侧给热系数，kcal/(m²·h·℃)；

η_{0h}——氦气预冷侧总传热效率；

η_{0c}——氢气侧总传热效率；

F_{oc}——氢气侧单位面积翅片的总传热面积，m²；

F_{oh}——氦气预冷侧单位面积翅片的总传热面积，m²；

α_c——氢气侧给热系数，kcal/(m²·h·℃)。

$$K_c=\frac{1}{\frac{1}{268.37\times 0.92}\times\frac{7.9}{11.1}+\frac{1}{275.06\times 0.91}}=145.4[\mathrm{kcal/(m^2\cdot h\cdot ℃)}]$$

以氦气预冷侧传热面积为基准的总传热系数：

$$K_h=\frac{1}{\frac{1}{\alpha_h\eta_{0h}}+\frac{F_{oh}}{F_{oc}}\times\frac{1}{\alpha_c\eta_{0c}}}$$

$$
= \frac{1}{\frac{1}{268.37 \times 0.92} + \frac{11.1}{7.9} \times \frac{1}{275.06 \times 0.91}}
$$

$$
= 103.48[\mathrm{kcal/(m^2 \cdot h \cdot ℃)}] \tag{4-15}
$$

对数平均温差计算：

$$
\Delta t_m = \frac{\Delta t' - \Delta t''}{\ln \frac{\Delta t'}{\Delta t''}} = \frac{12 - 4}{\ln \frac{12}{4}} = 7.282(℃)
$$

氢气侧传热面积：

$$
A = \frac{Q}{K\Delta t} = \frac{696.997 \times 3600}{4.18 \times 145.4 \times 7.282} = 566.95(\mathrm{m^2})
$$

式中　Q——传热负荷，$\mathrm{W/(m^2 \cdot K)}$；

K——给热系数，$\mathrm{kcal/(m^2 \cdot h \cdot ℃)}$；

Δt——对数平均温差,℃。

经过初步计算，确定板翅式换热器的宽度为 3.35m。

氢气侧板束长度：

$$
l = \frac{A}{fnb} = \frac{566.95}{7.9 \times 1 \times 1 \times 15} = 4.78(\mathrm{m})
$$

式中　f——氢气侧单位面积翅片的总传热面积，$\mathrm{m^2}$；

n——流道数；

b——板翅式换热器宽度，m。

氦气侧传热面积：

$$
A = \frac{Q}{K\Delta t} = \frac{2152.321 \times 3600}{4.18 \times 103.48 \times 7.282} = 2459.95(\mathrm{m^2})
$$

氦气侧板束长度：

$$
l = \frac{A}{fnb} = \frac{2454.95}{11.1 \times 1 \times 3.35 \times 15} = 4.4(\mathrm{m})
$$

（3）氦气预冷侧与天然气回气侧换热面积计算

以氦气预冷侧传热面积为基准的总传热系数：

$$
K_c = \frac{1}{\frac{1}{\alpha_h \eta_{0h}} \times \frac{F_{oc}}{F_{oh}} + \frac{1}{\alpha_c \eta_{0c}}} \tag{4-16}
$$

式中　K_c——总传热系数，$\mathrm{kcal/(m^2 \cdot h \cdot ℃)}$；

α_h——氦气回气侧给热系数，$\mathrm{kcal/(m^2 \cdot h \cdot ℃)}$；

η_{0h}——氦气回气侧总传热效率；

η_{0c}——氦气预冷侧总传热效率；

F_{oc}——氦气预冷侧单位面积翅片的总传热面积，$\mathrm{m^2}$；

F_{oh}——氦气回气侧单位面积翅片的总传热面积，$\mathrm{m^2}$；

α_c——氦气预冷侧给热系数，$\mathrm{kcal/(m^2 \cdot h \cdot ℃)}$。

$$K_c = \frac{1}{\frac{1}{275.06 \times 0.91} \times \frac{11.1}{6.1} + \frac{1}{443.8 \times 0.9}} = 102.32[\text{kcal}/(\text{m}^2 \cdot \text{h} \cdot ℃)]$$

以氦气回气侧传热面积为基准的总传热系数：

$$K_h = \frac{1}{\frac{1}{\alpha_h \eta_{0h}} + \frac{F_{oh}}{F_{oc}} \times \frac{1}{\alpha_c \eta_{0c}}}$$

$$K_h = \frac{1}{\frac{1}{275.06 \times 0.91} + \frac{6.1}{11.1} \times \frac{1}{443.8 \times 0.9}} = 186.19[\text{kcal}/(\text{m}^2 \cdot \text{h} \cdot ℃)] \tag{4-17}$$

对数平均温差计算：

$$\Delta t_m = \frac{\Delta t' - \Delta t''}{\ln \frac{\Delta t'}{\Delta t''}} = \frac{4.74 - 4}{\ln \frac{4.74}{4}} = 4.36(℃)$$

氦气预冷侧传热面积：

$$A = \frac{Q}{K\Delta t} = \frac{2152.321 \times 3600}{4.18 \times 102.32 \times 4.36} = 4155.15(\text{m}^2)$$

式中 Q——传热负荷，$W/(m^2 \cdot K)$；

K——给热系数，$kcal/(m^2 \cdot h \cdot ℃)$；

Δt——对数平均温差，℃。

经过初步计算，确定板翅式换热器的宽度为 3.35m。

氦气侧板束长度：

$$l = \frac{A}{fnb} = \frac{4155.15}{11.1 \times 3.35 \times 2 \times 15} = 3.72(\text{m})$$

式中 f——氦气侧单位面积翅片的总传热面积，m^2；

n——流道数；

b——板翅式换热器宽度，m。

氦气回气侧传热面积：

$$A = \frac{Q}{K\Delta t} = \frac{3900.11 \times 3600}{4.18 \times 186.19 \times 4.36} = 4137.71(\text{m}^2)$$

氦气回气侧板束长度：

$$l = \frac{A}{fnb} = \frac{4137.71}{6.1 \times 3.35 \times 2 \times 15} = 6.75(\text{m})$$

(4) 氦气预冷侧与天然气回气侧换热面积计算

以氦气预冷侧传热面积为基准的总传热系数：

$$K_c = \frac{1}{\frac{1}{\alpha_h \eta_{0h}} \times \frac{F_{oc}}{F_{oh}} + \frac{1}{\alpha_c \eta_{0c}}}$$

式中 K_c——总传热系数，$kcal/(m^2 \cdot h \cdot ℃)$；

α_h——氦气回气侧给热系数，$kcal/(m^2 \cdot h \cdot ℃)$；

η_{0h}——氦气回气侧总传热效率；

η_{0c}——氦气预冷侧总传热效率；

F_{oc}——氦气预冷侧单位面积翅片的总传热面积，m^2；

F_{oh}——氦气回气侧单位面积翅片的总传热面积，m^2；

α_c——氦气预冷侧给热系数，kcal/(m^2·h·℃)。

$$K_c = \frac{1}{\frac{1}{443.8 \times 0.9} \times \frac{6.1}{11.1} + \frac{1}{196.2 \times 0.93}} = 145.9[\text{kcal/(m}^2 \cdot \text{h} \cdot ℃)]$$

以氦气回气侧传热面积为基准的总传热系数：

$$K_h = \frac{1}{\frac{1}{\alpha_h \eta_{0h}} + \frac{F_{oh}}{F_{oc}} \times \frac{1}{\alpha_c \eta_{0c}}}$$

$$K_h = \frac{1}{\frac{1}{443.8 \times 0.9} + \frac{11.1}{6.1} \times \frac{1}{196.2 \times 0.93}} = 80.15[\text{kcal/(m}^2 \cdot \text{h} \cdot ℃)]$$

对数平均温差计算：

$$\Delta t_m = \frac{\Delta t' - \Delta t''}{\ln \frac{\Delta t'}{\Delta t''}} = \frac{8.74 - 4}{\ln \frac{8.74}{4}} = 6.06(℃)$$

氦气预冷侧传热面积：

$$A = \frac{Q}{K\Delta t} = \frac{3900.116 \times 3600}{4.18 \times 145.9 \times 6.06} = 3799.06(\text{m}^2)$$

式中　Q——传热负荷，W/(m^2·K)；

K——给热系数，kcal/(m^2·h·℃)；

Δt——对数平均温差，℃。

经过初步计算，确定板翅式换热器的宽度为 3.35m。

氦气预冷侧板束长度：

$$l = \frac{A}{fnb} = \frac{3799.06}{6.1 \times 3.35 \times 2 \times 15} = 6.2(\text{m})$$

式中　f——氦气侧单位面积翅片的总传热面积，m^2；

n——流道数；

b——板翅式换热器宽度，m。

氦气回气侧传热面积：

$$A = \frac{Q}{K\Delta t} = \frac{1794.016 \times 3600}{4.18 \times 80.15 \times 6.06} = 3181.09(\text{m}^2)$$

氦气回气侧板束长度：

$$l = \frac{A}{fnb} = \frac{3181.09}{11.1 \times 3.35 \times 2 \times 30} = 1.43(\text{m})$$

综上所述，得到 EX1 换热器长度为 7.8m。

一级板翅式换热器每组板侧排列如图 4-10 所示，共 5 组，每组之间采用钎焊连接；各侧换热面积如表 4-8 所示。

天然气制冷
氢气预冷
氦气制冷
氦气预冷
氦气制冷

图 4-10　一级板翅式换热器每组板侧排列

表 4-8　一级板翅式换热器各侧换热面积

换热侧	面积/m^2
天然气侧	4002.84
氢气侧	3311.12
氢气侧	566.95
氦气侧	2459.95
氦气侧	4155.15
氦气侧	4137.71
氦气侧	3799.06
氦气侧	3181.09

4.3.3　二级换热器流体参数计算

选择板翅式换热器为铝质材料，10 股，宽 3.35m，一流道。二级换热器翅片参数如表 4-9 所示，二级换热器示意图如图 4-11 所示，二级换热器单组翅片局部放大图如图 4-12 所示。

表 4-9　二级换热器的翅片参数

名称	翅高 L/mm	翅厚 δ/mm	翅距/mm	当量直径 d_e/mm	通道截面积 F'/m^2	总传热面积 F_0/m^2	二次传热面积与总传热面积比
翅片 1	4.7	0.3	2.0	2.45	0.00374	6.1	0.722
翅片 2	6.5	0.3	2.0	2.67	0.00527	7.9	0.785
翅片 3	6.5	0.3	2.0	2.67	0.00527	7.9	0.785
翅片 4	6.5	0.3	1.4	1.87	0.00487	10.23	0.85

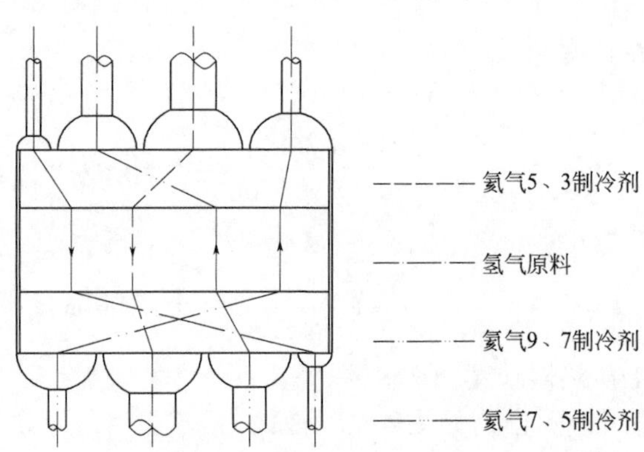

图 4-11　二级换热器示意图

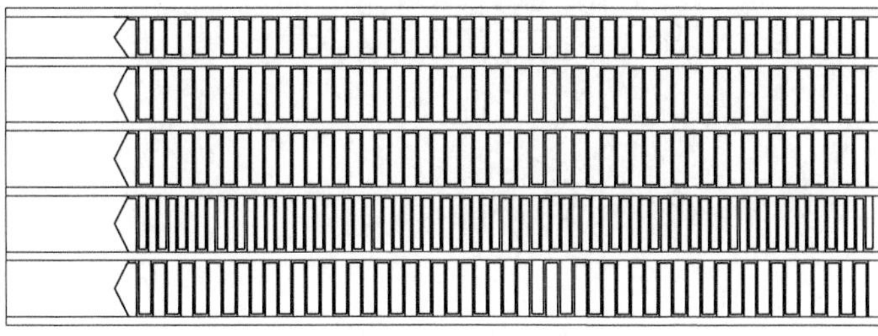

图 4-12　二级换热器单组翅片局部放大图

（1）各股流流道的质量流速

$$G_i = \frac{W}{nf_iL_w}$$

式中　G_i——流体流道的质量流速，kg/(m^2·s)；

W——各股流的质量流量，kg/s；

f_i——单层通道一米宽度上的截面积，m^2；

L_w——翅片有效宽度，m。

1 通道：

$$G_1 = \frac{0.287/(3.35 \times 1)}{10 \times 3.74 \times 10^{-3}} = 2.2907[\mathrm{kg/(m^2 \cdot s)}]$$

2 通道：

$$G_2 = \frac{3.4159/(3.35 \times 1)}{10 \times 5.27 \times 10^{-3}} = 19.3487[\mathrm{kg/(m^2 \cdot s)}]$$

3 通道：

$$G_3 = \frac{2.1928/(3.35 \times 2)}{10 \times 5.27 \times 10^{-3}} = 6.2103[\mathrm{kg/(m^2 \cdot s)}]$$

4 通道：

$$G_4 = \frac{1.7899/(3.35 \times 1)}{10 \times 4.87 \times 10^{-3}} = 10.9712[\mathrm{kg/(m^2 \cdot s)}]$$

（2）各股流的雷诺数

$$Re = \frac{G_i d_e}{\mu g}$$

式中　G_i——各股流流道的质量流速，kg/(m^2·s)；

g——重力加速度，m/s^2；

d_e——各股流侧翅片当量直径，m；

μ——各股流的黏度，kg/(m·s)。

1 通道：

$$Re_1 = \frac{2.2907 \times 2.45 \times 10^{-3}}{3.964 \times 10^{-6} \times 9.81} = 144.32$$

2 通道：

$$Re_2=\frac{19.349\times2.67\times10^{-3}}{8.876\times10^{-6}\times9.81}=593.11$$

3 通道：

$$Re_3=\frac{6.2103\times2.67\times10^{-3}}{8.574\times10^{-6}\times9.81}=197.14$$

4 通道：

$$Re_4=\frac{10.9712\times1.87\times10^{-3}}{8.3099\times10^{-6}\times9.81}=251.67$$

（3）各股流的普朗特数

$$Pr=\frac{C\mu}{\lambda}$$

式中 μ——流体的黏度，kg/(m·s)；

C——流体的比热容，kJ/(kg·K)；

λ——流体的热导率，W/(m·K)。

1 通道：

$$Pr_1=\frac{3.964\times10^{-6}\times12914}{0.072888}=0.7023$$

2 通道：

$$Pr_2=\frac{8.876\times10^{-6}\times5198.9}{0.0665}=0.6939$$

3 通道：

$$Pr_3=\frac{8.574\times10^{-6}\times5194.8}{0.0641}=0.6949$$

4 通道：

$$Pr_4=\frac{8.3099\times10^{-6}\times5195.4}{0.061987}=0.6965$$

查《板翅式换热器》（王松汉）得传热因子：

$$j_1=0.012,\ j_2=0.014,\ j_3=0.013,\ j_4=0.011$$

（4）各股流的斯坦顿数

$$St=\frac{j}{Pr^{2/3}}$$

1 通道：

$$St_1=\frac{0.012}{0.7023^{2/3}}=0.015$$

2 通道：

$$St_2=\frac{0.014}{0.6939^{2/3}}=0.018$$

3 通道：

$$St_3=\frac{0.013}{0.6949^{2/3}}=0.0166$$

4 通道：

$$St_4=\frac{0.011}{0.6965^{2/3}}=0.014$$

（5）各股流的给热系数

$$\alpha=3600\times St\times C\times G_i$$

$$\alpha_1=3600\times0.015\times10^{-3}\times12914\times2.2907/4.186=381.7[\mathrm{kcal/(m^2\cdot h\cdot ℃)}]$$

$$\alpha_2=3600\times0.018\times10^{-3}\times5198.9\times19.3487/4.186=1557.181[\mathrm{kcal(m^2\cdot h\cdot ℃)}]$$

$$\alpha_3=3600\times0.0166\times10^{-3}\times5194.8\times6.2103/4.186=460.567[\mathrm{kcal/(m^2\cdot h\cdot ℃)}]$$

$$\alpha_4=3600\times0.014\times10^{-3}\times5195.4\times10.9712/4.186=686.291[\mathrm{kcal/(m^2\cdot h\cdot ℃)}]$$

（6）各股流的 p 值

$$p=\sqrt{\frac{2\alpha}{\lambda\delta}}$$

式中　α——各股流侧流体给热系数，kcal/(m^2·h·℃)；

λ——翅片材料热导率，W/(m·K)；

δ——翅厚，$\delta_1=3\times10^{-4}$m，$\delta_2=3\times10^{-4}$m，$\delta_3=3\times10^{-4}$m，$\delta_4=3\times10^{-4}$m。

$$p_1=\sqrt{\frac{2\times381.7}{165\times3\times10^{-4}}}=124.19；p_2=\sqrt{\frac{2\times1557.181}{165\times3\times10^{-4}}}=250.83$$

$$p_3=\sqrt{\frac{2\times460.567}{165\times3\times10^{-4}}}=136.41；p_4=\sqrt{\frac{2\times686.291}{165\times3\times10^{-4}}}=166.52$$

（7）翅片效率和翅片表面效率

根据翅片参数 p，然后计算翅片效率 η_f和翅片的表面效率 η_0。

其中：

$$\eta_f=\frac{\tanh\left(\frac{pL}{2}\right)}{\frac{pL}{2}}$$

式中　$\tanh\left(\frac{pL}{2}\right)$——双曲正切函数，查双曲函数表可得。

$$\eta_0=1-\frac{F_2}{F_0}(1-\eta_f)$$

式中　F_2——天然气侧翅片二次传热面积，m^2；

F_0——天然气侧翅片总传热面积，m^2。

1 股流侧：

$$L_1=4.7\times10^{-3}\mathrm{m}$$

$$\frac{F_2}{F_0}=0.722$$

$$\frac{pL_1}{2}=\frac{124.19\times4.7\times10^{-3}}{2}=0.2918$$

查附表 2 可知：

$$\tanh\left(\frac{pL}{2}\right)=0.2620$$

1 股流侧翅片一次面传热效率按公式（4-7）计算：

$$\eta_{f1}=0.892$$

1 股流侧翅片总传热效率按公式(4-8)计算：

$$\eta_0=1-\frac{F_2}{F_0}(1-\eta_f)=1-0.722\times(1-0.892)=0.92$$

2 股流侧：

$$L_2=6.5\times10^{-3}\text{m}$$

$$\frac{F_2}{F_0}=0.785$$

$$\frac{pL_2}{2}=\frac{250.83\times6.5\times10^{-3}}{2}=0.8152$$

查附表 2 可知：

$$\tanh\left(\frac{pL}{2}\right)=0.6696$$

2 股流侧翅片一次面传热效率按公式(4-7)计算：

$$\eta_{f2}=0.8214$$

2 股流侧翅片总传热效率按公式(4-8)计算：

$$\eta_0=1-\frac{F_2}{F_0}(1-\eta_f)=1-0.785\times(1-0.8214)=0.86$$

3 股流侧：

$$L_3=6.5\times10^{-3}\text{m}$$

$$\frac{F_2}{F_0}=0.785$$

$$\frac{pL_3}{2}=\frac{136.41\times6.5\times10^{-3}}{2}=0.4433$$

查附表 2 可知：

$$\tanh\left(\frac{pL}{2}\right)=0.406$$

3 股流侧翅片一次面传热效率按公式(4-7)计算：

$$\eta_{f3}=0.9159$$

3 股流侧翅片总传热效率按公式(4-8)计算：

$$\eta_0=1-\frac{F_2}{F_0}(1-\eta_f)=1-0.785\times(1-0.9159)=0.93$$

4 股流侧：

$$L_4 = 6.5\times10^{-3}\,\text{m}$$

$$\frac{F_2}{F_0} = 0.85$$

$$\frac{pL_4}{2} = \frac{166.52\times6.5\times10^{-3}}{2} = 0.5412$$

查附表 2 可知：

$$\tanh\left(\frac{pL}{2}\right) = 0.493$$

4 股流侧翅片一次面传热效率按公式(4-7)计算：

$$\eta_{f4} = 0.911$$

4 股流侧翅片总传热效率按公式(4-8)计算：

$$\eta_0 = 1 - \frac{F_2}{F_0}(1 - \eta_f) = 1 - 0.85 \times (1 - 0.911) = 0.92$$

4.3.4　二级板翅式换热器传热面积计算

（1）氢气侧与氦气侧换热面积的计算

以氦气侧传热面积为基准的总传热系数：

$$K_c = \frac{1}{\dfrac{1}{\alpha_h \eta_{0h}} \times \dfrac{F_{oc}}{F_{oh}} + \dfrac{1}{\alpha_c \eta_{0c}}}$$

式中　K_c——总传热系数，kcal/(m^2·h·℃)；

α_h——氦气侧给热系数，kcal/(m^2·h·℃)；

η_{0h}——氦气侧总传热效率；

η_{0c}——氢气侧总传热效率；

F_{oc}——氢气侧单位面积翅片的总传热面积，m^2；

F_{oh}——氦气侧单位面积翅片的总传热面积，m^2；

α_c——氢气侧给热系数，kcal/(m^2·h·℃)。

$$K_c = \frac{1}{\dfrac{1}{381.7 \times 0.92} \times \dfrac{6.1}{7.9} + \dfrac{1}{1557.181 \times 0.86}} = 339.49[\text{kcal/(m}^2\cdot\text{h}\cdot℃)]$$

以氢气侧传热面积为基准的总传热系数：

$$K_h = \frac{1}{\dfrac{1}{\alpha_h \eta_{0h}} + \dfrac{F_{oh}}{F_{oc}} \times \dfrac{1}{\alpha_c \eta_{0c}}}$$

$$= \frac{1}{\dfrac{1}{381.7 \times 0.92} + \dfrac{7.9}{6.1} \times \dfrac{1}{1557.181 \times 0.86}}$$

$$= 262.14[\text{kcal/(m}^2\cdot\text{h}\cdot℃)]$$

对数平均温差计算：

$$\Delta t_{\mathrm{m}} = \frac{\Delta t' - \Delta t''}{\ln \dfrac{\Delta t'}{\Delta t''}} = \frac{12 - 7}{\ln \dfrac{12}{7}} = 9.28(℃)$$

氢气侧传热面积：

$$A = \frac{Q}{K\Delta t} = \frac{102.9264 \times 3600}{4.18 \times 339.49 \times 9.28} = 28.14(\mathrm{m}^2)$$

式中 Q——传热负荷，W/(m^2·K)；

K——给热系数，kcal/(m^2·h·℃)；

Δt——对数平均温差,℃。

经过初步计算，确定板翅式换热器的宽度为3.35m。

氢气侧板束长度：

$$l = \frac{A}{fnb} = \frac{28.14}{6.1 \times 3.35 \times 1 \times 10} = 0.14(\mathrm{m})$$

式中 f——氢气侧单位面积翅片的总传热面积，m^2；

n——流道数；

b——板翅式换热器宽度，m。

氦气侧传热面积：

$$A = \frac{Q}{K\Delta t} = \frac{432.837 \times 3600}{4.18 \times 262.14 \times 9.28} = 153.24(\mathrm{m}^2)$$

氦气侧板束长度：

$$l = \frac{A}{fnb} = \frac{153.24}{7.9 \times 3.35 \times 1 \times 10} = 0.58(\mathrm{m})$$

（2）氦气侧与氦气预冷侧换热面积计算

以氦气侧传热面积为基准的总传热系数：

$$K_{\mathrm{c}} = \frac{1}{\dfrac{1}{\alpha_{\mathrm{h}}\eta_{0\mathrm{h}}} \times \dfrac{F_{\mathrm{oc}}}{F_{\mathrm{oh}}} + \dfrac{1}{\alpha_{\mathrm{c}}\eta_{0\mathrm{c}}}}$$

式中 K_{c}——总传热系数，kcal/(m^2·h·℃)；

α_{h}——氦气预冷侧给热系数，kcal/(m^2·h·℃)；

$\eta_{0\mathrm{h}}$——氦气预冷侧总传热效率；

$\eta_{0\mathrm{c}}$——氦气侧总传热效率；

F_{oc}——氦气侧单位面积翅片的总传热面积，m^2；

F_{oh}——氦气预冷侧单位面积翅片的总传热面积，m^2；

α_{c}——氦气侧给热系数，kcal/(m^2·h·℃)。

$$K_{\mathrm{c}} = \frac{1}{\dfrac{1}{1557.181 \times 0.86} \times \dfrac{7.9}{7.9} + \dfrac{1}{460.567 \times 0.93}} = 324.53[\mathrm{kcal/(m^2 \cdot h \cdot ℃)}]$$

以氦气预冷侧传热面积为基准的总传热系数：

$$K_h=\frac{1}{\frac{1}{\alpha_h\eta_{0h}}+\frac{F_{oh}}{F_{oc}}\times\frac{1}{\alpha_c\eta_{0c}}}$$

$$=\frac{1}{\frac{1}{1557.181\times0.86}+\frac{7.9}{7.9}\times\frac{1}{460.567\times0.93}}$$

$$=324.53[\text{kcal}/(\text{m}^2\cdot\text{h}\cdot{}^\circ\text{C})]$$

对数平均温差计算：

$$\Delta t_m=\frac{\Delta t'-\Delta t''}{\ln\frac{\Delta t'}{\Delta t''}}=\frac{4.47-4}{\ln\frac{4.47}{4}}=4.23(^\circ\text{C})$$

氦气侧传热面积：

$$A=\frac{Q}{K\Delta t}=\frac{432.837\times3600}{4.18\times324.53\times4.23}=271.55(\text{m}^2)$$

式中　Q——传热负荷，$\text{W}/(\text{m}^2\cdot\text{K})$；

K——给热系数，$\text{kcal}/(\text{m}^2\cdot\text{h}\cdot{}^\circ\text{C})$；

Δt——对数平均温差，℃。

经过初步计算，确定板翅式换热器的宽度为1m。

氦气侧板束长度：

$$l=\frac{A}{fnb}=\frac{271.55}{7.9\times1\times1\times10}=3.44(\text{m})$$

式中　f——氦气侧单位面积翅片的总传热面积，m^2；

n——流道数；

b——板翅式换热器宽度，m。

氦气侧传热面积：

$$A=\frac{Q}{K\Delta t}=\frac{183.32\times3600}{4.18\times324.53\times4.23}=115.01(\text{m}^2)$$

氦气预冷侧板束长度：

$$l=\frac{A}{fnb}=\frac{115.01}{7.9\times3.35\times1\times10}=0.43(\text{m})$$

经过初步计算，确定板翅式换热器的宽度为3.35m。

（3）氦气侧与氦气预冷侧换热面积计算

以氦气侧传热面积为基准的总传热系数：

$$K_c=\frac{1}{\frac{1}{\alpha_h\eta_{0h}}\times\frac{F_{oc}}{F_{oh}}+\frac{1}{\alpha_c\eta_{0c}}}$$

式中　K_c——总传热系数，$\text{kcal}/(\text{m}^2\cdot\text{h}\cdot{}^\circ\text{C})$；

α_h——氦气预冷侧给热系数，$\text{kcal}/(\text{m}^2\cdot\text{h}\cdot{}^\circ\text{C})$；

η_{0h}——氦气预冷侧总传热效率；

η_{0c}——氦气侧总传热效率；

F_{oc}——氦气侧单位面积翅片的总传热面积，m^2；

F_{oh}——氢气预冷侧单位面积翅片的总传热面积，m^2；

α_c——氦气侧给热系数，kcal/(m^2 · h · ℃)。

$$K_c = \frac{1}{\frac{1}{460.567 \times 0.93} \times \frac{7.9}{10.23} + \frac{1}{686.291 \times 0.92}} = 295.27[\text{kcal}/(\text{m}^2 \cdot \text{h} \cdot ℃)]$$

以氢气预冷侧传热面积为基准的总传热系数：

$$\begin{aligned} K_h &= \frac{1}{\frac{1}{\alpha_h \eta_{0h}} + \frac{F_{oh}}{F_{oc}} \times \frac{1}{\alpha_c \eta_{0c}}} \\ &= \frac{1}{\frac{1}{460.567 \times 0.93} + \frac{10.23}{7.9} \times \frac{1}{686.291 \times 0.92}} \\ &= 228.02[\text{kcal}/(\text{m}^2 \cdot \text{h} \cdot ℃)] \end{aligned}$$

对数平均温差计算：

$$\Delta t_m = \frac{\Delta t' - \Delta t''}{\ln \frac{\Delta t'}{\Delta t''}} = \frac{8.47 - 8}{\ln \frac{8.47}{8}} = 8.23(℃)$$

氦气侧传热面积：

$$A = \frac{Q}{K\Delta t} = \frac{683.32 \times 3600}{4.18 \times 295.27 \times 8.23} = 242.18(\text{m}^2)$$

式中 Q——传热负荷，W/(m^2 · K)；

K——给热系数，kcal/(m^2 · h · ℃)；

Δt——对数平均温差,℃。

经过初步计算，确定板翅式换热器的宽度为 3.35m。

氦气侧板束长度：

$$l = \frac{A}{fnb} = \frac{242.18}{7.9 \times 3.35 \times 1 \times 10} = 0.92(\text{m})$$

式中 f——氦气侧单位面积翅片的总传热面积，m^2；

n——流道数；

b——板翅式换热器宽度，m。

氢气侧传热面积：

$$A = \frac{Q}{K\Delta t} = \frac{323.348 \times 3600}{4.18 \times 228.02 \times 8.23} = 148.4(\text{m}^2)$$

氢气预冷侧板束长度：

$$l = \frac{A}{fnb} = \frac{148.4}{10.23 \times 3.35 \times 1 \times 10} = 0.43(\text{m})$$

综上所述，得到 EX2 换热器长度为 1m。

二级板翅式换热器每组板侧排列如图 4-13 所示，共四组，每组之间采用钎焊连接；各侧换热面积如表 4-10 所示。

氢气预冷
氦气制冷
氦气预冷
氦气制冷

图 4-13　二级板翅式换热器每组板侧排列

表 4-10　二级板翅式换热器各侧换热面积

换热侧	面积/m^2
氢气预冷侧	28.14
氦气制冷侧	153.24
氦气预冷侧	271.55
氦气制冷侧	115.01
氦气预冷侧	242.18
氦气制冷侧	148.4

4.3.5　三级换热器流体参数计算

选择板翅式换热器为铝质材料，5 股，宽 3.35m，一流道。三级换热器翅片参数如表 4-11 所示，三级换热器示意图如图 4-14 所示，三级换热器单组翅片局部放大图如图 4-15 所示。

表 4-11　三级换热器的翅片参数

名称	翅高 L/mm	翅厚 δ/mm	翅距/mm	当量直径 d_e/mm	通道截面积 F'/m^2	总传热面积 F_0/m^2	二次传热面积与总传热面积比
翅片 1	3.2	0.3	4.2	3.33	0.00269	3.44	0.426
翅片 2	6.5	0.3	2.0	2.67	0.00527	7.9	0.785
翅片 3	6.5	0.3	2.0	2.67	0.00527	7.9	0.785
翅片 4	6.5	0.3	1.4	1.87	0.00487	10.23	0.85

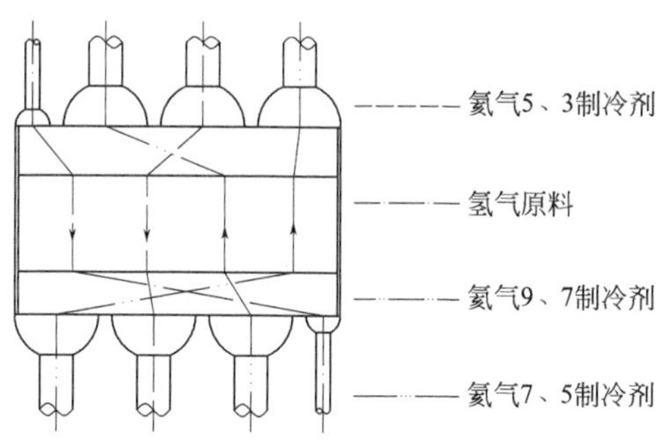

图 4-14　三级换热器示意图

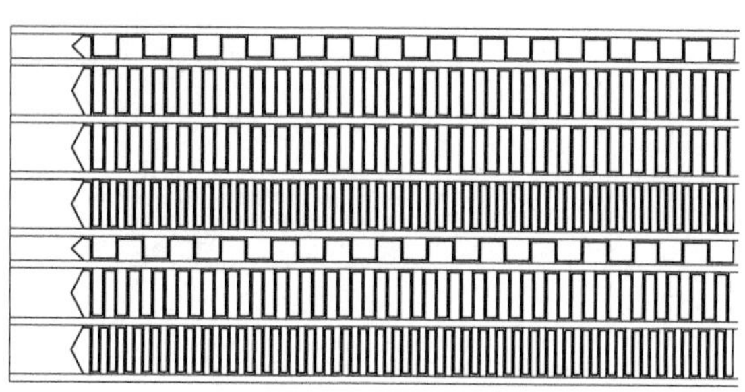

图 4-15　三级换热器单组翅片局部放大图

（1）各股流流道的质量流速

$$G_i=\frac{W}{nf_iL_w}$$

式中 G_i——流体流道的质量流速，kg/(m^2·s)；

W——各股流的质量流量，kg/s；

f_i——单层通道一米宽度上的截面积，m^2；

L_w——翅片有效宽度，m。

1 通道：

$$G_1=\frac{0.287/(3.35\times 2)}{5\times 2.69\times 10^{-3}}=3.1848[\text{kg}/(\text{m}^2\cdot\text{s})]$$

2 通道：

$$G_2=\frac{1.7899/(3.35\times 1)}{5\times 5.27\times 10^{-3}}=20.277[\text{kg}/(\text{m}^2\cdot\text{s})]$$

3 通道：

$$G_3=\frac{1.626/(3.35\times 2)}{5\times 5.27\times 10^{-3}}=9.2101[\text{kg}/(\text{m}^2\cdot\text{s})]$$

4 通道：

$$G_4=\frac{1.7899/(3.35\times 2)}{5\times 4.87\times 10^{-3}}=10.9712[\text{kg}/(\text{m}^2\cdot\text{s})]$$

（2）各股流的雷诺数

$$Re=\frac{G_id_e}{\mu g}$$

式中 G_i——各股流流道的质量流速，kg/(m^2·s)；

g——重力加速度，m/s^2；

d_e——各股流侧翅片当量直径，m；

μ——各股流的黏度，kg/(m·s)。

1 通道：

$$Re_1=\frac{3.1848\times 3.33\times 10^{-3}}{2.9172\times 10^{-6}\times 9.81}=370.588$$

2 通道：

$$Re_2=\frac{20.277\times 2.67\times 10^{-3}}{6.85\times 10^{-6}\times 9.81}=805.667$$

3 通道：

$$Re_3=\frac{9.2101\times 2.67\times 10^{-3}}{6.5223\times 10^{-6}\times 9.81}=384.331$$

4 通道：

$$Re_4=\frac{10.9712\times 1.87\times 10^{-3}}{6.6397\times 10^{-6}\times 9.81}=314.977$$

（3）各股流的普朗特数

$$Pr = \frac{C\mu}{\lambda}$$

式中　μ——流体的黏度，kg/(m · s)；

C——流体的比热容，kJ/(kg · K)；

λ——流体的热导率，W/(m · K)。

1 通道：

$$Pr_1 = \frac{2.9172 \times 10^{-6} \times 11492}{0.047101} = 0.71$$

2 通道：

$$Pr_2 = \frac{6.85 \times 10^{-6} \times 5207}{0.050422} = 0.71$$

3 通道：

$$Pr_3 = \frac{6.5223 \times 10^{-6} \times 5198.2}{0.047943} = 0.71$$

4 通道：

$$Pr_4 = \frac{6.6397 \times 10^{-6} \times 5198.7}{0.048845} = 0.71$$

查《板翅式换热器》（王松汉）得传热因子：

$$j_1 = 0.0028,\ j_2 = 0.0053,\ j_3 = 0.0091,\ j_4 = 0.0047$$

（4）各股流的斯坦顿数

$$St = \frac{j}{Pr^{2/3}}$$

1 通道：

$$St_1 = \frac{0.0028}{0.71^{2/3}} = 0.00352$$

2 通道：

$$St_2 = \frac{0.0053}{0.71^{2/3}} = 0.00666$$

3 通道：

$$St_3 = \frac{0.0091}{0.71^{2/3}} = 0.0114$$

4 通道：

$$St_4 = \frac{0.0047}{0.71^{2/3}} = 0.00591$$

（5）各股流的给热系数

$$\alpha = 3600 \times St \times C \times G_i$$

$$\alpha_1 = 3600 \times 3.52 \times 10^{-6} \times 11492 \times 3.1848/4.186 = 110.80[\mathrm{kcal/(m^2 \cdot h \cdot ℃)}]$$

$$\alpha_2 = 3600 \times 6.66 \times 10^{-6} \times 5207 \times 20.277/4.186 = 604.74[\mathrm{kcal/(m^2 \cdot h \cdot ℃)}]$$
$$\alpha_3 = 3600 \times 11.4 \times 10^{-6} \times 5198.2 \times 9.2101/4.186 = 469.38[\mathrm{kcal/(m^2 \cdot h \cdot ℃)}]$$
$$\alpha_4 = 3600 \times 5.91 \times 10^{-6} \times 5198.7 \times 10.9712/4.186 = 289.89[\mathrm{kcal/(m^2 \cdot h \cdot ℃)}]$$

（6）各股流的 p 值

$$p=\sqrt{\frac{2\alpha}{\lambda\delta}}$$

式中　α——各股流侧流体给热系数，$\mathrm{kcal/(m^2 \cdot h \cdot ℃)}$；

λ——翅片材料热导率，$\lambda=165\mathrm{W/(m \cdot K)}$；

δ——翅厚，$\delta_1=3\times10^{-4}\mathrm{m}$，$\delta_2=3\times10^{-4}\mathrm{m}$，$\delta_3=3\times10^{-4}\mathrm{m}$，$\delta_4=3\times10^{-4}\mathrm{m}$。

$$p_1=\sqrt{\frac{2\times110.8}{165\times3\times10^{-4}}}=66.836,\ p_2=\sqrt{\frac{2\times604.74}{165\times3\times10^{-4}}}=156.314$$
$$p_3=\sqrt{\frac{2\times469.38}{165\times3\times10^{-4}}}=137.713,\ p_4=\sqrt{\frac{2\times289.89}{165\times3\times10^{-4}}}=108.225$$

（7）翅片效率和翅片表面效率

根据翅片参数 p，然后计算翅片效率 η_f 和翅片的表面效率 η_0。

其中：

$$\eta_f=\frac{\tanh(\frac{pL}{2})}{\frac{pL}{2}}$$

式中　$\tanh\left(\frac{pL}{2}\right)$——双曲正切函数,查双曲函数表可得。

$$\eta_0 = 1 - \frac{F_2}{F_0}(1 - \eta_f)$$

式中　F_2——天然气侧翅片二次传热面积，$\mathrm{m^2}$；

F_0——天然气侧翅片总传热面积，$\mathrm{m^2}$。

1 股流侧：

$$L_1=3.2\times10^{-3}\mathrm{m}$$
$$\frac{F_2}{F_0}=0.426$$
$$\frac{pL_1}{2}=\frac{66.836\times3.2\times10^{-3}}{2}=0.1069$$

查附表 2 可知：

$$\tanh\left(\frac{pL}{2}\right)=0.0997$$

1 股流侧翅片一次面传热效率按公式(4-7)计算：

$$\eta_{f1}=0.9326$$

1 股流侧翅片总传热效率按公式(4-8)计算：

$$\eta_0 = 1 - \frac{F_2}{F_0}(1 - \eta_f) = 1 - 0.426 \times (1 - 0.9326) = 0.97$$

2 股流侧：

$$L_2 = 6.5\times10^{-3}\mathrm{m}$$

$$\frac{F_2}{F_0} = 0.785$$

$$\frac{pL_2}{2} = \frac{156.314\times6.5\times10^{-3}}{2} = 0.508$$

查附表 2 可知：

$$\tanh\left(\frac{pL}{2}\right) = 0.4621$$

2 股流侧翅片一次面传热效率按公式(4-7)计算：

$$\eta_{f2} = 0.909$$

2 股流侧翅片总传热效率按公式(4-8)计算：

$$\eta_0 = 1 - \frac{F_2}{F_0}(1 - \eta_f) = 1 - 0.785 \times (1 - 0.909) = 0.93$$

3 股流侧：

$$L_3 = 6.5\times10^{-3}\mathrm{m}$$

$$\frac{F_2}{F_0} = 0.785$$

$$\frac{pL_3}{2} = \frac{137.713\times6.5\times10^{-3}}{2} = 0.4476$$

查附表 2 可知：

$$\tanh\left(\frac{pL}{2}\right) = 0.4169$$

3 股流侧翅片一次面传热效率按公式(4-7)计算：

$$\eta_{f3} = 0.9308$$

3 股流侧翅片总传热效率按公式(4-8)计算：

$$\eta_0 = 1 - \frac{F_2}{F_0}(1 - \eta_f) = 1 - 0.785 \times (1 - 0.9308) = 0.95$$

4 股流侧：

$$L_4 = 6.5\times10^{-3}\mathrm{m}$$

$$\frac{F_2}{F_0} = 0.85$$

$$\frac{pL_4}{2} = \frac{108.225\times6.5\times10^{-3}}{2} = 0.3517$$

查附表 2 可知：

$$\tanh\left(\frac{pL}{2}\right) = 0.3364$$

4 股流侧翅片一次面传热效率按公式(4-7)计算：

$$\eta_{f4}=0.9565$$

4 股流侧翅片总传热效率按公式(4-8)计算：

$$\eta_0=1-\frac{F_2}{F_0}(1-\eta_f)=1-0.85\times(1-0.9565)=0.96$$

4.3.6 三级板翅式换热器传热面积计算

(1)氢气侧与氦气预冷侧换热面积计算

以氦气侧传热面积为基准的总传热系数：

$$K_c=\frac{1}{\dfrac{1}{\alpha_h\eta_{0h}}\times\dfrac{F_{oc}}{F_{oh}}+\dfrac{1}{\alpha_c\eta_{0c}}}$$

式中 K_c——总传热系数，kcal/(m^2 · h · ℃)；

α_h——氢气侧给热系数，kcal/(m^2 · h · ℃)；

η_{0h}——氢气侧总传热效率；

η_{0c}——氦气侧总传热效率；

F_{oc}——氦气侧单位面积翅片的总传热面积，m^2；

F_{oh}——氢气侧单位面积翅片的总传热面积，m^2；

α_c——氦气侧给热系数，kcal/(m^2 · h · ℃)。

$$K_c=\frac{1}{\dfrac{1}{110.8\times0.97}\times\dfrac{3.44}{7.9}+\dfrac{1}{604.74\times0.93}}=171.538[\text{kcal/(m}^2\cdot\text{h}\cdot℃)]$$

以氢气侧传热面积为基准的总传热系数：

$$K_h=\frac{1}{\dfrac{1}{\alpha_h\eta_{0h}}+\dfrac{F_{oh}}{F_{oc}}\times\dfrac{1}{\alpha_c\eta_{0c}}}$$

$$K_h=\frac{1}{\dfrac{1}{110.8\times0.97}+\dfrac{7.9}{3.44}\times\dfrac{1}{604.74\times0.93}}=74.695[\text{kcal/(m}^2\cdot\text{h}\cdot℃)]$$

算数平均温差计算：

$$\Delta t_m=\frac{7+7}{2}=7(℃)$$

氦气侧传热面积：

$$A=\frac{Q}{K\Delta t}=\frac{64.98699\times3600}{4.18\times171.538\times7}=46.61(\text{m}^2)$$

式中 Q——传热负荷，W/(m^2 · K)；

K——给热系数，kcal/(m^2 · h · ℃)；

Δt——对数平均温差，℃。

经过初步计算，确定板翅式换热器的宽度为 3.35m。

氦气侧板束长度：

$$l=\frac{A}{fnb}=\frac{46.61}{3.44\times 3.35\times 2\times 5}=0.41(\mathrm{m})$$

式中　f——氢气侧单位面积翅片的总传热面积，m^2；

n——流道数；

b——板翅式换热器宽度，m。

氦气侧传热面积：

$$A=\frac{Q}{K\Delta t}=\frac{169.0389\times 3600}{4.18\times 74.695\times 7}=278.435(\mathrm{m}^2)$$

氦气侧板束长度：

$$l=\frac{A}{fnb}=\frac{278.435}{7.9\times 3.35\times 2\times 5}=1.05(\mathrm{m})$$

（2）氦气侧与氢气预冷侧换热面积计算

以氦气侧传热面积为基准的总传热系数：

$$K_c=\frac{1}{\frac{1}{\alpha_h\eta_{0h}}\times\frac{F_{oc}}{F_{oh}}+\frac{1}{\alpha_c\eta_{0c}}}$$

式中　K_c——总传热系数，kcal/(m²·h·℃)；

α_h——氢气预冷侧给热系数，kcal/(m²·h·℃)；

η_{0h}——氢气预冷侧总传热效率；

η_{0c}——氦气侧总传热效率；

F_{oc}——氦气侧单位面积翅片的总传热面积，m^2；

F_{oh}——氢气预冷侧单位面积翅片的总传热面积，m^2；

α_c——氦气侧给热系数，kcal/(m²·h·℃)。

$$K_c=\frac{1}{\frac{1}{604.74\times 0.93}\times\frac{7.9}{7.9}+\frac{1}{469.38\times 0.95}}=248.715[\mathrm{kcal/(m^2\cdot h\cdot ℃)}]$$

以氢气预冷侧传热面积为基准的总传热系数：

$$K_h=\frac{1}{\frac{1}{\alpha_h\eta_{0h}}+\frac{F_{oh}}{F_{oc}}\times\frac{1}{\alpha_c\eta_{0c}}}=\frac{1}{\frac{1}{604.74\times 0.93}+\frac{7.9}{7.9}\times\frac{1}{469.38\times 0.95}}=248.715[\mathrm{kcal/(m^2\cdot h\cdot ℃)}]$$

对数平均温差计算：

$$\Delta t_m=\frac{\Delta t'-\Delta t''}{\ln\frac{\Delta t'}{\Delta t''}}=\frac{4-3.85}{\ln\frac{4}{3.85}}=3.92(℃)$$

氦气侧传热面积：

$$A=\frac{Q}{K\Delta t}=\frac{169.039\times 3600}{4.18\times 248.715\times 3.92}=149.322(\mathrm{m}^2)$$

式中　Q——传热负荷，$\mathrm{W/(m^2 \cdot K)}$；
K——给热系数，$\mathrm{kcal/(m^2 \cdot h \cdot ℃)}$；
Δt——对数平均温差,℃。

经过初步计算，确定板翅式换热器的宽度为3.35m。

氦气侧板束长度：

$$l=\frac{A}{fnb}=\frac{149.322}{7.9\times 3.35\times 2\times 5}=0.56(\mathrm{m})$$

式中　f——氦气侧单位面积翅片的总传热面积，$\mathrm{m^2}$；
n——流道数；
b——板翅式换热器宽度，m。

氦气侧传热面积：

$$A=\frac{Q}{K\Delta t}=\frac{187.8339\times 3600}{4.18\times 248.715\times 3.92}=165.93(\mathrm{m}^2)$$

氢气预冷侧板束长度：

$$l=\frac{A}{fnb}=\frac{165.93}{7.9\times 3.35\times 2\times 5}=0.63(\mathrm{m})$$

（3）氦气侧与氢气预冷侧换热面积计算

以氦气侧传热面积为基准的总传热系数：

$$K_c=\frac{1}{\frac{1}{\alpha_h\eta_{0h}}\times\frac{F_{oc}}{F_{oh}}+\frac{1}{\alpha_c\eta_{0c}}}$$

式中　K_c——总传热系数，$\mathrm{kcal/(m^2 \cdot h \cdot ℃)}$；
α_h——氢气预冷侧给热系数，$\mathrm{kcal/(m^2 \cdot h \cdot ℃)}$；
η_{0h}——氢气预冷侧总传热效率；
η_{0c}——氦气侧总传热效率；
F_{oc}——氦气侧单位面积翅片的总传热面积，$\mathrm{m^2}$；
F_{oh}——氢气预冷侧单位面积翅片的总传热面积，$\mathrm{m^2}$；
α_c——氦气侧给热系数，$\mathrm{kcal/(m^2 \cdot h \cdot ℃)}$。

$$K_c=\frac{1}{\frac{1}{469.38\times 0.95}\times\frac{7.9}{10.23}+\frac{1}{289.89\times 0.96}}=187.79[\mathrm{kcal/(m^2 \cdot h \cdot ℃)}]$$

以氢气预冷侧传热面积为基准的总传热系数：

$$\begin{aligned}K_h&=\frac{1}{\frac{1}{\alpha_h\eta_{0h}}+\frac{F_{oh}}{F_{oc}}\times\frac{1}{\alpha_c\eta_{0c}}}\\&=\frac{1}{\frac{1}{469.38\times 0.95}+\frac{10.23}{7.9}\times\frac{1}{289.89\times 0.96}}\\&=145.02[\mathrm{kcal/(m^2 \cdot h \cdot ℃)}]\end{aligned}$$

对数平均温差计算：

$$\Delta t_m=\frac{\Delta t'-\Delta t''}{\ln\dfrac{\Delta t'}{\Delta t''}}=\frac{8-3.15}{\ln\dfrac{8}{3.15}}=5.2(℃)$$

氦气侧传热面积：

$$A=\frac{Q}{K\Delta t}=\frac{187.8339\times3600}{4.18\times187.79\times5.2}=165.7(m^2)$$

式中　Q——传热负荷，W/(m^2·K)；

K——给热系数，kcal/(m^2·h·℃)；

Δt——对数平均温差,℃。

经过初步计算，确定板翅式换热器的宽度为 3.35m。

氦气侧板束长度：

$$l=\frac{A}{fnb}=\frac{165.7}{7.9\times3.15\times1\times5}=1.33(m)$$

式中　f——氦气侧单位面积翅片的总传热面积，m^2；

n——流道数；

b——板翅式换热器宽度，m。

氦气侧传热面积：

$$A=\frac{Q}{K\Delta t}=\frac{83.7323\times3600}{4.18\times145.02\times5.2}=95.6(m^2)$$

氦气预冷侧板束长度：

$$l=\frac{A}{fnb}=\frac{95.6}{10.23\times3.35\times1\times5}=0.56(m)$$

综上所述，得到 EX3 换热器长度为 1.4m。

三级板翅式换热器每组板侧排列如图 4-16 所示，共 4 组，每组之间采用钎焊连接；各侧换热面积如表 4-12 所示。

氢气侧
氦气侧
氦气侧
氦气侧

图 4-16　三级板翅式换热器每组板侧排列

表 4-12　三级板翅式换热器各侧换热面积

换热侧	面积/m^2
氢气侧	46.61
氦气侧	278.435
氦气侧	149.322
氦气侧	165.93
氦气侧	165.7
氦气侧	95.6

4.3.7 四级换热器流体参数计算

选择板翅式换热器为铝质材料，5 股，宽 3.35m，一流道。四级换热器翅片参数如表 4-13 所示，四级换热器示意图如图 4-17 所示，四级换热器单组翅片局部放大图如图 4-18 所示。

表 4-13 四级换热器的翅片参数

名称	翅高 L/mm	翅厚 δ/mm	翅距/mm	当量直径 d_e/mm	通道截面积 F'/m^2	总传热面积 F_0/m^2	二次传热面积与总传热面积比
翅片 1	4.7	0.3	2	2.45	0.00374	6.1	0.722
翅片 2	6.5	0.3	1.4	1.87	0.00487	10.23	0.85
翅片 3	6.5	0.3	1.4	1.87	0.00487	10.23	0.85

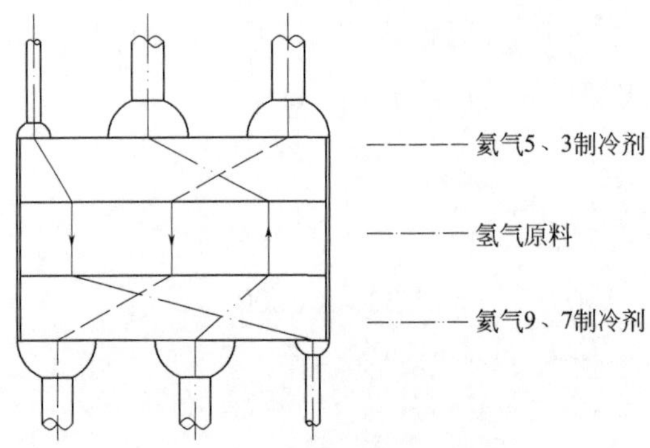

图 4-17 四级换热器示意图

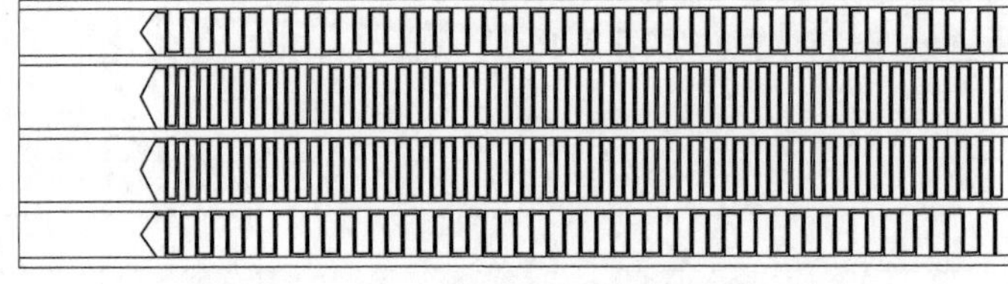

图 4-18 四级换热器单组翅片局部放大图

（1）各股流流道的质量流速

$$G_i = \frac{W}{n f_i L_w}$$

式中 G_i——流体流道的质量流速，kg/(m^2·s)；

W——各股流的质量流量，kg/s；

f_i——单层通道一米宽度上的截面积，m^2；

L_w——翅片有效宽度，m。

1 通道：

$$G_1 = \frac{0.287/(3.35 \times 2)}{5 \times 3.74 \times 10^{-3}} = 2.2907[\mathrm{kg/(m^2 \cdot s)}]$$

2通道：

$$G_2 = \frac{1.7899/(3.35 \times 1)}{5 \times 4.87 \times 10^{-3}} = 21.9424[\mathrm{kg/(m^2 \cdot s)}]$$

3通道：

$$G_3 = \frac{1.7899/(3.35 \times 1)}{5 \times 4.87 \times 10^{-3}} = 21.9424[\mathrm{kg/(m^2 \cdot s)}]$$

（2）各股流的雷诺数

$$Re = \frac{G_i d_e}{\mu g}$$

式中　G_i——各股流流道的质量流速，$\mathrm{kg/(m^2 \cdot s)}$；

g——重力加速度，$\mathrm{m/s^2}$；

d_e——各股流侧翅片当量直径，m；

μ——各股流的黏度，$\mathrm{kg/(m \cdot s)}$。

1通道：

$$Re_1 = \frac{2.2907 \times 2.45 \times 10^{-3}}{2.0629 \times 10^{-6} \times 9.81} = 277.324$$

2通道：

$$Re_2 = \frac{21.9424 \times 1.87 \times 10^{-3}}{4.9756 \times 10^{-6} \times 9.81} = 840.642$$

3通道：

$$Re_3 = \frac{21.9424 \times 1.87 \times 10^{-3}}{4.3026 \times 10^{-6} \times 9.81} = 972.133$$

（3）各股流的普朗特数

$$Pr = \frac{C\mu}{\lambda}$$

式中　μ——流体的黏度，$\mathrm{kg/(m \cdot s)}$；

C——流体的比热容，$\mathrm{kJ/(kg \cdot K)}$；

λ——流体的热导率，$\mathrm{W/(m \cdot K)}$。

1通道：

$$Pr_1 = \frac{2.0629 \times 10^{-6} \times 13980}{0.034365} = 0.8392$$

2通道：

$$Pr_2 = \frac{4.9756 \times 10^{-6} \times 5232.6}{0.036159} = 0.72$$

3通道：

$$Pr_3 = \frac{4.3026 \times 10^{-6} \times 5219.7}{0.031325} = 0.717$$

查《板翅式换热器》（王松汉）得传热因子：

$$j_1 = 0.009,\ j_2 = 0.0052,\ j_3 = 0.005$$

（4）各股流的斯坦顿数

$$St=\frac{j}{Pr^{2/3}}$$

1 通道：

$$St_1=\frac{0.009}{0.8392^{2/3}}=0.01012$$

2 通道：

$$St_2=\frac{0.0052}{0.72^{2/3}}=0.006473$$

3 通道：

$$St_3=\frac{0.005}{0.717^{2/3}}=0.006242$$

（5）各股流的给热系数

$$\alpha=3600\times St\times C\times G_i$$

$$\alpha_1=3600\times 10.12\times 10^{-6}\times 13980\times 2.2907/4.186=278.71[\text{kcal}/(\text{m}^2\cdot\text{h}\cdot℃)]$$

$$\alpha_2=3600\times 6.473\times 10^{-6}\times 5232.6\times 21.9424/4.186=639.17[\text{kcal}/(\text{m}^2\cdot\text{h}\cdot℃)]$$

$$\alpha_3=3600\times 6.242\times 10^{-6}\times 5219.7\times 21.9424/4.186=614.84[\text{kcal}/(\text{m}^2\cdot\text{h}\cdot℃)]$$

（6）各股流的 p 值

$$p=\sqrt{\frac{2\alpha}{\lambda\delta}}$$

式中　α——各股流侧流体给热系数，kcal/(m^2·h·℃)；

λ——翅片材料热导率，$\lambda=165\text{W}/(\text{m}\cdot\text{K})$；

δ——翅厚，$\delta_1=3\times10^{-4}\text{m}$，$\delta_2=3\times10^{-4}\text{m}$，$\delta_3=3\times10^{-4}\text{m}$。

$$p_1=\sqrt{\frac{2\times278.71}{165\times3\times10^{-4}}}=106.118$$

$$p_2=\sqrt{\frac{2\times639.17}{165\times3\times10^{-4}}}=160.702$$

$$p_3=\sqrt{\frac{2\times614.84}{165\times3\times10^{-4}}}=157.614$$

（7）翅片效率和翅片表面效率

根据翅片参数 p，然后计算翅片效率 η_f和翅片的表面效率 η_0。

其中：

$$\eta_f=\frac{\tanh\left(\frac{pL}{2}\right)}{\frac{pL}{2}}$$

式中　$\tanh\left(\frac{pL}{2}\right)$——双曲正切函数，查双曲函数表可得。

$$\eta_0 = 1 - \frac{F_2}{F_0}(1 - \eta_f)$$

式中　F_2——氢气侧翅片二次传热面积，m^2；

F_0——氢气侧翅片总传热面积，m^2。

1 股流侧：

$$L_1 = 4.7\times10^{-3}\text{m}$$

$$\frac{F_2}{F_0} = 0.722$$

$$\frac{pL_1}{2} = \frac{106.118\times4.7\times10^{-3}}{2} = 0.2494$$

查附表 2 可知：

$$\tanh\left(\frac{pL}{2}\right) = 0.2280$$

1 股流侧翅片一次面传热效率按公式(4-7)计算：

$$\eta_{f1} = 0.914$$

1 股流侧翅片总传热效率按公式（4-8）计算：

$$\eta_0 = 1 - \frac{F_2}{F_0}(1 - \eta_f) = 1 - 0.722 \times (1 - 0.914) = 0.94$$

2 股流侧：

$$L_2 = 6.5 \times 10^{-3}\text{m}$$

$$\frac{F_2}{F_0} = 0.85$$

$$\frac{pL_2}{2} = \frac{160.702 \times 6.5 \times 10^{-3}}{2} = 0.5223$$

查附表 2 可知：

$$\tanh\left(\frac{pL}{2}\right) = 0.4777$$

2 股流侧翅片一次面传热效率按公式(4-7)计算：

$$\eta_{f2} = 0.9146$$

2 股流侧翅片总传热效率按公式(4-8)计算：

$$\eta_0 = 1 - \frac{F_2}{F_0}(1 - \eta_f) = 1 - 0.85 \times (1 - 0.9146) = 0.93$$

3 股流侧：

$$L_3 = 6.5\times10^{-3}\text{m}$$

$$\frac{F_2}{F_0} = 0.85$$

$$\frac{pL_3}{2} = \frac{157.614\times6.5\times10^{-3}}{2} = 0.5122$$

查附表 2 可知：

$$\tanh\left(\frac{pL}{2}\right)=0.4699$$

3 股流侧翅片一次面传热效率按公式(4-7)计算：

$$\eta_{f3}=0.9174$$

3 股流侧翅片总传热效率按公式(4-8)计算：

$$\eta_0=1-\frac{F_2}{F_0}(1-\eta_f)=1-0.85\times(1-0.9174)=0.93$$

4.3.8 四级板翅式换热器传热面积计算

(1) 氢气侧与氦气侧换热面积计算

以氦气侧传热面积为基准的总传热系数：

$$K_c=\frac{1}{\dfrac{1}{\alpha_h\eta_{0h}}\times\dfrac{F_{oc}}{F_{oh}}+\dfrac{1}{\alpha_c\eta_{0c}}} \tag{4-18}$$

式中 K_c——总传热系数，kcal/(m^2·h·℃)；

α_h——氦气侧给热系数，kcal/(m^2·h·℃)；

η_{0h}——氦气侧总传热效率；

η_{0c}——氢气侧总传热效率；

F_{oc}——氢气侧单位面积翅片的总传热面积，m^2；

F_{oh}——氦气侧单位面积翅片的总传热面积，m^2；

α_c——氢气侧给热系数，kcal/(m^2·h·℃)。

$$K_c=\frac{1}{\dfrac{1}{278.71\times0.94}\times\dfrac{6.1}{10.23}+\dfrac{1}{639.17\times0.93}}=252.634[\text{kcal/(m}^2\cdot\text{h}\cdot℃)]$$

以氦气侧传热面积为基准的总传热系数：

$$K_h=\frac{1}{\dfrac{1}{\alpha_h\eta_{0h}}+\dfrac{F_{oh}}{F_{oc}}\times\dfrac{1}{\alpha_c\eta_{0c}}} \tag{4-19}$$

$$=\frac{1}{\dfrac{1}{278.71\times0.94}+\dfrac{10.23}{6.1}\times\dfrac{1}{639.17\times0.93}}$$

$$=150.64[\text{kcal/(m}^2\cdot\text{h}\cdot℃)]$$

算数平均温差：

$$\Delta t_m=\frac{268.94+(-240)}{2}=10.47(℃)$$

氢气侧传热面积：

$$A=\frac{Q}{K\Delta t}=\frac{190.3157\times3600}{4.18\times252.634\times10.47}=61.97(\text{m}^2)$$

式中 Q——传热负荷，W/(m^2·K)；

K——给热系数，kcal/(m^2·h·℃)；

Δt——对数平均温差,℃。

经过初步计算，确定板翅式换热器的宽度为 3.35m。

氢气侧板束长度：

$$l=\frac{A}{fnb}=\frac{61.97}{6.1\times3.35\times2\times5}=0.30(\mathrm{m})$$

式中　f——氢气侧单位面积翅片的总传热面积，m^2；

n——流道数；

b——板翅式换热器宽度，m。

氦气侧传热面：

$$A=\frac{Q}{K\Delta t}=\frac{428.9769\times3600}{4.18\times150.64\times10.47}=234.25(\mathrm{m}^2)$$

氦气侧板束长度：

$$l=\frac{A}{fnb}=\frac{234.25}{10.23\times3.35\times2\times5}=0.68(\mathrm{m})$$

（2）氦气侧与氦气预冷侧换热面积计算

以氦气侧传热面积为基准的总传热系数：

$$K_c=\frac{1}{\dfrac{1}{\alpha_h\eta_{0h}}\times\dfrac{F_{oc}}{F_{oh}}+\dfrac{1}{\alpha_c\eta_{0c}}}$$

式中　K_c——总传热系数，kcal/(m^2·h·℃)；

α_h——氦气预冷侧给热系数，kcal/(m^2·h·℃)；

η_{0h}——氦气预冷侧总传热效率；

η_{0c}——氦气侧总传热效率；

F_{oc}——氦气侧单位面积翅片的总传热面积，m^2；

F_{oh}——氦气预冷侧单位面积翅片的总传热面积，m^2；

α_c——氦气侧给热系数，kcal/(m^2·h·℃)。

$$K_c=\frac{1}{\dfrac{1}{639.17\times0.93}\times\dfrac{10.23}{10.23}+\dfrac{1}{614.84\times0.93}}=291.45[\mathrm{kcal/(m^2\cdot h\cdot ℃)}]$$

以氦气预冷侧传热面积为基准的总传热系数：

$$K_h=\frac{1}{\dfrac{1}{\alpha_h\eta_{0h}}+\dfrac{F_{oh}}{F_{oc}}\times\dfrac{1}{\alpha_c\eta_{0c}}}$$

$$=\frac{1}{\dfrac{1}{639.17\times0.93}+\dfrac{10.23}{10.23}\times\dfrac{1}{614.84\times0.93}}$$

$$=291.45[\mathrm{kcal/(m^2\cdot h\cdot ℃)}]$$

（3）对数平均温差计算：

$$\Delta t_{\mathrm{m}} = \frac{\Delta t' - \Delta t''}{\ln \dfrac{\Delta t'}{\Delta t''}} = \frac{16.34 - 3.15}{\ln \dfrac{16.34}{3.15}} = 8.01(℃)$$

氦气侧传热面积：

$$A = \frac{Q}{K\Delta t} = \frac{428.9769 \times 3600}{4.18 \times 291.45 \times 8.01} = 158.26(\mathrm{m}^2)$$

式中 Q——传热负荷，$\mathrm{W/(m^2 \cdot K)}$；

K——给热系数，$\mathrm{kcal/(m^2 \cdot h \cdot ℃)}$；

Δt——对数平均温差，℃。

经过初步计算，确定板翅式换热器的宽度为 3.35m。

氦气侧板束长度：

$$l = \frac{A}{fnb} = \frac{158.26}{10.23 \times 3.35 \times 1 \times 5} = 0.92(\mathrm{m})$$

式中 f——氦气侧单位面积翅片的总传热面积，m^2；

n——流道数；

b——板翅式换热器宽度，m。

氦气侧传热面积：

$$A = \frac{Q}{K\Delta t} = \frac{238.6496 \times 3600}{4.18 \times 291.45 \times 8.01} = 88.04(\mathrm{m}^2)$$

氦气预冷侧板束长度：

$$l = \frac{A}{fnb} = \frac{88.04}{10.23 \times 3.35 \times 1 \times 5} = 0.51(\mathrm{m})$$

综上所述，得到 EX4 换热器长度为 1m。

四级板翅式换热器每组板侧排列如图 4-19 所示，共 3 组，每组之间采用钎焊连接；各侧换热面积如表 4-14 所示。

氢气
氦气5制冷
氦气3预冷

图 4-19 四级板翅式换热器每组板侧排列

表 4-14 四级板翅式换热器各侧换热面积

换热侧	面积/m^2
氢气侧	61.97
氦气 5 侧 1	234.25
氦气 5 侧 2	158.26
氦气 3 侧	88.04

4.3.9 五级换热器流体参数计算

选择板翅式换热器为铝质材料，5 股，宽 0.5m，一流道。五级换热器翅片参数如表 4-15

所示，五级换热器示意图如图 4-20 所示，换热器单组翅片局部放大图如图 4-21 所示。

表 4-15　五级换热器的翅片参数

名称	翅高 L/mm	翅厚 δ/mm	翅距/mm	当量直径 d_e/mm	通道截面积 F'/m²	总传热面积 F_0/m²	二次传热面积与总传热面积比
翅片 1	3.2	0.3	2.0	3.33	0.00269	3.44	0.426
翅片 3	4.7	0.3	2.0	2.45	0.00374	6.1	0.722
翅片 5	4.7	0.3	2.0	2.45	0.00374	6.1	0.722

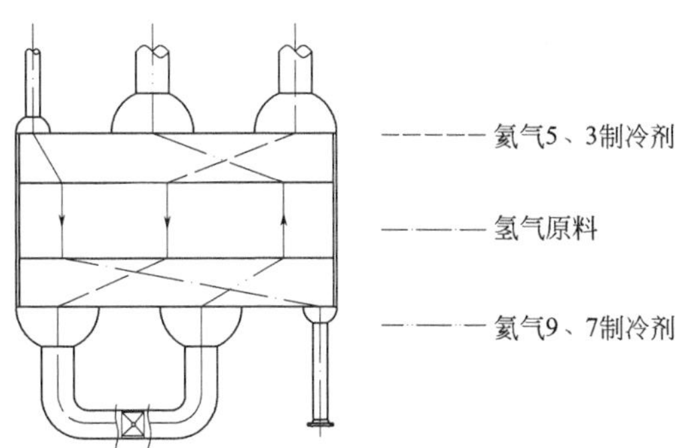

图 4-20　五级换热器示意图

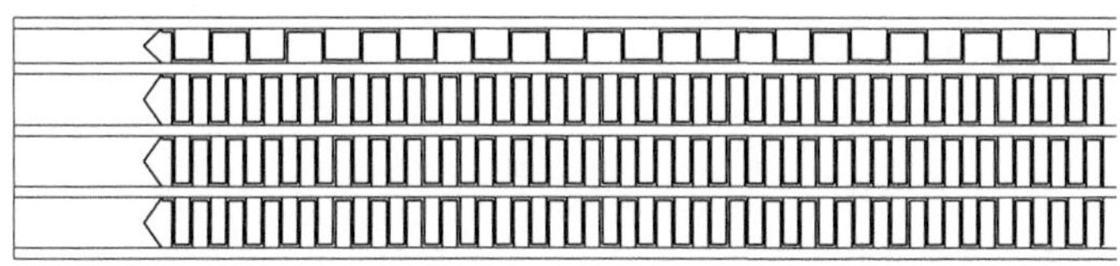

图 4-21　五级换热器单组翅片局部放大图

（1）各股流流道的质量流速

$$G_i = \frac{W}{nf_iL_w}$$

式中　G_i——流体流道的质量流速，kg/(m² · s)；

W——各股流的质量流量，kg/s；

f_i——单层通道一米宽度上的截面积，m²；

L_w——翅片有效宽度，m。

1 通道：

$$G_1 = \frac{0.287/(3.35\times 1)}{5\times 2.69\times 10^{-3}} = 6.3696[\text{kg}/(\text{m}^2\cdot\text{s})]$$

2 通道：

$$G_2 = \frac{1.7899/(3.35\times 2)}{5\times 3.74\times 10^{-3}} = 14.2861[\text{kg}/(\text{m}^2\cdot\text{s})]$$

3 通道：

$$G_3=\frac{1.7899/(3.35\times 1)}{5\times 3.74\times 10^{-3}}=28.5721[\mathrm{kg/(m^2\cdot s)}]$$

（2）各股流的雷诺数

$$Re=\frac{G_i d_e}{\mu g}$$

式中 G_i——各股流流道的质量流速，kg/(m^2·s)；

g——重力加速度，m/s^2；

d_e——各股流侧翅片当量直径，m；

μ——各股流的黏度，kg/(m·s)。

1 通道：

$$Re_1=\frac{6.3696\times 3.33\times 10^{-3}}{1.3203\times 10^{-6}\times 9.81}=1637.626$$

2 通道：

$$Re_2=\frac{14.2861\times 2.45\times 10^{-3}}{2.7477\times 10^{-6}\times 9.81}=1298.498$$

3 通道：

$$Re_3=\frac{28.5721\times 2.45\times 10^{-3}}{3.147\times 10^{-6}\times 9.81}=2267.475$$

（3）各股流的普朗特数

$$Pr=\frac{C\mu}{\lambda}$$

式中 μ——流体的黏度，kg/(m·s)；

C——流体的比热容，kJ/(kg·K)；

λ——流体的热导率，W/(m·K)。

1 通道：

$$Pr_1=\frac{1.3203\times 10^{-6}\times 9800.4}{0.10361}=1.249$$

2 通道：

$$Pr_2=\frac{2.7477\times 10^{-6}\times 5473.3}{0.02025}=0.743$$

3 通道：

$$Pr_3=\frac{3.147\times 10^{-6}\times 5278.9}{0.018675}=0.89$$

查《板翅式换热器》（王松汉）得传热因子：

$$j_1=0.004,\ j_2=0.0045,\ j_3=0.0044$$

（4）各股流的斯坦顿数

$$St=\frac{j}{Pr^{2/3}}$$

1 通道：

$$St_1=\frac{0.004}{1.249^{2/3}}=0.003449$$

2 通道：

$$St_2=\frac{0.0045}{0.743^{2/3}}=0.005486$$

3 通道：

$$St_3=\frac{0.0044}{0.89^{2/3}}=0.004755$$

（5）各股流的给热系数

$$\alpha=3600\times St\times C\times G_i$$

$\alpha_1=3600\times3.449\times10^{-6}\times9800.4\times6.3696/4.186=185.162[\text{kcal}/(\text{m}^2\cdot\text{h}\cdot℃)]$

$\alpha_2=3600\times5.486\times10^{-6}\times5473.3\times14.2861/4.186=368.911[\text{kcal}/(\text{m}^2\cdot\text{h}\cdot℃)]$

$\alpha_3=3600\times4.755\times10^{-6}\times5278.9\times28.5721/4.186=616.793[\text{kcal}/(\text{m}^2\cdot\text{h}\cdot℃)]$

（6）各股流的 p 值

$$p=\sqrt{\frac{2\alpha}{\lambda\delta}}$$

式中　α——各股流侧流体给热系数，kcal/(m^2·h·℃)；

λ——翅片材料热导率，$\lambda=165\text{W}/(\text{m}\cdot\text{K})$；

δ——翅厚，$\delta_1=2\times10^{-4}\text{m}$，$\delta_2=3\times10^{-4}\text{m}$，$\delta_3=3\times10^{-4}\text{m}$。

$$p_1=\sqrt{\frac{2\times185.162}{165\times2\times10^{-4}}}=105.934$$

$$p_2=\sqrt{\frac{2\times368.911}{165\times3\times10^{-4}}}=122.088$$

$$p_3=\sqrt{\frac{2\times616.793}{165\times3\times10^{-4}}}=157.864$$

（7）翅片效率和翅片表面效率

根据翅片参数 p，然后计算翅片效率 η_f和翅片的表面效率 η_0。

其中：

$$\eta_f=\frac{\tanh\left(\frac{pL}{2}\right)}{\frac{pL}{2}}$$

式中　$\tanh\left(\frac{pL}{2}\right)$——双曲正切函数,查双曲函数表可得。

$$\eta_0=1-\frac{F_2}{F_0}(1-\eta_f)$$

式中　F_2——氢气侧翅片二次传热面积，m^2；

F_0——氢气侧翅片总传热面积，m^2。

1 股流侧：

$$L_1 = 3.2\times10^{-3}\,m$$

$$\frac{F_2}{F_0}=0.426$$

$$\frac{pL_1}{2}=\frac{105.934\times3.2\times10^{-3}}{2}=0.1695$$

查附表 2 可知：

$$\tanh\left(\frac{pL}{2}\right) = 0.1510$$

1 股流侧翅片一次面传热效率按公式(4-7)计算：

$$\eta_{f1}=0.891$$

1 股流侧翅片总传热效率按公式(4-8)计算：

$$\eta_0 = 1 - \frac{F_2}{F_0}(1 - \eta_f) = 1 - 0.426 \times (1 - 0.891) = 0.95$$

2 股流侧：

$$L_2 = 4.7\times10^{-3}\,m$$

$$\frac{F_2}{F_0}=0.722$$

$$\frac{pL_2}{2}=\frac{122.088\times4.7\times10^{-3}}{2}=0.2869$$

查附表 2 可知：

$$\tanh\left(\frac{pL}{2}\right) = 0.2710$$

2 股流侧翅片一次面传热效率按公式(4-7)计算：

$$\eta_{f2}=0.9446$$

2 股流侧翅片总传热效率按公式(4-8)计算：

$$\eta_0 = 1 - \frac{F_2}{F_0}(1 - \eta_f) = 1 - 0.722 \times (1 - 0.9446) = 0.96$$

3 股流侧：

$$L_3 = 4.7\times10^{-3}\,m$$

$$\frac{F_2}{F_0}=0.722$$

$$\frac{pL_3}{2}=\frac{157.864\times4.7\times10^{-3}}{2}=0.371$$

查附表 2 可知：

$$\tanh\left(\frac{pL}{2}\right)=0.3517$$

3 股流侧翅片一次面传热效率按公式(4-7)计算：

$$\eta_{f3}=0.948$$

3 股流侧翅片总传热效率按公式(4-8)计算：

$$\eta_0 = 1 - \frac{F_2}{F_0}(1 - \eta_f) = 1 - 0.722 \times (1 - 0.948) = 0.96$$

4.3.10　五级板翅式换热器传热面积计算

（1）液氢侧与氦气侧换热面积计算

以液氢侧传热面积为基准的总传热系数：

$$K_c=\frac{1}{\frac{1}{\alpha_h\eta_{0h}}\times\frac{F_{oc}}{F_{oh}}+\frac{1}{\alpha_c\eta_{0c}}}$$

式中　K_c——总传热系数，kcal/(m^2·h·℃)；

α_h——氦气侧给热系数，kcal/(m^2·h·℃)；

η_{0h}——氦气侧总传热效率；

η_{0c}——液氢侧总传热效率；

F_{oc}——液氢侧单位面积翅片的总传热面积，m^2；

F_{oh}——氦气侧单位面积翅片的总传热面积，m^2；

α_c——液氢侧给热系数，kcal/(m^2·h·℃)。

$$K_c = \frac{1}{\frac{1}{185.162 \times 0.95} \times \frac{3.44}{6.1} + \frac{1}{368.911 \times 0.96}} = 165.85[\text{kcal/(m}^2\cdot\text{h}\cdot℃)]$$

以氦气侧传热面积为基准的总传热系数：

$$K_h=\frac{1}{\frac{1}{\alpha_h\eta_{0h}}+\frac{F_{oh}}{F_{oc}}\times\frac{1}{\alpha_c\eta_{0c}}}$$

$$K_h = \frac{1}{\frac{1}{185.162 \times 0.95} + \frac{6.1}{3.44} \times \frac{1}{368.911 \times 0.96}} = 93.53[\text{kcal/(m}^2\cdot\text{h}\cdot℃)]$$

对数平均温差：

$$\Delta t_m = \frac{\Delta t' - \Delta t''}{\ln\frac{\Delta t'}{\Delta t''}} = \frac{16.34 - 15.92}{\ln\frac{16.34}{15.92}} = 16.13(℃)$$

氢气侧传热面积：

$$A = \frac{Q}{K\Delta t} = \frac{127.1568 \times 3600}{4.18 \times 165.85 \times 16.13} = 40.94(\text{m}^2)$$

式中　Q——传热负荷，W/(m^2·K)；

K——给热系数，kcal/(m^2·h·℃)；

Δt——对数平均温差，℃。

经过初步计算，确定板翅式换热器的宽度为 3.35m。

氢气侧板束长度：

$$l=\frac{A}{fnb}=\frac{40.94}{3.44\times3.35\times1\times5}=0.71(\mathrm{m})$$

式中　f——氢气侧单位面积翅片的总传热面积，m^2；

n——流道数；

b——板翅式换热器宽度，m。

氦气侧传热面积：

$$A=\frac{Q}{K\Delta t}=\frac{36.6161\times3600}{4.18\times93.53\times16.13}=20.9(\mathrm{m^2})$$

氦气侧板束长度：

$$l=\frac{A}{fnb}=\frac{20.9}{6.1\times3.35\times1\times5}=0.2(\mathrm{m})$$

（2）氢气侧与氦气预冷侧换热面积计算

以氢气侧传热面积为基准的总传热系数：

$$K_c=\frac{1}{\frac{1}{\alpha_h\eta_{0h}}\times\frac{F_{oc}}{F_{oh}}+\frac{1}{\alpha_c\eta_{0c}}}$$

式中　K_c——总传热系数，kcal/(m²·h·℃)；

α_h——氦气预冷侧给热系数，kcal/(m²·h·℃)；

η_{0h}——氦气预冷侧总传热效率；

η_{0c}——氢气侧总传热效率；

F_{oc}——氢气侧单位面积翅片的总传热面积，m^2；

F_{oh}——氦气预冷侧单位面积翅片的总传热面积，m^2；

α_c——氢气侧给热系数，kcal/(m²·h·℃)。

$$K_c=\frac{1}{\frac{1}{368.911\times0.96}\times\frac{6.1}{6.1}+\frac{1}{616.793\times0.96}}=221.61[\mathrm{kcal/(m^2\cdot h\cdot ℃)}]$$

以氦气预冷侧传热面积为基准的总传热系数：

$$K_h=\frac{1}{\frac{1}{\alpha_h\eta_{0h}}+\frac{F_{oh}}{F_{oc}}\times\frac{1}{\alpha_c\eta_{0c}}}$$

$$K_h=\frac{1}{\frac{1}{368.911\times0.96}+\frac{6.1}{6.1}\times\frac{1}{616.793\times0.96}}=221.61\ [\mathrm{kcal/(m^2\cdot h\cdot ℃)}]$$

对数平均温差计算：

$$\Delta t_m=\frac{\Delta t'-\Delta t''}{\ln\frac{\Delta t'}{\Delta t''}}=\frac{16.34-0.84}{\ln\frac{16.34}{0.84}}=5.22(℃)$$

氢气侧传热面积：

$$A=\frac{Q}{K\Delta t}=\frac{36.6161\times3600}{4.18\times221.61\times5.22}=27.26(\mathrm{m^2})$$

式中　Q——传热负荷，W/(m^2·K)；

K——给热系数，kcal/(m^2·h·℃)；

Δt——对数平均温差,℃。

经过初步计算，确定板翅式换热器的宽度为 3.35m。

氦气预冷侧板束长度：

$$l=\frac{A}{fnb}=\frac{27.26}{6.1\times 3.35\times 1\times 5}=0.27(\mathrm{m})$$

式中　f——氦气预冷侧单位面积翅片的总传热面积，m^2；

n——流道数；

b——板翅式换热器宽度，m。

氦气预冷侧传热面积：

$$A=\frac{Q}{K\Delta t}=\frac{163.994\times 3600}{4.18\times 221.61\times 5.22}=122.09(\mathrm{m}^2)$$

氦气预冷侧板束长度：

$$l=\frac{A}{fnb}=\frac{122.09}{6.1\times 3.35\times 1\times 5}=1.2(\mathrm{m})$$

综上所述，得到 EX5 换热器长度为 1.2m。

五级板翅式换热器每组板侧排列如图 4-22 所示，共 3 组，每组之间采用钎焊连接；各侧换热面积如表 4-16 所示。

液氢过冷
氦气5制冷
氦气3预冷

图 4-22　五级板翅式换热器每组板侧排列

表 4-16　五级板翅式换热器各侧换热面积

换热侧	面积/m^2
氢气侧	40.94
氦气侧 1	20.9
氦气侧 2	27.26
氦气预冷侧	122.09

4.3.11　换热器压力损失的计算

（1）EX1 换热器压力损失的计算

翅片部分参数如表 4-17 所示。为了简化板翅式换热器阻力计算，可以把板翅式换热器分成三部分，如图 2-23 所示，分别为入口管、出口管和换热器中心部分，各项阻力分别用以下公式计算。

表 4-17 翅片部分参数

名称	单位	平直翅片
翅高 L	mm	6.5
翅厚	mm	0.3
翅距 m	mm	1.4
通道截面积	m^2	0.00487
当量直径 D_e	mm	1.87

① 换热器中心入口的压力损失　即导流片的出口到换热器中心的截面积变化引起的压力降。

$$\Delta p_1 = \frac{G^2}{2g_c\rho_1}(1-\sigma^2) + K_c\frac{G^2}{2g_c\rho_1} \tag{4-20}$$

式中　Δp_1——入口处压力降，Pa；

G——流体在板束中的质量流速，kg/(m²·h)；

g_c——重力换算系数，为 1.27×10^8；

ρ_1——流体入口密度，kg/m³；

σ——板束通道截面积与集气管最大截面积之比；

K_c——收缩阻力系数，由附图 3 查得。

② 换热器中心部分出口的压力降　即由换热器中心部分到导流片入口截面积发生变化引起的压力降。

$$\Delta p_2 = \frac{G^2}{2g_c\rho_2}(1-\sigma^2) - K_e\frac{G^2}{2g_c\rho_2} \tag{4-21}$$

式中　Δp_2——出口处压升，Pa；

ρ_2——流体出口密度，kg/m³；

K_e——扩大阻力系数（由附图 3 查得）。

③ 换热器中心部分的压力降　换热器中心部分的压力降主要由传热面形状的改变产生的摩擦阻力和局部阻力组成，将这两部分阻力综合考虑，可以看作是作用于总摩擦面积 A 上的等效剪切力。即换热器中心部分压力降可用以下公式计算：

$$\Delta p_3 = \frac{4fl}{D_e}\times\frac{G^2}{2g_c\rho_{av}} \tag{4-22}$$

式中　Δp_3——换热器中心部分压力降，Pa；

f——摩擦系数；

l——换热器长度，m；

D_e——翅片当量直径，m；

ρ_{av}——进出口流体平均密度，kg/m³。

所以流体经过板翅式换热器的总压力降可表示为：

$$\Delta p = \frac{G^2}{2g_c\rho_1}\left[(K_c+1-\sigma^2) + 2\left(\frac{\rho_1}{\rho_2}-1\right) + \frac{4fl}{D_e}\times\frac{\rho_1}{\rho_{av}} - (1-\sigma^2-K_e)\frac{\rho_1}{\rho_2}\right] \tag{4-23}$$

$$\sigma=\frac{f_a}{A_{fa}};\ f_a=\frac{x(L-\delta)L_w n}{x+\delta};\ A_{fa}=(L+\delta_s)L_w N_t$$

式中　δ_s——板翅式换热器翅片隔板厚度，m；

δ——翅片厚度，m；

L——翅片高度，m；

L_w——有效宽度，$L_w=2m$，m；

x——翅片内距，$x=m-\delta$，m；

N_t——冷热交换总层数，m；

n——通道层数。

各侧的雷诺数、质量流速、出入口密度的统计如表 4-18 所示。

表 4-18　各侧雷诺数、质量流速、出入口密度的统计

名称	雷诺数	质量流速/[kg/(m²·s)]	入口处密度/(kg/m³)	出口处密度/(kg/m³)	平均温度下的密度/(kg/m³)
天然气侧	77.038	3.027	452.02	0.65617	226.3381
氢气侧	55.318	1.5271	0.69129	1.7919	1.241595
氢气侧	96.526	4.7346	0.27858	0.079896	0.78652
氦气侧	60.049	4.1402	0.42644	1.1466	0.179238
氦气侧	43.527	3.3795	0.35013	0.099864	0.224997

① 天然气制冷侧压力损失的计算

$$\Delta p=\frac{G^2}{2g_c\rho_1}\left[(K_c+1-\sigma^2)+2\left(\frac{\rho_1}{\rho_2}-1\right)+\frac{4fl}{D_e}\times\frac{\rho_1}{\rho_{av}}-(1-\sigma^2-K_e)\frac{\rho_1}{\rho_2}\right]$$

$$f_a=\frac{x(L-\delta)L_wn}{x+\delta}=\frac{(m-\delta)(L-\delta)L_wn}{m}=\frac{(1.4-0.3)\times(6.5-0.3)\times3.35\times15\times10^{-3}}{1.4}$$

$$=0.2448(\mathrm{m^2})$$

$$A_{fa}=(L+\delta_s)L_wN_t=(6.5+0.2268)\times3.35\times15\times10^{-3}=0.338(\mathrm{m^2})$$

$$\sigma=\frac{f_a}{A_{fa}}=\frac{0.2448}{0.338}=0.72$$

查附图 3 得 $K_c=0.75$，$K_e=0.25$；取摩擦系数 $f=0.046$。

故：

$$\Delta p=\frac{(3.027\times3600)^2}{2\times1.27\times10^8\times452.02}\times\left[(0.75+1-0.72^2)+2\times\left(\frac{452.02}{0.65617}-1\right)+\frac{4\times0.046\times8}{0.001\times1.87}\right.$$
$$\left.\times\frac{452.02}{226.3381}-(1-0.72^2-0.25)\times\frac{452.02}{0.6562}\right]=2.89(\mathrm{Pa})$$

② 氢气预冷侧压力损失的计算

$$\Delta p=\frac{G^2}{2g_c\rho_1}\left[(K_c+1-\sigma^2)+2\left(\frac{\rho_1}{\rho_2}-1\right)+\frac{4fl}{D_e}\times\frac{\rho_1}{\rho_{av}}-(1-\sigma^2-K_e)\frac{\rho_1}{\rho_2}\right]$$

$$f_a=\frac{x(L-\delta)L_wn}{x+\delta}=\frac{(m-\delta)(L-\delta)L_wn}{m}=\frac{(2-0.3)\times(4.7-0.3)\times3.35\times15\times10^{-3}}{2}$$

$$=0.1879(\mathrm{m^2})$$

$$A_{fa}=(L+\delta_s)L_wN_t=(4.7+0.31309)\times3.35\times45\times10^{-3}=0.7557(\mathrm{m^2})$$

$$\sigma=\frac{f_a}{A_{fa}}=\frac{0.1879}{0.7557}=0.249$$

查附图 3 得 $K_c=0.78$，$K_e=0.45$；取摩擦系数 $f=0.56$。

故：

$$\Delta p=\frac{(1.5271\times3600)^2}{2\times1.27\times10^8\times0.6913}\times\left[(0.78+1-0.249^2)+2\times\left(\frac{0.6913}{1.7919}-1\right)+\frac{4\times0.56\times8}{0.001\times2.45}\times\frac{0.6913}{1.2416}-(1-0.249^2-0.45)\times\frac{0.6913}{1.7919}\right]=701.02(\mathrm{Pa})$$

③ 氦气 7 侧压力损失的计算

$$\Delta p=\frac{G^2}{2g_c\rho_1}\left[(K_c+1-\sigma^2)+2\left(\frac{\rho_1}{\rho_2}-1\right)+\frac{4fl}{D_e}\times\frac{\rho_1}{\rho_{av}}-(1-\sigma^2-K_e)\frac{\rho_1}{\rho_2}\right]$$

$$f_a=\frac{x(L-\delta)L_wn}{x+\delta}=\frac{(m-\delta)(L-\delta)L_wn}{m}=\frac{(2-0.3)\times(6.5-0.3)\times3.25\times30\times10^{-3}}{2}=0.5138(\mathrm{m}^2)$$

$$A_{fa}=(L+\delta_s)L_wN_t=(6.5+0.2291)\times3.25\times60\times10^{-3}=1.3122(\mathrm{m}^2)$$

$$\sigma=\frac{f_a}{A_{fa}}=\frac{0.5138}{1.3122}=0.39$$

查附图 3 得 $K_c=0.72$，$K_e=0.1$；取摩擦系数 $f=0.043$。

故：

$$\Delta p=\frac{(4.7346\times3600)^2}{2\times1.27\times10^8\times0.2786}\times\left[(0.72+1-0.39^2)+2\times\left(\frac{0.2786}{0.0799}-1\right)+\frac{4\times0.043\times8}{0.001\times2.12}\times\frac{0.2786}{0.7865}-(1-0.39^2-0.1)\times\frac{0.2786}{0.0799}\right]=949.33(\mathrm{Pa})$$

④ 氦气 5 侧压力损失的计算

$$\Delta p=\frac{G^2}{2g_c\rho_1}\left[(K_c+1-\sigma^2)+2\left(\frac{\rho_1}{\rho_2}-1\right)+\frac{4fl}{D_e}\times\frac{\rho_1}{\rho_{av}}-(1-\sigma^2-K_e)\frac{\rho_1}{\rho_2}\right]$$

$$f_a=\frac{x(L-\delta)L_wn}{x+\delta}=\frac{(m-\delta)(L-\delta)L_wn}{m}=\frac{(2-0.2)\times(9.5-0.2)\times3.35\times15\times10^{-3}}{2}=0.4206(\mathrm{m}^2)$$

$$A_{fa}=(L+\delta_s)L_wN_t=(9.5+0.2617)\times3.35\times60\times10^{-3}=1.9621(\mathrm{m}^2)$$

$$\sigma=\frac{f_a}{A_{fa}}=\frac{0.4206}{1.9621}=0.21$$

查附图 3 得 $K_c=0.71$，$K_e=0.1$；取摩擦系数 $f=0.028$。

故：

$$\Delta p=\frac{(4.1402\times3600)^2}{2\times1.27\times10^8\times0.4264}\times\left[(0.71+1-0.21^2)+2\times\left(\frac{0.4264}{1.1466}-1\right)+\frac{4\times0.028\times8}{0.001\times3.02}\times\frac{0.4264}{0.1792}-(1-0.21^2-0.1)\times\frac{0.4264}{1.1466}\right]=1448.22(\mathrm{Pa})$$

⑤ 氦气 9 侧压力损失的计算

$$\Delta p=\frac{G^2}{2g_c\rho_1}\left[(K_c+1-\sigma^2)+2\left(\frac{\rho_1}{\rho_2}-1\right)+\frac{4fl}{D_e}\times\frac{\rho_1}{\rho_{av}}-(1-\sigma^2-K_e)\frac{\rho_1}{\rho_2}\right]$$

$$f_a=\frac{x(L-\delta)L_w n}{x+\delta}=\frac{(m-\delta)(L-\delta)L_w n}{m}=\frac{(1.4-0.3)\times(6.5-0.3)\times 3.35\times 30\times 10^{-3}}{1.4}$$

$$=0.4896(\mathrm{m^2})$$

$$A_{fa}=(L+\delta_s)L_w N_t=(6.5+0.2224)\times 3.35\times 60\times 10^{-3}=1.3512(\mathrm{m^2})$$

$$\sigma=\frac{f_a}{A_{fa}}=\frac{0.4896}{1.3512}=0.36$$

查附图 3 得 $K_c=0.72$，$K_e=0.1$；取摩擦系数 $f=0.045$。

故：

$$\Delta p=\frac{(3.3795\times 3600)^2}{2\times 1.27\times 10^8\times 0.3501}\times\left[(0.72+1-0.36^2)+2\times\left(\frac{0.3501}{0.0999}-1\right)+\frac{4\times 0.045\times 8}{0.001\times 1.87}\times\frac{0.3501}{0.225}-(1-0.36^2-0.1)\times\frac{0.3501}{0.0999}\right]=2000.9(\mathrm{Pa})$$

（2）EX2 换热器压力损失的计算

① 氢气侧压力损失的计算

$$\Delta p=\frac{G^2}{2g_c\rho_1}\left[(K_c+1-\sigma^2)+2\left(\frac{\rho_1}{\rho_2}-1\right)+\frac{4fl}{D_e}\times\frac{\rho_1}{\rho_{av}}-(1-\sigma^2-K_e)\frac{\rho_1}{\rho_2}\right]$$

$$f_a=\frac{x(L-\delta)L_w n}{x+\delta}=\frac{(m-\delta)(L-\delta)L_w n}{m}=\frac{(2-0.3)\times(4.7-0.3)\times 3.25\times 10\times 10^{-3}}{2}$$

$$=0.116(\mathrm{m^2})$$

$$A_{fa}=(L+\delta_s)L_w N_t=(4.7+0.3102)\times 3.25\times 30\times 10^{-3}=0.4885(\mathrm{m^2})$$

$$\sigma=\frac{f_a}{A_{fa}}=\frac{0.116}{0.4885}=0.24$$

查附图 3 得 $K_c=0.78$，$K_e=0.29$；取摩擦系数 $f=0.042$。

故：

$$\Delta p=\frac{(2.2907\times 3600)^2}{2\times 1.27\times 10^8\times 1.7919}\times\left[(0.78+1-0.24^2)+2\times\left(\frac{1.7919}{2.9364}-1\right)+\frac{4\times 0.042\times 1}{0.001\times 2.45}\times\frac{1.7919}{2.2171}-(1-0.24^2-0.29)\times\frac{1.7919}{2.9364}\right]=8.36\ (\mathrm{Pa})$$

② 氦气 5 侧压力损失的计算

$$\Delta p=\frac{G^2}{2g_c\rho_1}\left[(K_c+1-\sigma^2)+2\left(\frac{\rho_1}{\rho_2}-1\right)+\frac{4fl}{D_e}\times\frac{\rho_1}{\rho_{av}}-(1-\sigma^2-K_e)\frac{\rho_1}{\rho_2}\right]$$

$$f_a=\frac{x(L-\delta)L_w n}{x+\delta}=\frac{(m-\delta)(L-\delta)L_w n}{m}=\frac{(2-0.3)\times(6.5-0.3)\times 3.25\times 10\times 10^{-3}}{2}$$

$$=0.1713(\mathrm{m^2})$$

$$A_{fa}=(L+\delta_s)L_w N_t=(6.5+0.2315)\times 3.35\times 40\times 10^{-3}=0.902(\mathrm{m^2})$$

$$\sigma=\frac{f_a}{A_{fa}}=\frac{0.1713}{0.902}=0.19$$

查附图 3 得 $K_c=0.79$，$K_e=0.55$；取摩擦系数 $f=0.016$。

故：

$$\Delta p=\frac{(19.349\times 3600)^2}{2\times 1.27\times 10^8\times 0.526}\times\left[(0.79+1-0.19^2)+2\times\left(\frac{0.526}{0.2786}-1\right)+\frac{4\times 0.016\times 1}{0.001\times 2.67}\times\frac{0.526}{0.3734}-(1-0.19^2-0.55)\times\frac{0.526}{0.2786}\right]=1326.08(\text{Pa})$$

③ 氦气 3 侧压力损失的计算

$$\Delta p=\frac{G^2}{2g_c\rho_1}\left[(K_c+1-\sigma^2)+2(\frac{\rho_1}{\rho_2}-1)+\frac{4fl}{D_e}\times\frac{\rho_1}{\rho_{av}}-(1-\sigma^2-K_e)\frac{\rho_1}{\rho_2}\right]$$

$$f_a=\frac{x(L-\delta)L_wn}{x+\delta}=\frac{(m-\delta)(L-\delta)L_wn}{m}=\frac{(2-0.3)\times(6.5-0.3)\times 3.35\times 10\times 10^{-3}}{2}$$

$$=0.1765\ (\text{m}^2)$$

$$A_{fa}=(L+\delta_s)\ L_wN_t=(6.5+0.2605)\ \times 3.35\times 40\times 10^{-3}=0.9059\ (\text{m}^2)$$

$$\sigma=\frac{f_a}{A_{fa}}=\frac{0.1765}{0.9059}=0.19$$

查附图 3 得 $K_c=0.79$，$K_e=0.55$；取摩擦系数 $f=0.013$。

故：

$$\Delta p=\frac{(6.2103\times 3600)^2}{2\times 1.27\times 10^8\times 1.1466}\times\left[(0.79+1-0.19^2)+2\times\left(\frac{1.1466}{1.739}-1\right)+\frac{4\times 0.013\times 1}{0.001\times 2.67}\times\frac{1.1466}{1.3761}-(1-0.19^2-0.55)\times\frac{1.1466}{1.739}\right]=29.22(\text{Pa})$$

④ 氦气 7 侧压力损失的计算

$$\Delta p=\frac{G^2}{2g_c\rho_1}\left[(K_c+1-\sigma^2)+2\left(\frac{\rho_1}{\rho_2}-1\right)+\frac{4fl}{D_e}\times\frac{\rho_1}{\rho_{av}}-(1-\sigma^2-K_e)\frac{\rho_1}{\rho_2}\right]$$

$$f_a=\frac{x(L-\delta)L_wn}{x+\delta}=\frac{(m-\delta)(L-\delta)L_wn}{m}=\frac{(1.4-0.3)\times(6.5-0.3)\times 3.35\times 10\times 10^{-3}}{1.4}=0.1632(\text{m}^2)$$

$$A_{fa}=(L+\delta_s)L_wN_t=(6.5+0.224)\times 3.35\times 20\times 10^{-3}=0.4505(\text{m}^2)$$

$$\sigma=\frac{f_a}{A_{fa}}=\frac{0.1632}{0.4505}=0.36$$

查附图 3 得 $K_c=0.76$，$K_e=0.25$；取摩擦系数 $f=0.021$。

故：

$$\Delta p=\frac{(10.9712\times 3600)^2}{2\times 1.27\times 10^8\times 0.6613}\times\left[(0.76+1-0.36^2)+2\times\left(\frac{0.6613}{0.3501}-1\right)+\frac{4\times 0.021\times 1}{0.001\times 1.87}\times\frac{0.6613}{0.4674}-(1-0.36^2-0.25)\times\frac{0.6613}{0.3501}\right]=611(\text{Pa})$$

（3）EX3 换热器压力损失的计算

① 氢气侧压力损失的计算

$$\Delta p=\frac{G^2}{2g_c\rho_1}\left[(K_c+1-\sigma^2)+2(\frac{\rho_1}{\rho_2}-1)+\frac{4fl}{D_e}\times\frac{\rho_1}{\rho_{av}}-(1-\sigma^2-K_e)\frac{\rho_1}{\rho_2}\right]$$

$$f_a=\frac{x(L-\delta)L_wn}{x+\delta}=\frac{(m-\delta)(L-\delta)L_wn}{m}=\frac{(4.2-0.3)\times(3.2-0.3)\times 3.35\times 5\times 10^{-3}}{4.2}$$

$$= 0.0451(m^2)$$

$$A_{fa} = (L + \delta_s)L_w N_t = (3.2 + 0.43) \times 3.35 \times 20 \times 10^{-3} = 0.2432(m^2)$$

$$\sigma = \frac{f_a}{A_{fa}} = \frac{0.0451}{0.2432} = 0.19$$

查附图 3 得 $K_c=0.79$，$K_e=0.58$；取摩擦系数 $f=0.1$。

故：

$$\Delta p = \frac{(3.1848 \times 3600)^2}{2 \times 1.27 \times 10^8 \times 2.9364} \times \left[(0.79 + 1 - 0.19^2) + 2 \times \left(\frac{2.9364}{4.2924} - 1\right) + \frac{4 \times 0.1 \times 2}{0.001 \times 3.33} \times \frac{2.9364}{3.4701} - (1 - 0.19^2 - 0.58) \times \frac{2.9364}{4.2924}\right] = 35.98(Pa)$$

② 氦气 5 侧压力损失的计算

$$\Delta p = \frac{G^2}{2g_c\rho_1}\left[(K_c + 1 - \sigma^2) + 2\left(\frac{\rho_1}{\rho_2} - 1\right) + \frac{4fl}{D_e} \times \frac{\rho_1}{\rho_{av}} - (1 - \sigma^2 - K_e)\frac{\rho_1}{\rho_2}\right]$$

$$f_a = \frac{x(L-\delta)L_w n}{x+\delta} = \frac{(m-\delta)(L-\delta)L_w n}{m} = \frac{(2 - 0.3) \times (6.5 - 0.3) \times 3.35 \times 5 \times 10^{-3}}{2}$$

$$= 0.0883(m^2)$$

$$A_{fa} = (L + \delta_s)L_w N_t = (6.5 + 0.2338) \times 3.35 \times 25 \times 10^{-3} = 0.564(m^2)$$

$$\sigma = \frac{f_a}{A_{fa}} = \frac{0.0883}{0.564} = 0.16$$

查附图 3 得 $K_c=0.79$，$K_e=0.62$；取摩擦系数 $f=0.013$。

故：

$$\Delta p = \frac{(20.277 \times 3600)^2}{2 \times 1.27 \times 10^8 \times 0.8871} \times \left[(0.79 + 1 - 0.16^2) + 2 \times \left(\frac{0.8871}{0.5261} - 1\right) + \frac{4 \times 0.013 \times 2}{0.001 \times 2.67} \times \frac{0.8871}{0.672} - (1 - 0.16^2 - 0.62) \times \frac{0.8871}{0.5261}\right] = 1276.04(Pa)$$

③ 氦气 3 侧压力损失的计算

$$\Delta p = \frac{G^2}{2g_c\rho_1}\left[(K_c + 1 - \sigma^2) + 2\left(\frac{\rho_1}{\rho_2} - 1\right) + \frac{4fl}{D_e} \times \frac{\rho_1}{\rho_{av}} - (1 - \sigma^2 - K_e)\frac{\rho_1}{\rho_2}\right]$$

$$f_a = \frac{x(L-\delta)L_w n}{x+\delta} = \frac{(m-\delta)(L-\delta)L_w n}{m} = \frac{(2 - 0.3) \times (6.5 - 0.3) \times 3.35 \times 5 \times 10^{-3}}{2}$$

$$= 0.0883(m^2)$$

$$A_{fa} = (L + \delta_s)L_w N_t = (6.5 + 0.2593) \times 3.35 \times 25 \times 10^{-3} = 0.5661(m^2)$$

$$\sigma = \frac{f_a}{A_{fa}} = \frac{0.0883}{0.5661} = 0.16$$

查附图 3 得 $K_c=0.79$，$K_e=0.62$；取摩擦系数 $f=0.018$。

故：

$$\Delta p = \frac{(9.2101 \times 3600)^2}{2 \times 1.27 \times 10^8 \times 1.739} \times \left[(0.79 + 1 - 0.16^2) + 2 \times \left(\frac{1.739}{2.3954} - 1\right) + \frac{4 \times 0.018 \times 2}{0.001 \times 2.67} \times \frac{1.739}{2.0081} - (1 - 0.16^2 - 0.62) \times \frac{1.739}{2.3954}\right] = 118.63Pa$$

④ 氦气 7 侧压力损失的计算

$$\Delta p=\frac{G^2}{2g_c\rho_1}\left[(K_c+1-\sigma^2)+2\left(\frac{\rho_1}{\rho_2}-1\right)+\frac{4fl}{D_e}\times\frac{\rho_1}{\rho_{av}}-(1-\sigma^2-K_e)\frac{\rho_1}{\rho_2}\right]$$

$$f_a=\frac{x(L-\delta)L_wn}{x+\delta}=\frac{(m-\delta)(L-\delta)L_wn}{m}=\frac{(1.4-0.3)\times(6.5-0.3)\times3.35\times5\times10^{-3}}{1.4}$$

$$=0.0816(m^2)$$

$$A_{fa}=(L+\delta_s)L_wN_t=(6.5+0.2254)\times3.35\times15\times10^{-3}=0.33795(m^2)$$

$$\sigma=\frac{f_a}{A_{fa}}=\frac{0.0816}{0.33795}=0.24$$

查附图 3 得 $K_c=0.78$，$K_e=0.43$；取摩擦系数 $f=0.015$。

故：

$$\Delta p=\frac{(10.9712\times3600)^2}{2\times1.27\times10^8\times0.8799}\times\left[(0.78+1-0.24^2)+2\times\left(\frac{0.8799}{1.6613}-1\right)+\frac{4\times0.015\times2}{0.001\times1.87}\times\frac{0.8799}{0.7614}-(1-0.24^2-0.43)\times\frac{0.8799}{1.6613}\right]=521.18(Pa)$$

（4）EX4 换热器压力损失的计算

① 氢气侧压力损失的计算

$$\Delta p=\frac{G^2}{2g_c\rho_1}\left[(K_c+1-\sigma^2)+2\left(\frac{\rho_1}{\rho_2}-1\right)+\frac{4fl}{D_e}\times\frac{\rho_1}{\rho_{av}}-(1-\sigma^2-K_e)\frac{\rho_1}{\rho_2}\right]$$

$$f_a=\frac{x(L-\delta)L_wn}{x+\delta}=\frac{(m-\delta)(L-\delta)L_wn}{m}=\frac{(2-0.3)\times(4.7-0.3)\times3.35\times5\times10^{-3}}{2}$$

$$=0.0626(m^2)$$

$$A_{fa}=(L+\delta_s)L_wN_t=(4.7+0.3089)\times3.35\times15\times10^{-3}=0.2517(m^2)$$

$$\sigma=\frac{f_a}{A_{fa}}=\frac{0.0626}{0.2517}=0.25$$

查附图 3 得 $K_c=0.78$，$K_e=0.45$；取摩擦系数 $f=0.13$。

故：

$$\Delta p=\frac{(2.2907\times3600)^2}{2\times1.27\times10^8\times4.2924}\times\left[(0.78+1-0.25^2)+2\times\left(\frac{4.2924}{65.51}-1\right)+\frac{4\times0.13\times1}{0.001\times3.33}\times\frac{4.2924}{6.3021}-(1-0.25^2-0.45)\times\frac{1.2924}{65.51}\right]=6.62(Pa)$$

② 氦气 5 侧压力损失的计算

$$\Delta p=\frac{G^2}{2g_c\rho_1}\left[(K_c+1-\sigma^2)+2\left(\frac{\rho_1}{\rho_2}-1\right)+\frac{4fl}{D_e}\times\frac{\rho_1}{\rho_{av}}-(1-\sigma^2-K_e)\frac{\rho_1}{\rho_2}\right]$$

$$f_a=\frac{x(L-\delta)L_wn}{x+\delta}=\frac{(m-\delta)(L-\delta)L_wn}{m}=\frac{(1.4-0.3)\times(6.5-0.3)\times3.35\times5\times10^{-3}}{1.4}$$

$$=0.0816(m^2)$$

$$A_{fa}=(L+\delta_s)L_wN_t=(6.5+0.2268)\times3.35\times20\times10^{-3}=0.4507(m^2)$$

$$\sigma=\frac{f_a}{A_{fa}}=\frac{0.0816}{0.4507}=0.18$$

查附图 3 得 $K_c=0.72$，$K_e=0.1$；取摩擦系数 $f=0.018$。

故：

$$\Delta p=\frac{(21.9424\times3600)^2}{2\times1.27\times10^8\times16.452}\times\left[(0.72+1-0.18^2)+2\times\left(\frac{16.452}{0.8799}-1\right)+\frac{4\times0.018\times1}{0.001\times2.67}\times\frac{16.452}{1.7124}-(1-0.18^2-0.1)\times\frac{16.452}{0.8799}\right]=418.01\ (\text{Pa})$$

③ 氦气 3 侧压力损失的计算

$$\Delta p=\frac{G^2}{2g_c\rho_1}\left[(K_c+1-\sigma^2)+2\left(\frac{\rho_1}{\rho_2}-1\right)+\frac{4fl}{D_e}\times\frac{\rho_1}{\rho_{av}}-(1-\sigma^2-K_e)\frac{\rho_1}{\rho_2}\right]$$

$$f_a=\frac{x(L-\delta)L_w n}{x+\delta}=\frac{(m-\delta)(L-\delta)L_w n}{m}=\frac{(1.4-0.3)\times(6.5-0.3)\times3.35\times5\times10^{-3}}{1.4}$$
$$=0.0816(\text{m}^2)$$

$$A_{fa}=(L+\delta_s)L_w N_t=(6.5+0.2406)\times3.35\times10\times10^{-3}$$
$$=0.2258(\text{m}^2)$$

$$\sigma=\frac{f_a}{A_{fa}}=\frac{0.0816}{0.2258}=0.36$$

查附图 3 得 $K_c=0.78$，$K_e=0.57$；取摩擦系数 $f=0.013$。

故：

$$\Delta p=\frac{(21.9424\times3600)^2}{2\times1.27\times10^8\times2.3954}\times\left[(0.78+1-0.36^2)+2\times\left(\frac{2.3954}{5.1638}-1\right)+\frac{4\times0.013\times3.5}{0.001\times2.67}\times\frac{2.3954}{3.2413}-(1-0.36^2-0.57)\times\frac{2.3954}{5.1638}\right]=521.13(\text{Pa})$$

（5）EX5 换热器压力损失的计算

① 氢气侧压力损失的计算

$$\Delta p=\frac{G^2}{2g_c\rho_1}\left[(K_c+1-\sigma^2)+2\left(\frac{\rho_1}{\rho_2}-1\right)+\frac{4fl}{D_e}\times\frac{\rho_1}{\rho_{av}}-(1-\sigma^2-K_e)\frac{\rho_1}{\rho_2}\right]$$

$$f_a=\frac{x(L-\delta)L_w n}{x+\delta}=\frac{(m-\delta)(L-\delta)L_w n}{m}=\frac{(2-0.2)\times(3.2-0.3)\times3.35\times5\times10^{-3}}{2}$$
$$=0.0437(\text{m}^2)$$

$$A_{fa}=(L+\delta_s)L_w N_t=(3.2+0.2401)\times3.35\times10\times10^{-3}=0.1152(\text{m}^2)$$

$$\sigma=\frac{f_a}{A_{fa}}=\frac{0.0437}{0.1152}=0.38$$

查附图 3 得 $K_c=0.79$，$K_e=0.7$；取摩擦系数 $f=0.06$。

故：

$$\Delta p=\frac{(6.3696\times3600)^2}{2\times1.27\times10^8\times70.507}\times\left[(0.79+1-0.38^2)+2\times\left(\frac{70.507}{1.3225}-1\right)+\frac{4\times0.06\times1.5}{0.001\times3.33}\times\frac{70.507}{70.692}-(1-0.38^2-0.7)\times\frac{70.507}{1.3225}\right]=6.04(\text{Pa})$$

② 氦气 5 侧压力损失的计算

$$\Delta p=\frac{G^2}{2g_c\rho_1}\left[(K_c+1-\sigma^2)+2\left(\frac{\rho_1}{\rho_2}-1\right)+\frac{4fl}{D_e}\times\frac{\rho_1}{\rho_{av}}-(1-\sigma^2-K_e)\frac{\rho_1}{\rho_2}\right]$$

$$f_a=\frac{x(L-\delta)L_wn}{x+\delta}=\frac{(m-\delta)(L-\delta)L_wn}{m}=\frac{(2-0.3)\times(4.7-0.3)\times3.35\times5\times10^{-3}}{2}=0.0626(m^2)$$

$$A_{fa}=(L+\delta_s)L_wN_t=(4.7+0.2401)\times3.35\times20\times10^{-3}=0.331(m^2)$$

$$\sigma=\frac{f_a}{A_{fa}}=\frac{0.0626}{0.331}=0.19$$

查附图 3 得 $K_c=0.78$，$K_e=0.7$；取摩擦系数 $f=0.06$。

故：

$$\Delta p=\frac{(28.5721\times3600)^2}{2\times1.27\times10^8\times16.452}\times\left[(0.78+1-0.19^2)+2\times\left(\frac{16.452}{123.18}-1\right)+\frac{4\times0.06\times1.5}{0.001\times2.45}\times\frac{16.452}{1.2416}-(1-0.19^2-0.7)\times\frac{16.452}{123.18}\right]=4929.52(Pa)$$

③ 氦气 3 侧压力损失的计算

$$\Delta p=\frac{G^2}{2g_c\rho_1}\left[(K_c+1-\sigma^2)+2\left(\frac{\rho_1}{\rho_2}-1\right)+\frac{4fl}{D_e}\times\frac{\rho_1}{\rho_{av}}-(1-\sigma^2-K_e)\frac{\rho_1}{\rho_2}\right]$$

$$f_a=\frac{x(L-\delta)L_wn}{x+\delta}=\frac{(m-\delta)(L-\delta)L_wn}{m}=\frac{(2-0.3)\times(4.7-0.3)\times3.35\times5\times10^{-3}}{2}=0.0626(m^2)$$

$$A_{fa}=(L+\delta_s)L_wN_t=(4.7+0.2567)\times3.35\times15\times10^{-3}=0.2491(m^2)$$

$$\sigma=\frac{f_a}{A_{fa}}=\frac{0.0626}{0.2491}=0.25$$

查附图 3 得 $K_c=0.76$，$K_e=0.44$；取摩擦系数 $f=0.014$。

故：

$$\Delta p=\frac{(28.5721\times3600)^2}{2\times1.27\times10^8\times5.1638}\times\left[(0.76+1-0.25^2)+2\times\left(\frac{5.1638}{37.902}-1\right)+\left(\frac{4\times0.014\times1.5}{0.001\times2.45}\right)\times\frac{5.1638}{124.2}-(1-0.25^2-0.44)\times\frac{5.1638}{37.902}\right]=10.71(Pa)$$

4.4 板翅式换热器结构设计

4.4.1 封头设计选型

封头也叫作端盖，是筒体（芯体）与接管的过渡段。封头主要分为三类：凸形封头、平板形封头、锥形封头。在凸形封头中又分为：半球形封头、椭圆形封头、蝶形封头、球冠形封头。这些封头在不同设计中的选择是不同的，根据各自的需求进行选择。

本次设计选择的封头为平板形封头，主要进行封头内径的选择，封头壁厚、端板壁厚的计算与选择。平板形封头示意图见图 2-45。

（1）封头壁厚

当 $d_i/D_i\leqslant0.5$ 时，可由下式计算出封头的厚度：

$$\delta = \frac{pR_i}{[\sigma]'\varphi - 0.6p} + C \tag{4-24}$$

式中　R_i——弧形端面端板内半径，mm；
p——流体压力，MPa；
$[\sigma]'$——实验温度下的许用应力，MPa；
φ——焊接接头系数，其中 $\varphi=0.6$；
C——壁厚附加量，mm。

（2）端板壁厚

半圆形平板最小厚度：

$$\delta_p = R_p\sqrt{\frac{0.44p}{[\sigma]^t\sin\alpha}} + C \tag{4-25}$$

其中，$45° \leqslant \alpha \leqslant 90°$。本设计根据各个制冷剂的质量流量和换热器尺寸大小，按照比例选取封头直径。封头内径如表 4-19 所示。

表 4-19　封头内径

封头代号	1	2	3	4	5
封头内径/mm	1070	350	875	100	100

4.4.2　EX1 换热器各个板侧封头壁厚计算

（1）天然气制冷侧封头壁厚

根据规定内径 $D_i=350$mm，内径 $R_i=175$mm。

$$\delta = \frac{pR_i}{[\sigma]'\varphi - 0.6p} + C = \frac{0.1\times175}{51\times0.6-0.6\times0.1} + 2 = 2.57(\text{mm})$$

圆整壁厚$[\delta]=10$mm。

端板壁厚：

$$\delta_p = R_p\sqrt{\frac{0.44p}{[\sigma]^t\sin\alpha}} + C = 175\times\sqrt{\frac{0.44\times0.1}{51}} + 2 = 7.14(\text{mm})$$

圆整壁厚$[\delta_p]=10$mm，端板厚度应大于等于封头厚度，则端板厚度为 10mm。

（2）氢气预冷侧封头壁厚

根据规定内径 $D_i=350$mm，内径 $R_i=175$mm。

$$\delta = \frac{pR_i}{[\sigma]'\varphi - 0.6p} + C = \frac{0.84\times175}{51\times0.6-0.6\times0.84} + 2 = 6.88(\text{mm})$$

圆整壁厚 $[\delta]$ =10mm。

端板壁厚：

$$\delta_p = R_p\sqrt{\frac{0.44p}{[\sigma]^t\sin\alpha}} + C = 175\times\sqrt{\frac{0.44\times0.84}{51}} + 2 = 16.9(\text{mm})$$

圆整壁厚$[\delta_p]=20$mm，端板厚度应大于等于封头厚度，则端板厚度为 20mm。

（3）氦气 7 制冷侧封头壁厚

根据规定内径 $D_i=875\text{mm}$，内径 $R_i=437.5\text{mm}$。

$$\delta=\frac{pR_i}{[\sigma]'\varphi-0.6p}+C=\frac{0.058\times437.5}{51\times0.6-0.6\times0.058}+2=2.83(\text{mm})$$

圆整壁厚$[\delta]=10\text{mm}$。

端板壁厚：

$$\delta_p=R_p\sqrt{\frac{0.44p}{[\sigma]^t\sin\alpha}}+C=437.5\times\sqrt{\frac{0.44\times0.058}{51}}+2=11.79(\text{mm})$$

圆整壁厚$[\delta_p]=20\text{mm}$，端板厚度应大于等于封头厚度，则端板厚度为 20mm。

（4）氦气 5 预冷侧封头壁厚

根据规定内径 $D_i=1070\text{mm}$，内径 $R_i=535\text{mm}$。

$$\delta=\frac{pR_i}{[\sigma]'\varphi-0.6p}+C=\frac{0.26\times535}{51\times0.6-0.6\times0.26}+2=6.57(\text{mm})$$

圆整壁厚$[\delta]=10\text{mm}$。

端板壁厚：

$$\delta_p=R_p\sqrt{\frac{0.44p}{[\sigma]^t\sin\alpha}}+C=535\times\sqrt{\frac{0.44\times0.26}{51}}+2=27.34(\text{mm})$$

圆整壁厚$[\delta_p]=30\text{mm}$，端板厚度应大于等于封头厚度，则端板厚度为 30mm。

（5）氦气 9 制冷侧封头壁厚

根据规定内径 $D_i=350\text{mm}$，内径 $R_i=175\text{mm}$。

$$\delta=\frac{pR_i}{[\sigma]'\varphi-0.6p}+C=\frac{0.07\times175}{51\times0.6-0.6\times0.07}+2=2.4(\text{mm})$$

圆整壁厚$[\delta]=10\text{mm}$。

端板壁厚：

$$\delta_p=R_p\sqrt{\frac{0.44p}{[\sigma]^t\sin\alpha}}+C=175\times\sqrt{\frac{0.44\times0.07}{51}}+2=6.3(\text{mm})$$

圆整壁厚$[\delta_p]=10\text{mm}$，端板厚度应大于等于封头厚度，则端板厚度为 10mm。

EX1 换热器封头与端板的壁厚如表 4-20 所示。

表 4-20 EX1 换热器封头与端板的壁厚

项目	天然气制冷	氢气预冷	氦气 7 制冷	氦气 5 预冷	氦气 9 制冷
封头内径/mm	350	350	875	1070	350
封头计算壁厚/mm	2.57	6.88	2.83	6.57	2.4
封头实际壁厚/mm	10	10	10	10	10
端板计算壁厚/mm	7.14	16.9	11.79	27.34	6.3
端板实际壁厚/mm	10	20	20	30	10

4.4.3　EX2 换热器各个板侧封头壁厚计算

（1）氢气预冷侧封头壁厚

根据规定内径 $D_i=350\text{mm}$，内径 $R_i=175\text{mm}$。

$$\delta=\frac{pR_i}{[\sigma]'\varphi-0.6p}+C=\frac{0.83\times175}{51\times0.6-0.6\times0.83}+2=6.83(\text{mm})$$

圆整壁厚$[\delta]=10\text{mm}$。

端板壁厚：

$$\delta_p=R_p\sqrt{\frac{0.44p}{[\sigma]^t\sin\alpha}}+C=175\times\sqrt{\frac{0.44\times0.83}{51}}+2=16.81(\text{mm})$$

圆整壁厚$[\delta_p]=20\text{mm}$，端板厚度应大于等于封头厚度，则端板厚度为 20mm。

（2）氦气 5 制冷侧封头壁厚

根据规定内径 $D_i=875\text{mm}$，内径 $R_i=437.5\text{mm}$。

$$\delta=\frac{pR_i}{[\sigma]'\varphi-0.6p}+C=\frac{0.068\times437.5}{51\times0.6-0.6\times0.068}+2=2.97(\text{mm})$$

圆整壁厚$[\delta]=10\text{mm}$。

端板壁厚：

$$\delta_p=R_p\sqrt{\frac{0.44p}{[\sigma]^t\sin\alpha}}+C=437.5\times\sqrt{\frac{0.44\times0.068}{51}}+2=12.6(\text{mm})$$

圆整壁厚$[\delta_p]=20\text{mm}$，端板厚度应大于等于封头厚度，则端板厚度为 20mm。

（3）氦气 3 预冷侧封头壁厚

根据规定内径 $D_i=1070\text{mm}$，内径 $R_i=535\text{mm}$。

$$\delta=\frac{pR_i}{[\sigma]'\varphi-0.6p}+C=\frac{0.25\times535}{51\times0.6-0.6\times0.25}+2=6.39(\text{mm})$$

圆整壁厚$[\delta]=10\text{mm}$。

端板壁厚：

$$\delta_p=R_p\sqrt{\frac{0.44p}{[\sigma]^t\sin\alpha}}+C=535\times\sqrt{\frac{0.44\times0.25}{51}}+2=26.85(\text{mm})$$

圆整壁厚$[\delta_p]=30\text{mm}$，端板厚度应大于等于封头厚度，则端板厚度为 30mm。

（4）氦气 7 制冷侧封头壁厚

根据规定内径 $D_i=875\text{mm}$，内径 $R_i=437.5\text{mm}$。

$$\delta=\frac{pR_i}{[\sigma]'\varphi-0.6p}+C=\frac{0.08\times437.5}{51\times0.6-0.6\times0.08}+2=3.15(\text{mm})$$

圆整壁厚$[\delta]=10\text{mm}$。

端板壁厚：

$$\delta_p = R_p\sqrt{\frac{0.44p}{[\sigma]^t \sin\alpha}} + C = 437.5 \times \sqrt{\frac{0.44 \times 0.08}{51}} + 2 = 13.49(\text{mm})$$

圆整壁厚$[\delta_p]$=20mm，端板厚度应大于等于封头厚度，则端板厚度为 20mm。

EX2 换热器封头与端板的壁厚如表 4-21 所示。

表 4-21　EX2 换热器封头与端板的壁厚

项目	氢气预冷	氦气 5 制冷	氦气 3 预冷	氦气 7 制冷
封头内径/mm	350	875	1070	875
封头计算壁厚/mm	6.83	2.97	6.39	3.15
封头实际壁厚/mm	10	10	10	10
端板计算壁厚/mm	16.81	12.6	26.85	13.49
端板实际壁厚/mm	20	20	30	20

4.4.4 EX3 换热器各个板侧封头壁厚计算

(1) 氢气预冷侧封头壁厚

根据规定内径 D_i=350mm，内径 R_i=175mm。

$$\delta = \frac{pR_i}{[\sigma]'\varphi - 0.6p} + C = \frac{0.82 \times 175}{51 \times 0.6 - 0.6 \times 0.82} + 2 = 6.77(\text{mm})$$

圆整壁厚$[\delta]$=10mm。

端板壁厚：

$$\delta_p = R_p\sqrt{\frac{0.44p}{[\sigma]^t \sin\alpha}} + C = 175 \times \sqrt{\frac{0.44 \times 0.82}{51}} + 2 = 16.72(\text{mm})$$

圆整壁厚$[\delta_p]$=20mm，端板厚度应大于等于封头厚度，则端板厚度为 20mm。

(2) 氦气 5 制冷侧封头壁厚

根据规定内径 D_i=875mm，内径 R_i=437.5mm。

$$\delta = \frac{pR_i}{[\sigma]'\varphi - 0.6p} + C = \frac{0.078 \times 437.5}{51 \times 0.6 - 0.6 \times 0.078} + 2 = 3.12(\text{mm})$$

圆整壁厚$[\delta]$=10mm。

端板壁厚：

$$\delta_p = R_p\sqrt{\frac{0.44p}{[\sigma]^t \sin\alpha}} + C = 437.5 \times \sqrt{\frac{0.44 \times 0.078}{51}} + 2 = 13.35(\text{mm})$$

圆整壁厚$[\delta_p]$=20mm，端板厚度应大于等于封头厚度，则端板厚度为 20mm。

(3) 氦气 3 预冷侧封头壁厚

根据规定内径 D_i=875mm，内径 R_i=437.5mm。

$$\delta=\frac{pR_{\mathrm{i}}}{[\sigma]'\varphi-0.6p}+C=\frac{0.24\times437.5}{51\times0.6-0.6\times0.24}+2=5.45(\mathrm{mm})$$

圆整壁厚$[\delta]=10\mathrm{mm}$。

端板壁厚：

$$\delta_{\mathrm{p}}=R_{\mathrm{p}}\sqrt{\frac{0.44p}{[\sigma]^{\mathrm{t}}\sin\alpha}}+C=437.5\times\sqrt{\frac{0.44\times0.24}{51}}+2=21.91(\mathrm{mm})$$

圆整壁厚$[\delta_{\mathrm{p}}]=25\mathrm{mm}$，端板厚度应大于等于封头厚度，则端板厚度为 25mm。

（4）氦气 7 制冷侧封头壁厚

根据规定内径 $D_{\mathrm{i}}=875\mathrm{mm}$，内径 $R_{\mathrm{i}}=437.5\mathrm{mm}$。

$$\delta=\frac{pR_{\mathrm{i}}}{[\sigma]'\varphi-0.6p}+C=\frac{0.09\times437.5}{51\times0.6-0.6\times0.09}+2=3.29(\mathrm{mm})$$

圆整壁厚$[\delta]=10\mathrm{mm}$。

端板壁厚：

$$\delta_{\mathrm{p}}=R_{\mathrm{p}}\sqrt{\frac{0.44p}{[\sigma]^{\mathrm{t}}\sin\alpha}}+C=437.5\times\sqrt{\frac{0.44\times0.09}{51}}+2=14.19(\mathrm{mm})$$

圆整壁厚$[\delta_{\mathrm{p}}]=20\mathrm{mm}$，端板厚度应大于等于封头厚度，则端板厚度为 20mm。

EX3 换热器封头与端板的壁厚如表 4-22 所示。

表 4-22　EX3 换热器封头与端板的壁厚

项目	氢气预冷	氦气 5 制冷	氦气 3 预冷	氦气 7 制冷
封头内径/mm	350	875	875	875
封头计算壁厚/mm	6.77	3.12	5.45	3.29
封头实际壁厚/mm	10	10	10	10
端板计算壁厚/mm	16.72	13.35	21.91	14.19
端板实际壁厚/mm	20	20	25	20

4.4.5　EX4 换热器各个板侧封头壁厚计算

（1）氢气预冷侧封头壁厚

根据规定内径 $D_{\mathrm{i}}=350\mathrm{mm}$，内径 $R_{\mathrm{i}}=175\mathrm{mm}$。

$$\delta=\frac{pR_{\mathrm{i}}}{[\sigma]'\varphi-0.6p}+C=\frac{0.81\times175}{51\times0.6-0.6\times0.81}+2=6.71(\mathrm{mm})$$

圆整壁厚$[\delta]=10\mathrm{mm}$。

端板壁厚：

$$\delta_{\mathrm{p}}=R_{\mathrm{p}}\sqrt{\frac{0.44p}{[\sigma]^{\mathrm{t}}\sin\alpha}}+C=175\times\sqrt{\frac{0.44\times0.81}{51}}+2=16.63(\mathrm{mm})$$

圆整壁厚$[\delta_{\mathrm{p}}]=20\mathrm{mm}$，端板厚度应大于等于封头厚度，则端板厚度为 20mm。

（2）氦气5制冷侧封头壁厚

根据规定内径 $D_i = 875\text{mm}$，内径 $R_i = 437.5\text{mm}$。

$$\delta = \frac{pR_i}{[\sigma]'\varphi - 0.6p} + C = \frac{0.1 \times 437.5}{51 \times 0.6 - 0.6 \times 0.1} + 2 = 3.43(\text{mm})$$

圆整壁厚$[\delta] = 10\text{mm}$。

端板壁厚：

$$\delta_p = R_p\sqrt{\frac{0.44p}{[\sigma]^t \sin\alpha}} + C = 437.5 \times \sqrt{\frac{0.44 \times 0.1}{51}} + 2 = 14.85(\text{mm})$$

圆整壁厚$[\delta_p] = 20\text{mm}$，端板厚度应大于等于封头厚度，则端板厚度为20mm。

（3）氦气3预冷侧封头壁厚

根据规定内径 $D_i = 875\text{mm}$，内径 $R_i = 437.5\text{mm}$；

$$\delta = \frac{pR_i}{[\sigma]'\varphi - 0.6p} + C = \frac{0.23 \times 437.5}{51 \times 0.6 - 0.6 \times 0.23} + 2 = 5.3(\text{mm})$$

圆整壁厚$[\delta] = 10\text{mm}$。

端板壁厚：

$$\delta_p = R_p\sqrt{\frac{0.44p}{[\sigma]^t \sin\alpha}} + C = 437.5 \times \sqrt{\frac{0.44 \times 0.23}{51}} + 2 = 21.49(\text{mm})$$

圆整壁厚$[\delta_p] = 25\text{mm}$，端板厚度应大于等于封头厚度，则端板厚度为25mm。

EX4换热器封头与端板的壁厚如表4-23所示。

表4-23 EX4换热器封头与端板的壁厚

项目	氢气预冷	氦气5制冷	氦气3预冷
封头内径/mm	350	875	875
封头计算壁厚/mm	6.71	3.43	5.3
封头实际壁厚/mm	10	10	10
端板计算壁厚/mm	16.63	14.85	21.49
端板实际壁厚/mm	20	20	25

4.4.6 EX5换热器各个板侧封头壁厚计算

（1）氢气预冷侧封头壁厚

根据规定内径 $D_i = 350\text{mm}$，内径 $R_i = 175\text{mm}$。

$$\delta = \frac{pR_i}{[\sigma]'\varphi - 0.6p} + C = \frac{0.11 \times 175}{51 \times 0.6 - 0.6 \times 0.11} + 2 = 2.63(\text{mm})$$

圆整壁厚$[\delta] = 10\text{mm}$。

端板壁厚：

$$\delta_p = R_p\sqrt{\frac{0.44p}{[\sigma]^t\sin\alpha}} + C = 175 \times \sqrt{\frac{0.44 \times 0.11}{51}} + 2 = 7.39(\text{mm})$$

圆整壁厚$[\delta_p]$=10mm，端板厚度应大于等于封头厚度，则端板厚度为 10mm。

（2）氦气 5 制冷侧封头壁厚

根据规定内径 D_i=875mm，内径 R_i=437.5mm。

$$\delta = \frac{pR_i}{[\sigma]'\varphi - 0.6p} + C = \frac{0.11 \times 437.5}{51 \times 0.6 - 0.6 \times 0.11} + 2 = 3.58(\text{mm})$$

圆整壁厚$[\delta]$=10mm。

端板壁厚：

$$\delta_p = R_p\sqrt{\frac{0.44p}{[\sigma]^t\sin\alpha}} + C = 437.5 \times \sqrt{\frac{0.44 \times 0.11}{51}} + 2 = 15.48(\text{mm})$$

圆整壁厚$[\delta_p]$=20mm，端板厚度应大于等于封头厚度，则端板厚度为 20mm。

（3）氦气 3 预冷侧封头壁厚

根据规定内径 D_i=875mm，内径 R_i=437.5mm。

$$\delta = \frac{pR_i}{[\sigma]'\varphi - 0.6p} + C = \frac{0.22 \times 437.5}{51 \times 0.6 - 0.6 \times 0.22} + 2 = 5.16(\text{mm})$$

圆整壁厚$[\delta]$=10mm。

端板壁厚：

$$\delta_p = R_p\sqrt{\frac{0.44p}{[\sigma]^t\sin\alpha}} + C = 437.5 \times \sqrt{\frac{0.44 \times 0.22}{51}} + 2 = 21.06(\text{mm})$$

圆整壁厚$[\delta_p]$=25mm，端板厚度应大于等于封头厚度，则端板厚度为 25mm。

EX5 换热器封头与端板的壁厚如表 4-24 所示。

表 4-24 EX5 换热器封头与端板的壁厚

项目	氢气预冷	氦气 5 制冷	氦气 3 预冷
封头内径/mm	350	875	875
封头计算壁厚/mm	2.63	3.58	5.16
封头实际壁厚/mm	10	10	10
端板计算壁厚/mm	7.39	15.48	21.06
端板实际壁厚/mm	10	20	25

4.5 液压试验

4.5.1 液压试验目的

本设计板翅式换热器中压力较高，为了能够进行安全合理的设计，进行压力测试是进行其他步骤的前提条件。液压试验是压力测试中的一种，除了液压测试外，还有气压测试以及气密性测试。

本章计算是对液压测试前封头壁厚的校核计算。

4.5.2 内压通道

（1）液压试验压力

$$p_T = 1.3p \times \frac{[\sigma]}{[\sigma]^t} \tag{4-26}$$

式中 p_T——试验压力，MPa；

p——设计压力，MPa；

$[\sigma]$——试验温度下的许用应力，MPa；

$[\sigma]^t$——设计温度下的许用应力，MPa。

（2）封头的应力校核

$$\sigma_T = \frac{p_T(R_i + 0.5\delta_e)}{\delta_e} \tag{4-27}$$

式中 σ_T——试验压力下封头的应力，MPa；

R_i——封头的内半径，mm；

p_T——试验压力，MPa；

δ_e——封头的有效厚度，mm。

当满足 $\sigma_T \leqslant 0.9\varphi\sigma_{p0.2}$ 时校核正确，否则需重新选取尺寸计算。式中，φ 为焊接系数；$\sigma_{p0.2}$ 为试验温度下的规定残余延伸应力，MPa，此处取 170MPa。

$$0.9\varphi\sigma_{p0.2} = 0.9 \times 0.6 \times 170 = 91.8(\text{MPa})$$

（3）EX1 换热器尺寸校核计算

EX1 封头壁厚校核如表 4-25 所示。

表 4-25 EX1 封头壁厚校核

项目	天然气制冷	氢气预冷	氦气 7 制冷	氦气 5 预冷	氦气 9 制冷
封头内径/mm	350	350	875	1070	350
设计压力/MPa	0.1	0.84	0.058	0.26	0.07
封头实际壁厚/mm	10	10	10	10	10
厚度附加量/mm	2	2	2	2	2

天然气制冷：

$$p_T = 1.3 \times 0.1 \times \frac{51}{51} = 0.13(\text{MPa})$$

$$\sigma_T = \frac{0.13 \times (175 + 0.5 \times 8)}{8} = 2.91(\text{MPa})$$

校核值小于允许值，则尺寸合适。

氢气预冷：

$$p_T = 1.3 \times 0.84 \times \frac{51}{51} = 1.092(\text{MPa})$$

$$\sigma_T = \frac{1.092 \times (175 + 0.5 \times 8)}{8} = 24.43(MPa)$$

校核值小于允许值，则尺寸合适。

氦气 7 制冷：

$$p_T = 1.3 \times 0.058 \times \frac{51}{51} = 0.0754(MPa)$$

$$\sigma_T = \frac{0.0754 \times (437.5 + 0.5 \times 8)}{8} = 4.16(MPa)$$

校核值小于允许值，则尺寸合适。

氦气 5 预冷：

$$p_T = 1.3 \times 0.26 \times \frac{51}{51} = 0.338(MPa)$$

$$\sigma_T = \frac{0.338 \times (535 + 0.5 \times 8)}{8} = 22.77(MPa)$$

校核值小于允许值，则尺寸合适。

氦气 9 制冷：

$$p_T = 1.3 \times 0.07 \times \frac{51}{51} = 0.091(MPa)$$

$$\sigma_T = \frac{0.091 \times (175 + 0.5 \times 8)}{8} = 2.04(MPa)$$

校核值小于允许值，则尺寸合适。

（4）EX2 换热器尺寸校核计算

EX2 封头壁厚校核如表 4-26 所示。

表 4-26　EX2 封头壁厚校核

项目	氢气预冷	氦气 5 制冷	氦气 3 预冷	氦气 7 制冷
封头内径/mm	350	875	1070	875
设计压力/MPa	0.83	0.058	0.25	0.08
封头实际壁厚/mm	10	10	10	10
厚度附加量/mm	2	2	2	2

氢气预冷：

$$p_T = 1.3 \times 0.83 \times \frac{51}{51} = 1.079(MPa)$$

$$\sigma_T = \frac{1.079 \times (175 + 0.5 \times 8)}{8} = 24.14(MPa)$$

校核值小于允许值，则尺寸合适。

氦气 5 制冷：

$$p_T = 1.3 \times 0.058 \times \frac{51}{51} = 0.0754(MPa)$$

$$\sigma_T = \frac{0.0754 \times (437.5 + 0.5 \times 8)}{8} = 4.16(\text{MPa})$$

校核值小于允许值，则尺寸合适。

氢气 3 预冷：

$$p_T = 1.3 \times 0.25 \times \frac{51}{51} = 0.325(\text{MPa})$$

$$\sigma_T = \frac{0.325 \times (535 + 0.5 \times 8)}{8} = 21.9(\text{MPa})$$

校核值小于允许值，则尺寸合适。

氢气 7 制冷：

$$p_T = 1.3 \times 0.08 \times \frac{51}{51} = 0.104(\text{MPa})$$

$$\sigma_T = \frac{0.104 \times (437.5 + 0.5 \times 8)}{8} = 5.74(\text{MPa})$$

校核值小于允许值，则尺寸合适。

（5）EX3 换热器尺寸校核计算

EX3 封头壁厚校核如表 4-27 所示。

表 4-27 EX3 封头壁厚校核

项目	氢气预冷	氢气 5 制冷	氢气 3 预冷	氢气 7 制冷
封头内径/mm	350	875	875	875
设计压力/MPa	0.82	0.078	0.24	0.09
封头实际壁厚/mm	10	10	10	10
厚度附加量/mm	2	2	2	2

氢气预冷：

$$p_T = 1.3 \times 0.82 \times \frac{51}{51} = 1.066(\text{MPa})$$

$$\sigma_T = \frac{1.066 \times (175 + 0.5 \times 8)}{8} = 23.85(\text{MPa})$$

校核值小于允许值，则尺寸合适。

氢气 5 制冷：

$$p_T = 1.3 \times 0.078 \times \frac{51}{51} = 0.1014(\text{MPa})$$

$$\sigma_T = \frac{0.1014 \times (437.5 + 0.5 \times 8)}{8} = 5.6(\text{MPa})$$

校核值小于允许值，则尺寸合适。

氢气 3 预冷：

$$p_T = 1.3 \times 0.24 \times \frac{51}{51} = 0.312(\text{MPa})$$

$$\sigma_T=\frac{0.312\times(437.5+0.5\times8)}{8}=17.2(\text{MPa})$$

校核值小于允许值，则尺寸合适。

氦气 7 制冷：

$$p_T=1.3\times0.09\times\frac{51}{51}=0.117(\text{MPa})$$

$$\sigma_T=\frac{0.117\times(437.5+0.5\times8)}{8}=6.46(\text{MPa})$$

校核值小于允许值，则尺寸合适。

（6）EX4 换热器尺寸校核计算

EX4 封头壁厚校核如表 4-28 所示。

表 4-28　EX4 封头壁厚校核

项目	氢气预冷	氦气 5 制冷	氦气 3 预冷
封头内径/mm	350	875	875
设计压力/MPa	0.81	0.1	0.23
封头实际壁厚/mm	10	10	10
厚度附加量/mm	2	2	2

氢气预冷：

$$p_T=1.3\times0.81\times\frac{51}{51}=1.053(\text{MPa})$$

$$\sigma_T=\frac{1.053\times(175+0.5\times8)}{8}=23.56(\text{MPa})$$

校核值小于允许值，则尺寸合适。

氦气 5 制冷：

$$p_T=1.3\times0.1\times\frac{51}{51}=0.13(\text{MPa})$$

$$\sigma_T=\frac{0.13\times(437.5+0.5\times8)}{8}=7.17(\text{MPa})$$

校核值小于允许值，则尺寸合适。

氦气 3 预冷：

$$p_T=1.3\times0.23\times\frac{51}{51}=0.299(\text{MPa})$$

$$\sigma_T=\frac{0.299\times(437.5+0.5\times8)}{8}=16.5(\text{MPa})$$

校核值小于允许值，则尺寸合适。

（7）EX5 换热器尺寸校核计算

EX5 封头壁厚校核如表 4-29 所示。

表 4-29 EX5 封头壁厚校核

项目	氢气预冷	氦气 5 制冷	氦气 3 预冷
封头内径/mm	350	875	875
设计压力/MPa	0.11	0.11	0.22
封头实际壁厚/mm	10	10	10
厚度附加量/mm	2	2	2

氢气预冷：

$$p_T = 1.3 \times 0.11 \times \frac{51}{51} = 0.143(\text{MPa})$$

$$\sigma_T = \frac{0.143 \times (175 + 0.5 \times 8)}{8} = 3.20(\text{MPa})$$

校核值小于允许值，则尺寸合适。

氦气 5 制冷：

$$p_T = 1.3 \times 0.11 \times \frac{51}{51} = 0.143(\text{MPa})$$

$$\sigma_T = \frac{0.143 \times (437.5 + 0.5 \times 8)}{8} = 7.89(\text{MPa})$$

校核值小于允许值，则尺寸合适。

氦气 3 预冷：

$$p_T = 1.3 \times 0.22 \times \frac{51}{51} = 0.286(\text{MPa})$$

$$\sigma_T = \frac{0.286 \times (437.5 + 0.5 \times 8)}{8} = 15.78(\text{MPa})$$

校核值小于允许值，则尺寸合适。

4.5.3 接管计算

接管为物料进出通道，它的尺寸大小与进出物料的流量有关，壁厚的取值则需要知道物料进出接管的压力状况，进行压力校核，选取合适的壁厚。

本设计采用标准接管，只需进行接管壁厚的校核计算，满足设计需求压力即可。接管尺寸见附表 3，接管规格选取参照相应封头的内半径。

当为圆筒或球壳开孔时，开孔处的计算厚度按照壳体计算厚度取值。

（1）接管厚度计算

$$\delta = \frac{p_c D_i}{2[\sigma]^t \varphi - p_c} \tag{4-28}$$

（2）EX1 换热器接管壁厚的计算

EX1 换热器接管规格如表 4-30 所示，换热器接管壁厚如表 4-31 所示。

表 4-30　EX1 换热器接管规格（外径×壁厚）

ϕ155×30	ϕ155×30	ϕ355×10	ϕ535×10	ϕ200×10

表 4-31　EX1 换热器接管壁厚

项目	天然气制冷	氢气预冷	氦气 7 制冷	氦气 3 预冷	氦气 9 制冷
接管规格/mm	155×30	155×30	355×10	535×10	200×10
接管计算壁厚/mm	0. 29	1. 45	0. 8	2. 68	0. 53
接管实际壁厚/mm	30	30	10	10	10

天然气制冷侧接管壁厚：

$$\delta=\frac{p_c D_i}{2[\sigma]^t\varphi-p_c}+C=\frac{0.1\times95}{2\times51\times0.6-0.1}+0.13=0.29(\mathrm{mm})$$

氢气预冷侧接管壁厚：

$$\delta=\frac{p_c D_i}{2[\sigma]^t\varphi-p_c}+C=\frac{0.84\times95}{2\times51\times0.6-0.84}+0.13=1.45(\mathrm{mm})$$

氦气 7 制冷侧接管壁厚：

$$\delta=\frac{p_c D_i}{2[\sigma]^t\varphi-p_c}+C=\frac{0.058\times335}{2\times51\times0.6-0.058}+0.48=0.8(\mathrm{mm})$$

氦气 5 预冷侧接管壁厚：

$$\delta=\frac{p_c D_i}{2[\sigma]^t\varphi-p_c}+C=\frac{0.26\times515}{2\times51\times0.6-0.26}+0.48=2.68(\mathrm{mm})$$

氦气 9 制冷侧接管壁厚：

$$\delta=\frac{p_c D_i}{2[\sigma]^t\varphi-p_c}+C=\frac{0.07\times180}{2\times51\times0.6-0.07}+0.32=0.53(\mathrm{mm})$$

（3）EX2 换热器接管壁厚计算

EX2 换热器接管规格如表 4-32 所示，换热器接管壁厚如表 4-33 所示。

表 4-32　EX2 换热器接管规格（外径×壁厚）

ϕ155×30	ϕ355×10	ϕ508×8	ϕ200×10

表 4-33　EX2 换热器接管壁厚

项目	氢气预冷	氦气 5 制冷	氦气 3 预冷	氦气 7 制冷
接管规格/mm	155×30	355×10	508×8	200×10
接管计算壁厚/mm	1. 44	0. 85	2. 5	0. 56
接管实际壁厚/mm	30	10	8	10

氢气预冷侧接管壁厚：

$$\delta=\frac{p_c D_i}{2[\sigma]^t\varphi-p_c}+C=\frac{0.83\times95}{2\times51\times0.6-0.83}+0.13=1.44(\mathrm{mm})$$

氦气 5 制冷侧接管壁厚：

$$\delta = \frac{p_c D_i}{2[\sigma]^t \varphi - p_c} + C = \frac{0.068 \times 335}{2 \times 51 \times 0.6 - 0.058} + 0.48 = 0.85(\text{mm})$$

氦气 3 预冷侧接管壁厚：

$$\delta = \frac{p_c D_i}{2[\sigma]^t \varphi - p_c} + C = \frac{0.25 \times 492}{2 \times 51 \times 0.6 - 0.25} + 0.48 = 2.5(\text{mm})$$

氦气 7 制冷侧接管壁厚：

$$\delta = \frac{p_c D_i}{2[\sigma]^t \varphi - p_c} + C = \frac{0.08 \times 180}{2 \times 51 \times 0.6 - 0.08} + 0.32 = 0.56(\text{mm})$$

（4）EX3 换热器接管壁厚计算

EX3 换热器接管规格如表 4-34 所示，换热器接管壁厚如表 4-35 所示。

表 4-34　EX3 换热器接管规格（外径×壁厚）

ϕ155×30	ϕ355×10	ϕ355×10	ϕ355×10

表 4-35　EX3 换热器接管壁厚

项目	氢气预冷	氦气 5 制冷	氦气 3 预冷	氦气 7 制冷
接管规格/mm	155×30	355×10	355×10	355×10
接管计算壁厚/mm	1.42	0.91	1.8	0.97
接管实际壁厚/mm	30	10	10	10

氢气预冷侧接管壁厚：

$$\delta = \frac{p_c D_i}{2[\sigma]^t \varphi - p_c} + C = \frac{0.82 \times 95}{2 \times 51 \times 0.6 - 0.82} + 0.13 = 1.42(\text{mm})$$

氦气 5 制冷侧接管壁厚：

$$\delta = \frac{p_c D_i}{2[\sigma]^t \varphi - p_c} + C = \frac{0.078 \times 335}{2 \times 51 \times 0.6 - 0.078} + 0.48 = 0.91(\text{mm})$$

氦气 3 预冷侧接管壁厚：

$$\delta = \frac{p_c D_i}{2[\sigma]^t \varphi - p_c} + C = \frac{0.24 \times 335}{2 \times 51 \times 0.6 - 0.24} + 0.48 = 1.8(\text{mm})$$

氦气 7 制冷侧接管壁厚：

$$\delta = \frac{p_c D_i}{2[\sigma]^t \varphi - p_c} + C = \frac{0.09 \times 335}{2 \times 51 \times 0.6 - 0.09} + 0.48 = 0.97(\text{mm})$$

（5）EX4 换热器接管壁厚计算

EX4 换热器接管规格如表 4-36 所示，换热器接管壁厚如表 4-37 所示。

表 4-36　EX4 换热器接管规格（外径×壁厚）

ϕ155×30	ϕ355×10	ϕ355×10

表 4-37　EX4 换热器接管壁厚

项目	氢气预冷	氦气 5 制冷	氦气 3 预冷
接管规格/mm	155×30	355×10	355×10
接管计算壁厚/mm	1. 4	1. 03	1. 74
接管实际壁厚/mm	30	10	10

氢气预冷侧接管壁厚：

$$\delta = \frac{p_c D_i}{2[\sigma]^t \varphi - p_c} + C = \frac{0.81 \times 95}{2 \times 51 \times 0.6 - 0.81} + 0.13 = 1.4(\text{mm})$$

氦气 5 制冷侧接管壁厚：

$$\delta = \frac{p_c D_i}{2[\sigma]^t \varphi - p_c} + C = \frac{0.1 \times 335}{2 \times 51 \times 0.6 - 0.1} + 0.48 = 1.03(\text{mm})$$

氦气 3 预冷侧接管壁厚：

$$\delta = \frac{p_c D_i}{2[\sigma]^t \varphi - p_c} + C = \frac{0.23 \times 335}{2 \times 51 \times 0.6 - 0.23} + 0.48 = 1.74(\text{mm})$$

（6）EX5 换热器接管壁厚计算

EX5 换热器接管规格如表 4-38 所示，换热器接管壁厚如表 4-39 所示。

表 4-38　EX5 换热器接管规格（外径×壁厚）

ϕ155×30	ϕ355×10	ϕ355×10

表 4-39　EX5 换热器接管壁厚

项目	氢气预冷	氦气 5 制冷	氦气 3 预冷
接管规格/mm	155×30	355×10	355×10
接管计算壁厚/mm	0. 3	1. 08	1. 69
接管实际壁厚/mm	30	10	10

氢气预冷侧接管壁厚：

$$\delta = \frac{p_c D_i}{2[\sigma]^t \varphi - p_c} + C = \frac{0.11 \times 95}{2 \times 51 \times 0.6 - 0.11} + 0.13 = 0.3\ (\text{mm})$$

氦气 5 制冷侧接管壁厚：

$$\delta = \frac{p_c D_i}{2[\sigma]^t \varphi - p_c} + C = \frac{0.11 \times 335}{2 \times 51 \times 0.6 - 0.11} + 0.48 = 1.08\ (\text{mm})$$

氦气 3 预冷侧接管壁厚：

$$\delta = \frac{p_c D_i}{2[\sigma]^t \varphi - p_c} + C = \frac{0.22 \times 335}{2 \times 51 \times 0.6 - 0.22} + 0.48 = 1.69\ (\text{mm})$$

4.6 接管补强

4.6.1 开孔补强方式

封头的补强方式应根据具体的情况进行选择，补强方式可分为：加强圈补强、接管全焊透补强、翻边或凸颈补强以及整体补强等。

本设计封头尺寸大小各异，补强方式也不同，但条件允许的情况下尽量以接管全焊透方式代替补强圈补强，尤其是封头尺寸较小的情况下。在选择补强方式前要进行补强面积的计算，确定补强面积的大小以及是否需要补强。

4.6.2 换热器接管计算

以全焊透方法将接管与壳体相焊，主要补强方式有补强圈补强与接管补强，在条件许可的情况下尽量使用接管补强方式，尤其是在筒体半径较小时。首先要进行开孔所需补强面积的计算，用来确定封头是否需要进行补强。补强面积示意图见图 2-46。

（1）封头开孔所需补强面积

封头开孔所需补强面积按下式计算：

$$A = d\delta \tag{4-29}$$

（2）有效补强范围

有效宽度 B 按下式计算，取两者中较大值：

$$B = \begin{cases} 2d \\ d + 2\delta_{n} + 2\delta_{nt} \end{cases} \tag{4-30}$$

有效高度按下式计算，分别取两式中较小值。

外侧有效补强高度：

$$h_1 = \begin{cases} \sqrt{d\delta_{nt}} \\ \text{接管实际外伸长度} \end{cases} \tag{4-31}$$

内侧有效补强高度：

$$h_2 = \begin{cases} \sqrt{d\delta_{nt}} \\ \text{接管实际内伸长度} \end{cases} \tag{4-32}$$

（3）补强面积

在有效补强范围内，可作为补强的截面积：

$$A_e = A_1 + A_2 + A_3 \tag{4-33}$$

$$A_1 = (B - d)(\delta_e - \delta) - 2\delta_t(\delta_e - \delta) \tag{4-34}$$

$$A_2 = 2h_1(\delta_{et} - \delta_t) + 2h_2(\delta_{et} - \delta_t) \tag{4-35}$$

本设计焊接长度取 6mm。

若 $A_e \geqslant A$，开孔不需要加补强；若 $A_e < A$，则开孔需要另加补强，按下式计算：

$$A_4 \geqslant A - A_e \tag{4-36}$$

$$d=接管内径+2C$$

$$\delta_e=\delta_n-C$$

式中　A_1——壳体有效厚度减去计算厚度之外的多余面积，mm^2；

A_2——接管有效厚度减去计算厚度之外的多余面积，mm^2；

A_3——焊接金属截面积，mm^2；

A_4——有效补强范围内另加补强面积，mm^2；

δ——壳体开孔处的计算厚度，mm；

δ_n——壳体名义厚度，mm；

δ_t——接管计算厚度，mm；

δ_{nt}——接管名义厚度，mm；

δ_{et}——接管有效厚度，mm。

4.6.3　EX1 换热器补强面积计算

（1）天然气制冷侧补强面积计算

EX1 换热器天然气制冷侧封头、接管尺寸如表 4-40 所示。

表 4-40　EX1 换热器天然气制冷侧封头、接管尺寸

项目	封头	接管
内径/mm	350	95
计算厚度/mm	2. 57	0. 29
名义厚度/mm	10	30
厚度附加量/mm	2	0. 13

① 根据公式(4-29)得封头开孔所需补强面积：

$$A=d\delta=95.26\times 2.57=244.82(mm^2)$$

② 有效补强范围　有效宽度 B 按公式(4-30)计算，取两者中较大值：

$$B=\begin{cases}2\times 95.26=190.52(mm)\\95.26+2\times 10+2\times 30=175.26(mm)\end{cases}$$

$$B_{max}=190.52mm$$

有效高度按式(4-31)和式(4-32)计算，分别取两式中较小值。

外侧有效补强高度：

$$h_1=\begin{cases}\sqrt{95.26\times 30}=53.46(mm)\\150mm\end{cases}$$

$$h_{1min}=53.46mm$$

内侧有效补强高度：

$$h_2=\begin{cases}\sqrt{95.26\times 30}=53.46(mm)\\0\end{cases}$$

$$h_{2min}=0$$

③ 各补强面积根据式(4-34)和式(4-35)计算：

$$A_1=(B-d)(\delta_e-\delta)-2\delta_t(\delta_e-\delta)$$

$$= (190.52 - 95.26) \times (8 - 2.57) - 2 \times 0.29 \times (8 - 2.57) = 514.1(mm^2)$$

$$A_2 = 2h_1(\delta_{et} - \delta_t) + 2h_2(\delta_{et} - \delta_t) = 2 \times 53.46 \times (29.87 - 0.29) = 3162.7(mm^2)$$

本设计焊接长度取6mm。

$$A_3 = \frac{1}{2} \times 2 \times 6 \times 6 = 36(mm^2)$$

在有效补强范围内，可作为补强的截面积根据公式(4-33)计算：

$$A_e = A_1 + A_2 + A_3 = 514.1 + 3162.7 + 36 = 3712.8(mm^2)$$

由于$A_e > A$，故开孔不需要另加补强。

（2）氢气预冷侧补强面积计算

EX1换热器氢气预冷侧封头、接管尺寸如表4-41所示。

表4-41 EX1换热器氢气预冷侧封头、接管尺寸

项目	封头	接管
内径/mm	350	95
计算厚度/mm	6.88	1.45
名义厚度/mm	10	30
厚度附加量/mm	2	0.13

① 封头开孔所需补强面积根据公式(4-29)得：

$$A = d\delta = 95.26 \times 6.88 = 655.4(mm^2)$$

② 有效补强范围　有效宽度B按公式(4-30)计算，取两者中较大值：

$$B = \begin{cases} 2 \times 95.26 = 190.52(mm) \\ 95.26 + 2 \times 10 + 2 \times 30 = 175.26(mm) \end{cases}$$

$$B_{max} = 190.52mm$$

有效高度按式(4-31)和式(4-32)计算，分别取两式中较小值。

外侧有效补强高度：

$$h_1 = \begin{cases} \sqrt{95.26 \times 30} = 53.46(mm) \\ 150mm \end{cases}$$

$$h_{1min} = 53.46mm$$

内侧有效补强高度：

$$h_2 = \begin{cases} \sqrt{95.26 \times 30} = 53.46(mm) \\ 0 \end{cases}$$

$$h_{2min} = 0$$

③ 各补强面积的计算根据式(4-34)和式(4-35)得：

$$A_1 = (B - d)(\delta_e - \delta) - 2\delta_t(\delta_e - \delta)$$
$$= (190.52 - 95.26) \times (8 - 6.88) - 2 \times 1.45 \times (8 - 6.88)$$
$$= 103.4(mm^2)$$

$$A_2 = 2h_1(\delta_{et} - \delta_t) + 2h_2(\delta_{et} - \delta_t) = 2 \times 53.46 \times (29.87 - 1.45) = 3038.7(mm^2)$$

本设计焊接长度取 6mm。

$$A_3 = \frac{1}{2} \times 2 \times 6 \times 6 = 36(\text{mm}^2)$$

在有效补强范围内，可作为补强的截面积根据公式(4-33)计算：

$$A_e = A_1 + A_2 + A_3 = 103.4 + 3038.7 + 36 = 3178.1(\text{mm}^2)$$

由于 $A_e > A$，故开孔不需要另加补强。

（3）氦气 7 制冷侧补强面积计算

EX1 换热器氦气 7 制冷侧封头、接管尺寸如表 4-42 所示。

表 4-42　EX1 换热器氦气 7 制冷侧封头接管尺寸

项目	封头	接管
内径/mm	875	335
计算厚度/mm	2.83	0.8
名义厚度/mm	10	10
厚度附加量/mm	2	0.48

① 封头开孔所需补强面积根据公式（4-29）得：

$$A = d\delta = 335.96 \times 2.83 = 950.77(\text{mm}^2)$$

② 有效补强范围　有效宽度 B 按公式（4-30）计算，取两者中较大值：

$$B = \begin{cases} 2 \times 335.96 = 671.92(\text{mm}) \\ 335.96 + 2 \times 10 + 2 \times 10 = 375.96(\text{mm}) \end{cases}$$

$$B_{\max} = 671.92\text{mm}$$

有效高度按式（4-31）和式 4-32 计算，分别取两式中较小值。

外侧有效补强高度：

$$h_1 = \begin{cases} \sqrt{335.96 \times 10} = 57.96(\text{mm}) \\ 150\text{mm} \end{cases}$$

$$h_{1\min} = 57.96\text{mm}$$

内侧有效补强高度：

$$h_2 = \begin{cases} \sqrt{335.96 \times 10} = 57.96(\text{mm}) \\ 0 \end{cases}$$

$$h_{2\min} = 0$$

③ 各补强面积的计算根据式(4-34)和式(4-35)得：

$$\begin{aligned} A_1 &= (B - d)(\delta_e - \delta) - 2\delta_t(\delta_e - \delta) \\ &= (671.92 - 335.96) \times (8 - 2.83) - 2 \times 0.8 \times (8 - 2.83) \\ &= 1728.6(\text{mm}^2) \end{aligned}$$

$$A_2 = 2h_1(\delta_{et} - \delta_t) + 2h_2(\delta_{et} - \delta_t) = 2 \times 57.96 \times (9.52 - 0.8) = 1010.8(\text{mm}^2)$$

本设计焊接长度取 6mm。

$$A_3 = \frac{1}{2} \times 2 \times 6 \times 6 = 36(\text{mm}^2)$$

在有效补强范围内，可作为补强的截面积根据公式(4-33)计算：

$$A_e = A_1 + A_2 + A_3 = 1728.6 + 1010.8 + 36 = 2775.4(\text{mm}^2)$$

由于 $A_e>A$，故开孔不需要另加补强。

(4) 氦气 5 预冷侧补强面积计算

EX1 换热器氦气 5 预冷侧封头、接管尺寸如表 4-43 所示。

表 4-43 EX1 换热器氦气 5 预冷侧封头、接管尺寸

项目	封头	接管
内径/mm	1070	515
计算厚度/mm	6.57	2.68
名义厚度/mm	10	10
厚度附加量/mm	2	0.48

① 封头开孔所需补强面积根据公式(4-29)得：

$$A = d\delta = 515.96 \times 6.57 = 3389.9(\text{mm}^2)$$

② 有效补强范围 有效宽度 B 按公式（4-30）计算，取两者中较大值：

$$B = \begin{cases} 2 \times 515.96 = 1031.92(\text{mm}) \\ 515.96 + 2 \times 10 + 2 \times 10 = 555.96(\text{mm}) \end{cases}$$

$$B_{\max} = 1031.92\text{mm}$$

有效高度按式(4-31)和式(4-32)计算，分别取两式中较小值。

外侧有效补强高度：

$$h_1 = \begin{cases} \sqrt{515.96 \times 10} = 71.83(\text{mm}) \\ 150\text{mm} \end{cases}$$

$$h_{1\min} = 71.83\text{mm}$$

内侧有效补强高度：

$$h_2 = \begin{cases} \sqrt{515.96 \times 10} = 71.83(\text{mm}) \\ 0 \end{cases}$$

$$h_{2\min} = 0$$

③ 各补强面积的计算根据式(4-34)和式(4-35)得：

$$\begin{aligned} A_1 &= (B-d)(\delta_e - \delta) - 2\delta_t(\delta_e - \delta) \\ &= (1031.92 - 515.96) \times (8 - 6.57) - 2 \times 2.68 \times (8 - 6.57) \\ &= 730.2(\text{mm}^2) \end{aligned}$$

$$A_2 = 2h_1(\delta_{et} - \delta_t) + 2h_2(\delta_{et} - \delta_t) = 2 \times 71.83 \times (9.52 - 2.68) = 982.6(\text{mm}^2)$$

本设计焊接长度取 6mm。

$$A_3 = \frac{1}{2} \times 2 \times 6 \times 6 = 36(\text{mm}^2)$$

在有效补强范围内，可作为补强的截面积根据公式(4-33)计算：

$$A_e = A_1 + A_2 + A_3 = 730.2 + 982.6 + 36 = 1748.8(\text{mm}^2)$$

由于 $A_e<A$，故开孔需要另加补强，按下式计算

$$A_4 \geqslant A - A_e$$

$$A_4 \geqslant A - A_e = 3389.9 - 1748.8 = 1641.1(\mathrm{mm}^2)$$

所需补强面积为 $1641.1\mathrm{mm}^2$。

（5）氦气 9 制冷侧补强面积计算

EX1 换热器氦气 9 制冷侧封头、接管尺寸如表 4-44 所示。

表 4-44 EX1 换热器氦气 9 制冷侧封头、接管尺寸

项目	封头	接管
内径/mm	350	180
计算厚度/mm	2.4	0.53
名义厚度/mm	10	10
厚度附加量/mm	2	0.32

① 封头开孔所需补强面积根据公式（4-29）得：

$$A = d\delta = 180.64 \times 2.4 = 433.5(\mathrm{mm}^2)$$

② 有效补强范围　有效宽度 B 按公式（4-30）计算，取两者中较大值：

$$B = \begin{cases} 2 \times 180.64 = 361.28(\mathrm{mm}) \\ 180.64 + 2 \times 10 + 2 \times 10 = 220.64(\mathrm{mm}) \end{cases}$$

$$B_{\max} = 361.28\mathrm{mm}$$

有效高度按式（4-31）和式（4-32）计算，分别取两式中较小值。

外侧有效补强高度：

$$h_1 = \begin{cases} \sqrt{180.64 \times 10} = 42.5(\mathrm{mm}) \\ 150\mathrm{mm} \end{cases}$$

$$h_{1\min} = 42.5\mathrm{mm}$$

内侧有效补强高度：

$$h_2 = \begin{cases} \sqrt{180.5018 \times 10} = 42.5(\mathrm{mm}) \\ 0 \end{cases}$$

$$h_{2\min} = 0$$

③ 各补强面积的计算根据式（4-34）和式（4-35）得：

$$\begin{aligned} A_1 &= (B - d)(\delta_e - \delta) - 2\delta_t(\delta_e - \delta) \\ &= (361.28 - 180.64) \times (8 - 2.4) - 2 \times 0.53 \times (8 - 2.4) \\ &= 1005.6(\mathrm{mm}^2) \end{aligned}$$

$$A_2 = 2h_1(\delta_{et} - \delta_t) + 2h_2(\delta_{et} - \delta_t) = 2 \times 42.5 \times (9.68 - 0.53) = 777.8(\mathrm{mm}^2)$$

本设计焊接长度取 6mm。

$$A_3 = \frac{1}{2} \times 2 \times 6 \times 6 = 36(\mathrm{mm}^2)$$

在有效补强范围内，可作为补强的截面积根据公式（4-33）计算：

$$A_e = A_1 + A_2 + A_3 = 1005.6 + 777.8 + 36 = 1819.4(\mathrm{mm}^2)$$

由于 $A_e > A$，故开孔不需要另加补强。

4.6.4 EX2 换热器补强面积计算

（1）氢气预冷侧补强面积计算

EX2 换热器氢气预冷侧封头、接管尺寸如表 4-45 所示。

表 4-45 EX2 换热器氢气预冷侧封头、接管尺寸

项目	封头	接管
内径/mm	350	95
计算厚度/mm	6. 83	1. 44
名义厚度/mm	10	30
厚度附加量/mm	2	0. 13

① 封头开孔所需补强面积根据公式（4-29）得：

$$A = d\delta = 95.26 \times 6.83 = 650.6(\text{mm}^2)$$

② 有效补强范围　有效宽度 B 按公式（4-30）计算，取两者中较大值：

$$B = \begin{cases} 2 \times 95.26 = 190.52(\text{mm}) \\ 95.26 + 2 \times 10 + 2 \times 30 = 175.26(\text{mm}) \end{cases}$$

$$B_{\max} = 190.52\text{mm}$$

有效高度按式（4-31）和式（4-32）计算，分别取两式中较小值。

外侧有效补强高度：

$$h_1 = \begin{cases} \sqrt{95.26 \times 30} = 53.46(\text{mm}) \\ 150\text{mm} \end{cases}$$

$$h_{1\min} = 53.46\text{mm}$$

内侧有效补强高度：

$$h_2 = \begin{cases} \sqrt{95.26 \times 30} = 53.46(\text{mm}) \\ 0 \end{cases}$$

$$h_{2\min} = 0$$

③ 各补强面积按式（4-34）和式（4-35）计算：

$$\begin{aligned} A_1 &= (B - d)(\delta_e - \delta) - 2\delta_t(\delta_e - \delta) \\ &= (190.52 - 95.26) \times (8 - 6.83) - 2 \times 1.44 \times (8 - 6.83) \\ &= 108.1(\text{mm}^2) \end{aligned}$$

$$A_2 = 2h_1(\delta_{et} - \delta_t) + 2h_2(\delta_{et} - \delta_t) = 2 \times 53.46 \times (29.87 - 1.44) = 3039.7(\text{mm}^2)$$

本设计焊接长度取 6mm。

$$A_3 = \frac{1}{2} \times 2 \times 6 \times 6 = 36(\text{mm}^2)$$

在有效补强范围内，可作为补强的截面积根据公式（4-33）计算：

$$A_e = A_1 + A_2 + A_3 = 108.1 + 3039.7 + 36 = 3219.8(\text{mm}^2)$$

由于 $A_e>A$，故开孔不需要另加补强。

（2）氢气 5 制冷侧补强面积计算

EX2 换热器氢气 5 制冷侧封头、接管尺寸如表 4-46 所示。

表 4-46 EX2 换热器氦气 5 制冷侧封头、接管尺寸

项目	封头	接管
内径/mm	875	335
计算厚度/mm	2.97	0.85
名义厚度/mm	10	10
厚度附加量/mm	2	0.48

① 封头开孔所需补强面积根据公式（4-29）得：

$$A = d\delta = 335.96 \times 2.97 = 997.8(\text{mm}^2)$$

② 有效补强范围 有效宽度 B 按公式（4-30）计算，取两者中较大值：

$$B = \begin{cases} 2 \times 335.96 = 671.92(\text{mm}) \\ 335.96 + 2 \times 10 + 2 \times 30 = 415.96(\text{mm}) \end{cases}$$

$$B_{\max} = 671.92\text{mm}$$

有效高度按式（4-31）和式（4-32）计算，分别取两式中较小值。

外侧有效补强高度：

$$h_1 = \begin{cases} \sqrt{335.96 \times 10} = 57.96(\text{mm}) \\ 150\text{mm} \end{cases}$$

$$h_{1\min} = 57.96\text{mm}$$

内侧有效补强高度：

$$h_2 = \begin{cases} \sqrt{335.96 \times 10} = 57.96(\text{mm}) \\ 0 \end{cases}$$

$$h_{2\min} = 0$$

③ 各补强面积根据式（4-34）和式（4-35）计算：

$$\begin{aligned} A_1 &= (B - d)(\delta_e - \delta) - 2\delta_t(\delta_e - \delta) \\ &= (671.92 - 335.96) \times (8 - 2.97) - 2 \times 0.85 \times (8 - 2.97) \\ &= 1681.3(\text{mm}^2) \end{aligned}$$

$$A_2 = 2h_1(\delta_{et} - \delta_t) + 2h_2(\delta_{et} - \delta_t) = 2 \times 57.96 \times (9.52 - 0.85) = 1005(\text{mm}^2)$$

本设计焊接长度取 6mm。

$$A_3 = \frac{1}{2} \times 2 \times 6 \times 6 = 36(\text{mm}^2)$$

在有效补强范围内，可作为补强的截面积根据公式（4-33）计算：

$$A_e = A_1 + A_2 + A_3 = 1681.3 + 1005 + 36 = 2722.3(\text{mm}^2)$$

由于 $A_e > A$，故开孔不需要另加补强。

（3）氦气 3 预冷侧补强面积计算

EX2 换热器氦气 3 预冷侧封头、接管尺寸如表 4-47 所示。

表 4-47 EX2 换热器氦气 3 预冷侧封头、接管尺寸

项目	封头	接管
内径/mm	1070	492

续表

项目	封头	接管
计算厚度/mm	6.39	2.5
名义厚度/mm	10	8
厚度附加量/mm	2	0.48

① 封头开孔所需补强面积根据公式（4-29）得：

$$A = d\delta = 492.96 \times 6.39 = 3150(\mathrm{mm}^2)$$

② 有效补强范围　有效宽度 B 按公式（4-30）计算，取两者中较大值：

$$B = \begin{cases} 2 \times 492.96 = 985.92(\mathrm{mm}) \\ 492.96 + 2 \times 10 + 2 \times 8 = 528.96(\mathrm{mm}) \end{cases}$$

$$B_{\max} = 985.92\mathrm{mm}$$

有效高度按式（4-31）和式（4-32）计算，分别取两式中较小值。

外侧有效补强高度：

$$h_1 = \begin{cases} \sqrt{492.96 \times 8} = 62.8(\mathrm{mm}) \\ 150\mathrm{mm} \end{cases}$$

$$h_{1\min} = 62.8\mathrm{mm}$$

内侧有效补强高度：

$$h_2 = \begin{cases} \sqrt{492.96 \times 8} = 62.8(\mathrm{mm}) \\ 0 \end{cases}$$

$$h_{2\min} = 0$$

③ 各补强面积根据式（4-34）和式（4-35）计算：

$$\begin{aligned} A_1 &= (B - d)(\delta_e - \delta) - 2\delta_t(\delta_e - \delta) \\ &= (985.92 - 492.96) \times (8 - 6.39) - 2 \times 2.5 \times (8 - 6.39) \\ &= 785.6(\mathrm{mm}^2) \end{aligned}$$

$$A_2 = 2h_1(\delta_{et} - \delta_t) + 2h_2(\delta_{et} - \delta_t) = 2 \times 62.8 \times (7.52 - 2.5) = 630.5(\mathrm{mm}^2)$$

本设计焊接长度取6mm。

$$A_3 = \frac{1}{2} \times 2 \times 6 \times 6 = 36(\mathrm{mm}^2)$$

在有效补强范围内，可作为补强的截面积根据公式（4-33）计算：

$$A_e = A_1 + A_2 + A_3 = 785.6 + 630.5 + 36 = 1452.1(\mathrm{mm}^2)$$

由于 $A_e<A$，故开孔需要另加补强，按下式计算：

$$A_4 \geqslant A - A_e$$

$$A_4 \geqslant A - A_e = 3150 - 1452.1 = 1697.9(\mathrm{mm}^2)$$

则所需补强面积为 $1697.9\mathrm{mm}^2$。

（4）氦气7制冷侧补强面积计算

EX2 换热器氦气 7 制冷侧封头、接管尺寸如表 4-48 所示。

表 4-48　EX2 换热器氦气 7 制冷侧封头、接管尺寸

项目	封头	接管
内径/mm	875	180
计算厚度/mm	3. 15	0. 56
名义厚度/mm	10	10
厚度附加量/mm	2	0. 32

① 封头开孔所需补强面积根据公式（4-29）得：

$$A = d\delta = 180.64 \times 3.15 = 569(\mathrm{mm}^2)$$

② 有效补强范围　有效宽度 B 按公式（4-30）计算，取两者中较大值：

$$B = \begin{cases} 2 \times 180.64 = 361.28(\mathrm{mm}) \\ 180.64 + 2 \times 10 + 2 \times 10 = 220.64(\mathrm{mm}) \end{cases}$$

$$B_{\max} = 361.28\mathrm{mm}$$

有效高度按式（4-31）和式（4-32）计算，分别取两式中较小值。

外侧有效补强高度：

$$h_1 = \begin{cases} \sqrt{180.64 \times 10} = 42.5(\mathrm{mm}) \\ 150\mathrm{mm} \end{cases}$$

$$h_{1\min} = 42.5\mathrm{mm}$$

内侧有效补强高度：

$$h_2 = \begin{cases} \sqrt{180.64 \times 10} = 42.5(\mathrm{mm}) \\ 0 \end{cases}$$

$$h_{2\min} = 0$$

③ 各补强面积根据式（4-34）和式（4-35）计算：

$$\begin{aligned} A_1 &= (B - d)(\delta_e - \delta) - 2\delta_t(\delta_e - \delta) \\ &= (361.28 - 180.64) \times (8 - 3.15) - 2 \times 0.56 \times (8 - 3.15) \\ &= 870.7(\mathrm{mm}^2) \end{aligned}$$

$$A_2 = 2h_1(\delta_{et} - \delta_t) + 2h_2(\delta_{et} - \delta_t) = 2 \times 42.5 \times (9.68 - 0.56) = 775.2(\mathrm{mm}^2)$$

本设计焊接长度取 6mm。

$$A_3 = \frac{1}{2} \times 2 \times 6 \times 6 = 36(\mathrm{mm}^2)$$

在有效补强范围内，可作为补强的截面积根据公式（4-33）计算：

$$A_e = A_1 + A_2 + A_3 = 870.7 + 775.2 + 36 = 1681.9(\mathrm{mm}^2)$$

由于 $A_e > A$，故开孔不需要另加补强。

4.6.5　EX3 换热器补强面积计算

（1）氢气预冷侧补强面积计算

EX3 换热器氢气预冷侧封头、接管尺寸如表 4-49 所示。

表4-49　EX3换热器氢气预冷侧封头、接管尺寸

项目	封头	接管
内径/mm	350	95
计算厚度/mm	6.77	1.42
名义厚度/mm	10	30
厚度附加量/mm	2	0.13

① 封头开孔所需补强面积根据公式（4-29）得：

$$A = d\delta = 95.26 \times 6.77 = 644.9(\text{mm}^2)$$

② 有效补强范围　有效宽度 B 按公式（4-30）计算，取两者中较大值：

$$B = \begin{cases} 2 \times 95.26 = 190.52(\text{mm}) \\ 95.26 + 2 \times 10 + 2 \times 30 = 175.26(\text{mm}) \end{cases}$$

$$B_{\max} = 190.52\text{mm}$$

有效高度按式（4-31）和式（4-32）计算，分别取两式中较小值。

外侧有效补强高度：

$$h_1 = \begin{cases} \sqrt{95.26 \times 30} = 53.46(\text{mm}) \\ 150\text{mm} \end{cases}$$

$$h_{1\min} = 53.46\text{mm}$$

内侧有效补强高度：

$$h_2 = \begin{cases} \sqrt{95.26 \times 30} = 53.46(\text{mm}) \\ 0 \end{cases}$$

$$h_{2\min} = 0$$

③ 各补强面积按式（4-34）和式（4-35）计算：

$$\begin{aligned} A_1 &= (B - d)(\delta_e - \delta) - 2\delta_t(\delta_e - \delta) \\ &= (190.52 - 95.26) \times (8 - 6.77) - 2 \times 1.42 \times (8 - 6.77) \\ &= 113.7(\text{mm}^2) \end{aligned}$$

$$A_2 = 2h_1(\delta_{et} - \delta_t) + 2h_2(\delta_{et} - \delta_t) = 2 \times 53.46 \times (29.87 - 1.42) = 3041.9(\text{mm}^2)$$

本设计焊接长度取6mm。

$$A_3 = \frac{1}{2} \times 2 \times 6 \times 6 = 36(\text{mm}^2)$$

在有效补强范围内，可作为补强的截面积根据公式（4-33）计算：

$$A_e = A_1 + A_2 + A_3 = 113.7 + 3041.9 + 36 = 3191.6(\text{mm}^2)$$

由于 $A_e > A$，故开孔不需要另加补强。

（2）氦气5制冷侧补强面积计算

EX3换热器氦气5制冷侧封头、接管尺寸如表4-50所示。

表4-50　EX3换热器氦气5制冷侧封头、接管尺寸

项目	封头	接管
内径/mm	875	335

续表

项目	封头	接管
计算厚度/mm	2.97	0.91
名义厚度/mm	10	10
厚度附加量/mm	2	0.48

① 封头开孔所需补强面积根据公式（4-29）得：

$$A = d\delta = 335.96 \times 2.97 = 997.8(\mathrm{mm}^2)$$

② 有效补强范围　有效宽度 B 按公式（4-30）计算，取两者中较大值：

$$B = \begin{cases} 2 \times 335.96 = 671.92(\mathrm{mm}) \\ 335.96 + 2 \times 10 + 2 \times 10 = 375.96(\mathrm{mm}) \end{cases}$$

$$B_{\max} = 671.92\mathrm{mm}$$

有效高度按式（4-31）和式（4-32）计算，分别取两式中较小值。

外侧有效补强高度：

$$h_1 = \begin{cases} \sqrt{335.96 \times 10} = 57.96(\mathrm{mm}) \\ 150\mathrm{mm} \end{cases}$$

$$h_{1\min} = 57.96\mathrm{mm}$$

内侧有效补强高度：

$$h_2 = \begin{cases} \sqrt{335.96 \times 10} = 57.96(\mathrm{mm}) \\ 0 \end{cases}$$

$$h_{2\min} = 0$$

③ 各补强面积根据式（4-34）和式（4-35）计算：

$$\begin{aligned} A_1 &= (B - d)(\delta_e - \delta) - 2\delta_t(\delta_e - \delta) \\ &= (671.92 - 335.96) \times (8 - 2.97) - 2 \times 0.91 \times (8 - 2.97) \\ &= 1680.7(\mathrm{mm}^2) \end{aligned}$$

$$A_2 = 2h_1(\delta_{et} - \delta_t) + 2h_2(\delta_{et} - \delta_t) = 2 \times 57.96 \times (9.52 - 0.91) = 998.1(\mathrm{mm}^2)$$

本设计焊接长度取 6mm。

$$A_3 = \frac{1}{2} \times 2 \times 6 \times 6 = 36(\mathrm{mm}^2)$$

在有效补强范围内，可作为补强的截面积根据公式（4-33）计算：

$$A_e = A_1 + A_2 + A_3 = 1680.7 + 998.1 + 36 = 2714.8(\mathrm{mm}^2)$$

由于 $A_e > A$，故开孔不需要另加补强。

（3）氦气 3 预冷侧补强面积计算

EX3 换热器氦气 3 预冷侧封头、接管尺寸如表 4-51 所示。

表 4-51　EX3 换热器氦气 3 预冷侧封头、接管尺寸

项目	封头	接管
内径/mm	875	335

续表

项目	封头	接管
计算厚度/mm	5.45	1.8
名义厚度/mm	10	10
厚度附加量/mm	2	0.48

① 封头开孔所需补强面积根据公式（4-29）得：

$$A = d\delta = 335.96 \times 5.45 = 1831(\text{mm}^2)$$

② 有效补强范围　有效宽度 B 按公式（4-30）计算，取两者中较大值：

$$B = \begin{cases} 2 \times 335.96 = 671.92(\text{mm}) \\ 335.96 + 2 \times 10 + 2 \times 10 = 375.96(\text{mm}) \end{cases}$$

$$B_{\max} = 671.92\text{mm}$$

有效高度按式（4-31）和式（4-32）计算，分别取两式中较小值。

外侧有效补强高度：

$$h_1 = \begin{cases} \sqrt{335.96 \times 10} = 57.96(\text{mm}) \\ 150\text{mm} \end{cases}$$

$$h_{1\min} = 57.96\text{mm}$$

内侧有效补强高度：

$$h_2 = \begin{cases} \sqrt{335.96 \times 10} = 57.96(\text{mm}) \\ 0 \end{cases}$$

$$h_{2\min} = 0$$

③ 各补强面积根据式（4-34）和式（4-35）计算：

$$\begin{aligned} A_1 &= (B - d)(\delta_e - \delta) - 2\delta_t(\delta_e - \delta) \\ &= (671.92 - 335.96) \times (8 - 5.45) - 2 \times 1.8 \times (8 - 5.45) \\ &= 847.5(\text{mm}^2) \end{aligned}$$

$$A_2 = 2h_1(\delta_{et} - \delta_t) + 2h_2(\delta_{et} - \delta_t) = 2 \times 57.96 \times (9.52 - 1.8) = 894.9(\text{mm}^2)$$

本设计焊接长度取 6mm。

$$A_3 = \frac{1}{2} \times 2 \times 6 \times 6 = 36(\text{mm}^2)$$

在有效补强范围内，可作为补强的截面积根据公式（4-33）计算：

$$A_e = A_1 + A_2 + A_3 = 847.5 + 894.9 + 36 = 1778.4(\text{mm}^2)$$

由于 $A_e<A$，故开孔需要另加补强，按下式计算：

$$A_4 \geqslant A - A_e$$

$$A_4 \geqslant A - A_e = 1831 - 1778.4 = 52.6(\text{mm}^2)$$

则所需补强面积为 52.6mm^2。

（4）氦气 7 制冷侧补强面积计算

EX3 换热器氦气 7 制冷侧封头、接管尺寸如表 4-52 所示。

表 4-52　EX3 换热器氦气 7 制冷侧封头、接管尺寸

项目	封头	接管
内径/mm	875	335
计算厚度/mm	3.29	0.97
名义厚度/mm	10	10
厚度附加量/mm	2	0.48

① 封头开孔所需补强面积根据公式（4-29）得：

$$A = d\delta = 335.96 \times 3.29 = 1105.3(\text{mm}^2)$$

② 有效补强范围　有效宽度 B 按公式（4-30）计算，取两者中较大值：

$$B = \begin{cases} 2 \times 335.96 = 671.92(\text{mm}) \\ 335.96 + 2 \times 10 + 2 \times 10 = 375.96(\text{mm}) \end{cases}$$

$$B_{\max} = 671.92\text{mm}$$

有效高度按式（4-31）和式（4-32）计算，分别取两式中较小值。

外侧有效补强高度：

$$h_1 = \begin{cases} \sqrt{335.96 \times 10} = 57.96(\text{mm}) \\ 150\text{mm} \end{cases}$$

$$h_{1\min} = 57.96\text{mm}$$

内侧有效补强高度：

$$h_2 = \begin{cases} \sqrt{335.96 \times 10} = 57.96(\text{mm}) \\ 0 \end{cases}$$

$$h_{2\min} = 0$$

③ 各补强面积根据式（4-34）和式（4-35）计算：

$$\begin{aligned} A_1 &= (B - d)(\delta_e - \delta) - 2\delta_t(\delta_e - \delta) \\ &= (671.92 - 335.96) \times (8 - 3.29) - 2 \times 0.97 \times (8 - 3.29) \\ &= 1573.2(\text{mm}^2) \end{aligned}$$

$$A_2 = 2h_1(\delta_{et} - \delta_t) + 2h_2(\delta_{et} - \delta_t) = 2 \times 57.96 \times (9.52 - 0.97) = 991.1(\text{mm}^2)$$

本设计焊接长度取 6mm。

$$A_3 = \frac{1}{2} \times 2 \times 6 \times 6 = 36(\text{mm}^2)$$

在有效补强范围内，可作为补强的截面积根据公式（4-33）计算：

$$A_e = A_1 + A_2 + A_3 = 1573.2 + 991.1 + 36 = 2600.3(\text{mm}^2)$$

由于 $A_e > A$，故开孔不需要另加补强。

4.6.6　EX4 换热器补强面积计算

（1）氢气预冷侧补强面积计算

EX4 换热器氢气预冷侧封头、接管尺寸如表 4-53 所示。

表 4-53　EX4 换热器氢气预冷侧封头、接管尺寸

项目	封头	接管
内径/mm	350	95
计算厚度/mm	6.71	1.4
名义厚度/mm	10	30
厚度附加量/mm	2	0.13

① 封头开孔所需补强面积根据公式（4-29）得：

$$A = d\delta = 95.26 \times 6.71 = 639.2(\mathrm{mm}^2)$$

② 有效补强范围　有效宽度 B 按公式（4-30）计算，取两者中较大值：

$$B = \begin{cases} 2 \times 95.26 = 190.52(\mathrm{mm}) \\ 95.26 + 2 \times 10 + 2 \times 30 = 175.26(\mathrm{mm}) \end{cases}$$

$$B_{max} = 190.52\mathrm{mm}$$

有效高度按式（4-31）和式（4-32）计算，分别取两式中较小值。

外侧有效补强高度：

$$h_1 = \begin{cases} \sqrt{95.26 \times 30} = 53.46(\mathrm{mm}) \\ 150\mathrm{mm} \end{cases}$$

$$h_{1min} = 53.46\mathrm{mm}$$

内侧有效补强高度：

$$h_2 = \begin{cases} \sqrt{95.56 \times 30} = 53.46(\mathrm{mm}) \\ 0 \end{cases}$$

$$h_{2min} = 0$$

③ 各补强面积按式（4-34）和式（4-35）计算：

$$\begin{aligned} A_1 &= (B - d)(\delta_e - \delta) - 2\delta_t(\delta_e - \delta) \\ &= (190.52 - 95.26) \times (8 - 6.71) - 2 \times 1.4 \times (8 - 6.71) \\ &= 119.3(\mathrm{mm}^2) \end{aligned}$$

$$A_2 = 2h_1(\delta_{et} - \delta_t) + 2h_2(\delta_{et} - \delta_t) = 2 \times 53.46 \times (29.87 - 1.4) = 3044(\mathrm{mm}^2)$$

本设计焊接长度取 6mm。

$$A_3 = \frac{1}{2} \times 2 \times 6 \times 6 = 36(\mathrm{mm}^2)$$

在有效补强范围内，可作为补强的截面积根据公式（4-33）计算：

$$A_e = A_1 + A_2 + A_3 = 119.3 + 3044 + 36 = 3199.3(\mathrm{mm}^2)$$

由于 $A_e>A$，故开孔不需要另加补强。

（2）氦气 5 制冷侧补强面积计算

EX4 换热器氦气 5 制冷侧封头、接管尺寸如表 4-54 所示。

表 4-54　EX4 换热器氦气 5 制冷侧封头、接管尺寸

项目	封头	接管
内径/mm	875	335

续表

项目	封头	接管
计算厚度/mm	3.43	1.03
名义厚度/mm	10	10
厚度附加量/mm	2	0.48

① 封头开孔所需补强面积根据公式（4-29）得：

$$A = d\delta = 335.96 \times 3.43 = 1152.3(\mathrm{mm}^2)$$

② 有效补强范围　有效宽度 B 按公式（4-30）计算，取两者中较大值：

$$B = \begin{cases} 2 \times 335.96 = 671.92(\mathrm{mm}) \\ 335.96 + 2 \times 10 + 2 \times 10 = 375.96(\mathrm{mm}) \end{cases}$$

$$B_{\max} = 671.92\mathrm{mm}$$

有效高度按式（4-31）和式（4-32）计算，分别取两式中较小值。

外侧有效补强高度：

$$h_1 = \begin{cases} \sqrt{335.96 \times 10} = 57.96(\mathrm{mm}) \\ 150\mathrm{mm} \end{cases}$$

$$h_{1\min} = 57.96\mathrm{mm}$$

内侧有效补强高度：

$$h_2 = \begin{cases} \sqrt{335.96 \times 10} = 57.96(\mathrm{mm}) \\ 0 \end{cases}$$

$$h_{2\min} = 0$$

③ 各补强面积根据式（4-34）和式（4-35）计算：

$$\begin{aligned} A_1 &= (B - d)(\delta_e - \delta) - 2\delta_t(\delta_e - \delta) \\ &= (671.92 - 335.96) \times (8 - 3.43) - 2 \times 1.03 \times (8 - 3.43) \\ &= 1525.9(\mathrm{mm}^2) \end{aligned}$$

$$A_2 = 2h_1(\delta_{et} - \delta_t) + 2h_2(\delta_{et} - \delta_t) = 2 \times 57.96 \times (9.52 - 1.03) = 984.2(\mathrm{mm}^2)$$

本设计焊接长度取 6mm。

$$A_3 = \frac{1}{2} \times 2 \times 6 \times 6 = 36(\mathrm{mm}^2)$$

在有效补强范围内，可作为补强的截面积根据公式（4-33）计算：

$$A_e = A_1 + A_2 + A_3 = 1525.9 + 984.2 + 36 = 2546.1(\mathrm{mm}^2)$$

由于 $A_e > A$，故开孔不需要另加补强。

（3）氦气 3 预冷侧补强面积计算

EX4 换热器氦气 3 预冷侧封头、接管尺寸如表 4-55 所示。

表 4-55　EX4 换热器氦气 3 预冷侧封头、接管尺寸

项目	封头	接管
内径/mm	875	335
计算厚度/mm	5.3	1.74

续表

项目	封头	接管
名义厚度/mm	10	10
厚度附加量/mm	2	0.48

① 封头开孔所需补强面积根据公式（4-29）得：

$$A = d\delta = 335.96 \times 5.3 = 1780.6(\mathrm{mm}^2)$$

② 有效补强范围　有效宽度 B 按公式（4-30）计算，取两者中较大值：

$$B = \begin{cases} 2 \times 335.96 = 671.92(\mathrm{mm}) \\ 335.96 + 2 \times 10 + 2 \times 10 = 375.96(\mathrm{mm}) \end{cases}$$

$$B_{\max} = 671.92\mathrm{mm}$$

有效高度按式（4-31）和式（4-32）计算，分别取两式中较小值。

外侧有效补强高度：

$$h_1 = \begin{cases} \sqrt{335.96 \times 10} = 57.96(\mathrm{mm}) \\ 150\mathrm{mm} \end{cases}$$

$$h_{1\min} = 57.96\mathrm{mm}$$

内侧有效补强高度：

$$h_2 = \begin{cases} \sqrt{335.96 \times 10} = 57.96(\mathrm{mm}) \\ 0 \end{cases}$$

$$h_{2\min} = 0$$

③ 各补强面积根据式（4-34）和式（4-35）计算：

$$\begin{aligned} A_1 &= (B - d)(\delta_e - \delta) - 2\delta_t(\delta_e - \delta) \\ &= (671.92 - 335.96) \times (8 - 5.3) - 2 \times 1.74 \times (8 - 5.3) \\ &= 897.7(\mathrm{mm}^2) \end{aligned}$$

$$A_2 = 2h_1(\delta_{et} - \delta_t) + 2h_2(\delta_{et} - \delta_t) = 2 \times 57.96 \times (9.52 - 1.74) = 901.9(\mathrm{mm}^2)$$

本设计焊接长度取6mm。

$$A_3 = \frac{1}{2} \times 2 \times 6 \times 6 = 36(\mathrm{mm}^2)$$

在有效补强范围内，可作为补强的截面积根据公式（4-33）计算：

$$A_e = A_1 + A_2 + A_3 = 897.7 + 901.9 + 36 = 1835.6(\mathrm{mm}^2)$$

由于 $A_e > A$，故开孔不需要另加补强。

4.6.7 EX5 换热器补强面积计算

（1）氢气预冷侧补强面积计算

EX5 换热器氢气预冷侧封头、接管尺寸如表 4-56 所示。

表 4-56　EX5 换热器氢气预冷侧封头、接管尺寸

项目	封头	接管
内径/mm	350	95

续表

项目	封头	接管
计算厚度/mm	2.63	0.3
名义厚度/mm	10	30
厚度附加量/mm	2	0.13

① 封头开孔所需补强面积根据公式（4-29）得：

$$A = d\delta = 95.26 \times 2.63 = 250.5(\mathrm{mm}^2)$$

② 有效补强范围　有效宽度 B 按公式（4-30）计算，取两者中较大值：

$$B = \begin{cases} 2 \times 95.26 = 190.52(\mathrm{mm}) \\ 95.26 + 2 \times 10 + 2 \times 30 = 175.26(\mathrm{mm}) \end{cases}$$

$$B_{max} = 190.52\mathrm{mm}$$

有效高度按式（4-31）和式（4-32）计算，分别取两式中较小值。

外侧有效补强高度：

$$h_1 = \begin{cases} \sqrt{95.26 \times 30} = 53.46(\mathrm{mm}) \\ 150\mathrm{mm} \end{cases}$$

$$h_{1min} = 53.46\mathrm{mm}$$

内侧有效补强高度：

$$h_2 = \begin{cases} \sqrt{95.56 \times 30} = 53.46(\mathrm{mm}) \\ 0 \end{cases}$$

$$h_{2min} = 0$$

③ 各补强面积按式（4-34）和式（4-35）计算：

$$\begin{aligned} A_1 &= (B - d)(\delta_e - \delta) - 2\delta_t(\delta_e - \delta) \\ &= (190.52 - 95.26) \times (8 - 2.63) - 2 \times 0.3 \times (8 - 2.63) \\ &= 508.3(\mathrm{mm}^2) \end{aligned}$$

$$A_2 = 2h_1(\delta_{et} - \delta_t) + 2h_2(\delta_{et} - \delta_t) = 2 \times 53.46 \times (29.87 - 0.3) = 3161.6(\mathrm{mm}^2)$$

本设计焊接长度取 6mm。

$$A_3 = \frac{1}{2} \times 2 \times 6 \times 6 = 36(\mathrm{mm}^2)$$

在有效补强范围内，可作为补强的截面积根据公式（4-33）计算：

$$A_e = A_1 + A_2 + A_3 = 508.3 + 3161.6 + 36 = 3705.9(\mathrm{mm}^2)$$

由于 $A_e>A$，故开孔不需要另加补强。

（2）氦气 5 制冷侧补强面积计算

EX5 换热器氦气 5 制冷侧封头、接管尺寸如表 4-57 所示。

表 4-57　EX5 换热器氦气 5 制冷侧封头、接管尺寸

项目	封头	接管
内径/mm	875	335
计算厚度/mm	3.58	1.08

续表

项目	封头	接管
名义厚度/mm	10	10
厚度附加量/mm	2	0.48

① 封头开孔所需补强面积根据公式（4-29）得：

$$A = d\delta = 335.96 \times 3.58 = 1202.7(\text{mm}^2)$$

② 有效补强范围　有效宽度 B 按公式（4-30）计算，取两者中较大值：

$$B = \begin{cases} 2 \times 335.96 = 671.92(\text{mm}) \\ 335.96 + 2 \times 10 + 2 \times 10 = 375.96(\text{mm}) \end{cases}$$

$$B_{\max} = 671.92\text{mm}$$

有效高度按式（4-31）和式（4-32）计算，分别取两式中较小值。

外侧有效补强高度：

$$h_1 = \begin{cases} \sqrt{335.96 \times 10} = 57.96(\text{mm}) \\ 150\text{mm} \end{cases}$$

$$h_{1\min} = 57.96\text{mm}$$

内侧有效补强高度：

$$h_2 = \begin{cases} \sqrt{335.96 \times 10} = 57.96(\text{mm}) \\ 0 \end{cases}$$

$$h_{2\min} = 0$$

③ 各补强面积根据式（4-34）和式（4-35）计算：

$$\begin{aligned} A_1 &= (B - d)(\delta_e - \delta) - 2\delta_t(\delta_e - \delta) \\ &= (671.92 - 335.96) \times (8 - 3.58) - 2 \times 1.08 \times (8 - 3.58) \\ &= 1475.4(\text{mm}^2) \end{aligned}$$

$$A_2 = 2h_1(\delta_{et} - \delta_t) + 2h_2(\delta_{et} - \delta_t) = 2 \times 57.96 \times (9.52 - 1.08) = 978.4(\text{mm}^2)$$

本设计焊接长度取6mm。

$$A_3 = \frac{1}{2} \times 2 \times 6 \times 6 = 36(\text{mm}^2)$$

在有效补强范围内，可作为补强的截面积根据公式（4-33）计算：

$$A_e = A_1 + A_2 + A_3 = 1475.4 + 978.4 + 36 = 2489.8(\text{mm}^2)$$

由于 $A_e > A$，故开孔不需要另加补强。

（3）氦气3预冷侧补强面积计算

EX5换热器氦气3预冷侧封头、接管尺寸如表4-58所示。

表4-58　EX5换热器氦气3预冷侧封头、接管尺寸

项目	封头	接管
内径/mm	875	335
计算厚度/mm	5.16	1.69

续表

项目	封头	接管
名义厚度/mm	10	10
厚度附加量/mm	2	0.48

① 封头开孔所需补强面积根据公式（4-29）得：

$$A = d\delta = 335.96 \times 5.16 = 1733.6(\mathrm{mm}^2)$$

② 有效补强范围　有效宽度 B 按公式（4-30）计算，取两者中较大值：

$$B = \begin{cases} 2 \times 335.96 = 671.92(\mathrm{mm}) \\ 335.96 + 2 \times 10 + 2 \times 10 = 375.96(\mathrm{mm}) \end{cases}$$

$$B_{\max} = 671.92\mathrm{mm}$$

有效高度按式（4-31）和式（4-32）计算，分别取两式中较小值。

外侧有效补强高度：

$$h_1 = \begin{cases} \sqrt{335.96 \times 10} = 57.96(\mathrm{mm}) \\ 150\mathrm{mm} \end{cases}$$

$$h_{1\min} = 57.96\mathrm{mm}$$

内侧有效补强高度：

$$h_2 = \begin{cases} \sqrt{335.96 \times 10} = 57.96(\mathrm{mm}) \\ 0 \end{cases}$$

$$h_{2\min} = 0$$

③ 各补强面积根据式（4-34）和式（4-35）计算：

$$\begin{aligned} A_1 &= (B - d)(\delta_e - \delta) - 2\delta_t(\delta_e - \delta) \\ &= (671.92 - 335.96) \times (8 - 5.16) - 2 \times 1.69 \times (8 - 5.16) \\ &= 944.5(\mathrm{mm}^2) \end{aligned}$$

$$A_2 = 2h_1(\delta_{et} - \delta_t) + 2h_2(\delta_{et} - \delta_t) = 2 \times 57.96 \times (9.52 - 1.69) = 907.7(\mathrm{mm}^2)$$

本设计焊接长度取 6mm。

$$A_3 = \frac{1}{2} \times 2 \times 6 \times 6 = 36(\mathrm{mm}^2)$$

在有效补强范围内，可作为补强的截面积根据公式（4-33）计算：

$$A_e = A_1 + A_2 + A_3 = 944.5 + 907.7 + 36 = 1888.2(\mathrm{mm}^2)$$

由于 $A_e > A$，故开孔不需要另加补强。

根据计算结果与设计要求，需要进行焊接的接管可选图 2-47 的连接形式。

4.7 法兰与垫片选择

法兰是连接设计设备接管与外接管的设备元件，法兰的尺寸需要根据接管的尺寸、设计压力的大小以及设计所需法兰的形式进行选择，配套选择所需的螺栓与垫片。只需依据标准选择法兰型号即可。垫片型号见附表 5，尺寸选型见附表 6、附表 7。

根据国家标准 GB/T 9112—2000《钢制管法兰类型与参数》确定法兰尺寸。凹凸面对焊钢制管法兰见图 2-48，垫圈形式见图 2-49。

4.8 隔板、封条与导流板选择

4.8.1 隔板厚度计算

隔板厚度的计算：

$$t = m\sqrt{\frac{3p}{4[\sigma_b]}} + C \tag{4-37}$$

式中 m——翅片间距，mm；

C——腐蚀余量，一般取值 0.2mm；

$[\sigma_b]$——室温力学性能下保证值，翅片材料采用 6030，则 $[\sigma_b]$ =205Pa；

p——设计压力，MPa。

（1）EX1 换热器

天然气侧隔板厚度：

$$t = m\sqrt{\frac{3p}{4[\sigma_b]}} + C = 2 \times \sqrt{\frac{3 \times 0.1}{4 \times 205}} + 0.2 = 0.24(\text{mm})$$

氢气侧隔板厚度：

$$t = m\sqrt{\frac{3p}{4[\sigma_b]}} + C = 2 \times \sqrt{\frac{3 \times 0.84}{4 \times 205}} + 0.2 = 0.31(\text{mm})$$

氦气 7 侧隔板厚度：

$$t = m\sqrt{\frac{3p}{4[\sigma_b]}} + C = 2 \times \sqrt{\frac{3 \times 0.058}{4 \times 205}} + 0.2 = 0.23(\text{mm})$$

氦气 5 侧隔板厚度：

$$t = m\sqrt{\frac{3p}{4[\sigma_b]}} + C = 2 \times \sqrt{\frac{3 \times 0.26}{4 \times 205}} + 0.2 = 0.26(\text{mm})$$

氦气 9 侧隔板厚度：

$$t = m\sqrt{\frac{3p}{4[\sigma_b]}} + C = 1.4 \times \sqrt{\frac{3 \times 0.07}{4 \times 205}} + 0.2 = 0.22(\text{mm})$$

EX1 换热器翅片规格如表 4-59 所示。

表 4-59 EX1 换热器翅片规格

翅片代号	天然气侧制冷	氢气侧预冷	氦气 7 制冷	氦气 5 预冷	氦气 9 制冷
翅距/mm	1.4	2	2	2	1.4
设计压力/MPa	0.1	0.84	0.058	0.26	0.07
隔板厚度/mm	0.24	0.31	0.23	0.26	0.22

根据计算取整，隔板厚度应取 1mm。

（2）EX2 换热器

氢气侧隔板厚度：

$$t = m\sqrt{\frac{3p}{4[\sigma_b]}} + C = 2 \times \sqrt{\frac{3 \times 0.83}{4 \times 205}} + 0.2 = 0.31(\text{mm})$$

氦气 5 侧隔板厚度：

$$t = m\sqrt{\frac{3p}{4[\sigma_b]}} + C = 2 \times \sqrt{\frac{3 \times 0.068}{4 \times 205}} + 0.2 = 0.23(\text{mm})$$

氦气 3 侧隔板厚度：

$$t = m\sqrt{\frac{3p}{4[\sigma_b]}} + C = 2 \times \sqrt{\frac{3 \times 0.25}{4 \times 205}} + 0.2 = 0.26(\text{mm})$$

氦气 7 侧隔板厚度：

$$t = m\sqrt{\frac{3p}{4[\sigma_b]}} + C = 1.4 \times \sqrt{\frac{3 \times 0.08}{4 \times 205}} + 0.2 = 0.22(\text{mm})$$

EX2 换热器翅片规格如表 4-60 所示。

表 4-60　EX2 换热器翅片规格

翅片代号	氢气侧预冷	氦气 5 制冷	氦气 3 预冷	氦气 7 制冷
翅距/mm	2	2	2	1.4
设计压力/MPa	0.83	0.068	0.25	0.08
隔板厚度/mm	0.31	0.23	0.26	0.22

根据计算取整，隔板厚度应取 1mm。

（3）EX3 换热器

氢气侧隔板厚度：

$$t = m\sqrt{\frac{3p}{4[\sigma_b]}} + C = 4.2 \times \sqrt{\frac{3 \times 0.82}{4 \times 205}} + 0.2 = 0.43(\text{mm})$$

氦气 5 侧隔板厚度：

$$t = m\sqrt{\frac{3p}{4[\sigma_b]}} + C = 2 \times \sqrt{\frac{3 \times 0.078}{4 \times 205}} + 0.2 = 0.23(\text{mm})$$

氦气 3 侧隔板厚度：

$$t = m\sqrt{\frac{3p}{4[\sigma_b]}} + C = 2 \times \sqrt{\frac{3 \times 0.24}{4 \times 205}} + 0.2 = 0.26(\text{mm})$$

氦气 7 侧隔板厚度：

$$t = m\sqrt{\frac{3p}{4[\sigma_b]}} + C = 1.4 \times \sqrt{\frac{3 \times 0.09}{4 \times 205}} + 0.2 = 0.23(\text{mm})$$

EX3 换热器翅片规格如表 4-61 所示。

表 4-61　EX3 换热器翅片规格

翅片代号	氢气侧预冷	氦气 5 制冷	氦气 3 预冷	氦气 7 制冷
翅距/mm	4.2	2	2	1.4
设计压力/MPa	0.82	0.078	0.24	0.09
隔板厚度/mm	0.43	0.23	0.26	0.23

根据计算取整，隔板厚度应取 1mm。

（4）EX4 换热器

氢气侧隔板厚度：

$$t = m\sqrt{\frac{3p}{4[\sigma_b]}} + C = 2 \times \sqrt{\frac{3 \times 0.81}{4 \times 205}} + 0.2 = 0.31(\text{mm})$$

氦气 5 侧隔板厚度：

$$t = m\sqrt{\frac{3p}{4[\sigma_b]}} + C = 1.4 \times \sqrt{\frac{3 \times 0.1}{4 \times 205}} + 0.2 = 0.23(\text{mm})$$

氦气 3 侧隔板厚度：

$$t = m\sqrt{\frac{3p}{4[\sigma_b]}} + C = 1.4 \times \sqrt{\frac{3 \times 0.23}{4 \times 205}} + 0.2 = 0.24(\text{mm})$$

EX4 换热器翅片规格如表 4-62 所示。

表 4-62 EX4 换热器翅片规格

翅片代号	氢气侧预冷	氦气 5 制冷	氦气 3 预冷
翅距/mm	2	1.4	1.4
设计压力/MPa	0.81	0.1	0.23
隔板厚度/mm	0.31	0.23	0.24

根据计算取整，隔板厚度应取 1mm。

（5）EX5 换热器

氢气侧隔板厚度：

$$t = m\sqrt{\frac{3p}{4[\sigma_b]}} + C = 2 \times \sqrt{\frac{3 \times 0.11}{4 \times 205}} + 0.2 = 0.24(\text{mm})$$

氦气 5 侧隔板厚度：

$$t = m\sqrt{\frac{3p}{4[\sigma_b]}} + C = 2 \times \sqrt{\frac{3 \times 0.11}{4 \times 205}} + 0.2 = 0.24(\text{mm})$$

氦气 3 侧隔板厚度：

$$t = m\sqrt{\frac{3p}{4[\sigma_b]}} + C = 2 \times \sqrt{\frac{3 \times 0.22}{4 \times 205}} + 0.2 = 0.26(\text{mm})$$

EX5 换热器翅片规格如表 4-63 所示。

表 4-63 EX5 换热器翅片规格

翅片代号	氢气侧预冷	氦气 5 制冷	氦气 3 预冷
翅距/mm	2	1.4	1.4
设计压力/MPa	0.11	0.11	0.22
隔板厚度/mm	0.24	0.24	0.26

根据计算取整，隔板厚度应取 1mm。

4.8.2　封条设计选择

根据 NB/T 47006 标准可知封条宽度可依据封头的厚度以及焊接的合理性进行选择。常用封条规格质量见附表 4，封条样式见图 2-50，封条选型如表 4-64 所示。

表 4-64　封条选型

封条高度 H/mm	6.5	9.5
封条宽度 B/mm	35	35

4.8.3　导流板形式选择

根据板束的厚度以及导流片在板束中的开口位置与方向进行选择，导流片样式可参照图 2-51。

4.9　换热器的成型安装

4.9.1　板束安装规则

（1）组装要求

① 钎焊元件的尺寸允许偏差和形位公差应符合图样或相关技术文件的要求；组装前必须不得有毛刺，且表面不得有严重磕、划、碰伤等缺陷；组装前应进行清洗，以除去油迹、锈斑等杂质，清洗后应进行干燥处理。

② 组装前的翅片和导流片的翅形应保持规整，不得被挤压、拉伸和扭曲；翅片、导流片和封条的几何形状有局部形变时，应进行整形。

③ 隔板应保持平整，不得有弯曲、拱起、小角翘起和无包覆层的白边存在；板面上的局部凹印深度不得超过板厚的 10%，且深不大于 0.15mm。

④ 组装时每一层的钎焊元件应互相靠紧，但不得重叠。设计压力 $p\leqslant 2.5$MPa 时，钎焊元件的拼接间隙应不大于 1.5mm，局部不得大于 3mm；设计压力 $p>2.5$MPa 时，钎焊元件的拼接间隙应不大于 1mm，局部不得大于 2mm。拼接间隙的特殊要求应在图样中注明。

（2）钎焊工艺

钎焊工艺应针对相应的工艺进行，并进行钎焊工艺的评定。

（3）板束外观

① 板束的焊缝应饱满且平滑，不得出现钎料堵塞通道的现象；

② 导流片翅形应规整，不得露出隔板；

③ 相邻上下层封条间的内凹、外弹量不得超过 2mm；

④ 束上下平面的错位量每 100mm 高不大于 1.5mm，且总错位量不大于 8mm；

⑤ 侧板的下凹总量不得超过板束叠层总厚度的 1%。

4.9.2 焊接工艺形式

（1）焊接工艺

① 热交换器施工前的焊接工艺评定应按 JB/T 4734 的附录 B 进行。热交换器的焊接工艺文件应按图样技术要求和评定合格的焊接工艺并参照 JB/T 4734 的附录 E 制定。

② 焊接工艺评定报告、焊接工艺规程、施焊记录的焊工识别标记等文件的保存期不得少于 7 年。焊工识别标记应打在规定的容器部位，但不得在耐腐蚀面上打钢印。

（2）焊接形式

① 焊接接头表面的形状尺寸及外观要求、焊接接头返修要求应符合 JB/T 4734 的有关规定。

② 受压元件的 A、B、C、D 类焊接接头及钎焊缝的补焊应采用钨极氩弧焊、熔化极氩弧焊或采用通过实验可保证焊接质量的其他焊接方法，并符合 JB/T 4734 的有关规定。

4.9.3 试验、检验

在换热器制造后应进行试验与检测，在技术部门检验合格后才能出厂。

（1）耐压强度试验

热交换器的压力试验除符合标准和设计图样规定外，还应符合《压力容器安全技术检查规程》的规定。

（2）液压试验

热交换器的液压试验一般应采用水作试验介质，水应是洁净、对工件无腐蚀的。

（3）气压试验

热交换器的气压试验应采用干燥、无油、洁净的空气、氮气或惰性气体作为试验介质，试验压力按照有关规定确定。采用气压试验时，应有可靠的防护措施。

4.9.4 绝热保冷设计

对于换热器的绝热材料一般选用聚氨酯泡沫，厚度应满足保冷的需求。

根据图 2-52，保冷层厚度选择 400mm。

通过设计计算可以看出，各个制冷剂和氢气在翅片内流动时，如果不考虑相变，则通过板翅式换热器时压力损失很少，对于高压板侧的流动，这些压力降可看作是流体静压的波动减少量，对流体的动压没影响，所以流体在板束中的流动速度不需要校正。但是，如果考虑相变的话，流体压力损失比较大，这部分压力损失还得考虑，否则这部分压力损失将对板侧的流动速度产生较大影响，所以还得重新校核流速，使其符合流体相变的速度变化规律。

经过对板翅式换热器换热工艺及结构进行设计计算，可得出以下结论：

① 不同封头结构对换热器流量分配和温度分布影响很大；

② 板翅式换热器的核心部分为换热工艺计算过程，还需进一步研究；

③ 板翅式换热器中流速不宜太大，否则会使压力降增大，对流速的影响会很大；

④ 翅片选择应综合考虑各个流道尺寸和负荷大小，做到相适应；

⑤ 混合制冷剂的制冷量计算和质量流量计算过程复杂，应考虑各股流冷热负荷。

本章小结

通过研究开发 30 万立方米 PFHE 型 LNG 预冷两级氦膨胀两级节流五级氢液化工艺装备设计计算方法，并根据 LNG 预冷两级氦膨胀、两级节流制冷工艺流程及五级多股流板翅式换热器（PFHE）特点进行主设备设计计算，就可突破-252℃ LH_2 工艺设计计算方法及五级 PFHE 设计计算方法。设计过程中采用五级 PFHE 换热，其具有结构紧凑、换热效率高等特点，能有效解决液化工艺系统庞大、占地面积大等问题，并克服传统的 LH_2 液化工艺缺陷，通过五级 PFHE 连续制冷，可最终实现 LH_2 液化工艺整合计算过程。五级 PFHE 具有结构紧凑，便于多股流大温差换热的特点，也是 LH_2 液化过程中可选用的高效制冷设备之一。本章采用 LNG 预冷及两级氦膨胀两级节流制冷氢气液化系统，由四级制冷系统及五个连贯的板束组成，包括一次 LNG 预冷板束、二次氦膨胀预冷板束、三次氦膨胀预冷过冷板束、四次回热板束及五次节流制冷板束，其结构简洁，层次分明，易于设计计算，该工艺也是目前 LNG 液化工艺系统的主要选择之一。

参考文献

[1] 王松汉．板翅式换热器[M]．北京：化学工业出版社，1984：4.

[2] 吴业正，朱瑞琪．制冷与低温技术原理[M]．北京：高等教育出版社，2005：9.

[3] 钱寅国，文顺清．板翅式换热器的传热计算[J]．深冷技术，2011(5)：32-36.

[4] 张周卫，汪雅红．缠绕管式换热器[M]．兰州：兰州大学出版社，2014.

[5] 敬加强，梁光川．液化天然气技术问答[M]．北京：化学工业出版社，2006：12.

[6] 徐烈．我国低温绝热与贮运技术的发展与应用[J]．低温工程，2001(2)：1-8.

[7] 李兆慈，徐烈，张洁，孙恒．LNG 槽车贮槽绝热结构设计[J]．天然气工业，2004(2)：85-87.

[8] 魏巍，汪荣顺．国内外液化天然气输运容器发展状态[J]．低温与超导，2005(2)：40-41.

[9] 董大勤，袁凤隐．压力容器设计手册[M]．2 版．北京：化学工业出版社，2014.

[10] 王志文，蔡仁良．化工容器设计[M]．3 版．北京：化学工业出版社，2011.

[11] JB/T 4700～4707—2000 压力容器法兰[S].

[12] TSG R0005—2011 移动式压力容器安全技术监察规程[S].

[13] 贺匡国．化工容器及设备简明设计手册[M]．2 版．北京：化学工业出版社，2002.

[14] GB 150—2005 钢制压力容器[S].

[15] 潘家祯．压力容器材料实用手册[M]．北京：化学工业出版社，2000.

[16] HG/T 20592～20635—2009 钢制管法兰、垫片、紧固件[S].

[17] JB/T 4712. 1～4712. 4—2007 容器支座[S].

[18] JB/T 4736—2002 补强圈[S].

[19] 张周卫．LNG 低温液化一级制冷五股流板翅式换热器[P]．中国：201510040244. 7，2015. 01.

[20] 张周卫．LNG 低温液化二级制冷四股流板翅式换热器[P]．中国：201510042630. X，2015. 01.

[21] 张周卫．LNG 低温液化三级制冷三股流板翅式换热器[P]．中国：201510040244. 7，2015. 01.

[22] 张周卫．LNG 混合制冷剂多股流板翅式换热器[P]．中国：201510051091. 6，2015. 02.

[23] Zhang Zhouwei，Wang Yahong，Li Yue，Xue Jiaxing. Research and development on series of LNG plate-fin heat exchanger [C]. 3rd International Conference on Mechatronics，Robotics and Automation(ICMRA 2015)，2015(4)：1299-1304.

第 5 章

30 万立方米 PFHE 型四级氦膨胀制冷氢液化系统工艺装备

本章重点研究开发 30 万立方米 PFHE 型四级氦膨胀制冷氢液化系统工艺装备设计计算方法，并根据四级氦膨胀、一级氢膨胀制冷工艺流程及四级多股流板翅式换热器(PFHE)，将氢气液化为-252℃ LH_2。在氢气液化为 LH_2 过程中放出大量热，需要研究开发相应 LH_2 液化工艺，构建制冷系统并应用四级 PFHE 来降低氢气温度。由于传统的 LH_2 液化工艺系统复杂，液化效率低，所以，本章采用四级氦膨胀及一级氢膨胀制冷系统及四级 PFHE 主液化装备，内含五级膨胀节流制冷工艺，其具有结构紧凑、换热效率高等特点，能有效解决液化工艺系统复杂等问题。文章通过研究给出了四级氦膨胀及一级氢膨胀制冷的 LH_2 工艺流程及主液化装备——四级多股流板翅式换热器的设计计算模型。PFHE 型四级氦膨胀制冷氢液化系统工艺流程如图 5-1 所示，各状态点参数如表 5-1 所示。

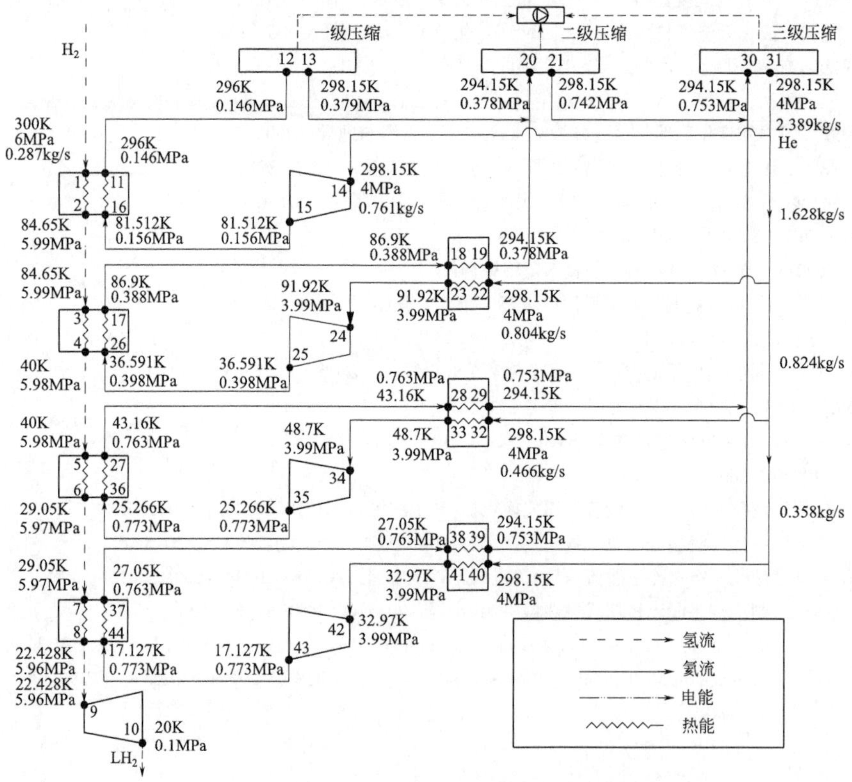

图 5-1　PFHE 型四级氦膨胀制冷氢液化系统工艺流程

表 5-1 状态点参数表

点号	温度/K	压力/MPa	密度/(kg/m³)	焓/(kJ/kg)	熵/[kJ/(kg·K)]	定压比热容/[kJ/(kg·K)]	热导率/[W/(m·K)]	黏度/Pa·s
1	300	6	4.6826	3985.2	36.578	14.462	0.19046	9.0929×10^{-6}
2、3	84.65	5.99	17.458	1030	19.465	13.345	0.077664	4.3738×10^{-6}
4、5	40	5.98	55.104	295.95	6.8272	16.852	0.10556	6.8273×10^{-6}
6、7	29.05	5.97	69.044	143.23	2.4176	11.355	0.12105	0.000011114
8、9	22.428	5.96	75.185	76.352	−0.1764	8.9005	0.11972	0.000016263
10	20	0.1	71.277	−3.5791	−0.1764	9.5654	0.10331	0.000013734
11、12	296	0.146	0.23729	1542.9	27.21	5.1932	0.15457	0.000019749
13	298.15	0.379	0.61087	1554.8	25.267	5.1933	0.15552	0.000019855
14	298.15	4	6.3404	1566.1	20.374	5.1943	0.15802	0.000019981
15、16	81.512	0.156	0.91904	428.84	20.374	5.1972	0.064362	0.000008611
17、18	86.9	0.388	2.1368	457.33	18.812	5.2018	0.06738	8.9932×10^{-6}
19、20	294.15	0.378	0.61753	1534	25.202	5.1933	0.15408	0.000019673
21	298.15	0.742	1.1939	1555.9	23.871	5.1934	0.15579	0.000019868
22	298.15	4	6.3404	1566.1	20.374	5.1943	0.15802	0.000019981
23、24	91.92	3.99	19.717	491.9	14.245	5.2574	0.074428	9.7764×10^{-6}
25、26	36.591	0.398	5.1932	194.94	14.245	5.2496	0.038658	5.3153×10^{-6}
27、28	43.16	0.763	8.3702	229.41	13.743	5.2677	0.043484	0.000005948
29、30	294.15	0.753	1.228	1535.2	23.771	5.1935	0.15436	0.000019687
31、32	298.15	4	6.3404	1566.1	20.374	5.1943	0.15802	0.000019981
33、34	48.7	3.99	35.981	262.07	10.861	5.4264	0.053184	6.9814×10^{-6}
35、36	25.266	0.773	14.587	134.13	10.861	5.4223	0.031917	4.3733×10^{-6}
37、38	27.05	0.763	13.421	143.8	11.258	5.3894	0.033109	4.5413×10^{-6}
39	294.15	0.753	1.228	1535.2	23.771	5.1935	0.15436	0.000019687
40	298.15	4	6.3404	1566.1	20.374	5.1943	0.15802	0.000019981
41、42	32.97	3.99	52.189	175.14	8.7023	5.6661	0.045135	5.8557×10^{-6}
43、44	17.127	0.773	22.185	89.024	8.7023	5.7282	0.02613	3.5471×10^{-6}

5.1 基于级联式 LH_2 液化工艺的板翅式主液化装备

$30\times10^4m^3/d$ 四级氦膨胀制冷氢气液化工艺中采用多股流板翅式换热器，目的在于通过设计将氢气液化为 20K、0.1MPa 的过冷平衡氢。设计过程中采用级联式液化流程和带膨胀机的液化流程相结合的工艺流程。换热器采用板翅式换热器，板翅式换热器具有结构紧凑、换热效率高的特点。LH_2 液化系统由四级连贯的板翅式换热器组成。首先，原料氢进入一级板束中，经过一级板束经制冷剂氦气冷却；原料氢在进入二级板束之前被冷却到大约 85K，在二级板束中再次经氦气冷却，然后进入三级板束，原料气冷却到 40K，在离开三级板束之时达到过冷状态，此时其温度为 29K，压力为 5.97MPa；然后进四级板束中，经过氦制冷剂进一步冷却，氢气在 22.7K 时离开换热器；最后，为降低氢气压力，将其通过透平膨胀机，经膨胀后达到

20K、0.1MPa 后输出，过冷的液化氢气送入氢气储罐中储存。

氦制冷循环由 4 级可逆、封闭和回热的循环级联而成，包括 4 台膨胀机(T1～T4)，4 台氢冷却器(X1～X4)，3 台氦回热器(R1～R3)。4 级循环的最大压力均为 4MPa，最小压力随温度的降低而增大。设计过程中采用四级氦膨胀氢液化制冷系统，共有四个氦气封闭循环。首先，氦气经压缩机压缩后进入辅助换热器(一级循环除外，来流氦气进入循环后直接进入膨胀机)，与回流氦气进行逆流换热，温度降低，然后进入各级膨胀机。当流出膨胀机时，压力和温度进一步降低，进入主换热器并与氢气进行逆流换热，氢气温度降低，氦气温度上升。出主换热器后的氢气流向下一级主换热器，而氦气则流经辅换热器与来流氦气换热并提高温度（一级循环除外，氦气出主换热器后直接回流至压缩机），然后回流至各级压缩机，经压缩后再次流向各级循环。原料氢气依次经过四个主换热器，温度逐步降低，并最终达到过冷储存的要求。出四级主换热器后虽有压损，但压力仍然较高，故在四级换热器后增加透平膨胀机降压。此外，将 O-P 转换所需要的催化剂-氧化铁装进主换热器中，让正氢最大程度转化为仲氢，以阻止液氢的大量气化。PFHE 型四级氦膨胀制冷氢液化板翅式换热器如图 5-2 所示。

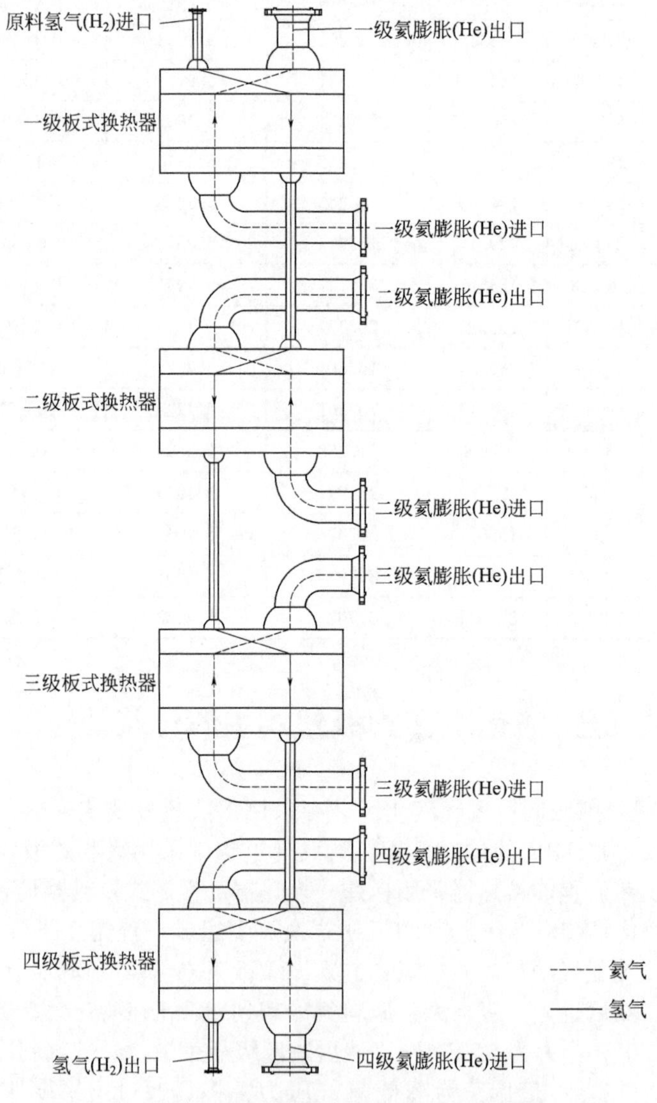

图 5-2　PFHE 型四级氦膨胀制冷氢液化板翅式换热器

5.2 LH_2 板翅式主液化装备工艺设计计算

5.2.1 一级换热器

a. 氢气放热过程

初态：$T_1=300K$，$p_1=6MPa$，查得焓值 $H_1=4568.2kJ/kg$

终态：$T_2=84.65k$，$p_2=5.99MPa$，查得焓值 $H_2=1030kJ/kg$

单位质量流量制冷量：

$$H_a=H_2-H_1=1030-4568.2=-3538.2(kJ/kg)$$

b. 氦气上升管吸热过程

初态：$T_1=81.512K$，$p_1=0.156MPa$，查得焓值 $H_1=428.84kJ/kg$

终态：$T_2=296.0K$，$p_2=0.146MPa$，查得焓值 $H_2=1542.9kJ/kg$

单位质量流量制冷量：

$$H_b=H_2-H_1=1542.9-428.84=1114.06(kJ/kg)$$

平衡换热量：

$$H_aM+H_bM_1=0$$

$$-3538.2\times0.287+1114.06M_1=0$$

$$M_1=0.9115kg/s$$

5.2.2 二级换热器

a. 氢气放热过程

初态：$T_1=84.65K$，$p_1=5.99MPa$，查得焓值 $H_1=1030kJ/kg$

终态：$T_2=40.00K$，$p_2=5.98MPa$，查得焓值 $H_2=295.95kJ/kg$

单位质量流量制冷量：

$$H_a=H_2-H_1=295.95-1030=-734.05(kJ/kg)$$

b. 氦气上升管吸热过程

初态：$T_1=36.591K$，$p_1=0.398MPa$，查得焓值 $H_1=194.94kJ/kg$

终态：$T_2=86.9K$，$p_2=0.388MPa$，查得焓值 $H_2=457.33kJ/kg$

单位质量流量制冷量：

$$H_b=H_2-H_1=457.33-194.94=262.39(kJ/kg)$$

平衡换热量：

$$H_aM+H_bM_2=0$$

$$-734.05\times0.287+262.39M_2=0$$

$$M_2=0.8029kg/s$$

5.2.3 三级换热器

a. 氢气放热过程

初态：$T_1=40.00K$，$p_1=5.98MPa$，查得焓值 $H_1=295.95kJ/kg$

终态：$T_2=29.05K$，$p_2=5.97MPa$，查得焓值 $H_2=143.23kJ/kg$

单位质量流量制冷量：

$$H_a = H_2 - H_1 = 143.23 - 295.95 = -152.72(\text{kJ/kg})$$

b. 氦气上升管吸热过程

氦气初态：$T_1 = 25.266\text{K}$，$p_1 = 0.773\text{MPa}$，查得焓值 $H_1 = 134.23\text{kJ/kg}$

终态：$T_2 = 43.16\text{K}$，$p_2 = 0.763\text{MPa}$，查得焓值 $H_2 = 229.41\text{kJ/kg}$

单位质量流量制冷量：

$$H_b = H_2 - H_1 = 229.41 - 134.23 = 95.18(\text{kJ/kg})$$

平衡换热量：

$$H_a M + H_b M_3 = 0$$
$$-152.72 \times 0.287 + 95.18 M_3 = 0$$
$$M_3 = 0.4605\text{kg/s}$$

5.2.4 四级换热器

a. 氢气放热过程

初态：$T_1 = 29.05\text{K}$，$p_1 = 5.97\text{MPa}$，查得焓值 $H_1 = 143.23\text{kJ/kg}$

终态：$T_2 = 22.428\text{K}$，$p_2 = 5.96\text{MPa}$，查得焓值 $H_2 = 76.352\text{kJ/kg}$

单位质量流量制冷量：

$$H_a = H_2 - H_1 = 76.352 - 143.23 = -66.878(\text{kJ/kg})$$

b. 氦气上升管吸热过程

初态：$T_1 = 17.127\text{K}$，$p_1 = 0.773\text{MPa}$，查得焓值 $H_1 = 89.024\text{kJ/kg}$

终态：$T_2 = 27.05\text{K}$，$p_2 = 0.763\text{MPa}$，查得焓值 $H_2 = 143.8\text{kJ/kg}$

单位质量流量制冷量：

$$H_b = H_2 - H_1 = 143.8 - 89.024 = 54.776(\text{kJ/kg})$$

平衡换热量：

$$H_a M + H_b M_4 = 0$$
$$-66.878 \times 0.287 + 54.776 M_4 = 0$$
$$M_4 = 0.3504\text{kg/s}$$

5.2.5 换热器 A

a. 氦气来流管

初态：$T_1 = 298.15\text{K}$，$p_1 = 4\text{MPa}$，查得焓值 $H_1 = 1566.1\text{kJ/kg}$

终态：$T_2 = 91.92\text{K}$，$p_2 = 3.99\text{MPa}$，查得焓值 $H_2 = 491.9\text{kJ/kg}$

单位质量流量制冷量：

$$H_A = H_2 - H_1 = 491.9 - 1566.1 = -1074.2(\text{kJ/kg})$$

b. 氦气回流管

初态：$T_1 = 86.9\text{K}$，$p_1 = 0.388\text{MPa}$，查得焓值 $H_1 = 457.33\text{kJ/kg}$

终态：$T_2 = 294.15\text{K}$，$p_2 = 0.378\text{MPa}$，查得焓值 $H_2 = 1534.02\text{kJ/kg}$

单位质量流量制冷量：

$$H'_A = H_2 - H_1 = 1534.02 - 457.33 = 1076.69(\text{kJ/kg})$$

平衡换热量：

$$H_A M_A + H'_A M'_A = 0$$

因氦气换热在一根管道中，$M_A = M'_A$，$H_A \approx -H'_A$，质量流量不变，故换热平衡（缺失的部分热量为热损失）。

5.2.6 换热器 B

a. 氦气来流管

初态：$T_1=298.15\text{K}$，$p_1=4\text{MPa}$，查得焓值 $H_1=1566.1\text{kJ/kg}$

终态：$T_2=48.7\text{K}$，$p_2=3.99\text{MPa}$，查得焓值 $H_2=262.07\text{kJ/kg}$

单位质量流量制冷量：

$$H_B=H_2-H_1=262.07-1566.1=-1304.03(\text{kJ/kg})$$

b. 氦气回流管

初态：$T_1=43.16\text{K}$，$p_1=0.763\text{MPa}$，查得焓值 $H_1=229.41\text{kJ/kg}$

终态：$T_2=294.15\text{K}$，$p_2=0.753\text{MPa}$，查得焓值 $H_2=1535.2\text{kJ/kg}$

单位质量流量制冷量：

$$H'_B=H_2-H_1=1535.2-229.41=1305.79(\text{kJ/kg})$$

平衡换热量：

$$H_BM_B+H'_BM'_B=0$$

因氦气换热在一根管道中，$M_B=M'_B$，$H_B\approx-H'_B$，质量流量不变，故换热平衡（缺失的部分热量为热损失）。

5.2.7 换热器 C

a. 氦气来流管

初态：$T_1=298.15\text{K}$，$p_1=4\text{MPa}$，查得焓值 $H_1=1566.1\text{kJ/kg}$

终态：$T_2=32.97\text{K}$，$p_2=3.99\text{MPa}$，查得焓值 $H_2=175.14\text{kJ/kg}$

单位质量流量制冷量：

$$H_C=H_2-H_1=175.14-1566.1=-1390.96(\text{kJ/kg})$$

b. 氦气回流管

初态：$T_1=27.05\text{K}$，$p_1=0.763\text{MPa}$，查得焓值 $H_1=143.8\text{kJ/kg}$

终态：$T_2=294.15\text{K}$，$p_2=0.753\text{MPa}$，查得焓值 $H_2=1535.2\text{kJ/kg}$

单位质量流量制冷量：

$$H'_C=H_2-H_1=1535.2-143.8=1391.4(\text{kJ/kg})$$

平衡换热量：

$$H_CM_C+H'_CM'_C=0$$

因氦气换热在一根管道中，$M_C=M'_C$，$H_C\approx-H'_C$，质量流量不变，故换热平衡（缺失的部分热量为热损失）。

各级换热器单位质量流量的预冷量和单位质量流量制冷量如表 5-2～表 5-8 所示，各制冷剂质量流量如表 5-9 所示，各级换热器中流体的预冷量和流体的制冷量如表 5-10～表 5-16 所示。

表 5-2 一级换热器单位质量流量的预冷量和单位质量流量制冷量

板侧	单位质量流量预冷量/(kJ/kg)	单位质量流量制冷量/(kJ/kg)
氢气侧	-3538.2	
氦气侧		1114.06

表 5-3 二级换热器单位质量流量的预冷量和单位质量流量制冷量

板侧	单位质量流量预冷量/(kJ/kg)	单位质量流量制冷量/(kJ/kg)
氢气侧	-734.05	
氦气侧		262.39

表 5-4 三级换热器单位质量流量的预冷量和单位质量流量制冷量

板侧	单位质量流量预冷量/(kJ/kg)	单位质量流量制冷量/(kJ/kg)
氢气侧	-152.72	
氦气侧		95.18

表 5-5 四级换热器单位质量流量的预冷量和单位质量流量制冷量

板侧	单位质量流量预冷量/(kJ/kg)	单位质量流量制冷量/(kJ/kg)
氢气侧	-66.878	
氦气侧		54.776

表 5-6 换热器 A 单位质量流量的预冷量和单位质量流量制冷量

板侧	单位质量流量预冷量/(kJ/kg)	单位质量流量制冷量/(kJ/kg)
氦气来流侧	-1074.2	
氦气回流侧		1076.69

表 5-7 换热器 B 单位质量流量的预冷量和单位质量流量制冷量

板侧	单位质量流量预冷量/(kJ/kg)	单位质量流量制冷量/(kJ/kg)
氦气来流侧	-1304.03	
氦气回流侧		1305.79

表 5-8 换热器 C 单位质量流量的预冷量和单位质量流量制冷量

板侧	单位质量流量预冷量/(kJ/kg)	单位质量流量制冷量/(kJ/kg)
氦气来流侧	-1390.96	
氦气回流侧		1391.4

表 5-9 各制冷剂质量流量

成分	氢气侧	一级氦气循环侧	二级氦气循环侧	三级氦气循环侧	四级氦气循环侧
流量/(kg/s)	0.287	0.9115	0.8029	0.4605	0.3504

表 5-10 一级换热器中流体的预冷量和流体的制冷量

板侧	流体的预冷量/(kJ/s)	流体的制冷量/(kJ/s)
氢气侧	-848.142	
氦气侧		848.134

表 5-11　二级换热器中流体的预冷量和流体的制冷量

板侧	流体的预冷量/(kJ/s)	流体的制冷量/(kJ/s)
氢气侧	-210.672	
氦气侧		210.672

表 5-12　三级换热器中流体的预冷量和流体的制冷量

板侧	流体的预冷量/(kJ/s)	流体的制冷量/(kJ/s)
氢气侧	-43.83	
氦气侧		43.831

表 5-13　四级换热器中流体的预冷量和流体的制冷量

板侧	流体的预冷量/(kJ/s)	流体的制冷量/(kJ/s)
氢气侧	-19.194	
氦气侧		19.194

表 5-14　换热器 A 中流体的预冷量和流体的制冷量

板侧	流体的预冷量/(kJ/s)	流体的制冷量/(kJ/s)
氦气来流侧	-862.475	
氦气回流侧		864.458

表 5-15　换热器 B 中流体的预冷量和流体的制冷量

板侧	流体的预冷量/(kJ/s)	流体的制冷量/(kJ/s)
氦气来流侧	-525.908	
氦气回流侧		526.803

表 5-16　换热器 C 中流体的预冷量和流体的制冷量

板侧	流体的预冷量/(kJ/s)	流体的制冷量/(kJ/s)
氦气来流侧	-487.392	
氦气回流侧		487.547

5.3 板翅式换热器流体参数及换热器板束长度计算

5.3.1 一级换热器流体参数计算(单层通道)

(1) 对于氢气侧板翅的常数计算

氢气侧流道质量流速:

$$G_i = \frac{W}{f_i n L_w} \tag{5-1}$$

式中 G_i——氢气侧流道的质量流速，kg/(m^2·s)；

W——各股流的质量流量，kg/s；

n——流股数；

L_w——翅片有效宽度，m；

f_i——单层通道一米宽度上的截面积，m^2。

$$G_i=\frac{0.287}{5.11\times10^{-3}\times10\times1}=5.6164[\mathrm{kg/(m^2\cdot s)}]$$

雷诺数：

$$Re=\frac{G_i d_e}{\mu g} \tag{5-2}$$

式中 G_i——氢气侧流道的质量流速，kg/(m^2·s)；

g——重力加速度，m/s^2；

d_e——氢气侧翅片当量直径，m；

μ——氢气的黏度，kg/(m·s)。

$$Re=\frac{5.6164\times2.28\times10^{-3}}{6.73335\times10^{-6}\times9.81}=193.862$$

普朗特数：

$$Pr=\frac{C\mu}{\lambda} \tag{5-3}$$

式中 μ——流体的黏度，kg/(m·s)；

C——流体的定压比热容，kJ /(kg·K)；

λ——流体的热导率，W/(m·K)。

$$Pr=\frac{13903.5\times6.73335\times10^{-6}}{0.134062}=0.6983$$

斯坦顿数：

$$St=\frac{j}{Pr^{2/3}} \tag{5-4}$$

式中 j——传热因子，查《板翅式换热器》（王松汉）得传热因子为0.01102；

St——斯坦顿数（无量纲）；

Pr——普朗特数（无量纲）。

$$St=\frac{0.01102}{0.6983^{2/3}}=0.014$$

给热系数：

$$\alpha=3600\times St\times C\times G_i \tag{5-5}$$

式中 α——流体的给热系数，kcal/(m^2·h·℃)；

C——流体的定压比热容，kJ /(kg·K)；

G_i——氢气侧流道的质量流速，kg/(m^2·s)。

$$\alpha=3600\times0.014\times13.9035\times5.6164/4.186=940.2[\mathrm{kcal/(m^2\cdot h\cdot ℃)}]$$

氢气侧 p 值：

$$p=\sqrt{\frac{2\alpha}{\lambda\delta}} \tag{5-6}$$

式中　α——氢气侧流体给热系数，kcal/(m^2·h·℃)；

λ——翅片材料热导率，W/(m·K)；

δ——翅厚，m。

$$p=\sqrt{\frac{2\times940.2}{165\times3\times10^{-4}}}=194.9$$

氢气侧翅片一次面传热效率：

$$\eta_f=\frac{\tanh(pb)}{pb} \tag{5-7}$$

氢气侧 $b=h_1/2$，其中 h_1 表示氢气板侧翅高，$b=3.25\times10^{-3}$m。

查附表 2 可知，$\tanh(pb)=0.5649$。

$$\eta_f=\frac{\tanh(pb)}{pb}=0.8918$$

氢气侧翅片总传热效率：

$$\eta_0=1-\frac{F_2}{F_0}(1-\eta_f) \tag{5-8}$$

式中　F_2——氢气侧翅片二次传热面积，查附表 1 标准翅片参数得，m^2；

F_0——氢气侧翅片总传热面积，查附表 1 标准翅片参数得，m^2。

$$\eta_0=1-\frac{F_2}{F_0}(1-\eta_f)=0.89$$

（2）对于氦气侧板翅的常数计算

氦气侧流道的质量流速：

$$G_i=\frac{W}{f_i n L_w} \tag{5-9}$$

式中　G_i——氦气侧流道的质量流速，kg/(m^2·s)；

W——各股流的质量流量，kg/s；

n——流股数；

L_w——翅片有效宽度，m；

f_i——单层通道一米宽度上的截面积，m^2。

$$G_i=\frac{0.9115}{5.27\times10^{-3}\times10\times1}=17.296\ [\text{kg/(m}^2\cdot\text{s)}]$$

雷诺数：

$$Re=\frac{G_i d_e}{\mu g} \tag{5-10}$$

式中　G_i——氦气侧流道的质量流速，kg/(m^2·s)；

g——重力加速度，m/s^2；

d_e——氦气侧翅片当量直径，m；

μ——氦气的黏度，kg/(m·s)。

$$Re=\frac{17.296\times2.67\times10^{-3}}{14.18\times10^{-6}\times9.81}=331.98$$

普朗特数：

$$Pr=\frac{C\mu}{\lambda} \tag{5-11}$$

式中 μ——流体的黏度，kg/(m·s)；

C——流体的定压比热容，kJ /(kg·K)；

λ——流体的热导率，W/(m·K)。

$$Pr=\frac{5195.2\times14.18\times10^{-6}}{0.109466}=0.673$$

斯坦顿数：

$$St=\frac{j}{Pr^{2/3}} \tag{5-12}$$

式中 j——传热因子，查《板翅式换热器》（王松汉）得传热因子为 0.0102；

St——斯坦顿数（无量纲）；

Pr——普朗特数（无量纲）。

$$St=\frac{0.0102}{0.673^{2/3}}=0.01328$$

给热系数：

$$\alpha=3600\times St\times C\times G_i \tag{5-13}$$

式中 α——流体的给热系数，kcal/(m²·h·℃)；

C——流体的定压比热容，kJ/(kg·K)；

G_i——氦气侧流道的质量流速，kg/(m²·s)。

$$\alpha=3600\times0.01328\times5.1952\times17.296/4.186=1026.2[\mathrm{kcal/(m^2\cdot h\cdot ℃)}]$$

氦气侧 p 值：

$$p=\sqrt{\frac{2\alpha}{\lambda\delta}} \tag{5-14}$$

式中 α——氦气侧流体给热系数，kcal/(m²·h·℃)；

λ——翅片材料热导率，W/(m·K)；

δ——翅厚，m。

$$p=\sqrt{\frac{2\times1026.2}{165\times3\times10^{-4}}}=203.62$$

氦气侧翅片一次面传热效率：

$$\eta_f=\frac{\tanh(pb)}{pb} \tag{5-15}$$

氦气侧 $b=h_2/2$，其中 h_2 表示氦气板侧翅高，$b=3.25\times10^{-3}$m。

查附表 2 可知，$\tanh(pb)=0.589$。

$$\eta_f=\frac{\tanh(pb)}{pb}=0.89$$

氦气侧翅片总传热效率：

$$\eta_0 = 1 - \frac{F_2}{F_0}(1 - \eta_f) \tag{5-16}$$

式中　F_2——氦气侧翅片二次传热面积，m^2；

F_0——氦气侧翅片总传热面积，m^2。

$$\eta_0 = 1 - \frac{F_2}{F_0}(1 - \eta_f) = 0.90$$

（3）一级板翅式换热器板束长度计算

① 氢气侧与氦气侧总传热系数的计算　以氢气侧传热面积为基准的总传热系数：

$$K_h = \frac{1}{\dfrac{1}{\alpha_h \eta_{0h}} + \dfrac{F_{oh}}{F_{oc}} \times \dfrac{1}{\alpha_c \eta_{0c}}} \tag{5-17}$$

式中　α_h——氢气侧给热系数，kcal/(m^2·h·℃)；

α_c——氦气侧给热系数，kcal/(m^2·h·℃)；

η_{0c}——氦气侧总传热效率；

η_{0h}——氢气侧总传热效率；

F_{oc}——氦气侧单位面积翅片的总传热面积，m^2；

F_{oh}——氢气侧单位面积翅片的总传热面积，m^2。

$$K_h = \frac{1}{\dfrac{1}{940.2 \times 0.89} + \dfrac{8.94}{7.9} \times \dfrac{1}{1026.2 \times 0.9}} = 413.16[\mathrm{kcal/(m^2 \cdot h \cdot ℃)}]$$

以氦气侧传热面积为基准的总传热系数

$$K_c = \frac{1}{\dfrac{1}{\alpha_h \eta_{0h}} \times \dfrac{F_{oc}}{F_{oh}} + \dfrac{1}{\alpha_c \eta_{0c}}} \tag{5-18}$$

$$= \frac{1}{\dfrac{1}{940.2 \times 0.89} \times \dfrac{7.9}{8.94} + \dfrac{1}{1026.2 \times 0.9}}$$

$$= 467.56\ [\mathrm{kcal/(m^2 \cdot h \cdot ℃)}]$$

② 对数平均温差计算：

$$\Delta t_m = \frac{\Delta t' - \Delta t''}{\ln \dfrac{\Delta t'}{\Delta t''}} \tag{5-19}$$

式中　$\Delta t'$——换热器同一侧冷热流体较大温差端的温差，℃；

$\Delta t''$——换热器同一侧冷热流体较小温差端的温差，℃。

对顺流换热器，$\Delta t' = t'_1 - t'_2$，$\Delta t'' = t''_1 - t''_2$；对逆流换热器，$\Delta t'$为$t'_1 - t''_2$和$t''_1 - t'_2$两个温差中较大的一个温差，而$\Delta t''$为另一个较小的温差。

$$\Delta t_m = \frac{\Delta t' - \Delta t''}{\ln \dfrac{\Delta t'}{\Delta t''}} = \frac{(300 - 296) - (84.65 - 81.512)}{\ln \dfrac{300 - 296}{84.65 - 81.512}} = 3.551(℃)$$

③ 传热面积计算　氢气侧传热面积：

$$A=\frac{Q}{K\Delta t} \tag{5-20}$$

$$=\frac{848.14\times0.2389\times3600}{413.16\times3.551}$$

$$=497.18(\mathrm{m}^2)$$

经过初步计算，确定板翅式换热器的宽度为2m。

则氢气侧板束长度为：

$$l=\frac{A}{fnb} \tag{5-21}$$

式中 f——氢气侧单位面积翅片的总传热面积，m^2；

n——流道数，根据初步计算，每组流道数为2；

b——板翅式换热器宽度，m。

$$l=\frac{A}{fnb}=\frac{497.18}{8.94\times2\times2}=13.9(\mathrm{m})$$

氦气侧传热面积：

$$A=\frac{Q}{K\Delta t_{\mathrm{m}}}=\frac{848.14\times0.2389\times3600}{467.56\times3.551}=439.34(\mathrm{m}^2)$$

氦气侧板束长度：

$$l=\frac{A}{fnb}=\frac{439.34}{7.9\times2\times2}=13.9(\mathrm{m})$$

根据以上计算，确定一级板翅式换热器板束长度为14m。

（4）一级换热器板侧的排列及组数

一级换热器每组板侧排列如图5-3所示，共8组，每组之间采用钎焊连接。

氦气
氢气
氢气
氦气

图5-3 一级板翅式换热器每组板侧排列

（5）一级板翅式换热器压力损失计算

板翅式换热器的压力损式分为三部分计算，分别为换热器入口、出口和换热器中心部分，如图2-23所示，各项阻力分别用以下公式计算。

① 换热器中心入口的压力损失 即导流片的出口到换热器中心的截面积变化引起的压力降。计算公式如下：

$$\Delta p_1=\frac{G^2}{2g_{\mathrm{c}}\rho_1}(1-\sigma^2)+K_{\mathrm{c}}\frac{G^2}{2g_{\mathrm{c}}\rho_1} \tag{5-22}$$

式中 Δp_1——入口处压力降，Pa；

G——流体在板束中的质量流量，$\mathrm{kg/(m^2\cdot s)}$；

g_{c}——重力换算系数，为1.27×10^8；

ρ_1——流体入口密度，kg/m^3；

σ——板束通道截面积与集气管最大截面积之比；

K_c——收缩阻力系数，由附图 3 查得。

② 换热器中心部分出口的压力降　即由换热器中心部分到导流片入口截面积发生变化引起的压力降。计算公式如下：

$$\Delta p_2 = \frac{G^2}{2g_c\rho_2}(1-\sigma^2) - K_e\frac{G^2}{2g_c\rho_2} \tag{5-23}$$

式中　Δp_2——出口处压升，Pa；

ρ_2——流体出口密度，kg/m^3；

K_e——扩大阻力系数，由附图 3 查得。

③ 换热器中心部分的压力降　换热器中心部分的压力降主要由传热面形状的改变而产生的摩擦阻力和局部阻力组成，将这两部分阻力综合考虑，可以看作是作用于总摩擦面积 A 上的等效剪切力。即换热器中心部分压力降可用以下公式计算：

$$\Delta p_3 = \frac{4fl}{D_e}\times\frac{G^2}{2g_c\rho_{av}} \tag{5-24}$$

式中　Δp_3——换热器中心部分压力降，Pa；

f——摩擦系数；

l——换热器中心部分长度，m；

D_e——翅片当量直径，m；

ρ_{av}——进出口流体平均密度，kg/m^3。

所以流体经过板翅式换热器的总压力降可表示为：

$$\Delta p = \frac{G^2}{2g_c\rho_1}\left[(K_c+1-\sigma^2)+2\left(\frac{\rho_1}{\rho_2}-1\right)+\frac{4fl}{D_e}\times\frac{\rho_1}{\rho_{av}}-(1-\sigma^2-K_e)\frac{\rho_1}{\rho_2}\right] \tag{5-25}$$

$$\sigma = \frac{f_a}{A_{fa}};\ f_a = \frac{x(L-\delta)L_w n}{x+\delta};\quad A_{fa} = (L+\delta_s)L_w N_t$$

式中　δ_s——板翅式换热器翅片隔板厚度，m；

L——翅片高度，m；

L_w——有效宽度，m；

N_t——冷热交换总层数。

氢气侧压力损失的计算：

$$\Delta p = \frac{G^2}{2g_c\rho_1}\left[(K_c+1-\sigma^2)\ +2\left(\frac{\rho_1}{\rho_2}-1\right)+\frac{4fl}{D_e}\times\frac{\rho_1}{\rho_{av}}-\ (1-\sigma^2-K_e)\ \frac{\rho_1}{\rho_2}\right]$$

$$f_a = \frac{x(L-\delta)L_w n}{x+\delta} = \frac{(1.7-0.3)\times10^{-3}\times(6.5-0.3)\times10^{-3}\times1\times2}{1.7\times10^{-3}} = 0.0102$$

$$A_{fa} = (L+\delta_s)L_w N_t = (6.5+2.0)\times10^{-3}\times1\times8 = 0.068$$

$$\sigma = \frac{f_a}{A_{fa}} = 0.15;\ K_c = 0.76;\ K_e = 0.70$$

$$\Delta p = \frac{(5.6164\times3600)^2}{2\times1.27\times10^8\times4.6826}\times\left[(0.76+1-0.15^2)+2\times\left(\frac{4.6826}{17.458}-1\right)+\right.$$
$$\left.\frac{4\times0.0492\times12.27}{2.28\times10^{-3}}\times\frac{4.6826}{11.0703}-(1-0.15^2-0.7)\times\frac{4.6826}{17.458}\right]$$

$= 154(\text{Pa})$

氢气侧压力损失的计算：

$$\Delta p=\frac{G^2}{2g_c\rho_1}\left[(K_c+1-\sigma^2)+2\left(\frac{\rho_1}{\rho_2}-1\right)+\frac{4fl}{D_e}\times\frac{\rho_1}{\rho_{av}}-(1-\sigma^2-K_e)\frac{\rho_1}{\rho_2}\right]$$

$$f_a=\frac{x(L-\delta)L_w n}{x+\delta}=\frac{(2.0-0.3)\times10^{-3}\times(6.5-0.3)\times10^{-3}\times1\times2}{2.0\times10^{-3}}=0.0105$$

$$A_{fa}=(L+\delta_s)L_w N_t=(6.5+2.0)\times10^{-3}\times1\times8=0.068$$

$$\sigma=\frac{f_a}{A_{fa}}=0.15;\ K_c=0.74;\ K_e=0.67$$

$$\Delta p=\frac{(17.296\times3600)^2}{2\times1.27\times10^8\times0.91904}\times\left[(0.74+1-0.15^2)+2\times\left(\frac{0.91904}{0.23729}-1\right)\right.$$
$$\left.+\frac{4\times0.0455\times12.27}{2.67\times10^{-3}}\times\frac{0.91904}{0.578165}-(1-0.15^2-0.67)\times\frac{0.91904}{0.23729}\right]$$
$$=22185\text{Pa}$$

通过前面的计算可以看出，制冷剂和氢气在翅片内流动时，如果不考虑相变，则通过板翅式换热器时压力损失很少，对于高压板侧的流动，这些压力降可看作是流体静压的波动减少量，对流体的动压没影响，所以流体在板束中的流动速度不需要校正。但是，如果考虑相变的话，流体压力损失比较大，这部分压力损失还得考虑，否则这部分压力损失将对板侧的流动速度产生较大影响，所以还得重新校核流速，使其符合流体相变的速度变化规律。

5.3.2 二级换热器流体参数计算(单层通道)

(1)对于氢气侧的板翅常数计算

氢气侧流道的质量流速：

$$G_i=\frac{W}{f_i n L_w}$$

式中 G_i——氢气侧流道的质量流速，kg/(m^2·s)；

W——各股流的质量流量，kg/s；

n——流股数；

L_w——翅片有效宽度，m；

f_i——单层通道一米宽度上的截面积，m^2。

$$G_i=\frac{0.287}{5.11\times10^{-3}\times8\times1}=7.02[\text{kg/(m}^2\cdot\text{s)}]$$

雷诺数：

$$Re=\frac{G_i d_e}{\mu g}$$

式中 G_i——氢气侧流道的质量流速，kg/(m^2·s)；

g——重力加速度，m/s^2；

d_e——氢气侧翅片当量直径，m；

μ——氢气黏度，kg/(m·s)。

$$Re=\frac{7.02\times 2.67\times 10^{-3}}{5.6\times 10^{-6}\times 9.81}=341.186$$

普朗特数：

$$Pr=\frac{C\mu}{\lambda}$$

式中　μ——流体黏度，kg/(m·s)；
C——流体的定压比热容，kJ /(kg·K)；
λ——流体的热导率；W/(m·K)。

$$Pr=\frac{15.1\times 5.6\times 10^{-3}}{0.091612}=0.92$$

斯坦顿数：

$$St=\frac{j}{Pr^{2/3}}$$

式中　j——传热因子，查《板翅式换热器》（王松汉）得传热因子为 0.01068；
St——斯坦顿数（无量纲）；
Pr——普朗特数（无量纲）。

$$St=\frac{0.01068}{0.92^{2/3}}=0.01129$$

给热系数：

$$\alpha=3600\times St\times C\times G_i$$

式中　α——流体的给热系数，kcal/(m²·h·℃)；
C——流体的定压比热容，kJ/(kg·K)；
G_i——氢气侧流道的质量流速，kg/(m²·s)。

$$\alpha=3600\times 0.01129\times 15.1\times 7.02/4.186=10292[\text{kcal}/(\text{m}^2\cdot\text{h}\cdot℃)]$$

氢气侧 p 值：

$$p=\sqrt{\frac{2\alpha}{\lambda\delta}}$$

式中　α——氢气侧流体给热系数，kcal/(m²·h·℃)；
λ——翅片材料热导率，W/(m·K)；
δ——翅厚，m。

$$p=\sqrt{\frac{2\times 1029.2}{165\times 3\times 10^{-4}}}=203.9$$

氢气侧翅片一次面传热效率：

$$\eta_{\text{f}}=\frac{\tanh(pb)}{pb}=0.8745$$

氢气侧 $b=h_1/2$，其中，h_1 表示氢气板侧翅高，$b=3.25\times 10^{-3}$m。
查附表 2 可知，$\tanh(pb)=0.57975$。
氢气侧翅片总传热效率：

$$\eta_0=1-\frac{F_2}{F_0}(1-\eta_{\text{f}})=0.90$$

式中 F_2——氢气侧翅片二次传热面积，m^2；

F_0——氢气侧翅片总传热面积，m^2。

（2）对于氢气侧的板翅常数计算

氢气侧流道的质量流速：

$$G_i = \frac{W}{f_i n L_w}$$

式中 G_i——氢气侧流道的质量流速，$kg/(m^2 \cdot s)$；

W——各股流的质量流量，kg/s；

n——流道数；

L_w——翅片有效宽度，m；

f_i——单层通道一米宽度上的截面积，m^2。

$$G_i = \frac{0.8029}{5.27 \times 10^{-3} \times 8 \times 1} = 19.044[kg/(m^2 \cdot s)]$$

雷诺数：

$$Re = \frac{G_i d_e}{\mu g}$$

式中 G_i——氢气侧流道的质量流速，$kg/(m^2 \cdot s)$；

g——重力加速度，m/s^2；

d_e——氢气侧翅片当量直径，m；

μ——氢气黏度，$kg/(m \cdot s)$。

$$Re = \frac{19.044 \times 2.67 \times 10^{-3}}{7.15425 \times 10^{-6} \times 9.81} = 725.69$$

普朗特数：

$$Pr = \frac{C\mu}{\lambda}$$

式中 μ——流体黏度，$kg/(m \cdot s)$；

C——流体的定压比热容，$kJ/(kg \cdot K)$；

λ——流体的热导率，$W/(m \cdot K)$。

$$Pr = \frac{5.2257 \times 7.15425 \times 10^{-3}}{0.053019} = 0.705$$

斯坦顿数：

$$St = \frac{j}{Pr^{2/3}}$$

式中 j——传热因子，查《板翅式换热器》（王松汉）得传热因子为0.0058；

St——斯坦顿数（无量纲）；

Pr——普朗特数（无量纲）。

$$St = \frac{0.0058}{0.705^{2/3}} = 0.00732$$

给热系数：

$$\alpha=3600\times St\times C\times G_i$$

式中　α——流体的给热系数，kcal/(m^2·h·℃)；

C——流体的定压比热容，kJ/(kg·K)；

G_i——氦气侧流道的质量流速，kg/(m^2·s)。

$$\alpha=3600\times0.00732\times5.2257\times19.044/4.186=626.5[\text{kcal}/(\text{m}^2\cdot\text{h}\cdot℃)]$$

氦气侧 p 值：

$$p=\sqrt{\frac{2\alpha}{\lambda\delta}}$$

式中　α——氦气侧流体给热系数，kcal/(m^2·h·℃)；

λ——翅片材料热导率，W/(m·K)；

δ——翅厚，m。

$$p=\sqrt{\frac{2\times626.5}{165\times3\times10^{-4}}}=159.11$$

氦气侧翅片一次面传热效率：

$$\eta_f=\frac{\tanh(pb)}{pb}=0.9194$$

氦气侧 $b=h_2/2$，其中，h_2表示氦气板侧翅高，$b=3.25\times10^{-3}$m。

查附表 2 可知，$\tanh(pb)=0.47546$。

氦气侧翅片总传热效率：

$$\eta_0=1-\frac{F_2}{F_0}(1-\eta_f)=0.94$$

式中　F_2——氦气侧翅片二次传热面积，m^2；

F_0——氦气侧翅片总传热面积，m^2。

（3）二级板翅式换热器传热面积及板长计算

① 氢气侧与氦气侧总传热系数的计算　以氢气侧传热面积为基准的总传热系数：

$$K_h=\frac{1}{\dfrac{1}{\alpha_h\eta_{0h}}+\dfrac{F_{oh}}{F_{oc}}\times\dfrac{1}{\alpha_c\eta_{0c}}}$$

式中　α_h——氢气侧给热系数，kcal/(m^2·h·℃)；

α_c——氦气侧给热系数，kcal/(m^2·h·℃)；

η_{0c}——氦气侧总传热效率；

η_{0h}——氢气侧总传热效率；

F_{oc}——氦气侧单位面积翅片的总传热面积，m^2；

F_{oh}——氢气侧单位面积翅片的总传热面积，m^2。

$$K_h=\frac{1}{\dfrac{1}{1029.2\times0.9}+\dfrac{8.94}{7.9}\times\dfrac{1}{626.5\times0.94}}=333.2[\text{kcal}/(\text{m}^2\cdot\text{h}\cdot℃)]$$

以氦气侧传热面积为基准的总传热系数：

$$K_c=\frac{1}{\frac{1}{\alpha_h\eta_{0h}}\times\frac{F_{oc}}{F_{oh}}+\frac{1}{\alpha_c\eta_{0c}}}$$

$$=\frac{1}{\frac{1}{1029.2\times0.9}\times\frac{7.9}{8.94}+\frac{1}{626.5\times0.94}}$$

$$=377.07[\mathrm{kcal/(m^2\cdot h\cdot ℃)}]$$

② 对数平均温差计算

$$\Delta t_m=\frac{\Delta t'-\Delta t''}{\ln\frac{\Delta t'}{\Delta t''}}=\frac{(86.9-84.65)-(40-36.591)}{\ln\frac{86.9-84.65}{40-36.591}}=2.8(℃)$$

③ 传热面积计算　氢气侧传热面积：

$$A=\frac{Q}{K\Delta t}=\frac{210.67\times0.2389\times3600}{333.2\times2.8}=193.8(\mathrm{m^2})$$

经过初步计算，确定板翅式换热器的宽度为2m。

氢气侧板束长度：

$$l=\frac{A}{fnb}=\frac{193.8}{8.94\times2\times2}=5.4(\mathrm{m})$$

式中 f——氢气侧单位面积翅片的总传热面积，$\mathrm{m^2}$；

n——流道数，根据初步计算，每组流道数为2；

b——板翅式换热器宽度，m。

氦气侧传热面积：

$$A=\frac{Q}{K\Delta t}=\frac{210.67\times0.2389\times3600}{377.07\times2.8}=171.61(\mathrm{m^2})$$

氦气侧板束长度：

$$l=\frac{A}{fnb}=\frac{171.61}{7.9\times2\times2}=5.4(\mathrm{m})$$

根据上述计算，确定二级板翅式换热器板束长度为5.4m。

（4）二级换热器板侧的排列及组数

二级换热器每组板侧排列如图5-4所示，共8组，每组之间采用钎焊连接。

氦气
氢气
氦气
氢气

图5-4　二级板翅式换热器每组板侧排列

（5）二级换热器压力损失计算

① 氢气板侧压力损失的计算

$$f_a=\frac{x(L-\delta)L_wn}{x+\delta}=\frac{(1.7-0.3)\times10^{-3}\times(6.5-0.3)\times10^{-3}\times1\times2}{1.7\times10^{-3}}=0.0102$$

$$A_{fa}=(L+\delta_s)L_wN_t=(6.5+2.0)\times10^{-3}\times1\times8=0.068$$

$$\sigma=\frac{f_a}{A_{fa}}=0.15;\ K_c=0.75;\ K_e=0.68$$

$$\Delta p=\frac{(7.02\times3600)^2}{2\times1.27\times10^8\times17.458}\times\left[(0.75+1-0.15^2)+2\times\left(\frac{17.458}{55.104}-1\right)\right.$$

$$\left.+\frac{4\times0.0476\times5.48}{2.28\times10^{-3}}\times\frac{17.458}{36.281}-(1-0.15^2-0.68)\times\frac{17.458}{55.104}\right]$$

$$=31.8(\text{Pa})$$

② 氦气侧压力损失的计算

$$\Delta p=\frac{G^2}{2g_c\rho_1}\left[(K_c+1-\sigma^2)+2\left(\frac{\rho_1}{\rho_2}-1\right)+\frac{4fl}{D_e}\times\frac{\rho_1}{\rho_{av}}-(1-\sigma^2-K_e)\frac{\rho_1}{\rho_2}\right]$$

$$f_a=\frac{x(L-\delta)L_wn}{x+\delta}=\frac{(2.0-0.3)\times10^{-3}\times(6.5-0.3)\times10^{-3}\times1\times2}{2.0\times10^{-3}}=0.0105$$

$$A_{fa}=(L+\delta_s)L_wN_t=(6.5+2.0)\times10^{-3}\times1\times8=0.068$$

$$\sigma=\frac{f_a}{A_{fa}}=0.15;\ K_c=0.68;\ K_e=0.68$$

$$\Delta p=\frac{(19.044\times3600)^2}{2\times1.27\times10^8\times5.1932}\times\left[(0.68+1-0.15^2)+2\times\left(\frac{5.1932}{2.1368}-1\right)\right.$$

$$\left.+\frac{4\times0.022\times5.48}{2.67\times10^{-3}}\times\frac{5.1932}{3.665}-(1-0.15^2-0.68)\times\frac{5.1932}{2.1368}\right]$$

$$=925.5(\text{Pa})$$

5.3.3　三级换热器流体参数计算(单层通道)

(1)对于氢气侧板翅的常数计算

氢气侧流道的质量流速:

$$G_i=\frac{W}{f_inL_w}$$

式中　G_i——氢气侧流道的质量流速，kg/(m^2·s);

W——各股流的质量流量，kg/s;

n——流股数;

L_w——翅片有效宽度，m;

f_i——单层通道一米宽度上的截面积，m^2。

$$G_i=\frac{0.287}{5.11\times10^{-3}\times10\times1}=5.6164\ [\text{kg}/(\text{m}^2\cdot\text{s})]$$

雷诺数:

$$Re=\frac{G_id_e}{\mu g}$$

式中　G_i——氢气侧流道的质量流速，kg/(m^2·s);

g——重力加速度，m/s^2;

d_e——氢气侧翅片当量直径，m；

μ——氢气黏度，kg/(m·s)。

$$Re=\frac{5.6164\times2.28\times10^{-3}}{8.97065\times10^{-6}\times9.81}=145.51$$

普朗特数：

$$Pr=\frac{C\mu}{\lambda}$$

式中　μ——流体黏度，kg/(m·s)；

C——流体的定压比热容，kJ/(kg·K)；

λ——流体的热导率，W/(m·K)。

$$Pr=\frac{14.1035\times8.97065\times10^{-3}}{0.113305}=1.12$$

斯坦顿数：

$$St=\frac{j}{Pr^{2/3}}$$

式中　j——传热因子，查《板翅式换热器》（王松汉）得传热因子为0.01203；

St——斯坦顿数（无量纲）；

Pr——普朗特数（无量纲）。

$$St=\frac{0.01203}{1.12^{2/3}}=0.0112$$

给热系数：

$$\alpha=3600\times St\times C\times G_i$$

式中　α——流体的给热系数，kcal/(m²·h·℃)；

C——流体的定压比热容，kJ/(kg·K)；

G_i——氢气侧流道的质量流速，kg/(m²·s)。

$$\alpha=3600\times0.0112\times14.1035\times5.6164/4.186=763[\text{kcal}/(\text{m}^2\cdot\text{h}\cdot℃)]$$

氢气侧 p 值：

$$p=\sqrt{\frac{2\alpha}{\lambda\delta}}$$

式中　α——氢气侧流体给热系数，kcal/(m²·h·℃)；

λ——翅片材料热导率，W/(m·K)；

δ——翅厚，m。

$$p=\sqrt{\frac{2\times763}{165\times3\times10^{-4}}}=175.6$$

氢气侧翅片一次面传热效率：

$$\eta_f=\frac{\tanh(pb)}{pb}=0.903$$

氢气侧 $b=h_1/2$，其中，h_1表示氢气板侧翅高，$b=3.25\times10^{-3}$m。

查附表2可知，$\tanh(pb)=0.5154$。

氢气侧翅片总传热效率：

$$\eta_0 = 1 - \frac{F_2}{F_0}(1 - \eta_f) = 0.92$$

式中　F_2——氢气侧翅片二次传热面积，m^2；

F_0——氢气侧翅片总传热面积，m^2。

（2）对于氦气侧的板翅常数计算

氦气侧流道的质量流速：

$$G_i = \frac{W}{f_i n L_w}$$

式中　G_i——氦气侧流道的质量流速，$kg/(m^2 \cdot s)$；

W——各股流的质量流量，kg/s；

n——流道数；

L_w——翅片有效宽度，m；

f_i——单层通道一米宽度上的截面积，m^2。

$$G_i = \frac{0.4605}{5.27 \times 10^{-3} \times 10 \times 1} = 8.74[kg/(m^2 \cdot s)]$$

雷诺数：

$$Re = \frac{G_i d_e}{\mu g}$$

式中　G_i——氦气侧流道的质量流速，$kg/(m^2 \cdot s)$；

g——重力加速度，m/s^2；

d_e——氦气侧翅片当量直径，m；

μ——氦气黏度，$kg/(m \cdot s)$。

$$Re = \frac{8.74 \times 2.67 \times 10^{-3}}{5.16065 \times 10^{-6} \times 9.81} = 460.95$$

普朗特数：

$$Pr = \frac{C\mu}{\lambda}$$

式中　μ——流体黏度，$kg/(m \cdot s)$；

C——流体的定压比热容，$kJ/(kg \cdot K)$；

λ——流体的热导率，$W/(m \cdot K)$。

$$Pr = \frac{5.345 \times 5.16065 \times 10^{-3}}{0.0377} = 0.73$$

斯坦顿数：

$$St = \frac{j}{Pr^{2/3}}$$

式中　j——传热因子，查《板翅式换热器》（王松汉）得传热因子为 0.0081；

St——斯坦顿数（无量纲）；

Pr——普朗特数（无量纲）。

$$St = \frac{0.0081}{0.73^{2/3}} = 0.01$$

给热系数：

$$\alpha=3600\times St\times C\times G_i$$

式中　α——流体的给热系数，kcal/(m^2·h·℃)；

C——流体的定压比热容，kJ/(kg·K)；

G_i——氦气侧流道的质量流速，kg/(m^2·s)。

$$\alpha = 3600 \times 0.01 \times 5.345 \times 8.74/4.186 = 401.8[\text{kcal}/(\text{m}^2\cdot\text{h}\cdot℃)]$$

氦气侧 p 值：

$$p=\sqrt{\frac{2\alpha}{\lambda\delta}}$$

式中　α——氦气侧流体给热系数，kcal/(m^2·h·℃)；

λ——翅片材料热导率，W/(m·K)；

δ——翅厚，m。

$$p=\sqrt{\frac{2\times401.8}{165\times3\times10^{-4}}}=127.4$$

氦气侧翅片一次面传热效率：

$$\eta_f=\frac{\tanh(pb)}{pb}=0.955$$

氦气侧 $b=h_2/2$，其中，h_2表示氦气板侧翅高，$b=3.25\times10^{-3}$m。

查附表 2 可知，$\tanh(pb)=0.3953$。

氦气侧翅片总传热效率：

$$\eta_0 = 1 - \frac{F_2}{F_0}(1 - \eta_f) = 0.95$$

式中　F_2——氦气侧翅片二次传热面积，m^2；

F_0——氦气侧翅片总传热面积，m^2。

（3）三级板翅式换热器传热面积计算

① 氢气侧与氦气侧总传热系数的计算　以氢气侧传热面积为基准的总传热系数：

$$K_h=\frac{1}{\dfrac{1}{\alpha_h\eta_{0h}}+\dfrac{F_{oh}}{F_{oc}}\times\dfrac{1}{\alpha_c\eta_{0c}}}$$

式中　α_h——氢气侧给热系数，kcal/(m^2·h·℃)；

α_c——氦气侧给热系数，kcal/(m^2·h·℃)；

η_{0c}——氦气侧总传热效率；

η_{0h}——氢气侧总传热效率；

F_{oc}——氦气侧单位面积翅片的总传热面积，m^2；

F_{oh}——氢气侧单位面积翅片的总传热面积，m^2。

$$K_h = \frac{1}{\dfrac{1}{763 \times 0.92} + \dfrac{8.94}{7.9} \times \dfrac{1}{401.8 \times 0.95}} = 227.83[\text{kcal}/(\text{m}^2\cdot\text{h}\cdot℃)]$$

以氦气侧传热面积为基准的总传热系数：

$$K_c = \frac{1}{\dfrac{1}{\alpha_h \eta_{0h}} \times \dfrac{F_{oc}}{F_{oh}} + \dfrac{1}{\alpha_c \eta_{0c}}}$$

$$= \frac{1}{\dfrac{1}{763 \times 0.92} \times \dfrac{7.9}{8.94} + \dfrac{1}{401.8 \times 0.95}}$$

$$= 257.82 [\mathrm{kcal/(m^2 \cdot h \cdot ℃)}]$$

② 对数平均温差计算

$$\Delta t_m = \frac{\Delta t' - \Delta t''}{\ln \dfrac{\Delta t'}{\Delta t''}} = \frac{(43.16 - 40) - (29.05 - 25.266)}{\ln \dfrac{43.16 - 40}{29.05 - 25.266}} = 3.5(℃)$$

③ 传热面积计算　氢气侧传热面积：

$$A = \frac{Q}{K\Delta t} = \frac{43.83 \times 0.2389 \times 3600}{227.83 \times 3.5} = 47.3(\mathrm{m^2})$$

经过初步计算，确定板翅式换热器的宽度为 2m。

氢气侧板束长度：

$$l = \frac{A}{fnb} = \frac{47.3}{8.94 \times 1 \times 2} = 2.6(\mathrm{m})$$

式中 f——氢气侧单位面积翅片的总传热面积，$\mathrm{m^2}$；

n——流道数，根据初步计算，每组流道数为 2；

b——板翅式换热器宽度，m。

氦气侧传热面积：

$$A = \frac{Q}{K\Delta t} = \frac{43.83 \times 0.2389 \times 3600}{257.82 \times 3.5} = 41.8(\mathrm{m^2})$$

氦气侧板束长度：

$$l = \frac{A}{fnb} = \frac{41.8}{7.9 \times 1 \times 2} = 2.6(\mathrm{m})$$

根据上述计算，确定三级板翅式换热器板束长度为 2.6m。

（4）三级板侧的排列及组数

三级板翅式换热器每组板侧排列如图 5-5 所示，共 10 组，每组之间采用钎焊连接。

氦气
氢气

图 5-5　三级板翅式换热器每组板侧排列

（5）三级换热器压力损失计算

① 氢气侧压力损失的计算

$$\Delta p = \frac{G^2}{2g_c\rho_1}\left[(K_c + 1 - \sigma^2) + 2\left(\frac{\rho_1}{\rho_2} - 1\right) + \frac{4fl}{D_e} \times \frac{\rho_1}{\rho_{av}} - (1 - \sigma^2 - K_e)\frac{\rho_1}{\rho_2}\right]$$

$$f_a=\frac{x(L-\delta)L_w n}{x+\delta}=\frac{(1.7-0.3)\times10^{-3}\times(6.5-0.3)\times10^{-3}\times1\times2}{1.7\times10^{-3}}=0.0102$$

$$A_{fa}=(L+\delta_s)L_w N_t=(6.5+2.0)\times10^{-3}\times1\times8=0.068$$

$$\sigma=\frac{f_a}{A_{fa}}=0.15;\ K_c=0.78;\ K_e=0.86$$

$$\Delta p=\frac{(5.6164\times3600)^2}{2\times1.27\times10^8\times55.104}\times\left[(0.78+1-0.15^2)+2\times\left(\frac{55.104}{69.004}-1\right)+\frac{4\times0.0537\times2.5}{2.28\times10^{-3}}\times\frac{55.104}{62.074}-(1-0.15^2-0.86)\times\frac{55.104}{69.004}\right]$$
$$=0.18(\mathrm{Pa})$$

② 氦气侧压力损失的计算

$$\Delta p=\frac{G^2}{2g_c\rho_1}\left[(K_c+1-\sigma^2)+2\left(\frac{\rho_1}{\rho_2}-1\right)+\frac{4fl}{D_e}\times\frac{\rho_1}{\rho_{av}}-(1-\sigma^2-K_e)\frac{\rho_1}{\rho_2}\right]$$

$$f_a=\frac{x(L-\delta)L_w n}{x+\delta}=\frac{(2.0-0.3)\times10^{-3}\times(6.5-0.3)\times10^{-3}\times1\times2}{2.0\times10^{-3}}=0.0105$$

$$A_{fa}=(L+\delta_s)L_w N_t=(6.5+2.0)\times10^{-3}\times1\times8=0.068$$

$$\sigma=\frac{f_a}{A_{fa}}=0.15;\ K_c=0.72;\ K_e=0.85$$

$$\Delta p=\frac{(8.74\times3600)^2}{2\times1.27\times10^8\times14.587}\times\left[(0.72+1-0.15^2)+2\times\left(\frac{14.587}{8.3702}-1\right)+\frac{4\times0.035\times2.5}{2.67\times10^{-3}}\times\frac{14.587}{11.4786}-(1-0.15^2-0.85)\times\frac{14.587}{8.3702}\right]$$
$$=45.3(\mathrm{Pa})$$

5.3.4 四级换热器流体参数计算(单层通道)

(1) 对于氢气侧板翅的常数计算

氢气侧流道的质量流速：

$$G_i=\frac{W}{f_i n L_w}$$

式中 G_i——氢气侧流道的质量流速，kg/(m^2 · s)；

W——各股流的质量流量，kg/s；

n——流股数；

L_w——翅片有效宽度，m；

f_i——单层通道一米宽度上的截面积，m^2。

$$G_i=\frac{0.287}{5.11\times10^{-3}\times10\times1}=5.6164[\mathrm{kg/(m^2\cdot s)}]$$

雷诺数：

$$Re=\frac{G_i d_e}{\mu g}$$

式中　G_i——氢气侧流道的质量流速，kg/(m^2·s)；

g——重力加速度，m/s^2；

d_e——氢气侧翅片当量直径，m；

μ——氢气黏度，kg/(m·s)。

$$Re=\frac{5.6164\times2.28\times10^{-3}}{13.6885\times10^{-6}\times9.81}=95.36$$

普朗特数：

$$Pr=\frac{C\mu}{\lambda}$$

式中　μ——流体黏度，kg/(m·s)；

C——流体的定压比热容，kJ/(kg·K)；

λ——流体的热导率，W/(m·K)。

$$Pr=\frac{10.12775\times13.6885\times10^{-3}}{0.120385}=1.15$$

斯坦顿数：

$$St=\frac{j}{Pr^{2/3}}$$

式中　j——传热因子，查《板翅式换热器》（王松汉）得传热因子为 0.01214；

St——斯坦顿数（无量纲）；

Pr——普朗特数（无量纲）。

$$St=\frac{0.01214}{1.15^{2/3}}=0.0111$$

给热系数：

$$\alpha=3600\times St\times C\times G_i$$

式中　α——流体的给热系数，kcal/(m^2·h·℃)；

C——流体的定压比热容，kJ/(kg·K)；

G_i——氢气侧流道的质量流速，kg/(m^2·s)。

$$\alpha=3600\times0.0111\times10.12775\times5.6164/4.186=543[\text{kcal}/(\text{m}^2\cdot\text{h}\cdot℃)]$$

氢气侧 p 值：

$$p=\sqrt{\frac{2\alpha}{\lambda\delta}}$$

式中　α——氢气侧流体给热系数，kcal/(m^2·h·℃)；

λ——翅片材料热导率，W/(m·K)；

δ——翅厚，m。

$$p=\sqrt{\frac{2\times543}{165\times3\times10^{-4}}}=148.12$$

氢气侧翅片一次面传热效率：

$$\eta_f=\frac{\tanh(pb)}{pb}=0.9271$$

氢气侧 $b=h_1/2$，其中，h_1 表示氢气板侧翅高，$b=3.25\times10^{-3}$m。

查附表 2 可知，$\tanh(pb)=0.4463$。

氢气侧翅片总传热效率：

$$\eta_0=1-\frac{F_2}{F_0}(1-\eta_f)=0.94$$

式中　F_2——氢气侧翅片二次传热面积，m^2；

F_0——氢气侧翅片总传热面积，m^2。

（2）对于氦气侧板翅的常数计算

氦气侧流道的质量流速：

$$G_i=\frac{W}{f_i n L_w}$$

式中　G_i——氦气侧流道的质量流速，kg/(m²·s)；

W——各股流的质量流量，kg/s；

n——流股数；

L_w——翅片有效宽度，m；

f_i——单层通道一米宽度上的截面积，m^2。

$$G_i=\frac{0.3504}{5.27\times10^{-3}\times10\times1}=6.65[\mathrm{kg/(m^2\cdot s)}]$$

雷诺数：

$$Re=\frac{G_i d_e}{\mu g}$$

式中　G_i——氦气侧流道的质量流速，kg/(m²·s)；

g——重力加速度，m/s²；

d_e——氦气侧翅片当量直径，m；

μ——氦气黏度，kg/(m·s)。

$$Re=\frac{6.65\times2.67\times10^{-3}}{4.0442\times10^{-6}\times9.81}=447.54$$

普朗特数：

$$Pr=\frac{C\mu}{\lambda}$$

式中　μ——流体黏度，kg/(m·s)；

C——流体的定压比热容，kJ/(kg·K)；

λ——流体的热导率，W/(m·K)。

$$Pr=\frac{5.5588\times4.0442\times10^{-3}}{0.0296195}=0.76$$

斯坦顿数：

$$St=\frac{j}{Pr^{2/3}}$$

式中　j——传热因子，查《板翅式换热器》（王松汉）得传热因子为 0.009；

St——斯坦顿数（无量纲）；

Pr——普朗特数（无量纲）。

$$St=\frac{0.009}{0.76^{2/3}}=0.011$$

给热系数：

$$\alpha=3600\times St\times C\times G_i$$

式中　α——流体的给热系数，kcal/(m²·h·℃)；

C——流体的定压比热容，kJ/(kg·K)；

G_i——氦气侧流道的质量流速，kg/(m²·s)。

$$\alpha=3600\times0.011\times5.5588\times6.65/4.186=349.7[\text{kcal}/(\text{m}^2\cdot\text{h}\cdot℃)]$$

氦气侧 p 值：

$$p=\sqrt{\frac{2\alpha}{\lambda\delta}}$$

式中　α——流体的给热系数，kcal/(m²·h·℃)；

λ——翅片材料热导率，W/(m·K)；

δ——翅厚，m。

$$p=\sqrt{\frac{2\times349.7}{165\times3\times10^{-4}}}=118.87$$

氦气侧翅片一次面传热效率：

$$\eta_f=\frac{\tanh(pb)}{pb}=0.9451$$

氦气侧 $b=h_2/2$，其中，h_2表示氦气板侧翅高，$b=3.25\times10^{-3}$m。

查附表2可知，$\tanh(pb)=0.36511$。

氦气侧翅片总传热效率：

$$\eta_0=1-\frac{F_2}{F_0}(1-\eta_f)=0.96$$

式中　F_2——氦气侧翅片二次传热面积，m²；

F_0——氦气侧翅片总传热面积，m²。

（3）四级板翅式换热器传热面积计算

① 氢气侧与氦气侧总传热系数的计算　以氢气侧传热面积为基准的总传热系数：

$$K_h=\frac{1}{\frac{1}{\alpha_h\eta_{0h}}+\frac{F_{oh}}{F_{oc}}\times\frac{1}{\alpha_c\eta_{0c}}}$$

式中　α_h——氢气侧给热系数，kcal/(m²·h·℃)；

α_c——氦气侧给热系数，kcal/(m²·h·℃)；

η_{0c}——氦气侧总传热效率；

η_{0h}——氢气侧总传热效率；

F_{oc}——氦气侧单位面积翅片的总传热面积，m²；

F_{oh}——氢气侧单位面积翅片的总传热面积，m^2。

$$K_h = \frac{1}{\dfrac{1}{543 \times 0.94} + \dfrac{8.94}{7.9} \times \dfrac{1}{349.7 \times 0.96}} = 187.62[\text{kcal}/(\text{m}^2 \cdot \text{h} \cdot ℃)]$$

以氦气侧传热面积为基准的总传热系数：

$$K_c = \frac{1}{\dfrac{1}{\alpha_h \eta_{0h}} \times \dfrac{F_{oc}}{F_{oh}} + \dfrac{1}{\alpha_c \eta_{0c}}}$$

$$= \frac{1}{\dfrac{1}{543 \times 0.94} \times \dfrac{7.9}{8.94} + \dfrac{1}{349.7 \times 0.96}}$$

$$= 207.4[\text{kcal}/(\text{m}^2 \cdot \text{h} \cdot ℃)]$$

② 对数平均温差计算

$$\Delta t_m = \frac{\Delta t' - \Delta t''}{\ln \dfrac{\Delta t'}{\Delta t''}} = \frac{(22.428 - 17.127) - (29.05 - 27.05)}{\ln \dfrac{22.428 - 17.127}{29.05 - 27.05}} = 3.4(℃)$$

③ 传热面积计算　氢气侧传热面积：

$$A = \frac{Q}{K\Delta t} = \frac{19.2 \times 0.2389 \times 3600}{187.62 \times 3.4} = 25.9(\text{m}^2)$$

经过初步计算，确定板翅式换热器的宽度为2m，则氢气侧板束长度：

$$l = \frac{A}{fnb} = \frac{25.9}{8.94 \times 1 \times 2} = 1.4(\text{m})$$

式中　f——氢气侧单位面积翅片的总传热面积，m^2；

n——流道数，根据初步计算，每组流道数为2；

b——板翅式换热器宽度，m。

氦气侧传热面积：

$$A = \frac{Q}{K\Delta t} = \frac{19.2 \times 0.2389 \times 3600}{207.4 \times 3.4} = 23.4(\text{m}^2)$$

氦气侧板束长度：

$$l = \frac{A}{fnb} = \frac{23.4}{7.9 \times 1 \times 2} = 1.5(\text{m})$$

根据上述计算，确定四级板翅式换热器板束长度取1.5m。

（4）四级换热器板侧的排列及组数

四级板翅式换热器每组板侧排列如图5-6所示，共包括10组，每组之间采用钎焊连接。

氦气
氢气

图5-6　四级板翅式换热器每组板侧排列

（5）四级换热器压力损失计算

① 氢气板侧压力损失计算

$$\Delta p=\frac{G^2}{2g_c\rho_1}\left[(K_c+1-\sigma^2)+2\left(\frac{\rho_1}{\rho_2}-1\right)+\frac{4fl}{D_e}\times\frac{\rho_1}{\rho_{av}}-(1-\sigma^2-K_e)\frac{\rho_1}{\rho_2}\right]$$

$$f_a=\frac{x(L-\delta)L_w n}{x+\delta}=\frac{(1.7-0.3)\times10^{-3}\times(6.5-0.3)\times10^{-3}\times1\times2}{1.7\times10^{-3}}=0.0102$$

$$A_{fa}=(L+\delta_s)L_wN_t=(6.5+2.0)\times10^{-3}\times1\times8=0.068$$

$$\sigma=\frac{f_a}{A_{fa}}=0.15;\ K_c=0.79;\ K_e=0.86$$

$$\Delta p=\frac{(5.6164\times3600)^2}{2\times1.27\times10^8\times69.044}\times\left[(0.79+1-0.15^2)+2\times\left(\frac{69.044}{75.185}-1\right)+\frac{4\times0.0561\times1.47}{2.28\times10^{-3}}\times\frac{69.044}{72.1145}-(1-0.15^2-0.86)\times\frac{69.044}{75.185}\right]$$

$$=3.26(\mathrm{Pa})$$

② 氦气板侧压力损失计算

$$\Delta p=\frac{G^2}{2g_c\rho_1}\left[(K_c+1-\sigma^2)+2\left(\frac{\rho_1}{\rho_2}-1\right)+\frac{4fl}{D_e}\times\frac{\rho_1}{\rho_{av}}-(1-\sigma^2-K_e)\frac{\rho_1}{\rho_2}\right]$$

$$f_a=\frac{x(L-\delta)L_w n}{x+\delta}=\frac{(2.0-0.3)\times10^{-3}\times(6.5-0.3)\times10^{-3}\times1\times2}{2.0\times10^{-3}}=0.0105$$

$$A_{fa}=(L+\delta_s)L_wN_t=(6.5+2.0)\times10^{-3}\times1\times8=0.068$$

$$\sigma=\frac{f_a}{A_{fa}}=0.15;\ K_c=0.73;\ K_e=0.85$$

$$\Delta p=\frac{(6.65\times3600)^2}{2\times1.27\times10^8\times22.185}\times\left[(0.73+1-0.15^2)+2\times\left(\frac{22.185}{13.421}-1\right)+\frac{4\times0.04\times1.47}{2.67\times10^{-3}}\times\frac{22.185}{17.803}-(1-0.15^2-0.85)\times\frac{22.185}{13.421}\right]$$

$$=11.5(\mathrm{Pa})$$

5.3.5　换热器 A 流体参数计算(单层通道)

（1）对于氦气来流侧板翅的常数计算

氦气来流流道的质量流速：

$$G_i=\frac{W}{f_i n L_w}$$

式中　G_i——氦气来流流道的质量流速，kg/(m^2·s)；

W——各股流的质量流量，kg/s；

n——流股数；

L_w——翅片有效宽度，m；

f_i——单层通道一米宽度上的截面积，m^2。

$$G_i = \frac{0.8029}{5.11 \times 10^{-3} \times 8 \times 1} = 19.6404[\mathrm{kg/(m^2 \cdot s)}]$$

雷诺数：

$$Re = \frac{G_i d_e}{\mu g}$$

式中 G_i——氦气来流流道的质量流速，kg/(m^2·s)；

g——重力加速度，m/s^2；

d_e——氦气来流侧翅片当量直径，m；

μ——氦气黏度，kg/(m·s)。

$$Re = \frac{19.6404 \times 2.28 \times 10^{-3}}{1.48787 \times 10^{-5} \times 9.81} = 306.797$$

普朗特数：

$$Pr = \frac{C\mu}{\lambda}$$

式中 μ——流体黏度，kg/(m·s)；

C——流体的定压比热容，kJ/(kg·K)；

λ——流体的热导率，W/(m·K)。

$$Pr = \frac{5.22585 \times 1.48787 \times 10^{-3}}{0.11622} = 0.67$$

斯坦顿数：

$$St = \frac{j}{Pr^{2/3}}$$

式中 j——传热因子，查《板翅式换热器》（王松汉）得传热因子为 0.0106；

St——斯坦顿数（无量纲）；

Pr——普朗特数（无量纲）。

$$St = \frac{0.0106}{0.67^{2/3}} = 0.0138$$

给热系数：

$$\alpha = 3600 \times St \times C \times G_i$$

式中 α——流体的给热系数，kcal/(m^2·h·℃)；

C——流体的定压比热容，kJ/(kg·K)；

G_i——氦气来流流道的质量流速，kg/(m^2·s)。

$$\alpha = 3600 \times 0.0138 \times 5.22585 \times 19.6404/4.186 = 1218.12[\mathrm{kcal/(m^2 \cdot h \cdot ℃)}]$$

氦气来流侧 p 值：

$$p = \sqrt{\frac{2\alpha}{\lambda\delta}}$$

式中 α——氦气来流侧流体给热系数，kcal/(m^2·h·℃)；

λ——翅片材料热导率，W/(m·K)；

δ——翅厚，m。

$$p = \sqrt{\frac{2 \times 1218.12}{165 \times 3 \times 10^{-4}}} = 221.85$$

氦气来流侧翅片一次面传热效率：

$$\eta_f = \frac{\tanh(pb)}{pb} = 0.8581$$

氦气来流侧 $b = h_{2L}/2$，其中，h_{2L} 表示氦气来流板侧翅高，$b = 3.25\times10^{-3}$m。

查附表 2 可知，$\tanh(pb) = 0.62$。

氦气来流侧翅片总传热效率：

$$\eta_0 = 1 - \frac{F_2}{F_0}(1 - \eta_f) = 0.88$$

式中　F_2——氦气来流侧翅片二次传热面积，m^2；

F_0——氦气来流侧翅片总传热面积，m^2。

（2）对于氦气回流侧板翅的常数计算

氦气回流侧流道的质量流速：

$$G_i = \frac{W}{f_i n L_w}$$

式中　G_i——氦气回流侧流道的质量流速，$kg/(m^2 \cdot s)$；

W——各股流的质量流量，kg/s；

n——流股数；

L_w——翅片有效宽度，m；

f_i——单层通道一米宽度上的截面积，m^2。

$$G_i = \frac{0.8029}{5.27\times10^{-3}\times8\times1} = 19.044[kg/(m^2 \cdot s)]$$

雷诺数：

$$Re = \frac{G_i d_e}{\mu g}$$

式中　G_i——氦气回流侧流道的质量流速，$kg/(m^2 \cdot s)$；

g——重力加速度，m/s^2；

d_e——氦气回流侧翅片当量直径，m；

μ——氦气回流侧流体黏度，$kg/(m \cdot s)$。

$$Re = \frac{19.044\times2.67\times10^{-3}}{1.43331\times10^{-5}\times9.81} = 361.627$$

普朗特数：

$$Pr = \frac{C\mu}{\lambda}$$

式中　μ——流体黏度，$kg/(m \cdot s)$；

C——流体的定压比热容，$kJ/(kg \cdot K)$；

λ——流体的热导率，$W/(m \cdot K)$。

$$Pr = \frac{5.19755\times14.3331\times10^{-3}}{0.11073} = 0.67$$

斯坦顿数：

$$St=\frac{j}{Pr^{2/3}}$$

式中　j——传热因子，查《板翅式换热器》（王松汉）得传热因子为 0. 01；

St——斯坦顿数（无量纲）；

Pr——普朗特数（无量纲）。

$$St=\frac{0.01}{0.67^{2/3}}=0.0131$$

给热系数：

$$\alpha=3600\times St\times C\times G_i$$

式中　α——流体的给热系数，kcal/(m² · h · ℃)；

C——流体的定压比热容，kJ/(kg · K)；

G_i——氦气回流侧流道的质量流速，kg/(m² · s)。

$\alpha=3600\times0.0131\times5.19775\times19.044/4.186=1115.19$ [kcal/(m² · h · ℃)]

氦气回流侧 p 值：

$$p=\sqrt{\frac{2\alpha}{\lambda\delta}}$$

式中　α——氦气回流侧流体给热系数，kcal/(m² · h · ℃)；

λ——翅片材料热导率，W/(m · K)；

δ——翅厚，m。

$$p=\sqrt{\frac{2\times1115.19}{165\times3\times10^{-4}}}=212.27$$

氦气回流侧翅片一次面传热效率：

$$\eta_{\mathrm{f}}=\frac{\tanh(pb)}{pb}=0.8649$$

氦气回流侧 $b=h_{2\mathrm{H}}/2$，其中，$h_{2\mathrm{H}}$表示氦气回流侧翅高，$b=3.25\times10^{-3}$m。

查附表 2 可知，$\tanh(pb)=0.5967$。

氦气回流侧翅片总传热效率：

$$\eta_0=1-\frac{F_2}{F_0}(1-\eta_{\mathrm{f}})=0.90$$

式中　F_2——氦气回流侧翅片二次传热面积，m²；

F_0——氦气回流侧翅片总传热面积，m²。

（3）板翅式换热器 A 传热面积计算

① 氦气来流侧与氦气回流侧总传热系数的计算　以氦气来流侧传热面积为基准的总传热系数：

$$K_{\mathrm{h}}=\frac{1}{\frac{1}{\alpha_{\mathrm{h}}\eta_{0\mathrm{h}}}+\frac{F_{\mathrm{oh}}}{F_{\mathrm{oc}}}\times\frac{1}{\alpha_{\mathrm{c}}\eta_{0\mathrm{c}}}}$$

式中　α_{h}——氦气来流侧给热系数，kcal/(m² · h · ℃)；

α_{c}——氦气回流侧给热系数，kcal/(m² · h · ℃)；

η_{0c}——氦气回流侧总传热效率；

η_{0h}——氦气来流侧总传热效率；

F_{oc}——氦气回流侧单位面积翅片的总传热面积，m^2；

F_{oh}——氦气来流侧单位面积翅片的总传热面积，m^2。

$$K_h = \frac{1}{\frac{1}{1218.12 \times 0.88} + \frac{7.9}{8.94} \times \frac{1}{1115.19 \times 0.9}} = 551.47[\text{kcal}/(\text{m}^2 \cdot \text{h} \cdot ℃)]$$

以氦气回流侧传热面积为基准的总传热系数：

$$K_c = \frac{1}{\frac{1}{\alpha_h \eta_{0h}} \times \frac{F_{oc}}{F_{oh}} + \frac{1}{\alpha_c \eta_{0c}}}$$
$$= \frac{1}{\frac{1}{1218.12 \times 0.88} + \frac{8.94}{7.9} \times \frac{1}{1115.19 \times 0.9}}$$
$$= 485.35[\text{kcal}/(\text{m}^2 \cdot \text{h} \cdot ℃)]$$

② 对数平均温差计算

$$\Delta t_m = \frac{\Delta t' - \Delta t''}{\ln \frac{\Delta t'}{\Delta t''}} = \frac{(91.92 - 86.9) - (298.15 - 294.15)}{\ln \frac{91.92 - 86.9}{298.15 - 294.15}} = 4.5℃$$

③ 传热面积计算　氦气来流侧传热面积：

$$A = \frac{Q}{K\Delta t} = \frac{862.475 \times 0.2389 \times 3600}{551.47 \times 4.5} = 298.9(\text{m}^2)$$

经过初步计算，确定板翅式换热器的宽度为 1m，则氦气来流侧板束长度为：

$$l = \frac{A}{fnb} = \frac{298.9}{8.94 \times 2 \times 2} = 8.36(\text{m})$$

式中　f——氦气来流侧单位面积翅片的总传热面积，m^2；

n——流道数，根据初步计算，每组流道数为 2；

b——板翅式换热器宽度，m。

氦气回流侧传热面积：

$$A = \frac{Q}{K\Delta t} = \frac{864.458 \times 0.2389 \times 3600}{485.35 \times 4.5} = 340.4(\text{m}^2)$$

经过初步计算，确定板翅式换热器的宽度为 1m，则氦气回流侧板束长度为：

$$l = \frac{A}{fnb}$$

式中　f——氦气来流侧单位面积翅片的总传热面积，m^2；

n——流道数，根据初步计算，每组流道数为 2；

b——板翅式换热器宽度，m。

氦气回流侧板束长度：

$$l = \frac{A}{fnb} = \frac{340.4}{7.9 \times 2 \times 2} = 10.77(\text{m})$$

由计算可以得出换热器 A 氦气回流侧的板束长度大于氦气来流侧的板束长度，所以换热器 A 的长度为 10. 8m。

（4）换热器 A 板侧的排列及组数

换热器 A 每组板侧排列如图 5-7 所示，共 4 组，每组之间采用钎焊连接。

氦气来流
氦气回流
氦气来流
氦气回流

图 5-7　换热器 A 每组板侧排列

（5）换热器 A 压力损失计算

① 氦气来流侧压力损失的计算

$$\Delta p=\frac{G^2}{2g_c\rho_1}\left[(K_c+1-\sigma^2)+2\left(\frac{\rho_1}{\rho_2}-1\right)+\frac{4fl}{D_e}\times\frac{\rho_1}{\rho_{av}}-(1-\sigma^2-K_e)\frac{\rho_1}{\rho_2}\right]$$

$$f_a=\frac{x(L-\delta)L_wn}{x+\delta}=\frac{(1.7-0.3)\times10^{-3}\times(6.5-0.3)\times10^{-3}\times1\times2}{1.7\times10^{-3}}=0.0102$$

$$A_{fa}=(L+\delta_s)L_wN_t=(6.5+2)\times10^{-3}\times1\times8=0.068$$

$$\sigma=\frac{f_a}{A_{fa}}=0.15;\ K_c=0.75;\ K_e=0.68$$

$$\Delta p=\frac{(19.6404\times3600)^2}{2\times1.27\times10^8\times6.3404}\times\left[(0.75+1-0.15^2)+2\times\left(\frac{6.3404}{19.717}-1\right)\right.$$
$$\left.+\frac{4\times0.047\times9.54}{2.28\times10^{-3}}\times\frac{6.3404}{13.0287}-(1-0.15^2-0.68)\times\frac{6.3404}{19.717}\right]$$
$$=1189.2(\mathrm{Pa})$$

② 氦气回流侧压力损失的计算

$$\Delta p=\frac{G^2}{2g_c\rho_1}\left[(K_c+1-\sigma^2)+2\left(\frac{\rho_1}{\rho_2}-1\right)+\frac{4fl}{D_e}\times\frac{\rho_1}{\rho_{av}}-(1-\sigma^2-K_e)\frac{\rho_1}{\rho_2}\right]$$

$$f_a=\frac{x(L-\delta)L_wn}{x+\delta}=\frac{(2-0.3)\times10^{-3}\times(6.5-0.3)\times10^{-3}\times1\times2}{2\times10^{-3}}=0.0105$$

$$A_{fa}=(L+\delta_s)L_wN_t=(6.5+2)\times10^{-3}\times1\times10=0.068$$

$$\sigma=\frac{f_a}{A_{fa}}=0.15;\ K_c=0.74;\ K_e=0.67$$

$$\Delta p=\frac{(19.044\times3600)^2}{2\times1.27\times10^8\times2.1368}\times\left[(0.74+1-0.15^2)+2\times\left(\frac{2.1368}{0.61753}-1\right)\right.$$
$$\left.+\frac{4\times0.045\times9.56}{2.67\times10^{-3}}\times\frac{2.1368}{1.377165}-(1-0.15^2-0.67)\times\frac{2.1368}{0.61753}\right]$$
$$=8708(\mathrm{Pa})$$

5.3.6　换热器 B 流体参数计算(单层通道)

（1）对于氦气来流侧板翅的常数计算

氦气来流流道的质量流速：

$$G_i=\frac{W}{f_i n L_w}$$

式中　G_i——氦气来流流道的质量流速，kg/(m^2 · s)；

W——各股流的质量流量，kg/s；

n——流股数；

L_w——翅片有效宽度，m；

f_i——单层通道一米宽度上的截面积，m^2。

$$G_i=\frac{0.5086}{5.11\times10^{-3}\times8\times1}=12.441[\text{kg/(m}^2\cdot\text{s)}]$$

雷诺数：

$$Re=\frac{G_i d_e}{\mu g}$$

式中　G_i——氦气来流流道的质量流速，kg/(m^2 · s)；

g——重力加速度，m/s^2；

d_e——氦气来流侧翅片当量直径，m；

μ——氦气黏度，kg/(m · s)。

$$Re=\frac{12.441\times2.28\times10^{-3}}{1.34812\times10^{-5}\times9.81}=214.483$$

普朗特数：

$$Pr=\frac{C\mu}{\lambda}$$

式中　μ——流体黏度，kg/(m · s)；

C——流体的定压比热容，kJ/(kg · K)；

λ——流体的热导率，W/(m · K)。

$$Pr=\frac{5.31035\times1.34812\times10^{-2}}{0.1056}=0.68$$

斯坦顿数：

$$St=\frac{j}{Pr^{2/3}}$$

式中　j——传热因子，查《板翅式换热器》（王松汉）得传热因子为 0.01135；

St——斯坦顿数（无量纲）；

Pr——普朗特数（无量纲）。

$$St=\frac{0.01135}{0.68^{2/3}}=0.0147$$

给热系数：

$$\alpha=3600\times St\times C\times G_i$$

式中 α——流体的给热系数，kcal/(m^2·h·℃)；

C——流体的定压比热容，kJ/(kg·K)；

G_i——氦气来流流道的质量流速，kg/(m^2·s)。

$$\alpha = 3600 \times 0.0147 \times 5.31035 \times 12.441/4.186 = 835.22[\text{kcal}/(\text{m}^2 \cdot \text{h} \cdot ℃)]$$

氦气来流侧 p 值：

$$p=\sqrt{\frac{2\alpha}{\lambda\delta}}$$

式中 α——氦气来流侧流体给热系数，kcal/(m^2·h·℃)；

λ——翅片材料热导率，W/(m·K)；

δ——翅厚，m。

$$p=\sqrt{\frac{2\times835.22}{165\times3\times10^{-4}}}=183.7$$

氦气来流侧翅片一次面传热效率：

$$\eta_f = \frac{\tanh(pb)}{pb} = 0.8944$$

氦气来流侧 $b=h_{2L}/2$，其中 h_{2L}表示氦气板侧翅高，$b=3.25\times10^{-3}$m。

查附表 2 可知，tanh（pb）= 0.5340。

氦气来流侧翅片总传热效率：

$$\eta_0 = 1 - \frac{F_2}{F_0}(1 - \eta_f) = 0.89$$

式中 F_2——氦气来流侧翅片二次传热面积，m^2；

F_0——氦气来流侧翅片总传热面积，m^2。

（2）对于氦气回流侧板翅的常数计算

氦气回流侧流道的质量流速：

$$G_i=\frac{W}{f_i n L_w}$$

式中 G_i——氦气回流侧流道的质量流速，kg/(m^2·s)；

W——各股流的质量流量，kg/s；

n——流股数；

L_w——翅片有效宽度，m；

f_i——单层通道一米宽度上的截面积，m^2。

$$G_i = \frac{0.5086}{5.27 \times 10^{-3} \times 8 \times 1} = 12.06[\text{kg}/(\text{m}^2 \cdot \text{s})]$$

雷诺数：

$$Re=\frac{G_i d_e}{\mu g}$$

式中 G_i——氦气回流侧流道的质量流速，kg/(m^2·s)；

g——重力加速度，m/s^2；

d_e——氦气回流侧翅片当量直径，m；

μ——氦气回流侧黏度，kg/(m·s)。

$$Re=\frac{12.06\times2.67\times10^{-3}}{1.28175\times10^{-5}\times9.81}=256.09$$

普朗特数：

$$Pr=\frac{C\mu}{\lambda}$$

式中　μ——流体黏度，kg/(m·s)；

C——流体的定压比热容，kJ/(kg·K)；

λ——流体的热导率，W/(m·K)。

$$Pr=\frac{5.2306\times1.28172\times10^{-2}}{0.09892}=0.68$$

斯坦顿数：

$$St=\frac{j}{Pr^{2/3}}$$

式中　j——传热因子，查《板翅式换热器》（王松汉）得传热因子为 0.011135；

St——斯坦顿数（无量纲）；

Pr——普朗特数（无量纲）。

$$St=\frac{0.011135}{0.68^{2/3}}=0.0144$$

给热系数：

$$\alpha=3600\times St\times C\times G_i$$

式中　α——流体的给热系数，kcal/(m²·h·℃)；

C——流体的定压比热容，kJ/(kg·K)；

G_i——氦气回流侧流道的质量流速，kg/(m²·s)。

$$\alpha=3600\times0.0144\times5.2306\times12.06/4.186=783.21[\text{kcal}/(\text{m}^2\cdot\text{h}\cdot℃)]$$

氦气回流侧 p 值：

$$p=\sqrt{\frac{2\alpha}{\lambda\delta}}$$

式中　α——氦气回流侧流体给热系数，kcal/(m²·h·℃)；

λ——翅片材料热导率，W/(m·K)；

δ——翅厚，m。

$$p=\sqrt{\frac{2\times783.21}{165\times3\times10^{-4}}}=177.89$$

氦气回流侧翅片一次面传热效率：

$$\eta_f=\frac{\tanh(pb)}{pb}=0.8915$$

氦气回流侧 $b=h_{2H}/2$，其中 h_{2H} 表示氦气板侧翅高，$b=3.25\times10^{-3}$m。

查附表 2 可知，$\tanh(pb)=0.5154$。

氦气回流侧翅片总传热效率：

$$\eta_0=1-\frac{F_2}{F_0}(1-\eta_f)=0.92$$

式中　F_2——氦气回流侧翅片二次传热面积，m^2；

F_0——氦气回流侧翅片总传热面积，m^2。

（3）板翅式换热器 B 传热面积计算

① 氦气来流侧与氦气回流侧总传热系数计算　以氦气回流侧传热面积为基准的总传热系数：

$$K_h = \frac{1}{\dfrac{1}{\alpha_h \eta_{0h}} + \dfrac{F_{oh}}{F_{oc}} \times \dfrac{1}{\alpha_c \eta_{0c}}}$$

式中　α_h——氦气来流侧给热系数，kcal/(m²·h·℃)；

α_c——氦气回流侧给热系数，kcal/(m²·h·℃)；

η_{0c}——氦气回流侧总传热效率；

η_{0h}——氦气来流侧总传热效率；

F_{oc}——氦气回流侧单位面积翅片的总传热面积，m^2；

F_{oh}——氦气来流侧单位面积翅片的总传热面积，m^2。

$$K_c = \frac{1}{\dfrac{1}{835.22 \times 0.89} + \dfrac{7.9}{8.94} \times \dfrac{1}{783.21 \times 0.92}} = 388.86[\text{kcal/(m}^2 \cdot \text{h} \cdot ℃)]$$

以氦气回流侧传热面积为基准的总传热系数：

$$K_c = \frac{1}{\dfrac{1}{\alpha_h \eta_{0h}} \times \dfrac{F_{oc}}{F_{oh}} + \dfrac{1}{\alpha_c \eta_{0c}}}$$

$$= \frac{1}{\dfrac{1}{835.22 \times 0.89} \times \dfrac{8.94}{7.9} + \dfrac{1}{783.21 \times 0.92}}$$

$$= 343.62[\text{kcal/(m}^2 \cdot \text{h} \cdot ℃)]$$

② 对数平均温差计算

$$\Delta t_m = \frac{\Delta t' - \Delta t''}{\ln \dfrac{\Delta t'}{\Delta t''}} = \frac{(48.7 - 43.16) - (298.15 - 294.15)}{\ln \dfrac{48.7 - 43.16}{298.15 - 294.15}} = 4.7(℃)$$

③ 传热面积计算　氦气来流侧传热面积：

$$A = \frac{Q}{K\Delta t} = \frac{525.908 \times 0.2389 \times 3600}{388.86 \times 4.7} = 247.5(\text{m}^2)$$

经过初步计算，确定板翅式换热器的宽度为 1m，则氦气来流侧板束长度为：

$$l = \frac{A}{fnb}$$

式中　f——氦气回流侧单位面积翅片的总传热面积，m^2；

n——流道数，根据初步计算，每组流道数为 2；

b——板翅式换热器宽度，m。

$$l = \frac{247.5}{8.94 \times 2 \times 2} = 6.9(\text{m})$$

氦气回流侧传热面积：

$$A=\frac{Q}{K\Delta t}=\frac{526.803\times 0.2389\times 3600}{343.62\times 4.7}=280.5(\mathrm{m}^2)$$

经过初步计算，确定板翅式换热器的宽度为 1m，则氦气回流侧板束长度为：

$$l=\frac{A}{fnb}$$

式中　f——氦气回流侧单位面积翅片的总传热面积，m^2；

n——流道数，根据初步计算，每组流道数为 2；

b——板翅式换热器宽度，m。

氦气回流侧板束长度：

$$l=\frac{A}{fnb}=\frac{280.5}{7.9\times 2\times 2}=8.9(\mathrm{m})$$

由计算可以得出换热器 B 氦气来流侧的板束长度小于氦气回流侧的板束长度，所以换热器 B 的长度为 8.9m。

（4）换热器 B 板侧的排列及组数

换热器 B 每组板侧排列如图 5-8 所示，共 4 组，每组之间采用钎焊连接。

氦气来流
氦气回流
氦气来流
氦气回流

图 5-8　换热器 B 每组板侧排列

（5）换热器 B 压力损失计算

① 氦气来流侧压力损失计算

$$\Delta p=\frac{G^2}{2g_c\rho_1}\left[(K_c+1-\sigma^2)+2\left(\frac{\rho_1}{\rho_2}-1\right)+\frac{4fl}{D_e}\times\frac{\rho_1}{\rho_{av}}-(1-\sigma^2-K_e)\frac{\rho_1}{\rho_2}\right]$$

$$f_a=\frac{x(L-\delta)L_w n}{x+\delta}=\frac{(1.7-0.3)\times 10^{-3}\times(6.5-0.3)\times 10^{-3}\times 1\times 2}{1.7\times 10^{-3}}=0.0102$$

$$A_{fa}=(L+\delta_s)L_w N_t=(6.5+2)\times 10^{-3}\times 1\times 10=0.068$$

$$\sigma=\frac{f_a}{A_{fa}}=0.15;\ K_c=0.76;\ K_e=0.68$$

$$\Delta p=\frac{(12.441\times 3600)^2}{2\times 1.27\times 10^8\times 6.3404}\times\left[(0.76+1-0.15^2)+2\times\left(\frac{6.3404}{35.981}-1\right)\right.$$
$$\left.+\frac{4\times 0.0498\times 9.82}{2.28\times 10^{-3}}\times\frac{6.3404}{21.1607}-(1-0.15^2-0.68)\times\frac{6.3404}{35.981}\right]$$
$$=320.2(\mathrm{Pa})$$

② 氦气回流侧压力损失计算

$$\Delta p=\frac{G^2}{2g_c\rho_1}\left[(K_c+1-\sigma^2)+2\left(\frac{\rho_1}{\rho_2}-1\right)+\frac{4fl}{D_e}\times\frac{\rho_1}{\rho_{av}}-(1-\sigma^2-K_e)\frac{\rho_1}{\rho_2}\right]$$

$$f_a = \frac{x(L-\delta)L_w n}{x+\delta} = \frac{(2-0.3)\times10^{-3}\times(6.5-0.3)\times10^{-3}\times1\times2}{2\times10^{-3}} = 0.0102$$

$$A_{fa} = (L+\delta_s)L_w N_t = (6.5+2)\times10^{-3}\times1\times10 = 0.068$$

$$\sigma = \frac{f_a}{A_{fa}} = 0.15;\quad K_c = 0.75;\quad K_e = 0.67$$

$$\Delta p = \frac{(12.06\times3600)^2}{2\times1.27\times10^8\times8.3702}\times\left[(0.75+1-0.15^2)+2\times\left(\frac{8.3702}{1.228}-1\right)\right.$$
$$\left.+\frac{4\times0.0485\times9.83}{2.67\times10^{-3}}\times\frac{8.3702}{4.7991}-(1-0.15^2-0.67)\times\frac{8.3702}{1.228}\right]$$
$$=1114.4(\mathrm{Pa})$$

5.3.7 换热器C流体参数计算(单层通道)

（1）对于氦气来流侧板翅的常数计算

氦气来流流道的质量流速：

$$G_i = \frac{W}{f_i n L_w}$$

式中 G_i——氦气来流流道的质量流速，kg/(m^2·s)；

W——各股流的质量流量，kg/s；

n——流股数；

L_w——翅片有效宽度，m；

f_i——单层通道一米宽度上的截面积，m^2。

$$G_i = \frac{0.3504}{5.11\times10^{-3}\times8\times1} = 8.57[\mathrm{kg/(m^2\cdot s)}]$$

雷诺数：

$$Re = \frac{G_i d_e}{\mu g}$$

式中 G_i——氦气来流流道的质量流速，kg/(m^2·s)；

g——重力加速度，m/s^2；

d_e——氦气来流侧翅片当量直径，m；

μ——氦气黏度，kg/(m·s)。

$$Re = \frac{8.57\times2.28\times10^{-3}}{1.29184\times10^{-5}\times9.81} = 154.18$$

普朗特数：

$$Pr = \frac{C\mu}{\lambda}$$

式中 μ——流体黏度，kg/(m·s)；

C——流体的定压比热容，kJ/(kg·K)；

λ——流体的热导率，W/(m·K)。

$$Pr = \frac{5.4302\times1.29184\times10^{-2}}{0.10158} = 0.69$$

斯坦顿数：

$$St=\frac{j}{Pr^{2/3}}$$

式中　j——传热因子，查《板翅式换热器》（王松汉）得传热因子为 0. 01191；

St——斯坦顿数（无量纲）；

Pr——普朗特数（无量纲）。

$$St=\frac{0.01191}{0.69^{2/3}}=0.01525$$

给热系数：

$$\alpha=3600\times St\times C\times G_i$$

式中　α——流体的给热系数，kcal/(m² · h · ℃)；

C——流体的定压比热容，kJ/(kg · K)；

G_i——氦气来流流道的质量流速，kg/(m² · s)。

$$\alpha=3600\times0.01525\times5.4302\times8.57/4.186=610.34[\text{kcal}/(\text{m}^2\cdot\text{h}\cdot℃)]$$

氦气来流侧 p 值：

$$p=\sqrt{\frac{2\alpha}{\lambda\delta}}$$

式中　α——氦气来流侧流体给热系数，kcal/(m² · h · ℃)；

λ——翅片材料热导率，W/(m · K)；

δ——翅厚，m。

$$p=\sqrt{\frac{2\times610.34}{165\times3\times10^{-4}}}=157.04$$

氦气来流侧翅片一次面传热效率：

$$\eta_f=\frac{\tanh(pb)}{pb}=0.9207$$

氦气来流侧 $b=h_{2L}/2$，其中，h_{2L}表示氦气来流板侧翅高，$b=3.25\times10^{-3}$m。

查附表 2 可知，$\tanh(pb)=0.4699$。

氦气来流侧翅片总传热效率：

$$\eta_0=1-\frac{F_2}{F_0}(1-\eta_f)=0.93$$

式中　F_2——氦气来流侧翅片二次传热面积，m²；

F_0——氦气来流侧翅片总传热面积，m²。

（2）对于氦气回流侧板翅的常数计算

氦气回流侧流道的质量流速：

$$G_i=\frac{W}{f_i n L_w}$$

式中　G_i——氦气回流侧流道的质量流速，kg/(m² · s)；

W——各股流的质量流量，kg/s；

n——流股数；

L_w——翅片有效宽度，m；

f_i——单层通道一米宽度上的截面积，m^2。

$$G_i = \frac{0.3504}{5.27 \times 10^{-3} \times 8 \times 1} = 8.311[\mathrm{kg/(m^2 \cdot s)}]$$

雷诺数：

$$Re = \frac{G_i d_e}{\mu g}$$

式中 G_i——氦气回流侧流道的质量流速，$kg/(m^2 \cdot s)$；

g——重力加速度，m/s^2；

d_e——氦气回流侧翅片当量直径，m；

μ——氦气回流侧的黏度，$kg/(m \cdot s)$。

$$Re = \frac{8.311 \times 2.67 \times 10^{-3}}{1.21142 \times 10^{-5} \times 9.81} = 186.72$$

普朗特数：

$$Pr = \frac{C\mu}{\lambda}$$

式中 μ——流体黏度，$kg/(m \cdot s)$；

C——流体的定压比热容，$kJ/(kg \cdot K)$；

λ——流体的热导率，$W/(m \cdot K)$。

$$Pr = \frac{5.29145 \times 1.21142 \times 10^{-2}}{0.09373} = 0.68$$

斯坦顿数：

$$St = \frac{j}{Pr^{2/3}}$$

式中 j——传热因子，查《板翅式换热器》（王松汉）得传热因子为 0.01156；

St——斯坦顿数（无量纲）；

Pr——普朗特数（无量纲）。

$$St = \frac{0.01156}{0.68^{2/3}} = 0.0149$$

给热系数：

$$\alpha = 3600 \times St \times C \times G_i$$

式中 α——流体的给热系数，$kcal/(m^2 \cdot h \cdot ℃)$；

C——流体的定压比热容，$kJ/(kg \cdot K)$；

G_i——氦气回流侧流道的质量流速，$kg/(m^2 \cdot s)$。

$$\alpha = 3600 \times 0.0149 \times 5.29145 \times 8.311/4.186 = 563.53[\mathrm{kcal/(m^2 \cdot h \cdot ℃)}]$$

氦气回流侧 p 值：

$$p = \sqrt{\frac{2\alpha}{\lambda\delta}}$$

式中 α——氦气回流侧流体给热系数，$kcal/(m^2 \cdot h \cdot ℃)$；

λ——翅片材料热导率，$W/(m \cdot K)$；

δ——翅厚，m。

$$p=\sqrt{\frac{2\times 563.53}{165\times 3\times 10^{-4}}}=150.89$$

氦气回流侧翅片一次面传热效率：

$$\eta_f=\frac{\tanh(pb)}{pb}=0.928$$

氦气回流侧 $b=h_{2H}/2$，其中，h_{2H}表示氦气回流板侧翅高，$b=3.25\times 10^{-3}$m。

查附表 2 可知，tanh（pb）= 0.4551。

氦气回流侧翅片总传热效率：

$$\eta_0=1-\frac{F_2}{F_0}(1-\eta_f)=0.91$$

式中　F_2——氦气回流侧翅片二次传热面积，m^2；

F_0——氦气回流侧翅片总传热面积，m^2。

（3）板翅式换热器 C 传热面积计算

① 氦气来流侧与氦气回流侧总传热系数的计算　以氦气来流侧传热面积为基准的总传热系数：

$$K_h=\frac{1}{\frac{1}{\alpha_h\eta_{0h}}+\frac{F_{oh}}{F_{oc}}\times\frac{1}{\alpha_c\eta_{0c}}}$$

式中　α_h——氦气来流侧给热系数，kcal/(m² · h · ℃)；

α_c——氦气回流侧给热系数，kcal/(m² · h · ℃)；

η_{0c}——氦气回流侧总传热效率；

η_{0h}——氦气来流侧总传热效率；

F_{oc}——氦气回流侧单位面积翅片的总传热面积，m^2；

F_{oh}——氦气来流侧单位面积翅片的总传热面积，m^2。

$$K_h=\frac{1}{\frac{1}{610.34\times 0.93}+\frac{7.9}{8.94}\times\frac{1}{563.53\times 0.91}}=286.95[\text{kcal/(m}^2\cdot\text{h}\cdot℃)]$$

以氦气回流侧传热面积为基准的总传热系数：

$$K_c=\frac{1}{\frac{1}{\alpha_h\eta_{0h}}\times\frac{F_{oc}}{F_{oh}}+\frac{1}{\alpha_c\eta_{0c}}}=\frac{1}{\frac{1}{610.34\times 0.93}\times\frac{8.94}{7.9}+\frac{1}{563.53\times 0.91}}=253.57[\text{kcal/(m}^2\cdot\text{h}\cdot℃)]$$

② 对数平均温差计算

$$\Delta t_m=\frac{\Delta t'-\Delta t''}{\ln\frac{\Delta t'}{\Delta t''}}=\frac{(32.97-27.05)-(298.15-294.15)}{\ln\frac{32.97-27.05}{298.15-294.15}}=4.9(℃)$$

③ 传热面积计算　氦气来流侧传热面积：

$$A=\frac{Q}{K\Delta t}=\frac{487.392\times 0.2389\times 3600}{286.95\times 4.9}=298.1(\mathrm{m}^2)$$

经过初步计算，确定板翅式换热器的宽度为1m，则氢气来流侧板束长度：

$$l=\frac{A}{fnb}$$

式中 f——氢气回流侧单位面积翅片的总传热面积，m^2；

n——流道数，根据初步计算，每组流道数为2；

b——板翅式换热器宽度，m。

氢气来流侧板束长度：

$$l=\frac{298.1}{8.94\times 2\times 2}=8.3(\mathrm{m})$$

氢气回流侧传热面积：

$$A=\frac{Q}{K\Delta t}=\frac{487.547\times 0.2389\times 3600}{253.57\times 4.9}=337.5(\mathrm{m}^2)$$

经过初步计算，确定板翅式换热器的宽度为2m，则氢气回流侧板束长度为：

$$l=\frac{A}{fnb}$$

式中 f——氢气来流侧单位面积翅片的总传热面积，m^2；

n——流道数，根据初步计算，每组流道数为2；

b——板翅式换热器宽度，m。

氢气回流侧板束长度：

$$l=\frac{A}{fnb}=\frac{337.5}{8.94\times 2\times 2}=9.4(\mathrm{m})$$

由计算可以得出换热器C氢气来流侧的板束长度小于氢气回流侧的板束长度，所以换热器C的长度为9.4m。

（4）换热器C板侧的排列及组数

换热器C每组板侧排列如图5-9所示，共4组，每组之间采用钎焊连接。

氢气来流
氢气回流
氢气来流
氢气回流

图5-9 换热器C每组板侧排列

（5）换热器C压力损失计算

① 氢气来流侧压力损失的计算

$$\Delta p=\frac{G^2}{2g_c\rho_1}\left[(K_c+1-\sigma^2)+2\left(\frac{\rho_1}{\rho_2}-1\right)+\frac{4fl}{D_e}\times\frac{\rho_1}{\rho_{av}}-(1-\sigma^2-K_e)\frac{\rho_1}{\rho_2}\right]$$

$$f_a=\frac{x(L-\delta)L_w n}{x+\delta}=\frac{(1.7-0.3)\times 10^{-3}\times(6.5-0.3)\times 10^{-3}\times 1\times 2}{1.7\times 10^{-3}}=0.0102$$

$$A_{fa}=(L+\delta_s)L_wN_t=(6.5+2)\times10^{-3}\times1\times10=0.068$$

$$\sigma=\frac{f_a}{A_{fa}}=0.15;\ K_c=0.77;\ K_e=0.68$$

$$\Delta p=\frac{(8.57\times3600)^2}{2\times1.27\times10^8\times6.3404}\times\left[(0.77+1-0.15^2)+2\times\left(\frac{6.3404}{52.189}-1\right)+\frac{4\times0.535\times9.57}{2.28\times10^{-3}}\times\frac{6.3404}{52.189}-(1-0.15^2-0.68)\times\frac{6.3404}{52.189}\right]$$

$$=645(\mathrm{Pa})$$

② 氦气回流侧压力损失的计算

$$\Delta p=\frac{G^2}{2g_c\rho_1}\left[(K_c+1-\sigma^2)+2(\frac{\rho_1}{\rho_2}-1)+\frac{4fl}{D_e}\times\frac{\rho_1}{\rho_{av}}-(1-\sigma^2-K_e)\frac{\rho_1}{\rho_2}\right]$$

$$f_a=\frac{x(L-\delta)L_wn}{x+\delta}=\frac{(2-0.3)\times10^{-3}\times(6.5-0.3)\times10^{-3}\times1\times2}{2\times10^{-3}}=0.0105$$

$$A_{fa}=(L+\delta_s)L_wN_t=(6.5+2)\times10^{-3}\times1\times10=0.068$$

$$\sigma=\frac{f_a}{A_{fa}}=0.15;\ K_c=0.76;\ K_e=0.67$$

$$\Delta p=\frac{(8.311\times3600)^2}{2\times1.27\times10^8\times13.421}\times\left[(0.76+1-0.15^2)+2\times\left(\frac{13.421}{1.228}-1\right)+\frac{4\times0.0512\times9.57}{2.67\times10^{-3}}\times\frac{13.421}{7.3245}-(1-0.15^2-0.67)\times\frac{13.421}{1.228}\right]$$

$$=358.3(\mathrm{Pa})$$

5.4 板翅式换热器结构设计

5.4.1 封头设计选型

封头也叫作端盖，是筒体（芯体）与接管的过渡段。封头主要分为三类：凸形封头、平板形封头、锥形封头。在凸形封头中又分为：半球形封头、椭圆形封头、蝶形封头、球冠形封头。这些封头在不同设计中的选择是不同的，根据各自的需求进行选择。平板形封头示意图见图 2-45。

本次设计选择的封头为平板形封头，主要进行封头内径的选择，封头壁厚、端板壁厚的计算与选择。

（1）封头壁厚

当 $d_i/D_i\leqslant0.5$ 时，可由下式计算出封头的厚度：

$$\delta=\frac{pR_i}{[\sigma]'\varphi-0.6p}+C \tag{5-26}$$

式中　R_i——弧形端面端板内半径，mm；

p——流体压力，MPa；

φ——焊接接头系数，其中 $\varphi=0.6$；

C——壁厚附加量，mm。

（2）端板壁厚

半圆形平板最小厚度计算：

$$\delta_p = R_p\sqrt{\frac{0.44p}{[\sigma]^t\sin\alpha}} + C \tag{5-27}$$

其中，$45° \leqslant \alpha \leqslant 90°$。

本设计根据各制冷剂的质量流量和换热器尺寸大小按照比例选取封头直径，封头内径如表5-17所示。

表5-17 封头内径

封头代号	1	2
封头内径/mm	875	100

5.4.2 一级换热器各个板侧封头壁厚计算

（1）氢气侧封头壁厚

根据规定内径 $D_i = 100$mm 得内径 $R_i = 50$mm。

$$\delta = \frac{pR_i}{[\sigma]^t\varphi - 0.6p} + C = \frac{6 \times 50}{51 \times 0.6 - 0.6 \times 6} + 2 = 13.1(\text{mm})$$

圆整壁厚 $[\delta] = 20$mm。

端板壁厚：

$$\delta_p = R_p\sqrt{\frac{0.44p}{[\sigma]^t\sin\alpha}} + C = 50 \times \sqrt{\frac{0.44 \times 6}{51 \times \sin 90°}} + 2 = 13.6(\text{mm})$$

圆整壁厚 $[\delta_p] = 20$mm，因为端板厚度应大于等于封头厚度，则端板厚度为20mm。

（2）氢气侧封头壁厚

根据规定内径 $D_i = 875$mm 得内径 $R_i = 437.5$mm。

$$\delta = \frac{pR_i}{[\sigma]^t\varphi - 0.6p} + C = \frac{0.151 \times 437.5}{51 \times 0.6 - 0.6 \times 0.151} + 2 = 4.2(\text{mm})$$

圆整壁厚 $[\delta] = 10$mm。

端板壁厚：

$$\delta_p = R_p\sqrt{\frac{0.44p}{[\sigma]^t\sin\alpha}} + C = 437.5 \times \sqrt{\frac{0.44 \times 0.151}{51 \times \sin 90°}} + 2 = 17.8(\text{mm})$$

圆整壁厚 $[\delta_p] = 20$mm，因为端板厚度应大于等于封头厚度，则端板厚度为20mm。

5.4.3 二级换热器各个板侧封头壁厚计算

（1）氢气侧封头壁厚

根据规定内径 $D_i = 100$mm 得内径 $R_i = 50$mm。

$$\delta = \frac{pR_i}{[\sigma]'\varphi - 0.6p} + C = \frac{6 \times 50}{51 \times 0.6 - 0.6 \times 6} + 2 = 13.1(\text{mm})$$

圆整壁厚$[\delta]$=20mm。

端板壁厚：

$$\delta_p = R_p\sqrt{\frac{0.44p}{[\sigma]^t \sin\alpha}} + C = 50 \times \sqrt{\frac{0.44 \times 6}{51 \times \sin 90^\circ}} + 2 = 13.4(\text{mm})$$

圆整壁厚$[\delta_p]$=20mm，因为端板厚度应大于等于封头厚度，则端板厚度为 20mm。

（2）氦气侧封头壁厚

根据规定内径 D_i=875mm 得内径 R_i=437.5mm。

$$\delta = \frac{pR_i}{[\sigma]'\varphi - 0.6p} + C = \frac{0.393 \times 437.5}{51 \times 0.6 - 0.6 \times 0.393} + 2 = 7.7(\text{mm})$$

圆整壁厚$[\delta]$=10mm。

端板壁厚：

$$\delta_p = R_p\sqrt{\frac{0.44p}{[\sigma]^t \sin\alpha}} + C = 437.5 \times \sqrt{\frac{0.44 \times 0.393}{51 \times \sin 90^\circ}} + 2 = 27.5(\text{mm})$$

圆整壁厚$[\delta_p]$=30mm，因为端板厚度应大于等于封头厚度，则端板厚度为 30mm。

5.4.4　三级换热器各个板侧封头壁厚计算

（1）氢气侧封头壁厚

根据规定内径 D_i=100mm 得内径 R_i=50mm。

$$\delta = \frac{pR_i}{[\sigma]'\varphi - 0.6p} + C = \frac{6 \times 50}{51 \times 0.6 - 0.6 \times 6} + 2 = 13.1(\text{mm})$$

圆整壁厚$[\delta]$=20mm。

端板壁厚：

$$\delta_p = R_p\sqrt{\frac{0.44p}{[\sigma]^t \sin\alpha}} + C = 50 \times \sqrt{\frac{0.44 \times 6}{51 \times \sin 90^\circ}} + 2 = 13.4(\text{mm})$$

圆整壁厚$[\delta_p]$=20mm，因为端板厚度应大于等于封头厚度，则端板厚度为 20mm。

（2）氦气侧封头壁厚

根据规定内径 D_i=875mm 得内径 R_i=437.5mm。

$$\delta = \frac{pR_i}{[\sigma]'\varphi - 0.6p} + C = \frac{0.768 \times 437.5}{51 \times 0.6 - 0.6 \times 0.768} + 2 = 13.1(\text{mm})$$

圆整壁厚$[\delta]$=20mm。

端板壁厚：

$$\delta_p = R_p\sqrt{\frac{0.44p}{[\sigma]^t \sin\alpha}} + C = 437.5 \times \sqrt{\frac{0.44 \times 0.768}{51 \times \sin 90^\circ}} + 2 = 37.6(\text{mm})$$

圆整壁厚$[\delta_p]$=40mm，因为端板厚度应大于等于封头厚度，则端板厚度为 40mm。

5.4.5 四级换热器各个板侧封头壁厚计算

（1）氢气侧封头壁厚

根据规定内径 $D_i = 100\text{mm}$ 得内径 $R_i = 50\text{mm}$。

$$\delta = \frac{pR_i}{[\sigma]'\varphi - 0.6p} + C = \frac{6 \times 50}{51 \times 0.6 - 0.6 \times 6} + 2 = 13.1(\text{mm})$$

圆整壁厚 $[\delta] = 20\text{mm}$。

端板壁厚：

$$\delta_p = R_p\sqrt{\frac{0.44p}{[\sigma]^t \sin\alpha}} + C = 50 \times \sqrt{\frac{0.44 \times 6}{51 \times \sin 90°}} + 2 = 13.4(\text{mm})$$

圆整壁厚 $[\delta_p] = 20\text{mm}$，因为端板厚度应大于等于封头厚度，则端板厚度为 20mm。

（2）氦气侧封头壁厚

根据规定内径 $D_i = 875\text{mm}$ 得内径 $R_i = 437.5\text{mm}$。

$$\delta = \frac{pR_i}{[\sigma]'\varphi - 0.6p} + C = \frac{0.768 \times 437.5}{51 \times 0.6 - 0.6 \times 0.768} + 2 = 13.4(\text{mm})$$

圆整壁厚 $[\delta] = 20\text{mm}$。

端板壁厚：

$$\delta_p = R_p\sqrt{\frac{0.44p}{[\sigma]^t \sin\alpha}} + C = 437.5 \times \sqrt{\frac{0.44 \times 0.768}{51 \times \sin 90°}} + 2 = 37.6(\text{mm})$$

圆整壁厚 $[\delta_p] = 40\text{mm}$，因为端板厚度应大于等于封头厚度，则端板厚度为 40mm。

5.4.6 换热器 A 各个板侧封头壁厚计算

（1）氦气来流侧封头壁厚

根据规定内径 $D_i = 100\text{mm}$ 得内径 $R_i = 50\text{mm}$。

$$\delta = \frac{pR_i}{[\sigma]'\varphi - 0.6p} + C = \frac{4 \times 50}{51 \times 0.6 - 0.6 \times 4} + 2 = 9.1(\text{mm})$$

圆整壁厚 $[\delta] = 15\text{mm}$。

端板壁厚：

$$\delta_p = R_p\sqrt{\frac{0.44p}{[\sigma]^t \sin\alpha}} + C = 50 \times \sqrt{\frac{0.44 \times 4}{51 \times \sin 90°}} + 2 = 11.3(\text{mm})$$

圆整壁厚 $[\delta_p] = 15\text{mm}$，因为端板厚度应大于等于封头厚度，则端板厚度为 15mm。

（2）氦气回流侧封头壁厚

根据规定内径 $D_i = 875\text{mm}$ 得内径 $R_i = 437.5\text{mm}$。

$$\delta = \frac{pR_i}{[\sigma]'\varphi - 0.6p} + C = \frac{0.383 \times 437.5}{51 \times 0.6 - 0.6 \times 0.383} + 2 = 7.5(\text{mm})$$

圆整壁厚 $[\delta] = 10\text{mm}$。

端板壁厚：

$$\delta_p = R_p\sqrt{\frac{0.44p}{[\sigma]^t \sin\alpha}} + C = 437.5 \times \sqrt{\frac{0.44 \times 0.383}{51 \times \sin 90°}} + 2 = 27.1(\text{mm})$$

圆整壁厚$[\delta_p]$=30mm，因为端板厚度应大于等于封头厚度，则端板厚度为 30mm。

5.4.7　换热器 B 各个板侧封头壁厚计算

（1）氦气来流侧封头壁厚

根据规定内径 D_i=100mm 得内径 R_i=50mm。

$$\delta = \frac{pR_i}{[\sigma]'\varphi - 0.6p} + C = \frac{4 \times 50}{51 \times 0.6 - 0.6 \times 4} + 2 = 9.1(\text{mm})$$

圆整壁厚 $[\delta]$ =15mm。

端板壁厚：

$$\delta_p = R_p\sqrt{\frac{0.44p}{[\sigma]^t \sin\alpha}} + C = 50 \times \sqrt{\frac{0.44 \times 4}{51 \times \sin 90°}} + 2 = 11.3(\text{mm})$$

圆整壁厚 $[\delta_p]$ =15mm，因为端板厚度应大于等于封头厚度，则端板厚度为 15mm。

（2）氦气回流侧封头壁厚

根据规定内径 D_i=875mm 得内径 R_i=437.5mm。

$$\delta = \frac{pR_i}{[\sigma]'\varphi - 0.6p} + C = \frac{0.758 \times 437.5}{51 \times 0.6 - 0.6 \times 0.758} + 2 = 13(\text{mm})$$

圆整壁厚 $[\delta]$ =20mm。

端板壁厚：

$$\delta_p = R_p\sqrt{\frac{0.44p}{[\sigma]^t \sin\alpha}} + C = 437.5 \times \sqrt{\frac{0.44 \times 0.758}{51 \times \sin 90°}} + 2 = 37.4(\text{mm})$$

圆整壁厚 $[\delta_p]$ =40mm，因为端板厚度应大于等于封头厚度，则端板厚度为 40mm。

5.4.8　换热器 C 各个板侧封头壁厚计算

（1）氦气来流侧封头壁厚

根据规定内径 D_i=100mm 得内径 R_i=50mm。

$$\delta = \frac{pR_i}{[\sigma]'\varphi - 0.6p} + C = \frac{4 \times 50}{51 \times 0.6 - 0.6 \times 4} + 2 = 9.1(\text{mm})$$

圆整壁厚 $[\delta]$ =15mm。

端板壁厚：

$$\delta_p = R_p\sqrt{\frac{0.44p}{[\sigma]^t \sin\alpha}} + C = 50 \times \sqrt{\frac{0.44 \times 4}{51 \times \sin 90°}} + 2 = 11.5(\text{mm})$$

圆整壁厚 $[\delta_p]$ =15mm，因为端板厚度应大于等于封头厚度，则端板厚度为 15mm。

(2)氦气回流侧封头壁厚

根据规定内径 $D_i = 875\text{mm}$ 得内径 $R_i = 437.5\text{mm}$。

$$\delta = \frac{pR_i}{[\sigma]'\varphi - 0.6p} + C = \frac{0.758 \times 437.5}{51 \times 0.6 - 0.6 \times 0.758} + 2 = 13(\text{mm})$$

圆整壁厚 $[\delta]$ =20mm。

端板壁厚:

$$\delta_p = R_p\sqrt{\frac{0.44p}{[\sigma]^t \sin\alpha}} + C = 437.5 \times \sqrt{\frac{0.44 \times 0.758}{51 \times \sin 90°}} + 2 = 37.4(\text{mm})$$

圆整壁厚 $[\delta_p]$ =40mm，因为端板厚度应大于等于封头厚度，则端板厚度为40mm。

各级换热器封头与端板的壁厚如表5-18～表5-24所示。

表5-18 一级换热器封头与端板的壁厚

项目	氢气	氦气
封头内径/mm	100	875
封头计算壁厚/mm	13.1	4.2
封头实际壁厚/mm	20	10
端板计算壁厚/mm	13.6	17.8
端板实际壁厚/mm	20	20

表5-19 二级换热器封头与端板的壁厚

项目	氢气	氦气
封头内径/mm	100	875
封头计算壁厚/mm	13.1	7.7
封头实际壁厚/mm	20	10
端板计算壁厚/mm	13.4	27.5
端板实际壁厚/mm	20	30

表5-20 三级换热器封头与端板的壁厚

项目	氢气	氦气
封头内径/mm	100	875
封头计算壁厚/mm	13.1	13.1
封头实际壁厚/mm	20	20
端板计算壁厚/mm	13.4	37.6
端板实际壁厚/mm	20	40

表5-21 四级换热器封头与端板的壁厚

项目	氢气	氦气
封头内径/mm	100	875

续表

项目	氢气	氦气
封头计算壁厚/mm	13.1	13.4
封头实际壁厚/mm	20	20
端板计算壁厚/mm	13.4	37.6
端板实际壁厚/mm	20	40

表 5-22　换热器 A 封头与端板的壁厚

项目	氦气来流	氦气回流
封头内径/mm	100	875
封头计算壁厚/mm	9.1	7.5
封头实际壁厚/mm	15	10
端板计算壁厚/mm	11.3	27.1
端板实际壁厚/mm	15	30

表 5-23　换热器 B 封头与端板的壁厚

项目	氦气来流	氦气回流
封头内径/mm	100	875
封头计算壁厚/mm	9.1	13
封头实际壁厚/mm	15	20
端板计算壁厚/mm	11.3	37.4
端板实际壁厚/mm	15	40

表 5-24　换热器 C 封头与端板的壁厚

项目	氦气来流	氦气回流
封头内径/mm	100	875
封头计算壁厚/mm	9.1	13
封头实际壁厚/mm	15	20
端板计算壁厚/mm	11.5	37.4
端板实际壁厚/mm	15	40

5.5 液压试验

5.5.1 液压试验目的

本设计板翅式换热器中压力较高，压力最高为 6.0MPa。为了能够安全合理地进行设计，进行压力测试是进行其他步骤的前提条件。液压试验则是压力测试中的一种，除了液压测试外，还有气压测试以及气密性测试。

本章计算是对液压测试前封头壁厚的校核计算。各级换热器封头壁厚校核尺寸如表 5-25～表 5-31 所示。

表 5-25 一级换热器封头壁厚校核尺寸

项目	氢气	氦气
封头内径/mm	100	875
设计压力/MPa	6. 0	0. 151
封头实际壁厚/mm	20	10
厚度附加量/mm	2	2

表 5-26 二级换热器封头壁厚校核尺寸

项目	氢气	氦气
封头内径/mm	100	875
设计压力/MPa	6	0. 398
封头实际壁厚/mm	20	10
厚度附加量/mm	2	2

表 5-27 三级换热器封头壁厚校核尺寸

项目	氢气	氦气
封头内径/mm	100	875
设计压力/MPa	6	0. 768
封头实际壁厚/mm	20	20
厚度附加量/mm	2	2

表 5-28 四级换热器封头壁厚校核尺寸

项目	氢气	氦气
封头内径/mm	100	875
设计压力/MPa	6	0. 768
封头实际壁厚/mm	20	20
厚度附加量/mm	2	2

表 5-29 换热器 A 封头壁厚校核尺寸

项目	氦气来流	氦气回流
封头内径/mm	100	875
设计压力/MPa	4	0. 383
封头实际壁厚/mm	15	10
厚度附加量/mm	2	2

表 5-30　换热器 B 封头壁厚校核尺寸

项目	氦气来流	氦气回流
封头内径/mm	100	875
设计压力/MPa	4	0.758
封头实际壁厚/mm	15	20
厚度附加量/mm	2	2

表 5-31　换热器 C 封头壁厚校核尺寸

项目	氦气来流	氦气回流
封头内径/mm	100	875
设计压力/MPa	4	0.758
封头实际壁厚/mm	15	20
厚度附加量/mm	2	2

5.5.2　内压通道计算

（1）液压试验压力

$$p_T = 1.3p \times \frac{[\sigma]}{[\sigma]^t} \tag{5-28}$$

式中　p_T——试验压力，MPa；

p——设计压力，MPa；

$[\sigma]$——试验温度下的许用应力，MPa；

$[\sigma]^t$——设计温度下的许用应力，MPa。

（2）封头的应力校核

$$\sigma_T = \frac{p_T(R_i + 0.5\delta_e)}{\delta_e} \tag{5-29}$$

式中　σ_T——试验压力下封头的应力，MPa；

R_i——封头的内半径，mm；

p_T——试验压力，MPa；

δ_e——封头的有效厚度，mm。

当满足 $\sigma_T \leqslant 0.9\varphi\sigma_{p0.2}$ 时校核正确，否则需重新选取尺寸计算。其中，φ 为焊接系数；$\sigma_{p0.2}$ 为试验温度下的规定残余延伸应力，MPa，$\sigma_{p0.2}=170$MPa。

$$0.9\varphi\sigma_{p0.2}=0.9\times0.6\times170=91.8\ (\text{MPa})$$

5.5.3 尺寸校核计算

（1）一级换热器尺寸校核

① 氢气侧

$$p_T = 1.3 \times 6 \times \frac{51}{51} = 7.8(\text{MPa})$$

$$\sigma_T = \frac{7.8 \times (50 + 0.5 \times 18)}{18} = 25.6(\text{MPa})$$

校核值小于允许值，尺寸合适。

② 氦气侧

$$p_T = 1.3 \times 0.151 \times \frac{51}{51} = 0.20(\text{MPa})$$

$$\sigma_T = \frac{0.2 \times (437.5 + 0.5 \times 8)}{8} = 11.0(\text{MPa})$$

校核值小于允许值，尺寸合适。

（2）二级换热器尺寸校核

① 氢气侧

$$p_T = 1.3 \times 6 \times \frac{51}{51} = 7.8(\text{MPa})$$

$$\sigma_T = \frac{7.8 \times (50 + 0.5 \times 18)}{18} = 25.6(\text{MPa})$$

校核值小于允许值，尺寸合适。

② 氦气侧

$$p_T = 1.3 \times 0.393 \times \frac{51}{51} = 0.51(\text{MPa})$$

$$\sigma_T = \frac{0.51 \times (437.5 + 0.5 \times 8)}{8} = 28.1(\text{MPa})$$

校核值小于允许值，尺寸合适。

（3）三级换热器尺寸校核

① 氢气侧

$$p_T = 1.3 \times 6 \times \frac{51}{51} = 7.8(\text{MPa})$$

$$\sigma_T = \frac{7.8 \times (50 + 0.5 \times 18)}{18} = 25.6(\text{MPa})$$

校核值小于允许值，尺寸合适。

② 氦气侧

$$p_T = 1.3 \times 0.768 \times \frac{51}{51} = 1.0(\text{MPa})$$

$$\sigma_T = \frac{1.0 \times (437.5 + 0.5 \times 18)}{18} = 24.8(\text{MPa})$$

校核值小于允许值，尺寸合适。

（4）四级换热器尺寸校核

① 氢气侧

$$p_T = 1.3 \times 6 \times \frac{51}{51} = 7.8(\text{MPa})$$

$$\sigma_T = \frac{7.8 \times (50 + 0.5 \times 18)}{18} = 25.6(\text{MPa})$$

校核值小于允许值，尺寸合适。

② 氦气侧

$$p_T = 1.3 \times 0.768 \times \frac{51}{51} = 1.0(\text{MPa})$$

$$\sigma_T = \frac{1.0 \times (437.5 + 0.5 \times 18)}{18} = 24.8(\text{MPa})$$

校核值小于允许值，尺寸合适。

（5）换热器 A 尺寸校核

① 氢气来流侧

$$p_T = 1.3 \times 4 \times \frac{51}{51} = 5.2(\text{MPa})$$

$$\sigma_T = \frac{5.2 \times (50 + 0.5 \times 13)}{13} = 22.6(\text{MPa})$$

校核值小于允许值，尺寸合适。

② 氢气回流侧

$$p_T = 1.3 \times 0.383 \times \frac{51}{51} = 0.498(\text{MPa})$$

$$\sigma_T = \frac{0.498 \times (437.5 + 0.5 \times 8)}{8} = 27.48(\text{MPa})$$

校核值小于允许值，尺寸合适。

（6）换热器 B 尺寸校核

① 氢气来流侧

$$p_T = 1.3 \times 4 \times \frac{51}{51} = 5.2(\text{MPa})$$

$$\sigma_T = \frac{5.2 \times (50 + 0.5 \times 13)}{13} = 22.6(\text{MPa})$$

校核值小于允许值，尺寸合适。

② 氢气回流侧

$$p_T = 1.3 \times 0.758 \times \frac{51}{51} = 0.985(\text{MPa})$$

$$\sigma_T = \frac{0.985 \times (437.5 + 0.5 \times 13)}{13} = 33.64(\text{MPa})$$

校核值小于允许值，尺寸合适。

（7）换热器 C 尺寸校核

① 氢气来流侧

$$p_T = 1.3 \times 4 \times \frac{51}{51} = 5.2(\text{MPa})$$

$$\sigma_T = \frac{5.2 \times (50 + 0.5 \times 13)}{13} = 22.6(\text{MPa})$$

校核值小于允许值，尺寸合适。

② 氢气回流侧

$$p_T = 1.3 \times 0.758 \times \frac{51}{51} = 0.985(\text{MPa})$$

$$\sigma_T = \frac{0.985 \times (437.5 + 0.5 \times 13)}{13} = 33.64(\text{MPa})$$

校核值小于允许值，尺寸合适。

5.6 接管确定

5.6.1 接管尺寸确定

接管为物料进出通道，它的尺寸大小与进出物料的流量有关，壁厚的取值则需要知道物料进出接管的压力状况，进行压力校核选取合适的壁厚。设计过程中采用标准接管，只需进行接管壁厚的校核计算，满足设计需求压力即可。接管尺寸见附表 3。

当为圆筒或球壳开孔时，开孔处的计算厚度按照壳体计算厚度取值，只需进行接管壁厚的校核计算，满足设计需求压力即可。

接管厚度计算：

$$\delta = \frac{p_c D_i}{2[\sigma]^t \varphi - p_c} \tag{5-30}$$

本设计中选用的接管规格为 535×10 及 120×20。

5.6.2 一级换热器接管壁厚

① 氢气侧接管壁厚

$$\delta = \frac{p_c D_i}{2[\sigma]^t \varphi - p_c} + C = \frac{6 \times 80}{2 \times 51 \times 0.6 - 6} + 0.28 = 9.0(\text{mm})$$

② 氮气侧接管壁厚

$$\delta = \frac{p_c D_i}{2[\sigma]^t \varphi - p_c} + C = \frac{0.151 \times 515}{2 \times 51 \times 0.6 - 0.151} + 0.48 = 1.8(\text{mm})$$

5.6.3　二级换热器接管壁厚

① 氢气侧接管壁厚

$$\delta = \frac{p_c D_i}{2[\sigma]^t \varphi - p_c} + C = \frac{6 \times 80}{2 \times 51 \times 0.6 - 6} + 0.28 = 9.0(\text{mm})$$

② 氦气侧接管壁厚

$$\delta = \frac{p_c D_i}{2[\sigma]^t \varphi - p_c} + C = \frac{0.393 \times 515}{2 \times 51 \times 0.6 - 0.393} + 0.48 = 3.8(\text{mm})$$

5.6.4　三级换热器接管壁厚

① 氢气侧接管壁厚

$$\delta = \frac{p_c D_i}{2[\sigma]^t \varphi - p_c} + C = \frac{6 \times 80}{2 \times 51 \times 0.6 - 6} + 0.28 = 9.0(\text{mm})$$

② 氦气侧接管壁厚

$$\delta = \frac{p_c D_i}{2[\sigma]^t \varphi - p_c} + C = \frac{0.768 \times 515}{2 \times 51 \times 0.6 - 0.768} + 0.48 = 7(\text{mm})$$

5.6.5　四级换热器接管壁厚

① 氢气侧接管壁厚

$$\delta = \frac{p_c D_i}{2[\sigma]^t \varphi - p_c} + C = \frac{6 \times 80}{2 \times 51 \times 0.6 - 6} + 0.28 = 9(\text{mm})$$

② 氦气侧接管壁厚

$$\delta = \frac{p_c D_i}{2[\sigma]^t \varphi - p_c} + C = \frac{0.768 \times 515}{2 \times 51 \times 0.6 - 0.768} + 0.48 = 7(\text{mm})$$

5.6.6　换热器 A 接管壁厚

① 氦气来流侧接管壁厚

$$\delta = \frac{p_c D_i}{2[\sigma]^t \varphi - p_c} + C = \frac{4 \times 80}{2 \times 51 \times 0.6 - 4} + 0.28 = 5.9(\text{mm})$$

② 氦气回流侧接管壁厚

$$\delta = \frac{p_c D_i}{2[\sigma]^t \varphi - p_c} + C = \frac{0.383 \times 515}{2 \times 51 \times 0.6 - 0.383} + 0.48 = 3.7(\text{mm})$$

5.6.7　换热器 B 接管壁厚

① 氦气来流侧接管壁厚

$$\delta = \frac{p_c D_i}{2[\sigma]^t \varphi - p_c} + C = \frac{4 \times 80}{2 \times 51 \times 0.6 - 4} + 0.28 = 5.9(\text{mm})$$

② 氦气回流侧接管壁厚

$$\delta = \frac{p_c D_i}{2[\sigma]^t \varphi - p_c} + C = \frac{0.758 \times 80}{2 \times 51 \times 0.6 - 0.758} + 0.48 = 1.5(\text{mm})$$

5.6.8 换热器 C 接管壁厚

① 氦气来流侧接管壁厚

$$\delta = \frac{p_c D_i}{2[\sigma]^t \varphi - p_c} + C = \frac{4 \times 80}{2 \times 51 \times 0.6 - 4} + 0.28 = 5.9(\text{mm})$$

② 氦气回流侧接管壁厚

$$\delta = \frac{p_c D_i}{2[\sigma]^t \varphi - p_c} + C = \frac{0.758 \times 515}{2 \times 51 \times 0.6 - 0.758} + 0.48 = 6.9(\text{mm})$$

5.6.9 接管尺寸汇总

各级换热器接管尺寸壁厚汇总如表 5-32～表 5-38 所示。

表 5-32 一级换热器接管壁厚

项目	氢气	氦气制冷剂
接管规格/mm	120×20	535×10
接管计算壁厚/mm	9	1.8
接管实际壁厚/mm	20	10

表 5-33 二级换热器接管壁厚

项目	氢气	氦气制冷剂
接管规格/mm	120×20	535×10
接管计算壁厚/mm	9	3.8
接管实际壁厚/mm	20	10

表 5-34 三级换热器接管壁厚

项目	氢气	氦气制冷剂
接管规格/mm	120×20	535×10
接管计算壁厚/mm	9	7
接管实际壁厚/mm	20	10

表 5-35 四级换热器接管壁厚

项目	氢气	氦气制冷剂
接管规格/mm	120×20	535×10
接管计算壁厚/mm	9	7
接管实际壁厚/mm	20	10

表 5-36　换热器 A 接管壁厚

项目	氦气来流	氦气回流
接管规格/mm	120×20	535×10
接管计算壁厚/mm	5. 9	3. 7
接管实际壁厚/mm	20	10

表 5-37　换热器 B 接管壁厚

项目	氦气来流	氦气回流
接管规格/mm	120×20	535×10
接管计算壁厚/mm	5. 9	1. 5
接管实际壁厚/mm	20	10

表 5-38　换热器 C 接管壁厚

项目	氦气来流	氦气回流
接管规格/mm	120×20	535×10
接管计算壁厚/mm	5. 9	6. 9
接管实际壁厚/mm	20	10

5.7　接管补强

5.7.1　补强方式

封头的补强方式应根据具体的情况进行选择，补强方式可分为：加强圈补强、接管全焊透补强、翻边或凸颈补强以及整体补强等。

本设计封头尺寸大小各异，补强方式也不同，但条件允许的情况下尽量以接管全焊透方式代替补强圈补强，尤其是封头尺寸较小的情况下。在进行选择补强方式前要进行补强面积的计算，确定补强面积的大小以及是否需要补强。

5.7.2　接管补强计算

以全焊透方法将接管与壳体相焊，主要补强方式有补强圈补强与接管补强，在条件许可的情况下尽量使用接管补强方式，尤其是在筒体半径较小时。首先要进行开孔所需补强面积的计算，用来确定封头是否需要进行补强。补强面积示意图见图 2-46。

（1）封头开孔所需补强面积

封头开孔所需补强面积按下式计算：

$$A = d\delta \tag{5-31}$$

（2）有效补强范围

a. 有效宽度 B 按下式计算，取两者中较大值。

$$B=\begin{cases}2d\\d+2\delta_{n}+2\delta_{nt}\end{cases} \tag{5-32}$$

b. 有效补强高度按下式计算，分别取两式中较小值。

外侧有效补强高度：

$$h_1=\begin{cases}\sqrt{d\delta_{nt}}\\\text{接管实际外伸长度}\end{cases} \tag{5-33}$$

内侧有效补强高度：

$$h_2=\begin{cases}\sqrt{d\delta_{nt}}\\\text{接管实际内伸长度}\end{cases} \tag{5-34}$$

（3）补强面积

在有效补强范围内，可作为补强的截面积计算如下：

$$A_e=A_1+A_2+A_3 \tag{5-35}$$

$$A_1=(B-d)(\delta_e-\delta)-2\delta_t(\delta_e-\delta) \tag{5-36}$$

$$A_2=2h_1(\delta_{et}-\delta_t)+2h_2(\delta_{et}-\delta_t) \tag{5-37}$$

本设计焊接长度取6mm。若 $A_e \geqslant A$，则开孔不需要加补强；若 $A_e<A$，则开孔需要另加补强，并按下式计算：

$$A_4 \geqslant A-A_e \tag{5-38}$$

$$d=\text{接管内径}+2C$$

$$\delta_e=\delta_n-C$$

式中 A_1——壳体有效厚度减去计算厚度之外的多余面积，mm^2；

A_2——接管有效厚度减去计算厚度之外的多余面积，mm^2；

A_3——焊接金属截面积，mm^2；

A_4——有效补强范围内另加补强面积，mm^2；

δ——壳体开孔处的计算厚度，mm；

δ_n——壳体名义厚度，mm；

δ_t——接管计算厚度，mm；

δ_{nt}——接管名义厚度，mm。

5.7.3 一级换热器补强面积计算

（1）氢气侧补强面积计算

一级换热器氢气侧封头、接管尺寸如表 5-39 所示。

表 5-39　一级换热器氢气侧封头、接管尺寸

项目	封头	接管
内径/mm	100	80
计算厚度/mm	13. 1	9
名义厚度/mm	20	20
厚度附加量/mm	2	0. 28

封头开孔所需补强面积：

$$A = d\delta = 80.56 \times 13.1 = 1055.3(\mathrm{mm}^2)$$

有效补强范围：

a. 有效宽度 B 按下式计算，取两者中较大值。

$$B = \begin{cases} 2 \times 80.56 = 161.12(\mathrm{mm}) \\ 80.56 + 2 \times 15 + 2 \times 20 = 150.56(\mathrm{mm}) \end{cases}$$

$$B_{\max} = 161.12\mathrm{mm}$$

b. 有效补强高度按下式计算，分别取两式中较小值。

外侧有效补强高度：

$$h_1 = \begin{cases} \sqrt{80.56 \times 20} = 40.14(\mathrm{mm}) \\ 150\mathrm{mm} \end{cases}$$

$$h_{1\min} = 40.14\mathrm{mm}$$

内侧有效补强高度：

$$h_2 = \begin{cases} \sqrt{80.56 \times 20} = 40.14(\mathrm{mm}) \\ 0 \end{cases}$$

$$h_{2\min} = 0$$

$$A_1 = (B - d)(\delta_e - \delta) - 2\delta_t(\delta_e - \delta) = (161.12 - 80.56) \times (18 - 13.1) - 2 \times 9 \times (18 - 13.1) = 306.5(\mathrm{mm}^2)$$

$$A_2 = 2h_1(\delta_{et} - \delta_t) + 2h_2(\delta_{et} - \delta_t) = 2 \times 40.14 \times (19.72 - 9) = 860.6(\mathrm{mm}^2)$$

焊接长度取 6mm。

$$A_3 = \frac{1}{2} \times 2 \times 6 \times 6 = 36(\mathrm{mm}^2)$$

$$A_e = A_1 + A_2 + A_3 = 306.5 + 860.6 + 36 = 1203.1(\mathrm{mm}^2)$$

$A_e > A$，开孔不需要另加补强。

（2）氦气侧补强面积计算

一级换热器氦气侧封头、接管尺寸如表 5-40 所示。

表 5-40　一级换热器氦气侧封头、接管尺寸

项目	封头	接管
内径/mm	875	515
计算厚度/mm	4. 2	1. 8
名义厚度/mm	10	10

续表

项目	封头	接管
厚度附加量/mm	2	0.48

封头开孔所需补强面积：

$$A = d\delta = 515.96 \times 4.2 = 2167(\mathrm{mm}^2)$$

有效补强范围：

a. 有效宽度 B 按下式计算，取两者中较大值。

$$B = \begin{cases} 2 \times 515.96 = 1031.92(\mathrm{mm}) \\ 515.96 + 2 \times 5 + 2 \times 10 = 545.96(\mathrm{mm}) \end{cases}$$

$$B_{\max} = 1031.92\mathrm{mm}$$

b. 有效补强高度按下式计算，分别取两式中较小值。

外侧有效补强高度：

$$h_1 = \begin{cases} \sqrt{515.96 \times 10} = 71.8(\mathrm{mm}) \\ 150\mathrm{mm} \end{cases}$$

$$h_{1\min} = 71.8\mathrm{mm}$$

内侧有效补强高度：

$$h_2 = \begin{cases} \sqrt{515.5 \times 10} = 71.8(\mathrm{mm}) \\ 0 \end{cases}$$

$$h_{2\min} = 0$$

$$\begin{aligned} A_1 &= (B - d)(\delta_e - \delta) - 2\delta_t(\delta_e - \delta) \\ &= (1031.92 - 515.96) \times (8 - 4.2) - 2 \times 1.8 \times (8 - 4.2) \\ &= 1947.0(\mathrm{mm}^2) \end{aligned}$$

$$A_2 = 2h_1(\delta_{et} - \delta_t) + 2h_2(\delta_{et} - \delta_t) = 2 \times 71.8 \times (9.52 - 1.8) = 1108.6(\mathrm{mm}^2)$$

焊接长度取 6mm。

$$A_3 = \frac{1}{2} \times 2 \times 6 \times 6 = 36(\mathrm{mm}^2)$$

$$A_e = A_1 + A_2 + A_3 = 1947.0 + 1108.6 + 36 = 3091.6(\mathrm{mm}^2)$$

$A_e > A$，开孔不需要另加补强。

5.7.4 二级换热器补强面积计算

（1）氢气侧补强面积计算

二级换热器氢气侧封头、接管尺寸如表 5-41 所示。

表 5-41 二级换热器氢气侧封头、接管尺寸

项目	封头	接管
内径/mm	100	80
计算厚度/mm	13.1	9
名义厚度/mm	20	20

续表

项目	封头	接管
厚度附加量/mm	2	0.28

封头开孔所需补强面积：

$$A = d\delta = 80.56 \times 13.1 = 1055.3(\text{mm}^2)$$

有效补强范围：

a. 有效宽度 B 按下式计算，取两者中较大值。

$$B = \begin{cases} 2 \times 80.56 = 161.12(\text{mm}) \\ 80.56 + 2 \times 15 + 2 \times 20 = 150.56(\text{mm}) \end{cases}$$

$$B_{\max} = 161.12\text{mm}$$

b. 有效补强高度按下式计算，分别取两式中较小值。

外侧有效补强高度：

$$h_1 = \begin{cases} \sqrt{80.5 \times 20} = 40.14(\text{mm}) \\ 150\text{mm} \end{cases}$$

$$h_{1\min} = 40.14\text{mm}$$

内侧有效补强高度：

$$h_2 = \begin{cases} \sqrt{80.56 \times 20} = 40.14(\text{mm}) \\ 0 \end{cases}$$

$$h_{2\min} = 0$$

$$\begin{aligned} A_1 &= (B - d)(\delta_e - \delta) - 2\delta_t(\delta_e - \delta) \\ &= (161.12 - 80.56) \times (18 - 13.1) - 2 \times 9 \times (18 - 13.1) \\ &= 306.5(\text{mm}^2) \end{aligned}$$

$$A_2 = 2h_1(\delta_{et} - \delta_t) + 2h_2(\delta_{et} - \delta_t) = 2 \times 40.14 \times (19.72 - 9) = 860.6(\text{mm}^2)$$

焊接长度取 6mm。

$$A_3 = \frac{1}{2} \times 2 \times 6 \times 6 = 36(\text{mm}^2)$$

$$A_e = A_1 + A_2 + A_3 = 306.5 + 860.6 + 36 = 1203.1(\text{mm}^2)$$

$A_e>A$，开孔不需要另加补强。

（2）氦气侧补强面积计算

二级换热器氦气侧封头、接管尺寸如表 5-42 所示。

表 5-42　二级换热器氦气侧封头、接管尺寸

项目	封头	接管
内径/mm	875	515
计算厚度/mm	7.7	3.8
名义厚度/mm	10	10
厚度附加量/mm	2	0.48

封头开孔所需补强面积：

$$A = d\delta = 515.96 \times 7.7 = 3972.9(\text{mm}^2)$$

有效补强范围：

a. 有效宽度 B 按下式计算，取两者中较大值。

$$B = \begin{cases} 2 \times 515.96 = 1031.9(\text{mm}) \\ 515.96 + 2 \times 10 + 2 \times 10 = 555.96(\text{mm}) \end{cases}$$

$$B_{\max} = 1031.9\text{mm}$$

b. 有效补强高度按下式计算，分别取两式中较小值。

外侧有效补强高度：

$$h_1 = \begin{cases} \sqrt{515.96 \times 10} = 71.8(\text{mm}) \\ 150\text{mm} \end{cases}$$

$$h_{1\min} = 71.8\text{mm}$$

内侧有效补强高度：

$$h_2 = \begin{cases} \sqrt{515.5 \times 10} = 71.8(\text{mm}) \\ 0 \end{cases}$$

$$h_{2\min} = 0$$

$$\begin{aligned} A_1 &= (B - d)(\delta_e - \delta) - 2\delta_t(\delta_e - \delta) \\ &= (1031.9 - 515.96) \times (8 - 7.7) - 2 \times 3.8 \times (8 - 7.7) \\ &= 152.5(\text{mm}^2) \end{aligned}$$

$$A_2 = 2h_1(\delta_{et} - \delta_t) + 2h_2(\delta_{et} - \delta_t) = 2 \times 71.88 \times (9.52 - 3.8) = 822.3(\text{mm}^2)$$

焊接长度取 6mm。

$$A_3 = \frac{1}{2} \times 2 \times 6 \times 6 = 36(\text{mm}^2)$$

$$A_e = A_1 + A_2 + A_3 = 152.5 + 822.3 + 36 = 1010.8(\text{mm}^2)$$

$A_e < A$，开孔需要另加补强：

$$A_4 \geqslant A - A_e$$

$$A_4 \geqslant 3972.9 - 1010.8 = 2962.1(\text{mm}^2)$$

经计算，补强面积为 2962.1mm^2。

5.7.5 三级换热器补强面积计算

(1) 氢气侧补强面积计算

三级换热器氢气侧封头、接管尺寸如表 5-43 所示。

表 5-43 三级换热器氢气侧封头、接管尺寸

项目	封头	接管
内径/mm	100	80
计算厚度/mm	13.1	9
名义厚度/mm	20	20
厚度附加量/mm	2	0.28

封头开孔所需补强面积：

$$A = d\delta = 80.56 \times 13.1 = 1055.3(\text{mm}^2)$$

有效补强范围：

a. 有效宽度 B 按下式计算，取两者中较大值。

$$B = \begin{cases} 2 \times 80.56 = 161.12(\text{mm}) \\ 80.56 + 2 \times 15 + 2 \times 20 = 150.56(\text{mm}) \end{cases}$$

$$B_{\max} = 161.12\text{mm}$$

b. 有效补强高度按下式计算，分别取两式中较小值。

外侧有效补强高度：

$$h_1 = \begin{cases} \sqrt{80.56 \times 20} = 40.14(\text{mm}) \\ 150\text{mm} \end{cases}$$

$$h_{1\min} = 40.14\text{mm}$$

内侧有效补强高度：

$$h_2 = \begin{cases} \sqrt{80.56 \times 20} = 40.14(\text{mm}) \\ 0 \end{cases}$$

$$h_{1\min} = 0$$

$$\begin{aligned} A_1 &= (B - d)(\delta_e - \delta) - 2\delta_t(\delta_e - \delta) \\ &= (161.12 - 80.56) \times (18 - 13.1) - 2 \times 9 \times (18 - 13.1) \\ &= 306.5(\text{mm}^2) \end{aligned}$$

$$\begin{aligned} A_2 &= 2h_1(\delta_{et} - \delta_t) + 2h_2(\delta_{et} - \delta_t) \\ &= 2 \times 40.14 \times (19.72 - 9) \\ &= 860.6(\text{mm}^2) \end{aligned}$$

焊接长度取 6mm。

$$A_3 = \frac{1}{2} \times 2 \times 6 \times 6 = 36(\text{mm}^2)$$

$$A_e = A_1 + A_2 + A_3 = 306.5 + 860.6 + 36 = 1203.1(\text{mm}^2)$$

$A_e > A$，开孔不需要另加补强。

（2）氦气侧补强面积计算

三级换热器氦气侧封头、接管尺寸如表 5-44 所示。

表 5-44　三级换热器氦气侧封头、接管尺寸

项目	封头	接管
内径/mm	875	515
计算厚度/mm	13.1	7
名义厚度/mm	20	10
厚度附加量/mm	2	0.48

封头开孔所需补强面积：

$$A = d\delta = 515.96 \times 13.1 = 6759.1(\text{mm}^2)$$

有效补强范围：

a. 有效宽度 B 按下式计算，取两者中较大值。

$$B=\begin{cases}2\times 515.96=1031.92(\text{mm})\\515.96+2\times 15+2\times 10=565.96(\text{mm})\end{cases}$$

$$B_{\max}=1031.92\text{mm}$$

b. 有效补强高度按下式计算，分别取两式中较小值。

外侧有效补强高度：

$$h_1=\begin{cases}\sqrt{515.96\times 10}=71.80(\text{mm})\\150\text{mm}\end{cases}$$

$$h_{1\min}=71.80\text{mm}$$

内侧有效补强高度：

$$h_2=\begin{cases}\sqrt{515.5\times 10}=71.80(\text{mm})\\0\end{cases}$$

$$h_{2\min}=0$$

$$\begin{aligned}A_1&=(B-d)(\delta_e-\delta)-2\delta_t(\delta_e-\delta)\\&=(1031.92-515.96)\times(18-13.1)-2\times 7\times(18-13.1)\\&=2459.6(\text{mm}^2)\end{aligned}$$

$$A_2=2h_1(\delta_{et}-\delta_t)+2h_2(\delta_{et}-\delta_t)=2\times 71.8\times(9.52-7)=361.9(\text{mm}^2)$$

本设计焊接长度取6mm。

$$A_3=\frac{1}{2}\times 2\times 6\times 6=36(\text{mm}^2)$$

$$A_e=A_1+A_2+A_3=2459.6+361.9+36=2857.5(\text{mm}^2)$$

$A_e<A$，开孔需要另加补强：

$$A_4\geqslant A-A_e$$

$$A_e\geqslant 6759.1-2857.5=3901.6(\text{mm}^2)$$

经计算，补强面积为 3696.62mm^2

5.7.6 四级换热器补强面积计算

（1）氢气侧补强面积计算

四级换热器氢气侧封头、接管尺寸如表 5-45 所示。

表 5-45 四级换热器氢气侧封头、接管尺寸

项目	封头	接管
内径/mm	100	80
计算厚度/mm	13.1	9
名义厚度/mm	20	20
厚度附加量/mm	2	0.28

封头开孔所需补强面积：

$$A = d\delta = 80.56 \times 13.1 = 1055.3(\text{mm}^2)$$

有效补强范围：

a. 有效宽度 B 按下式计算，取两者中较大值。

$$B = \begin{cases} 2 \times 80.56 = 161.12(\text{mm}) \\ 80.56 + 2 \times 15 + 2 \times 20 = 150.56(\text{mm}) \end{cases}$$

$$B_{\max} = 161.12\text{mm}$$

b. 有效高度按下式计算，分别取两式中较小值。

外侧有效补强高度：

$$h_1 = \begin{cases} \sqrt{80.56 \times 20} = 40.14(\text{mm}) \\ 150\text{mm} \end{cases}$$

$$h_{1\min} = 40.14\text{mm}$$

内侧有效补强高度：

$$h_2 = \begin{cases} \sqrt{80.56 \times 20} = 40.14(\text{mm}) \\ 0 \end{cases}$$

$$h_{2\min} = 0$$

$$\begin{aligned} A_1 &= (B - d)(\delta_e - \delta) - 2\delta_t(\delta_e - \delta) \\ &= (161.12 - 80.56) \times (18 - 13.1) - 2 \times 9 \times (18 - 13.1) \\ &= 306.5(\text{mm}^2) \end{aligned}$$

$$A_2 = 2h_1(\delta_{et} - \delta_t) + 2h_2(\delta_{et} - \delta_t) = 2 \times 40.14 \times (19.72 - 9) = 860.6(\text{mm}^2)$$

本设计焊接长度取 6mm。

$$A_3 = \frac{1}{2} \times 2 \times 6 \times 6 = 36(\text{mm}^2)$$

$$A_e = A_1 + A_2 + A_3 = 306.5 + 860.6 + 36 = 1203.1(\text{mm}^2)$$

$A_e>A$，开孔不需要另加补强。

（2）氦气侧补强面积计算

四级换热器氦气侧封头、接管尺寸如表 5-46 所示。

表 5-46　四级换热器氦气侧封头、接管尺寸

项目	封头	接管
内径/mm	875	515
计算厚度/mm	13.4	7
名义厚度/mm	20	10
厚度附加量/mm	2	0.48

封头开孔所需补强面积：

$$A = d\delta = 515.96 \times 13.4 = 6913.9(\text{mm}^2)$$

有效补强范围：

a. 有效宽度 B 按下式计算，取两者中较大值。

$$B = \begin{cases} 2 \times 515.96 = 1031.92(\text{mm}) \\ 515.96 + 2 \times 10 + 2 \times 20 = 575.96(\text{mm}) \end{cases}$$

$$B_{max} = 1031.92\text{mm}$$

b. 有效高度按下式计算，分别取两式中较小值。

外侧有效补强高度：

$$h_1 = \begin{cases} \sqrt{515.96 \times 10} = 71.8(\text{mm}) \\ 150\text{mm} \end{cases}$$

$$h_{1\min} = 71.8\text{mm}$$

内侧有效补强高度：

$$h_2 = \begin{cases} \sqrt{515.96 \times 10} = 71.8(\text{mm}) \\ 0 \end{cases}$$

$$h_{2\min} = 0$$

$$A_1 = (B-d)(\delta_e - \delta) - 2\delta_t(\delta_e - \delta) = (1031.92 - 515.96) \times (18 - 13.4) - 2 \times 7 \times (18 - 13.4) = 2309(\text{mm}^2)$$

$$A_2 = 2h_1(\delta_{et} - \delta_t) + 2h_2(\delta_{et} - \delta_t) = 2 \times 71.8 \times (9.52 - 7) = 361.9(\text{mm}^2)$$

焊接长度取6mm。

$$A_3 = \frac{1}{2} \times 2 \times 6 \times 6 = 36(\text{mm}^2)$$

$$A_e = A_1 + A_2 + A_3 = 2309 + 361.9 + 36 = 2706.9(\text{mm}^2)$$

$A_e<A$，开孔需要另加补强：

$$A_4 \geqslant A - A_e$$

$$A_4 \geqslant 6913.9 - 2706.9 = 4207(\text{mm}^2)$$

经计算，补强面积为4207mm^2。

5.7.7 换热器A补强面积计算

（1）氦气来流侧补强面积计算

换热器A氦气来流侧封头、接管尺寸如表5-47所示。

表5-47 换热器A氦气来流侧封头、接管尺寸

项目	封头	接管
内径/mm	100	80
计算厚度/mm	9.1	5.9
名义厚度/mm	15	20
厚度附加量/mm	2	0.28

封头开孔所需补强面积：

$$A = d\delta = 80.56 \times 9.1 = 733.1(\text{mm}^2)$$

有效补强范围：

a. 有效宽度B按下式计算，取两者中较大值。

$$B = \begin{cases} 2 \times 80.56 = 161.12(\text{mm}) \\ 80.56 + 2 \times 15 + 2 \times 20 = 150.56(\text{mm}) \end{cases}$$

$$B_{max} = 161.12\text{mm}$$

b. 有效高度按下式计算，分别取两式中较小值。

外侧有效补强高度：

$$h_1 = \begin{cases} \sqrt{80.56 \times 20} = 40.14(\text{mm}) \\ 150\text{mm} \end{cases}$$

$$h_{1min} = 40.14\text{mm}$$

内侧有效补强高度：

$$h_2 = \begin{cases} \sqrt{80.56 \times 20} = 40.14(\text{mm}) \\ 0 \end{cases}$$

$$h_{2min} = 0$$

$$A_1 = (B - d)(\delta_e - \delta) - 2\delta_t(\delta_e - \delta) = (161.12 - 80.56) \times (13 - 9.1) - 2 \times 5.9 \times (13 - 9.1) = 268.2(\text{mm}^2)$$

$$A_2 = 2h_1(\delta_{et} - \delta_t) + 2h_2(\delta_{et} - \delta_t) = 2 \times 40.14 \times (19.72 - 5.9) = 1109.5(\text{mm}^2)$$

本设计焊接长度取 6mm。

$$A_3 = \frac{1}{2} \times 2 \times 6 \times 6 = 36(\text{mm}^2)$$

$$A_e = A_1 + A_2 + A_3 = 268.2 + 1109.5 + 36 = 1413.7(\text{mm}^2)$$

$A_e > A$，开孔不需要另加补强。

（2）氦气回流侧补强面积计算

换热器 A 氦气回流侧封头、接管尺寸如表 5-48 所示。

表 5-48　换热器 A 氦气回流侧封头、接管尺寸

项目	封头	接管
内径/mm	875	515
计算厚度/mm	7.5	3.7
名义厚度/mm	10	10
厚度附加量/mm	2	0.48

封头开孔所需补强面积：

$$A = d\delta = 515.96 \times 7.5 = 3869.7(\text{mm}^2)$$

有效补强范围：

a. 有效宽度 B 按下式计算，取两者中较大值。

$$B = \begin{cases} 2 \times 515.96 = 1031.92(\text{mm}) \\ 515.96 + 2 \times 10 + 2 \times 10 = 555.96(\text{mm}) \end{cases}$$

$$B_{max} = 1031.92\text{mm}$$

b. 有效补强高度按下式计算，分别取两式中较小值。

外侧有效补强高度：

$$h_1 = \begin{cases} \sqrt{515.96 \times 10} = 71.8(\text{mm}) \\ 150\text{mm} \end{cases}$$

$$h_{1\min} = 71.8\text{mm}$$

内侧有效补强高度：

$$h_2 = \begin{cases} \sqrt{515.5 \times 10} = 71.8(\text{mm}) \\ 0 \end{cases}$$

$$h_{2\min} = 0$$

$$\begin{aligned} A_1 &= (B-d)(\delta_e - \delta) - 2\delta_t(\delta_e - \delta) \\ &= (1031.92 - 515.96) \times (8 - 7.5) - 2 \times 3.7 \times (8 - 7.5) \\ &= 254.3(\text{mm}^2) \end{aligned}$$

$$A_2 = 2h_1(\delta_{et} - \delta_t) + 2h_2(\delta_{et} - \delta_t) = 2 \times 71.8 \times (9.52 - 3.7) = 835.8(\text{mm}^2)$$

焊接长度取6mm。

$$A_3 = \frac{1}{2} \times 2 \times 6 \times 6 = 36(\text{mm}^2)$$

$$A_e = A_1 + A_2 + A_3 = 254.3 + 835.8 + 36 = 1126.1(\text{mm}^2)$$

$A_e < A$，开孔需要另加补强：

$$A_4 \geqslant A - A_e$$

$$A_4 \geqslant 3869.7 - 1126.1 = 2743.6(\text{mm}^2)$$

经计算，补强面积为2743.6mm^2。

5.7.8 换热器B补强面积计算

（1）氦气来流侧补强面积计算

换热器B氦气来流侧封头、接管尺寸如表5-49所示。

表5-49 换热器B氦气来流侧封头、接管尺寸

项目	封头	接管
内径/mm	100	80
计算厚度/mm	9.1	5.9
名义厚度/mm	15	20
厚度附加量/mm	2	0.28

封头开孔所需补强面积：

$$A = d\delta = 80.56 \times 9.1 = 733.1(\text{mm}^2)$$

有效补强范围：

a. 有效宽度 B 按下式计算，取两者中较大值。

$$B = \begin{cases} 2 \times 80.56 = 161.12(\text{mm}) \\ 80.56 + 2 \times 15 + 2 \times 20 = 150.56(\text{mm}) \end{cases}$$

$$B_{\max} = 161.12\text{mm}$$

b. 有效高度按下式计算，分别取两式中较小值。

外侧有效补强高度：

$$h_1 = \begin{cases} \sqrt{80.56 \times 20} = 40.14(\text{mm}) \\ 150\text{mm} \end{cases}$$

$$h_{1\min} = 40.14\text{mm}$$

内侧有效补强高度：

$$h_2 = \begin{cases} \sqrt{80.56 \times 20} = 40.14(\text{mm}) \\ 0 \end{cases}$$

$$h_{2\min} = 0$$

$$\begin{aligned} A_1 &= (B-d)(\delta_e - \delta) - 2\delta_t(\delta_e - \delta) \\ &= (161.12 - 80.56) \times (13 - 9.1) - 2 \times 5.9 \times (13 - 9.1) \\ &= 268.2(\text{mm}^2) \end{aligned}$$

$$A_2 = 2h_1(\delta_{et} - \delta_t) + 2h_2(\delta_{et} - \delta_t) = 2 \times 40.14 \times (19.72 - 5.9) = 1109.5(\text{mm}^2)$$

本设计焊接长度取 6mm。

$$A_3 = \frac{1}{2} \times 2 \times 6 \times 6 = 36(\text{mm}^2)$$

$$A_e = A_1 + A_2 + A_3 = 268.2 + 1109.5 + 36 = 1413.7(\text{mm}^2)$$

$A_e > A$，开孔不需要另加补强。

（2）氦气回流侧补强面积计算

换热器 B 氦气回流侧封头、接管尺寸如表 5-50 所示。

表 5-50　换热器 B 氦气回流侧封头、接管尺寸

项目	封头	接管
内径/mm	875	515
计算厚度/mm	13	1.5
名义厚度/mm	20	10
厚度附加量/mm	2	0.48

封头开孔所需补强面积：

$$A = d\delta = 515.96 \times 13 = 6707.48(\text{mm}^2)$$

有效补强范围：

a. 有效宽度 B 按下式计算，取两者中较大值。

$$B = \begin{cases} 2 \times 515.96 = 1031.92(\text{mm}) \\ 515.96 + 2 \times 20 + 2 \times 10 = 575.96(\text{mm}) \end{cases}$$

$$B_{\max} = 1031.92\text{mm}$$

b. 有效补强高度按下式计算，分别取两式中较小值。

外侧有效补强高度：

$$h_1 = \begin{cases} \sqrt{515.96 \times 10} = 71.8(\text{mm}) \\ 150\text{mm} \end{cases}$$

$$h_{1\min} = 71.8\text{mm}$$

内侧有效补强高度：

$$h_2 = \begin{cases} \sqrt{515.5 \times 10} = 71.8(\text{mm}) \\ 0 \end{cases}$$

$$h_{2\min} = 0$$

$$\begin{aligned}A_1 &= (B-d)(\delta_e-\delta) - 2\delta_t(\delta_e-\delta)\\ &= (1031.92-515.96)\times(18-13)-2\times1.5\times(18-13)\\ &= 2564.8(\mathrm{mm}^2)\end{aligned}$$

$$A_2 = 2h_1(\delta_{et}-\delta_t)+2h_2(\delta_{et}-\delta_t) = 2\times71.8\times(9.52-1.5) = 1151.7(\mathrm{mm}^2)$$

焊接长度取6mm。

$$A_3 = \frac{1}{2}\times2\times6\times6 = 36(\mathrm{mm}^2)$$

$$A_e = A_1+A_2+A_3 = 2564.8+1151.7+36 = 3752.5(\mathrm{mm}^2)$$

$A_e<A$，开孔需要另加补强：

$$A_4 \geqslant A-A_e$$

$$A_4 \geqslant 6707.48-3752.5 = 2954.98(\mathrm{mm}^2)$$

经计算，补强面积为2954.98mm^2。

5.7.9 换热器C补强面积计算

（1）氦气来流侧补强面积计算

换热器C氦气来流侧封头、接管尺寸如表5-51所示。

表5-51 换热器C氦气来流侧封头、接管尺寸

项目	封头	接管
内径/mm	100	80
计算厚度/mm	9.1	5.9
名义厚度/mm	15	20
厚度附加量/mm	2	0.28

封头开孔所需补强面积：

$$A = d\delta = 80.56\times9.1 = 733.1(\mathrm{mm}^2)$$

有效补强范围：

a. 有效宽度B按下式计算，取两者中较大值。

$$B = \begin{cases}2\times80.56 = 161.12(\mathrm{mm})\\ 80.56+2\times15+2\times20 = 150.56(\mathrm{mm})\end{cases}$$

$$B_{\max} = 161.12\mathrm{mm}$$

b. 有效高度按下式计算，分别取两式中较小值。

外侧有效补强高度：

$$h_1 = \begin{cases}\sqrt{80.56\times20} = 40.14(\mathrm{mm})\\ 150\mathrm{mm}\end{cases}$$

$$h_{1\min} = 40.14\mathrm{mm}$$

内侧有效补强高度：

$$h_2 = \begin{cases}\sqrt{80.56\times20} = 40.14(\mathrm{mm})\\ 0\end{cases}$$

$$h_{2min} = 0$$

$$\begin{aligned} A_1 &= (B - d)(\delta_e - \delta) - 2\delta_t(\delta_e - \delta) \\ &= (161.12 - 80.56) \times (13 - 9.1) - 2 \times 5.9 \times (13 - 9.1) \\ &= 268.2(mm^2) \end{aligned}$$

$$A_2 = 2h_1(\delta_{et} - \delta_t) + 2h_2(\delta_{et} - \delta_t) = 2 \times 40.14 \times (19.72 - 5.9) = 1109.5(mm^2)$$

本设计焊接长度取 6mm。

$$A_3 = \frac{1}{2} \times 2 \times 6 \times 6 = 36(mm^2)$$

$$A_e = A_1 + A_2 + A_3 = 268.2 + 1109.5 + 36 = 1413.7(mm^2)$$

$A_e>A$，开孔不需要另加补强。

（2）氦气回流侧补强面积计算

换热器 C 氦气回流侧封头、接管尺寸如表 5-52 所示。

表 5-52　换热器 C 氦气回流侧封头、接管尺寸

项目	封头	接管
内径/mm	875	515
计算厚度/mm	13	6.9
名义厚度/mm	20	10
厚度附加量/mm	2	0.48

封头开孔所需补强面积：

$$A = d\delta = 515.96 \times 13 = 6707.48(mm^2)$$

有效补强范围：

a. 有效宽度 B 按下式计算，取两者中较大值。

$$B = \begin{cases} 2 \times 515.96 = 1031.92(mm) \\ 515.96 + 2 \times 20 + 2 \times 10 = 575.96(mm) \end{cases}$$

$$B_{max} = 1031.92mm$$

b. 有效补强高度按下式计算，分别取两式中较小值。

外侧有效补强高度：

$$h_1 = \begin{cases} \sqrt{515.96 \times 10} = 71.8(mm) \\ 150mm \end{cases}$$

$$h_{1min} = 71.8mm$$

内侧有效补强高度：

$$h_2 = \begin{cases} \sqrt{515.5 \times 10} = 71.8(mm) \\ 0 \end{cases}$$

$$h_{2min} = 0$$

$$\begin{aligned} A_1 &= (B - d)(\delta_e - \delta) - 2\delta_t(\delta_e - \delta) \\ &= (1031.92 - 515.96) \times (18 - 13) - 2 \times 1.5 \times (18 - 13) \\ &= 2564.8(mm^2) \end{aligned}$$

$$A_2 = 2h_1(\delta_{et} - \delta_t) + 2h_2(\delta_{et} - \delta_t) = 2 \times 71.8 \times (9.52 - 6.9) = 376.2(\text{mm}^2)$$

焊接长度取 6mm。

$$A_3 = \frac{1}{2} \times 2 \times 6 \times 6 = 36(\text{mm}^2)$$

$$A_e = A_1 + A_2 + A_3 = 2564.8 + 376.2 + 36 = 2977(\text{mm}^2)$$

$A_e<A$，开孔需要另加补强：

$$A_4 \geqslant A - A_e$$

$$A_4 \geqslant 6707.48 - 2977 = 3730.48(\text{mm}^2)$$

经计算，补强面积为 3730.48mm²。

根据计算结果与设计要求需要进行焊接的接管可按图 2-47 的形式连接。

5.8 法兰与垫片选择

5.8.1 法兰与垫片

法兰是连接设计设备接管与外接管的设备元件，法兰的尺寸需要根据接管的尺寸、设计压力的大小以及设计所需法兰的形式等选择，配套选择所需的螺栓与垫片。只需依据标准选择法兰型号即可。垫片型号见附表 5，尺寸选型见附表 6、附表 7。

5.8.2 法兰与垫片型号选择

根据国家标准 GB/T 9112—2000《钢制管法兰类型与参数》确定法兰尺寸。凹凸面对焊钢制管法兰见图 2-48，垫圈形式见图 2-49。

5.9 隔板、封条与导流板选择

5.9.1 隔板厚度计算

$$t = m\sqrt{\frac{3p}{4[\sigma_b]}} + C \tag{5-39}$$

式中 m——翅片间距，mm；

C——腐蚀余量，一般取值 0.2mm；

$[\sigma_b]$——室温下力学性能保证值，翅片材料采用 6030，则 $[\sigma_b]$ =205MPa；

p——设计压力，MPa。

（1）一级换热器隔板厚度计算

① 氢气来流侧

$$t = 1.7 \times \sqrt{\frac{3 \times 6}{4 \times 205}} + 0.2 = 0.452(\text{mm})$$

② 氦气回流侧

$$t = 2 \times \sqrt{\frac{3 \times 0.151}{4 \times 205}} + 0.2 = 0.247(\text{mm})$$

（2）二级换热器隔板厚度计算

① 氢气来流侧

$$t = 1.7 \times \sqrt{\frac{3 \times 6}{4 \times 205}} + 0.2 = 0.452(\mathrm{mm})$$

② 氦气回流侧

$$t = 2 \times \sqrt{\frac{3 \times 0.393}{4 \times 205}} + 0.2 = 0.276(\mathrm{mm})$$

（3）三级换热器隔板厚度计算

① 氢气来流侧

$$t = 1.7 \times \sqrt{\frac{3 \times 6}{4 \times 205}} + 0.2 = 0.452(\mathrm{mm})$$

② 氦气回流侧

$$t = 2 \times \sqrt{\frac{3 \times 0.768}{4 \times 205}} + 0.2 = 0.306(\mathrm{mm})$$

（4）四级换热器隔板厚度计算

① 氢气来流侧

$$t = 1.7 \times \sqrt{\frac{3 \times 6}{4 \times 205}} + 0.2 = 0.452(\mathrm{mm})$$

② 氦气回流侧

$$t = 2 \times \sqrt{\frac{3 \times 0.768}{4 \times 205}} + 0.2 = 0.306(\mathrm{mm})$$

（5）换热器 A 隔板厚度计算

① 氦气来流侧

$$t = 1.7 \times \sqrt{\frac{3 \times 4}{4 \times 205}} + 0.2 = 0.406(\mathrm{mm})$$

② 氦气回流侧

$$t = 2 \times \sqrt{\frac{3 \times 0.383}{4 \times 205}} + 0.2 = 0.275(\mathrm{mm})$$

（6）换热器 B 隔板厚度计算

① 氦气来流侧

$$t = 1.7 \times \sqrt{\frac{3 \times 4}{4 \times 205}} + 0.2 = 0.406(\mathrm{mm})$$

② 氦气回流侧

$$t = 2 \times \sqrt{\frac{3 \times 0.758}{4 \times 205}} + 0.2 = 0.305(\mathrm{mm})$$

（7）换热器 C 隔板厚度计算

① 氦气来流侧

$$t = 1.7 \times \sqrt{\frac{3 \times 4}{4 \times 205}} + 0.2 = 0.406(\mathrm{mm})$$

② 氦气回流侧

$$t = 2 \times \sqrt{\frac{3 \times 0.758}{4 \times 205}} + 0.2 = 0.305(\mathrm{mm})$$

各级换热器隔板厚度计算见表 5-53～表 5-59。

表 5-53 一级换热器隔板厚度

项目	氢气	氦气
翅距/mm	1.7	2
设计压力/MPa	6	0.151
隔板厚度/mm	0.452	0.247

经计算，隔板厚度应取 0.5mm。

表 5-54 二级换热器隔板厚度

项目	氢气	氦气
翅距/mm	1.7	2
设计压力/MPa	6	0.393
隔板厚度/mm	0.452	0.276

经计算，隔板厚度应取 0.5mm。

表 5-55 三级换热器隔板厚度

项目	氢气	氦气
翅距/mm	1.7	2
设计压力/MPa	6	0.768
隔板厚度/mm	0.452	0.306

经计算，隔板厚度应取 0.5mm。

表 5-56 四级换热器隔板厚度

项目	氢气	氦气
翅距/mm	1.7	2
设计压力/MPa	6	0.768
隔板厚度/mm	0.452	0.306

经计算，隔板厚度应取 0.5mm。

表 5-57　换热器 A 隔板厚度

项目	氦气来流	氦气回流
翅距/mm	1.7	2
设计压力/MPa	4	0.383
隔板厚度/mm	0.406	0.275

经计算，隔板厚度应取 0.5mm。

表 5-58　换热器 B 隔板厚度

项目	氦气来流	氦气回流
翅距/mm	1.7	2
设计压力/MPa	4	0.758
隔板厚度/mm	0.406	0.305

经计算，隔板厚度应取 0.5mm。

表 5-59　换热器 C 隔板厚度

项目	氦气来流	氦气回流
翅距/mm	1.7	2
设计压力/MPa	4	0.758
隔板厚度/mm	0.406	0.305

经计算，隔板厚度应取 0.5mm。

5.9.2　封条选择

根据 NB/T 47006 标准可知封条宽度可依据封头的厚度以及焊接的合理性进行选择。常用封条规格质量见附表 4，封条样式见图 2-50，封条选型如表 5-60 所示。

表 5-60　封条选择方案

封条高度 *H*/mm	6.5	封条宽度 *B*/mm	35

5.9.3　导流板选择

根据板束的厚度以及导流片在板束中的开口位置与方向进行选择(导流板样式见图 2-51)。

5.10　换热器的成型安装

5.10.1　换热器组装要求

（1）组装要求

a. 钎焊元件的尺寸偏差和形位公差应符合图样或相关技术文件的要求；组装前不得有毛

刺，且表面不得有严重磕、划、碰伤等缺陷；组装前应进行清洗，以除去油迹、锈斑等杂质，清洗后应进行干燥处理。

b. 组装前的翅片和导流片的翅形应保持规整，不得被挤压、拉伸和扭曲；翅片、导流片和封条的几何形状有局部形变时，应进行整形。

c. 隔板应保持平整，不得有弯曲、拱起、小角翘起和无包覆层的白边存在；板面上的局部凹印深度不得超过板厚的10%，且深不大于0.15mm。

d. 组装时每一层的钎焊元件应互相靠紧，但不得重叠。设计压力 $p \leq 2.5$MPa 时，钎焊元件的拼接间隙应不大于1.5mm，局部不得大于3mm；设计压力 $p > 2.5$MPa 时，钎焊元件的拼接间隙应不大于1mm，局部不得大于2mm。拼接间隙的特殊要求应在图样中注明。

（2）钎焊工艺

钎焊工艺应针对相应的工艺进行，并进行钎焊工艺的评定。

5.10.2 板束要求

板束的外观：

a. 板束焊缝应饱满平滑，不得有钎料堵塞通道的现象；

b. 导流片翅形应规整，不得露出隔板；

c. 相邻上下层封条间的内凹、外弹量不得超过2mm；

d. 板束上下平面的错位量每100mm高不大于1.5mm，且总错位量不大于8mm；

e. 侧板的下凹总量不得超过板束叠层总厚度的1%。

5.10.3 焊接要求

a. 热交换器施工前的焊接工艺评定应按JB/T 4734的附录B进行。热交换器的焊接工艺文件应按图样技术要求和评定合格的焊接工艺并参照JB/T 4734的附录E制定。

b. 焊接工艺评定报告、焊接工艺规程、施焊记录的焊工识别标记等文件的保存期不得少于7年。焊工识别标记应打在规定的容器部位，但不得在耐腐蚀面上打钢印。

c. 焊接接头表面的形状尺寸及外观要求、焊接接头返修要求应符合JB/T 4734的有关规定。

d. 受压元件的A、B、C、D类焊接接头及钎焊缝的补焊应采用钨极氩弧焊、熔化极氩弧焊或采用通过实验可保证焊接质量的其他焊接方法，并符合JB/T 4734的有关规定。

5.10.4 封头选择

成型后封头的壁厚减薄量不得大于图样规定的10%，且不大于3mm。

5.10.5 试验、检验

在换热器制造后应进行试验与检测，在技术部门检验合格后才能出厂。

（1）耐压强度试验

热交换器的压力试验除符合标准和设计图样规定外，还应符合《压力容器安全技术检查规程》的规定。

（2）液压试验

热交换器的液压试验一般应采用水作试验介质，水应是洁净、对工件无腐蚀的。

（3）气压试验

热交换器的气压试验应采用干燥、无油、洁净的空气、氮气或惰性气体作为试验介质，试验压力按照有关规定确定。采用气压试验时，应有可靠的防护措施。

5.10.6　换热器安装

在安装换热器时应注意换热器的碰损，在固定安装完成后应对管道进行隔热保冷的处理。

5.10.7　绝热及保冷

对于绝热材料一般选用聚氨酯泡沫作为换热器保冷使用，厚度应满足保冷的需求。根据图 2-52 保冷层厚度选择 350mm。

本章小结

通过研究开发 30 万立方米 PFHE 型四级氦膨胀制冷氢液化系统工艺装备，优化并完善了设计计算方法，并根据四级氦膨胀、一级氢膨胀制冷工艺流程及四级多股流板翅式换热器（PFHE）特点进行主设备设计计算，可突破 -252℃ LH_2 液化工艺设计计算方法及四级 PFHE 设计计算方法。设计过程中采用四级 PFHE 换热，其具有结构紧凑、换热效率高等特点。能有效解决液化工艺系统复杂、占地面积大等问题，并克服传统的 LH_2 液化工艺缺陷，通过四级 PFHE 连续制冷，可最终实现 LNG 液化工艺整合计算过程。本章采用四级氦膨胀、一级氢膨胀氢气液化系统，由五级制冷系统及七组板束组成，包括一次预冷板束、二次预冷板束、三次预冷板束、四次预冷板束、一次回热板束、二次回热板束、三次回热板束、二次深冷板束及三次过冷板束等组成，结构简洁，层次分明，易于设计计算，该工艺也是目前 LNG 液化工艺系统的主要选择之一。

参考文献

[1] 王松汉．板翅式换热器［M］. 北京：化学工业出版社，1984：4.
[2] 吴业正，朱瑞琪．制冷与低温技术原理［M］. 北京：高等教育出版社，2005：9.
[3] 钱寅国，文顺清．板翅式换热器的传热计算［J］. 深冷技术，2011(5)：32-36.
[4] 张周卫，汪雅红．缠绕管式换热器［M］. 兰州：兰州大学出版社，2014.
[5] 敬加强，梁光川．液化天然气技术问答［M］. 北京：化学工业出版社，2006：12.
[6] 徐烈．我国低温绝热与贮运技术的发展与应用［J］. 低温工程，2001(2)：1-8.
[7] 李兆慈，徐烈，张洁，孙恒．LNG 槽车贮槽绝热结构设计［J］. 天然气工业，2004(2)：85-87.
[8] 魏巍，汪荣顺．国内外液化天然气输运容器发展状态［J］. 低温与超导，2005(2)：40-41.
[9] 董大勤，袁凤隐．压力容器设计手册［M］. 2 版．北京：化学工业出版社，2014.
[10] 王志文，蔡仁良．化工容器设计［M］. 3 版．北京：化学工业出版社，2011.
[11] JB/T 4700～4707—2000 压力容器法兰［S］.
[12] TSG R 0005—2011 移动式压力容器安全技术监察规程［S］.
[13] 贺匡国．化工容器及设备简明设计手册［M］. 2 版．北京：化学工业出版社，2002.

[14] GB 150—2005 钢制压力容器 [S].
[15] 潘家祯. 压力容器材料实用手册 [M]. 北京：化学工业出版社，2000.
[16] HG/T 20592～20635—2009 钢制管法兰、垫片、紧固件 [S].
[17] JB/T 4712.1～4712.4—2007 容器支座 [S].
[18] JB/T 4736—2002 补强圈 [S].
[19] 张周卫. LNG 低温液化一级制冷五股流板翅式换热器 [P]. 中国：201510040244.7，2015.01.
[20] 张周卫. LNG 低温液化二级制冷四股流板翅式换热器 [P]. 中国：201510042630.X，2015.01.
[21] 张周卫. LNG 低温液化三级制冷三股流板翅式换热器 [P]. 中国：201510040244.7，2015.01.
[22] 张周卫. LNG 混合制冷剂多股流板翅式换热器 [P]. 中国：201510051091.6，2015.02.
[23] Zhang Zhouwei, Wang Yahong, Li Yue, Xue Jiaxing. Research and development on series of LNG plate-fin heat exchanger [C]. 3rd International Conference on Mechatronics, Robotics and Automation (ICMRA 2015), 2015(4): 1299-1304.

附　录

附表1　标准翅片参数

翅型	翅高 L/mm	翅厚 δ/mm	翅距 m/mm	当量直径 d_e/mm	通道截面积 F'/m^2	总传热面积 F_0/m^2	二次传热面积与总传热面积之比
平直翅片	Δ12	0. 15	1. 4	2. 26	0. 01058	18. 7	0. 904
	9. 5	0. 2	1. 4	2. 12	0. 00797	15. 0	0. 885
	9. 5	0. 2	1. 7	2. 58	0. 00821	12. 7	0. 861
	9. 5	0. 2	2. 0	3. 02	0. 00837	11. 1	0. 838
	Δ6. 5	0. 3	1. 4	1. 87	0. 00487	10. 23	0. 850
	Δ6. 5	0. 3	1. 7	2. 28	0. 00511	8. 94	0. 816
	6. 5	0. 3	2. 0	2. 67	0. 00527	7. 9	0. 785
	Δ6. 5	0. 5	1. 4	1. 56	0. 00386	9. 86	0. 869
	4. 7	0. 3	2. 0	2. 45	0. 00374	6. 10	0. 722
	Δ3. 2	0. 3	4. 2	3. 33	0. 00269	3. 44	0. 426
	Δ12	0. 15	1. 4	2. 26	0. 01058	17. 01	0. 895
	Δ12	0. 6	4. 2	5. 47	0. 00977	6. 6	0. 770
	Δ9. 5	0. 2	1. 7	2. 58	0. 00821	11. 61	0. 850

附表2　双曲函数表

x	$\sinh x$	$\cosh x$	$\tanh x$	x	$\sinh x$	$\cosh x$	$\tanh x$
0. 05	0. 05	1. 0013	0. 05	0. 45	0. 4653	1. 103	0. 4219
0. 1	0. 1002	1. 005	0. 0997	0. 5	0. 5211	1. 1276	0. 4621
0. 15	0. 1506	1. 0113	0. 1489	0. 51	0. 5324	1. 1329	0. 4699
0. 2	0. 2013	1. 0201	0. 1974	0. 52	0. 5438	1. 1383	0. 4777
0. 25	0. 2526	1. 0314	0. 2449	0. 53	0. 5552	1. 1438	0. 4854
0. 3	0. 3045	1. 0453	0. 2913	0. 54	0. 5666	1. 1494	0. 493
0. 35	0. 3572	1. 0619	0. 3364	0. 55	0. 5782	1. 1551	0. 5005
0. 4	0. 4108	1. 0811	0. 3799	0. 56	0. 5897	1. 1609	0. 508

续表

x	$\sinh x$	$\cosh x$	$\tanh x$	x	$\sinh x$	$\cosh x$	$\tanh x$
0. 57	0. 6014	1. 1669	0. 5154	0. 91	1. 0409	1. 4434	0. 7211
0. 58	0. 6131	1. 173	0. 5227	0. 92	1. 0554	1. 4539	0. 7259
0. 59	0. 6248	1. 1792	0. 5299	0. 93	1. 07	1. 4645	0. 7306
0. 6	0. 6367	1. 1855	0. 537	0. 94	1. 0847	1. 4753	0. 7352
0. 61	0. 645	1. 1919	6. 5441	0. 95	1. 095	1. 4862	0. 7398
0. 62	0. 6605	1. 1984	0. 5511	0. 96	1. 1144	1. 4973	0. 7443
0. 63	0. 6725	1. 2051	0. 5581	0. 97	1. 1294	1. 5085	0. 7487
0. 64	0. 6846	1. 2119	0. 5649	0. 98	1. 1446	1. 5199	0. 7531
0. 65	0. 6967	1. 2188	0. 5717	0. 99	1. 1598	1. 5314	0. 7574
0. 66	0. 709	1. 2258	0. 5784	1	1. 1752	1. 5431	0. 7616
0. 67	0. 7213	1. 233	0. 585	1. 01	1. 1907	1. 5549	0. 7658
0. 68	0. 7336	1. 2402	0. 5915	1. 02	1. 2063	1. 5669	0. 7699
0. 69	0. 7461	1. 2476	0. 598	1. 03	1. 222	1. 579	0. 7739
0. 7	0. 7586	1. 2552	0. 6044	1. 04	1. 2379	1. 5913	0. 7779
0. 71	0. 7712	1. 2628	0. 6107	1. 05	1. 2539	1. 6038	0. 7818
0. 72	0. 7838	1. 2706	0. 6169	1. 06	1. 27	1. 6164	0. 7851
0. 73	0. 7966	1. 2785	0. 6231	1. 07	1. 2862	1. 6292	0. 7895
0. 74	0. 8094	1. 2865	0. 6291	1. 08	1. 3025	1. 6421	0. 7932
0. 75	0. 8223	1. 2947	0. 6351	1. 09	1. 519	1. 6552	0. 7969
0. 76	0. 8353	1. 303	0. 6411	1. 1	1. 3356	1. 6685	0. 8005
0. 77	0. 8484	1. 3114	0. 6469	1. 11	1. 3524	1. 682	0. 8041
0. 78	0. 8615	1. 3199	0. 6527	1. 12	1. 3693	1. 6956	0. 8076
0. 79	0. 8748	1. 3286	0. 6584	1. 13	1. 3863	1. 7093	0. 811
0. 8	0. 8881	1. 3374	0. 664	1. 14	1. 4035	1. 7233	0. 8144
0. 81	0. 9015	1. 3164	0. 6696	1. 15	1. 4208	1. 7374	0. 8178
0. 82	0. 915	1. 3555	0. 6751	1. 16	1. 4382	1. 7517	0. 821
0. 83	0. 9286	1. 3647	0. 6805	1. 17	1. 4558	1. 7662	0. 8243
0. 84	0. 9423	1. 3874	0. 6858	1. 18	1. 4735	1. 7808	0. 8275
0. 85	0. 9531	1. 3835	0. 6911	1. 19	1. 4914	1. 7957	0. 8306
0. 86	0. 97	1. 3932	0. 6963	1. 2	1. 5095	1. 8107	0. 8337
0. 87	0. 984	1. 4029	0. 7014	1. 21	1. 5276	1. 8258	0. 8367
0. 88	0. 9981	1. 4128	0. 7064	1. 36	1. 8198	2. 0764	0. 8764
0. 89	1. 0122	1. 4229	0. 7114	1. 37	1. 8406	2. 0947	0. 8787
0. 9	1. 0265	1. 4331	0. 7163	1. 38	1. 8617	2. 1132	0. 881

续表

x	sinh$x$	cosh$x$	tanh$x$	x	sinh$x$	cosh$x$	tanh$x$
1.39	1.8829	2.132	0.8832	1.48	2.0827	2.3103	0.9015
1.4	1.9043	2.1509	0.8854	1.49	2.1059	2.3312	0.9033
1.41	1.9259	2.17	0.8875	1.5	2.1293	2.3524	0.9051
1.42	1.9477	2.1894	0.8896	1.51	2.1529	2.3738	0.9069
1.43	1.9697	2.09	0.8917	1.52	2.1768	2.3955	0.9087
1.44	1.9919	2.2288	0.8937	1.53	2.2008	2.4174	0.9104
1.45	2.0143	2.2488	0.8957	1.54	2.2251	2.4395	0.9121
1.46	2.0369	2.2691	0.8977	1.55	2.2496	2.4619	0.9138
1.47	2.0597	2.2896	0.8996	1.56	2.2743	2.4845	0.9154

附表3 标准6063接管尺寸　　单位：mm×mm

6×1	8×1	8×2	10×1	10×2
14×2	15×1.5	16×2	16×3	16×5
20×2	20×3	20×3.5	20×4	20×5
24×5	20×1.5	25×2	25×2.5	25×3
27×3.5	28×1.5	28×5	30×1.5	30×2
30×6.5	30×10	32×2	32×3	32×4
35×3	35×5	36×2	36×3	37×2.5/3
40×4	40×5	40×10	42×3	42×4
45×6	46×2	48×8	50×2.8	50×3.5/4
55×9	55×10	60×3	60×5	60×10
72×14	75×5	65×5	65×4	80×4
85×10	90×10/5	90×15	95×10	100×10
120×7	125×20	106×15	106×10	105×12.5
135×10	136×6	140×20	140×7	120×3
160×20	155×15/30	50×15	170×8.5	180×10
210×45	230×16	230×17.5	230×25	230×30
250×10	310×30	315×35	356×10	508×8
300×30	535×10	515×45	355×55	226×28
12×1	12×2	12×2.5	14×0.8	
18×1	18×2	18×3.5	20×1	22×1

续表

22×3	22×3	22×4	24×2	25×1
25×5	25×5	26×2	26×3	28×1
30×4	30×4	30×5	30×6	36×2. 5
34×1	34×1	34×2. 5	35×2. 5	45×7
38×3	38×3	38×4	38×5	56×16
42×6	42×6	45×2	45×2. 5	50×15
50×5	50×7	52×6	55×8	66×13
62×6	66×6	70×5	70×10	190×25
80×5	80×6	80×10/20	85×5	125×10
110×15	120×10	120×20	125×4	165×9. 5
115×5	105×5	100×8	130×10	170×10
120×5	150×10	153×13	160×7	182×25
180×95	192×6	200×10	200×20	180×30
230×38	230×20	230×25	245×40	380×40
270×40	268×8	500×45	355×10	
		340×10		

附表4 常用封条规格质量表

封条宽度 B /mm	封条高度 H/mm					
	3	4. 7	6. 5	8. 9	9. 5	12
8	0. 066	0. 103	0. 142	0. 194	0. 207	0. 262
10	0. 082	0. 128	0. 177	0. 243	0. 259	0. 328
12	0. 098	0. 128	0. 212	0. 292	0. 311	0. 394
15	0. 123	0. 154	0. 266	0. 365	0. 389	0. 492
20	0. 164	0. 192	0. 354	0. 486	0. 518	0. 656
25	0. 205	0. 256	0. 443	0. 608	0. 648	0. 82
30	0. 246	0. 32	0. 531	0. 728	0. 777	0. 984
35	0. 287	0. 488	0. 62	0. 849	0. 907	1. 148

注：密度按照 $2730kg/m^3$ 计算。

附表5 垫片型号

垫片类型	代号	适用密封面形式
基本型	A	榫槽面
带内环型	B	凹凸面
带外环型	C	凸面
带内外环型	D	凸面

附表6 垫片尺寸1

单位：mm

公称通径 DN	公称压力 PN(2.5MPa,4.0MPa)						
	内环内径 D_1	缠绕垫内径 D_2	缠绕垫外径 D_3	外环外径 D_4		缠绕垫厚度 T	外环厚度 T_1
				2.5MPa	4.0MPa		
10	14	24	36	46	46	3.2及4.5	2及3
15	18	29	40	51	51		
20	25	36	50	61	61		
25	32	43	57	71	71		
32	38	51	67	82	82		
40	45	58	74	92	92		
50	57	73	91	107	107		
65	76	89	109	127	127		
80	89	102	122	142	142		
100	108	127	147	167	167		
125	133	152	174	195	195		
150	159	179	201	225	225		
200	219	228	254	285	290		
250	273	282	310	340	351		
300	325	334	362	400	416		
350	377	387	417	456	476		
400	426	436	468	516	544		
450	480	491	527	566	569		
500	530	541	577	619	628		
600	630	642	678	731	741		

附表 7　垫片尺寸 2　　　　单位：mm

公称通径 DN	公称压力 PN(4.0MPa,6.3MPa,10.0MPa,16.0MPa)				
	内环内径 D_1	缠绕垫内径 D_2	缠绕垫外径 D_3	缠绕垫厚度 T	内环厚度 T_1
10	14	24	34	3.2 及 4.5	2 及 3
15	18	29	39		
20	25	36	50		
25	32	43	57		
32	38	51	65		
40	45	61	75		
50	57	73	87		
65	76	95	109		
80	89	106	120		
100	108	129	149		
125	133	155	175		
150	159	183	203		
200	219	239	259		
250	273	292	312		
300	325	343	363		
350	377	395	421		
400	426	447	473		
450	480	497	523		
500	530	549	575		

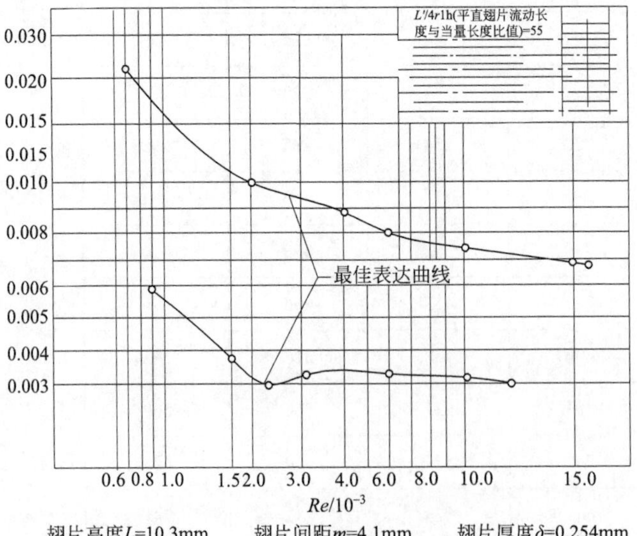

附图 1　L=10.3mm 型翅片基本参数

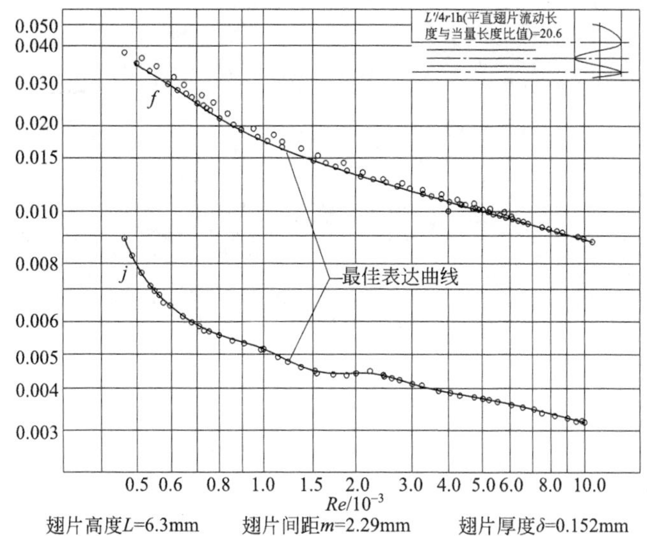

附图 2 $L=6.3$mm 型翅片基本参数

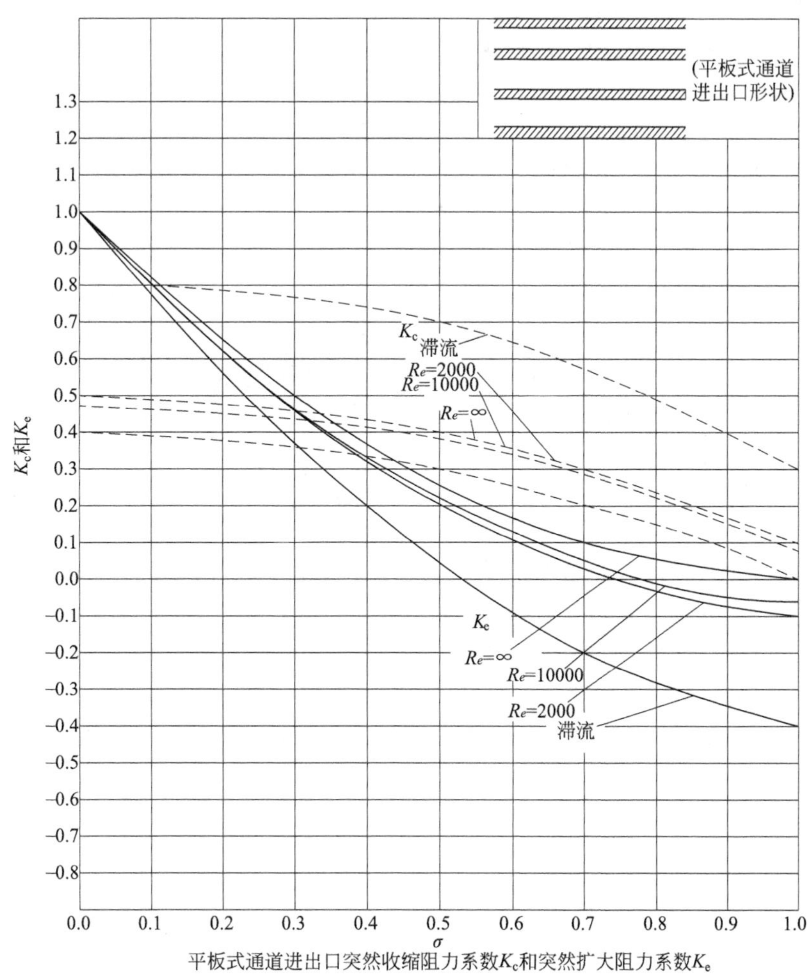

附图 3 平板式通道进出口阻力系数值

致 谢

在本书即将完成之际，深深感谢在项目研究开发及专利技术开发方面给予关心和帮助的老师、同学及同事们。

（1）感谢王松涛、赵银江在第 2 章 $30\times10^4\mathrm{m}^3/\mathrm{d}$ PFHE 型液氮预冷五级膨胀八级制冷氢液化系统工艺装备设计计算方面所做的大量试算工作，最终完成了 LH_2 板翅式主换热装备的设计计算过程，并掌握了基于 PFHE 型液氮预冷五级膨胀八级制冷氢液化系统工艺设计计算技术及大型 LH_2 板翅式主换热装备的设计计算技术。

（2）感谢贠孝东、杨玉俭等在第 3 章 $30\times10^4\mathrm{m}^3/\mathrm{d}$ PFHE 型液氮预冷一级膨胀两级节流四级制冷氢液化系统工艺装备设计计算方面所做的大量试算工作，最终完成了对 PFHE 型液氮预冷一级膨胀两级节流四级制冷氢液化系统工艺设计计算过程，并掌握了 PFHE 型四级制冷板翅式主换热装备的设计计算技术。

（3）感谢唐鹏、付敏君等在第 4 章 $30\times10^4\mathrm{m}^3/\mathrm{d}$ PFHE 型两级氦膨胀两级节流制冷氢液化系统工艺装备设计计算方面所做的大量试算工作，最终完成了对 PFHE 型两级氦膨胀两级节流制冷氢液化系统工艺设计计算过程及五级板翅式主换热装备的设计计算过程。

（4）感谢孙少康、樊广存等在第 5 章 $30\times10^4\mathrm{m}^3/\mathrm{d}$ PFHE 型四级氦膨胀制冷氢液化系统工艺装备设计计算方面所做的大量试算工作，最终完成了对四级氦膨胀制冷氢液化系统工艺及四级板翅式主换热器的设计计算过程。

（5）感谢樊翔宇、杨发炜、刘要森、盛日昕、孙少伟、荣欣等在本书编写过程中所做的大量编排整理工作。

（6）感谢李文振在本书图表修改方面及第 3 章、第 5 章修改过程中所做的工作。

另外，感谢兰州交通大学众多师生们的热忱帮助，对你们为本书所做的大量工作表示由衷的感谢，没有你们的辛勤付出，相关设计计算技术及本书也难以完成，这本书也是兰州交通大学广大师生们共同努力的劳动成果。

最后，感谢在本书编辑过程中做出大量工作的化学工业出版社相关编辑的耐心修改与宝贵意见，非常感谢。

兰州交通大学

兰州兰石换热设备有限责任公司

张周卫　汪雅红　耿宇阳　车生文